Heterogene Gleichgewichte

Bruno Predel

HETEROGENE GLEICHGEWICHTE

Grundlagen und Anwendungen

Mit 1 Farbtafel, 236 Abbildungen und 8 Tabellen

Steinkopff Verlag Darmstadt

Bruno Predel (53) hat von 1948 bis 1954 an der Universität Münster (Westf) Chemie studiert und wurde 1956 zum Dr. rer. nat. promoviert. Anschließend war er wissenschaftlicher Mitarbeiter am Institut für physikalische Chemie und von 1958 bis 1964 wissenschaftlicher Assistent. 1963 habilitierte er sich für das Fach Metallkunde. Im Jahre 1967 erfolgte seine Ernennung zum Wissenschaftlichen Rat und Professor, 1969 zum außerplanmäßigen Professor, 1970 wurde ihm die Leitung der Abteilung „Thermodynamik und Aufbau metallischer Mischsysteme" am Institut für Metallforschung der Universität Münster übertragen. 1977 war er Gastprofessor an der Kyoto University in Kyoto, Japan. Seit 1973 ist er ordentlicher Professor für Metallkunde an der Universität Stuttgart und wissenschaftliches Mitglied sowie Mitglied des Leitungskollegiums des Max-Planck-Instituts für Metallforschung Stuttgart.

Seine Arbeitsgebiete sind die Thermodynamik der Legierungsbildung, Phasengleichgewichte heterogener Systeme, Struktur und Energetik metallischer Gläser sowie die Kinetik und Energetik von Festkörperreaktionen, insbesondere der diskontinuierlichen Ausscheidung.

Prof. Dr. rer. nat. Bruno Predel
Max-Planck-Institut für Metallforschung Stuttgart
und
Institut für Metallkunde der Universität Stuttgart
Seestraße 75
7000 Stuttgart 1

Softcover reprint of the hardcover 1st edition 1982

CIP-Kurztitelaufnahme der Deutschen Bibliothek

Predel, Bruno:
Heterogene Gleichgewichte : Grundlagen u.
Anwendungen / von Bruno Predel. – Darmstadt :
Steinkopff, 1982.
ISBN-13:978-3-642-85321-0 e-ISBN-13:978-3-642-85320-3
DOI: 10.1007/978-3-642-85320-3

Gesamtherstellung: Konrad Triltsch, Würzburg

Vorwort

Seit J. W. Gibbs im Jahre 1878 in umfassender Weise die Grundlagen zum Verständnis der Gleichgewichte in heterogenen Systemen gelegt hat, sind zahlreiche Bücher über Zustandsdiagramme geschrieben worden, teils recht umfangreich und die Phasengleichgewichte formalistisch bis in alle Einzelheiten behandelnd. Sinn dieses Buches soll eine Einführung in die Handhabung und praktische Nutzung der Zustandsdiagramme sein. In erster Linie ist dabei an Studierende der Chemie, Metallurgie, Mineralogie und der Werkstoffwissenschaften, aber auch an Ingenieure und an alle stofforientierten und stoffinteressierten Studenten der Naturwissenschaften und der technischen Richtungen gedacht. Um den Start einer Beschäftigung mit den heterogenen Gleichgewichten zu erleichtern, wird von Reaktionsabläufen, von dynamischen Gleichgewichten, ausgegangen, die insbesondere dem Chemiker und Metallurgen geläufig sind.

Natürlich läßt sich eine Beschreibung der Phasengleichgewichte nicht ohne ein Mindestmaß an Formalismus durchführen. Die formalen Darlegungen sollen indessen aufgelockert werden durch anschauliche Erläuterungen experimenteller Methoden zur Erschließung der Konstitution eines Stoffsystems, durch Anwendungsbeispiele und Hinweise auf unmittelbar realitätsbezogene Fälle in Chemie, Metallurgie, Werkstoffkunde und Mineralogie. Dadurch kann einerseits der Nutzen der Kenntnis der Phasengleichgewichte aufgezeigt werden und andererseits eine praktische Einübung erfolgen.

Der physikalisch-energetische Hintergrund der Phasengleichgewichte soll dabei nicht zu kurz kommen. Dazu werden in einfacher Weise die Grundzüge der Thermodynamik der Mischphasen dargelegt und der Zusammenhang zwischen Energetik und Konstitution aufgezeigt. Damit soll der mehr qualitative Rahmen, der gelegentlich um die Konstitutionslehre gelegt wird, überwunden und dem interessierten Leser ein Werkzeug in die Hand gegeben werden, mit dem auch quantitative Aussagen über die phänomenologische Energetik und die das System bestimmenden strukturell-physikalischen Faktoren erarbeitet werden können. Ebenso wird es dadurch möglich, gewisse Voraussagen über Phasengleichgewichte zu treffen, wenn in einem konkret interessierenden Fall auf experimentellem Wege Resultate nur schwer zugänglich sind.

Unter dem Aspekt einer praktischen Anwendung gehört als Ausblick zu diesem Thema auch die Behandlung der Keimbildungsprobleme bei Phasenübergängen, die Erzeugung und Beständigkeit metastabiler Phasen, die technologisch oft von erheblichem Nutzen sind, und das Bemühen um ein Verständnis der metallischen Gläser. Eine derzeit starke, zum größten Teil technologisch motivierte Forschungsaktivität in diesem Bereich bedingt eine rasche

Erweiterung und Vertiefung der Erkenntnisse. Es wird ein kurzer Überblick über einige wesentliche Fakten gegeben.

Für die kritische Durchsicht des Textes bin ich zahlreichen Kennern des Faches zu Dank verpflichtet, vor allem Herrn Prof. Dr. Dr. h.c. G. Petzow, Herrn Dozent Dr. W. Gust, Herrn Dr. F. Sommer, Herrn Dr. I. Arpshofen und Herrn T. Gödecke. Frl. A. Buttmi hat die mühevollen Schreibarbeiten durchgeführt, Frau G. Kümmerle zahlreiche metallographische Aufnahmen beschafft und Frau R. Kümmerling sowie Herr Dr. Arpshofen haben die zahlreichen Zeichnungen angefertigt. Auch ihnen gilt mein herzlicher Dank.

Stuttgart, im Februar 1982 BRUNO PREDEL

Geleitwort

Die Lehre von den Heterogenen Gleichgewichten findet in den normalen Lehrbüchern der Anorganischen Chemie – wenn überhaupt – nur kurze Erwähnung. So in einem der beliebtesten und besten modernen Lehrbücher mit 6 von insgesamt über 1100 Seiten. Das ist jedoch völlig ungenügend angesichts der modernen, nicht nur präparativ arbeitenden, sondern quantitativ orientierten Entwicklung der Festkörperchemie, die mit nur folgenden Stichworten gekennzeichnet sei: Metallchemie der Legierungen und Halbmetalle, Chemie der Steine und Erden (Keramik und Gläser), Hartmetalle (Boride, Carbide, Silizide und Nitride), Eisen- und Phosphorhochofen, Technologien der Oberflächenbeschichtung über Gas/Festkörperreaktionen, Transport-Reaktionen (H. Schäfer) u.v.a. mehr. – Alle die Zustände und Strukturen bzw. Reaktionen und Reaktionsprodukte bedürfen zu ihrem Verständnis der Kenntnis der Heterogenen Gleichgewichte, sowie der thermodynamischen Kenngrößen der Reaktanden bzw. der die Gleichgewichtsverhältnisse beschreibenden Zustandsdiagramme.

Die anorganische Technik wird weitgehend von solchen Gleichgewichten bzw. der Richtung von Gleichgewichtseinstellungen beherrscht. Beispiel: Gas/Festkörper-Gleichgewicht bei der Carburierung von Eisen wie Fest/Flüssigreaktion bei der Feuerverzinkung von Eisen. – Die Zustandsdiagramme der infragestehenden Legierungen sind oft sehr gut bekannt. Ebenso die freien Enthalpien und andere thermodynamische Kenngrößen: Vgl. im Bereich der metallischen Systeme die Darstellungen von R. Vogel bzw. von C. Wagner. – Als kompliziertes System seien die Fest/Gas/Flüssig-Gleichgewichte im Hochofen genannt.

Da der normal ausgebildete Chemiker mit dieser phasentheoretischen, quantitativen Betrachtungsweise nur wenig vertraut ist, schien es im Rahmen der vom Steinkopff-Verlag geplanten Reihe von Einzeldarstellungen unter dem zusammenfassenden Titel »Spezielle Anorganische Chemie« sinnvoll, eine Darstellung der Heterogenen Gleichgewichte, sowohl unter dem formalen Gesichtspunkt der Gibbsschen Phasenlehre, wie unter thermochemischen, wie thermodynamischen Gesichtspunkten zu versuchen.

Vorgesehen war deshalb ein Band Heterogene Gleichgewichte in der genannten Reihe, die in erster Linie für fortgeschrittene Studierende sowie für Fachgenossen gedacht ist, die eine Einführung und Anleitung für dieses Sonderkapitel der Anorganischen Chemie suchen. – Es stellte sich jedoch bald heraus, daß für die vorgesehene Konzeption der Umfang des Manuskriptes den Rahmen einer kurz, aber einigermaßen klar und erschöpfend gefaßten Einzeldarstellung sprengte. Umfang und Preis erforderten deshalb die Herausnahme des vorliegenden Werkes aus den Einzeldarstellungen, sollte nicht eine unerwünschte Kürzung in Kauf genommen werden. – Muß doch ohnedies verzichtet werden auf eine an sich wichtige Erweiterung durch Behandlung der vielen, technisch wichtigen gekoppelten Reaktionen, die oben angedeutet sind und einem eigenen Manuskript vorbehalten bleiben müssen.

Ich wünsche dem Buch, daß es Anregung und Hilfe werden möge im Rahmen der modernen Entwicklung einer quantitativ denkenden Anorganischen Chemie, die eine Verknüpfung sucht zwischen den Gesichtspunkten von Phasenlehre, Struktur und der Thermodynamik von Mehrstoffsystemen.

Daisendorf/Meersburg, im Februar 1982 ARMIN SCHNEIDER

Inhaltsverzeichnis

Vorwort V
Geleitwort VII

1. Die wichtigsten Symbole 1
1.1 Lateinische Buchstaben 1
1.2 Griechische Buchstaben 2
1.3 Differenzgrößen 2

2. Fundamentale Fakten und Begriffe 4
2.1 Allgemeines 4
2.2 Verdampfungsgleichgewicht 6
2.3 Literaturhinweise zu Kapitel 2 10

3. Phasengleichgewichte in Einstoffsystemen 11
3.1 Allgemeines 11
3.2 Umwandlungsgleichgewichte im festen Zustand 11
3.3 Monotrope Umwandlungen 14
3.4 Literaturhinweise zu Kapitel 3 16

4. Phasengleichgewichte in Zweistoffsystemen unter Ausschluß der Dampfphase . . 17
4.1 Definition der Konzentration 17
4.2 Teilreaktionen des Fest-flüssig-Übergangs 18
4.3 Schmelzprozeß in einem Zweistoffsystem 21
4.4 Eutektisches System 23
4.5 Eutektische Realsysteme 25
4.6 Das Gibbssche Phasengesetz 26
4.7 Anwendung des Phasengesetzes 27
4.8 Das Hebelgesetz 29
4.9 Thermische Analyse 30
4.10 Lichtmikroskopische Methoden zur Erschließung von Zustandsdiagrammen . . 33
4.11 Elektronenmikroskopische Untersuchungsverfahren 39
4.12 Röntgenographische Methoden 40
4.13 Weitere experimentelle Methoden 41
4.14 Eutektische Kristallisation 42
4.15 Dendritische Kristallisation 46
4.16 Einfache Phasengleichgewichte bei unbegrenzter Löslichkeit im flüssigen und festen Zustand 47
4.17 Phasengleichgewichte bei vollständiger Mischbarkeit im flüssigen und festen Zustand mit einem Schmelzpunktsminimum oder einem Schmelzpunktsmaximum 50
4.18 Realdiagramme mit unbegrenzter Löslichkeit im flüssigen und festen Zustand . . 52
4.19 Mischungslücke im festen Zustand 54
4.20 Zustandsdiagramm mit peritektischem Gleichgewicht 55
4.21 Mischungslücke im flüssigen Zustand 58
4.22 Reale Zustandsdiagramme mit Mischungslücke in flüssigem Zustand mit ausschließlich oberem kritischem Punkt 61

4.23 Überstrukturphasen 63
4.24 Systeme mit einer kongruent schmelzenden Verbindung 66
4.25 Zustandsdiagramm mit einer inkongruent schmelzenden Verbindung 70
4.26 Zustandsdiagramme mit einer aus zwei Schmelzen sich bildenden Verbindung . . 72
4.27 Realdiagramme mit Verbindungen 73
4.28 Umwandlungsgleichgewichte 75
4.29 Das Zustandsdiagramm Eisen–Kohlenstoff 78
4.30 Literaturhinweise zu Kapitel 4 85

5. Phasengleichgewichte in Dreistoffsystemen und Vierstoffsystemen unter Ausschluß der Dampfphase 86
5.1 Konzentrationsdreieck 86
5.2 Hebelgesetz im Ternären 87
5.3 Konodendreieck. 88
5.4 Vierphasengleichgewichte. 89
5.5 Darstellung ternärer Zustandsdiagramme 90
5.6 Einfaches System mit einem ternären Eutektikum 91
5.7 Zustandsbereiche im ternären eutektischen System 93
5.8 Schnitte bei konstanter Temperatur 94
5.9 Vertikale Schnitte 96
5.10 Temperatur-Konzentration-Schnitt durch eine Ecke des Konzentrationdreiecks . 97
5.11 Temperatur-Konzentration-Schnitt parallel zu einer Seite des Konzentrationsdreiecks 98
5.12 Einfache Realdiagramme mit einem ternären Eutektikum 99
5.13 Thermische Analyse und Gefüge einfacher ternärer eutektischer Systeme . . . 101
5.14 Eigenschaften benachbarter Zustandsräume 103
5.15 Nichtreguläre Schnitte 106
5.16 Kritischer Punkt 107
5.17 Die Schreinemakerssche Regel 108
5.18 Ternäres System mit unbegrenzter Löslichkeit im festen und flüssigen Zustand ohne Schmelzpunktsextremum 109
5.19 Isotherme Schnitte durch ein ternäres System mit unbegrenzter Mischkristallbildung 111
5.20 Temperatur-Konzentration-Schnitte durch ein ternäres System mit unbegrenzter Mischkristallbildung 112
5.21 System mit ternärem Eutektikum und begrenzter Mischkristallbildung 113
5.22 Ternäres System mit einer kongruent schmelzenden binären Verbindung mit quasibinärem Schnitt 115
5.23 Ternäres System mit einer binären Verbindung ohne quasibinären Schnitt . . 117
5.24 Isothermer Schnitt und Temperatur-Konzentration-Schnitt durch ein ternäres System mit einer binären Verbindung ohne quasibinären Schnitt 119
5.25 Ternäres System mit zwei binären Verbindungen 120
5.26 Ternäre Verbindung mit Schmelzpunktsmaximum 121
5.27 Ternäres Realsystem mit binären und ternären Verbindungen 122
5.28 Ternäres System mit zwei eutektischen Randsystemen bei begrenzter Löslichkeit im Festen sowie lückenloser Mischkristallbildung im dritten Randsystem 124
5.29 Ternäres System mit zwei peritektischen Randsystemen sowie lückenloser Mischkristallbildung im dritten Randsystem 126
5.30 Übergang zwischen univarianter peritektischer und univarianter eutektischer Reaktion 128
5.31 Mischungslücke im flüssigen Zustand 129
5.32 Monotektische Vierphasenreaktion 132
5.33 Ternäre Realdiagramme mit begrenzter Mischbarkeit im flüssigen Zustand . . 133
5.34 Reaktionsschema 135
5.35 Vierstoffsysteme. 138
5.36 Einfache Gleichgewichte in Vierstoffsystemen 139
5.37 Reziproke Systeme 141
5.38 Löslichkeit reziproker Salzpaare in Wasser 143

5.39 Bemerkungen zum Umfang höherer polynärer Systeme 145
5.40 Literaturhinweise zu Kapitel 5 147

6. Phasengleichgewichte bei Beteiligung einer Dampfphase 148
6.1 Dampf-Flüssigkeit-Gleichgewicht in einem Einstoffsystem 148
6.2 Phasengleichgewichte zwischen Flüssigkeit und Dampf in binären Systemen ohne Mischungslücke 149
6.3 Dampf-Festkörper-Gleichgewichte in einem binären System 153
6.4 Phasengleichgewichte in einem binären System, in dem Festkörper, Flüssigkeit und Dampf auftreten können 156
6.5 Phasengleichgewichte mit Beteiligung der Dampfphase bei begrenzter Mischbarkeit im flüssigen Zustand 160
6.6 Dampf-Festkörper-Gleichgewichte bei Mischkristallbildung 161
6.7 Dampf-Festkörper-Gleichgewichte in Systemen mit Verbindungen 162
6.8 Heterogene Gleichgewichte bei chemischen Transportreaktionen 164
6.9 Literaturhinweise zu Kapitel 6 165

7. Energetik heterogener Gleichgewichte 166
7.1 Allgemeines 166
7.2 Thermodynamische Grundbegriffe und Definitionen 167
7.3 Integrale Mischungsgrößen 169
7.4 Partielle Mischungsgrößen 172
7.5 Ideale Lösung 174
7.6 Das Modell der regulären Lösung 174
7.7 Reale Lösung und Überschußfunktionen 176
7.8 Thermodynamische Aktivität 178
7.9 Allgemeines über experimentelle Methoden zur Bestimmung thermodynamischer Mischungsgrößen 182
7.10 Hochtemperaturkalorimeter 183
7.11 Partialdampfdruckmessungen 184
7.12 Aktivitätsbestimmung aus der EMK galvanischer Zellen 186
7.13 Schmelzgleichgewicht in einem Einstoffsystem 187
7.14 Schmelzgleichgewichte in binären Systemen 189
7.15 Gleichgewicht zwischen binärer Schmelze und dem Kristall einer Komponente im idealen System 194
7.16 Gleichgewicht zwischen binärer Schmelze und Mischkristall im idealen System . . 197
7.17 Schmelzgleichgewicht im regulären System 198
7.18 Schmelzgleichgewicht im realen System 199
7.19 Schmelzpunktsminimum 200
7.20 Phasengleichgewichte bei der Entmischung 202
7.21 Berechnung der Mischungslücke anhand des Modells der regulären Lösung . . . 203
7.22 Auswertung von Löslichkeitsgleichgewichten 207
7.23 Auswertung eines Schmelzgleichgewichtes bei geringen Liquiduskonzentrationen . 209
7.24 Kritische Entmischungstemperatur in realen Lösungen 211
7.25 Die Spinodale 212
7.26 Berechnung einer einfachen Ordnungseinstellung in Mischkristallen 213
7.27 Ordnungsgrad eines Mischkristalls als Funktion der Temperatur 219
7.28 Zum Charakter von Phasenumwandlungen 221
7.29 Thermodynamische Eigenschaften ternärer Legierungen 222
7.30 Berechnung von Schmelzgleichgewichten im Ternären 227
7.31 Literaturhinweise zu Kapitel 7 230

8. Keimbildung bei Phasenübergängen 232
8.1 Allgemeines 232
8.2 Homogene Keimbildung ohne Konzentrationsänderung 232
8.3 Heterogene Keimbildung 234
8.4 Homogene Keimbildung mit Konzentrationsänderung 237

8.5 Spinodale Entmischung 241
8.6 Literaturhinweise zu Kapitel 8 243

9. Metastabile Phasen 244
9.1 Energetik der Keimbildung metastabiler kristalliner Phasen 244
9.2 Heterogene Gleichgewichte bei Beteiligung metastabiler Phasen 246
9.3 Nahordnung in flüssigen Mischphasen und ihre Auswirkung auf Fest-flüssig-Gleichgewichte 248
9.3.1 Einige empirische Befunde zur Nahordnung in flüssigen Legierungen 248
9.3.2 Das Modell homogener Gleichgewichte zur quantitativen Beschreibung der Nahordnung in flüssigen Legierungen 253
9.3.3 Auswirkung homogener Gleichgewichte auf Schmelzgleichgewichte 255
9.3.3.1 Liquiduslinien in der Nähe des Schmelzpunkts einer kongruent schmelzenden Verbindung 256
9.3.3.2 Mischungslücke in einer binären flüssigen Legierung mit starker Verbindungstendenz 257
9.4 Gläser 261
9.5 Metastabile nichtkristalline metallische Phasen 264
9.6 Methoden zur Erzielung extrem hoher Abkühlungsgeschwindigkeiten 266
9.7 Kristallisation glasartiger Legierungen 268
9.8 Literaturhinweise zu Kapitel 9 270

10. Einfluß der Diffusion auf Phasenübergänge 271
10.1 Stoffverteilung bei der Erstarrung von Schmelzen 271
10.2 Konstitutionelle Unterkühlung 275
10.3 Auswirkungen der konstitutionellen Unterkühlung 277
10.4 Reinigung durch Zonenschmelzen 281
10.5 Ausscheidungsreaktionen im festen Zustand 283
10.6 Literaturhinweise zu Kapitel 10 287

Sachregister 289

1. Die wichtigsten Symbole

1.1 Lateinische Buchstaben

At.-% A = Atomprozente der Komponente A
a_A = thermodynamische Aktivität der Komponente A
C_p = Molwärme bzw. Atomwärme bei konstantem Druck
C_V = Molwärme bzw. Atomwärme bei konstantem Volumen
c = Konzentration, allgemein
D = Dampf
e = binärer eutektischer Punkt
E = ternärer eutektischer Punkt
E_Q = quaternärer eutektischer Punkt
F = freie Energie pro g-Atom (molare freie Energie)
G = freie Enthalpie pro g-Atom (molare freie Enthalpie)
Gew.-% A = Gewichtsprozente der Komponente A
H = Wärmeinhalt pro g-Atom (molare Enthalpie)
L = Schmelze
l = Lamellenabstand im Eutektikum oder in einem lamellaren Ausscheidungsgefüge
M_A = Atomgewicht oder Molgewicht der Komponente A
n = Anzahl der Mole, allgemein
p = Druck, allgemein; in T-x-Zustandsdiagrammen: binärer peritektischer Punkt
p_A = Partialdampfdruck der Komponente A
p_A^0 = Dampfdruck der reinen Komponente A
P_K = kritischer Druck
P = Totaldruck; in T-x-Zustandsdiagrammen: ternärer peritektischer Punkt
Q = Wärmemenge pro g-Atom (molare Wärmemenge)
Q^F = Aktivierungsenergie der Teilreaktion des Erstarrens
Q^M = Aktivierungsenergie der Teilreaktion des Schmelzens
R = allgemeine Gaskonstante
R_A = Reaktionsgeschwindigkeit, allgemein
R^A = Ausscheidungsgeschwindigkeit
R_E = Geschwindigkeit der eutektischen Reaktion
R^K = Netto-Kristallisationsgeschwindigkeit
R^F = Geschwindigkeit der Teilreaktion des Erstarrens
R^M = Geschwindigkeit der Teilreaktion des Schmelzens

S	= a) Entropie pro g-Atom (molare Entropie) b) als Index: Festkörper
T	= Temperatur in K, allgemein
T_A	= Schmelztemperatur der Komponente A
$T_A^{V,0}$	= Siedetemperatur der Komponente A
T_e, T_E	= eutektische Temperatur
T^F	= Schmelztemperatur, allgemein
T_g	= Gleichgewichtstemperatur, allgemein
T^G	= Glastemperatur
U	= a) innere Energie pro g-Atom (molare innere Energie) b) in Zustandsdiagrammen: ternäres Übergangsgleichgewicht
V	= Molvolumen
$\bar{V}_A$	= partielles Volumen der Komponente A pro g-Atom
x_A	= Atombruch (Molenbruch) der Komponente A
x_e, x_E	= eutektische Konzentration
z	= Koordinationszahl

1.2 Griechische Buchstaben

$\alpha, \beta, \gamma, \ldots$	= In Zustandsdiagrammen: feste Phasen
ν^L	= Frequenz der Atomschwingungen in einer Schmelze
ν^S	= Frequenz der Atomschwingungen in einem Festkörper
σ	= spezifische Grenzflächenenergie

1.3 Differenzgrößen

ΔF	= Änderung der molaren freien Energie bei der Bildung einer Mischphase (integrale molare freie Mischungsenergie)
ΔG	= Änderung der molaren freien Enthalpie a) bei der Bildung einer Mischphase (integrale molare freie Mischungsenthalpie) b) bei einer Phasenumwandlung
$\Delta G_A^F = G_A^L - G_A^S$	= molare freie Schmelzenthalpie der Komponente A; G_A^L, G_A^S = freie Enthalpie von flüssigem bzw. festem A
ΔG^{ex}	= integrale molare freie Überschußenthalpie
$\overline{\Delta G}_A$	= partielle molare freie Mischungsenthalpie der Komponente A
ΔG_i	= ideale integrale molare freie Mischungsenthalpie
$\overline{\Delta G}_{A(i)}$	= ideale partielle molare freie Mischungsenthalpie der Komponente A
ΔH	= Änderung der molaren Enthalpie bei der Bildung einer Mischphase (integrale molare Mischungsenthalpie)
ΔH_A^F	= molare Schmelzenthalpie der Komponente A

ΔH^F = molare Schmelzenthalpie, allgemein
ΔH^U = molare Umwandlungsenthalpie
ΔH^V = molare Verdampfungsenthalpie
$\overline{\Delta H_A}$ = partielle molare Mischungsenthalpie der Komponente A
ΔS = Änderung der molaren Entropie bei der Bildung einer Mischphase (integrale molare Mischungsentropie)
ΔS_A^F = molare Schmelzentropie der Komponente A
ΔS^{ex} = integrale molare Überschußentropie (integrale molare Exzeßentropie)
ΔS_i = ideale integrale molare Mischungsentropie
$\overline{\Delta S_A}$ = partielle molare Mischungsentropie der Komponente A
$\overline{\Delta S_{A(i)}}$ = ideale partielle molare Mischungsentropie der Komponente A
ΔT = Temperaturdifferenz, allgemein
ΔV = Änderung des Molvolumens bei der Bildung einer Mischphase (integrales molares Mischungsvolumen)
ΔV^F = Änderung des Volumens beim Schmelzen in cm^3/g-Atom (molares Schmelzvolumen)
ΔV^U = molares Umwandlungsvolumen
$\overline{\Delta V_A}$ = partielles molares Mischungsvolumen der Komponente A

Anmerkung:

Wo nicht anders erwähnt, werden die auf ein Mol bezogenen extensiven Zustandsfunktionen betrachtet, z.B. F, G, H, S und alle oben mit Δ gekennzeichneten Differenzgrößen (außer ΔT). Bei Gemischen allgemeiner Zusammensetzung stimmen sie mit den auf 1 g-Atom bezogenen Größen überein. Vorsicht ist geboten, wenn Moleküle oder molekülähnliche Gebilde betrachtet werden, die durch genau definierte Stöchiometrien gekennzeichnet sind. Hier muß zur Umrechnung von Größen, die auf das Mol bezogen sind, in solche, die pro g-Atom angegeben werden, die molare Größe durch die Zahl der in der Formeleinheit vorhandenen Atome dividiert werden, denn in einem Mol sind bekanntlich $6{,}023 \cdot 10^{23}$ Moleküle, in einem g-Atom indessen $6{,}023 \cdot 10^{23}$ Atome enthalten.

Beispiel: Schmelzenthalpie des Wassers $\Delta H_{H_2O}^F = 6{,}007$ kJ/mol entspricht $\Delta H_{H_2O}^F = 2{,}002$ kJ/g-Atom.

2. Fundamentale Fakten und Begriffe

2.1 Allgemeines

Die Erfahrung lehrt, daß unter vorgegebenen äußeren Bedingungen ein Stoff sich in einem bestimmten Zustand befindet. Dieser Zustand ist durch bestimmte Eigenschaften eindeutig definiert. Bei 200 K ist die Verbindung H_2O fest, bei 300 K flüssig und bei 400 K gasförmig. Eigenschaften, die charakteristisch für den Zustand eines Stoffes sind, werden Zustandsgrößen oder Zustandsfunktionen genannt. Dazu gehört unter anderem das Molvolumen V. Wie aus Bild 2.1 ersichtlich, ist das Molvolumen des Wassers bei 200 K, 300 K und 400 K verschieden.

Aber auch ohne eine Änderung des Aggregatzustandes kann eine Variation der äußeren Bedingungen, hier der Temperatur, den Zustand ändern. Bei 300 K ist das Molvolumen von dem bei 277 K verschieden. Bei 277 K hat be-

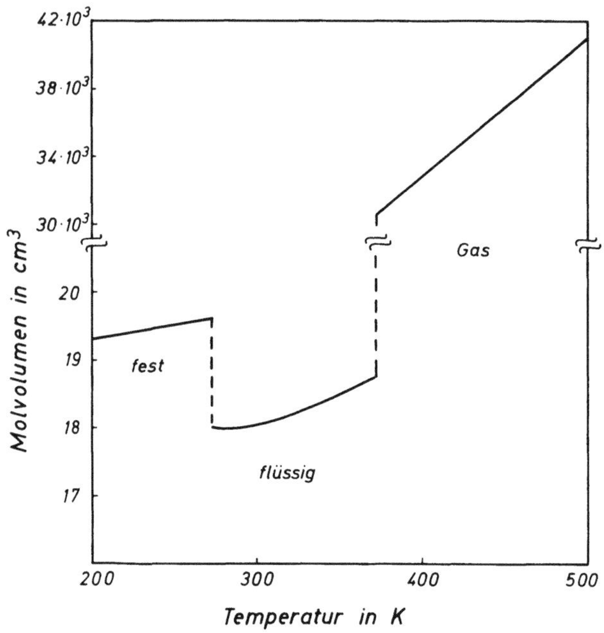

Bild 2.1 Molvolumen des Wassers als Funktion der Temperatur bei Normaldruck nach [5])

kanntlich Wasser seine größte Dichte und unterscheidet sich damit in dieser Hinsicht deutlich von Wasser bei 300 K, was für den Wärmehaushalt der Ozeane von erheblicher Bedeutung ist.

Die Größen, die einen bestimmten Zustand festlegen, werden Zustandsvariablen genannt. Außer der Temperatur T gehören dazu in erster Linie der Druck p und die Konzentration c. Nur in speziellen Fällen, die hier nicht behandelt werden sollen, können weitere Zustandsvariablen bedeutsam sein.

Ob die durch die Änderung der Zustandsvariablen möglich werdende Zustandsänderung tatsächlich innerhalb der Beobachtungszeit eintritt oder nicht, hängt naturgemäß von der Kinetik des Prozesses ab, durch den die Atome oder Moleküle des Stoffes in eine andere Ordnung gebracht werden müssen, wie z. B. beim Übergang Eis → Wasser. In Festkörpern, vor allem bei tiefen Temperaturen, sind die Reaktionsgeschwindigkeiten im allgemeinen sehr klein, so daß oft lange Zeiten erforderlich sind, um den angestrebten Zustand zu erreichen. Ist der zu vorgegebenem p, T und c eindeutig gehörende Zustand einmal erreicht, so ändert er sich bei weiterem Warten nicht mehr. Das ist der Gleichgewichtszustand oder der stabile Zustand des Stoffes für die eingestellten Zustandsvariablen. Solange der Gleichgewichtszustand nicht erreicht ist, befindet sich der Stoff in der Regel in einem metastabilen Zustand. Metastabile Zustände können in der Technik verschiedentlich von größerer Bedeutung sein als die Gleichgewichtszustände. Der Gleichgewichtszustand ist unabhängig vom Wege, auf dem er erreicht worden ist. Wasser bei 300 K hat die gleichen Eigenschaften, unabhängig davon, ob es durch Schmelzen von Eis von 200 K oder durch Kondensation aus Wasserdampf von 400 K gewonnen worden ist. Naturgemäß sind die Zustandsfunktionen, die Eigenschaftsgrößen des im Gleichgewichtszustand befindlichen Stoffes, unabhängig vom Weg, auf dem der Zustand erreicht wurde.

Ein und derselbe Stoff kann in verschiedenen Erscheinungsformen, sog. Phasen, auftreten. Phasen sind in sich makroskopisch homogen. Wasser, Eis oder Wasserdampf sind unterschiedliche Phasen. Der Phasenbegriff ist indessen nicht unbedingt an den Aggregatzustand geknüpft. Ein fester Stoff kann, je nach den vorgegebenen Zustandsvariablen, in unterschiedlichen Kristallstrukturen (Modifikationen) auftreten, die ebenfalls jeweils als Phase bezeichnet werden, da sie entsprechend der Definition makroskopisch homogen sind. Als Beispiele seien die bei zwei verschiedenen (p, T)-Größen auftretenden unterschiedlichen Arten des Eises genannt. Zwei nebeneinander existierende Phasen sind durch eine Phasengrenze voneinander getrennt. Beim Schmelzen des Eises ist dies die Grenzfläche Eis – Wasser, beim Verdampfen die Grenzfläche Wasser – Dampf und bei Koexistenz zweier fester Eismodifikationen die Grenzfläche zwischen den beiden Eisstrukturen. Die Phasengrenze stellt eine Diskontinuität im atomaren Aufbau des Stoffes dar.

Die Gesamtheit der Phasen, die miteinander in Wechselwirkung stehen, wird als System bezeichnet. Das System Wasser besteht erfahrungsgemäß am Schmelzpunkt aus zwei kondensierten Phasen, wenig oberhalb und unterhalb des Schmelzpunktes aus einer kondensierten Phase. Die den insgesamt drei Wasserphasen benachbarten weiteren Phasen anderer Stoffe, z. B. das Glas des Gefäßes, in dem sich das Wasser befindet, und die Luft über dem Wasserspiegel, werden nicht berücksichtigt, da sie mit dem interessierenden Stoff nicht in merklichem Ausmaße reagieren und somit seine Eigenschaften und seinen Gleichgewichtszustand nicht ändern.

Das System Wasser enthält nur einen Stoff, eine konstituierende Komponente. Es wird als Einkomponentensystem oder Einstoffsystem bezeichnet. Werden dem reinen Wasser weitere Stoffe zugesetzt, die seine Zustandsgrößen zu ändern vermögen, dann resultiert entsprechend ein Zweistoffsystem, Dreistoffsystem, allgemein: Mehrstoffsystem.

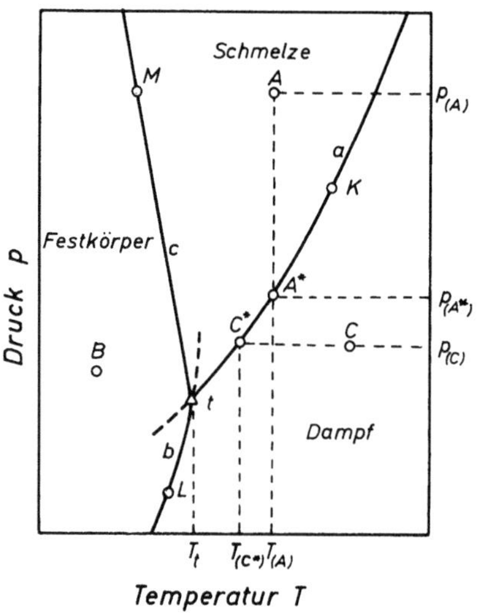

Bild 2.2 Schematisches Zustandsdiagramm des Wassers in der Umgebung des Tripelpunktes t

Diagramme, in denen die Existenzbereiche bestimmter Phasen und damit bestimmter Zustände als Funktion der Zustandsvariablen dargestellt sind, werden als Phasendiagramme oder Zustandsdiagramme bezeichnet. Bild 2.2 gibt schematisch einige Grundzüge des Zustandsdiagramms des Wassers wieder. Da es sich in diesem Falle um ein Einstoffsystem handelt, entfällt die Konzentration als Zustandsvariable. Der Zustand des Wassers ist ausschließlich durch den Druck p und die Temperatur T bestimmt.

2.2 Verdampfungsgleichgewicht

Zunächst sei das atomare Geschehen beim Verdampfen einer Flüssigkeit kurz betrachtet. Die Moleküle einer Flüssigkeit haben unterschiedlich große kinetische Energien. Es liegt eine bestimmte Energieverteilung vor. Der Mittelwert dieser Energie ist von der Temperatur abhängig.

Damit ein Molekül aus der flüssigen Phase in den Dampfraum übertreten kann, sind die zwischenatomaren Kräfte in der Flüssigkeit zu überwinden. Das ist für einzelne Moleküle möglich, wenn deren kinetische Energie oberhalb einer bestimmten Größe liegt, der Verdampfungsenthalpie. Sie können die Phasengrenze Flüssigkeit – Dampf durchstoßen und aus dem Anziehungsbereich der Flüssigkeit entkommen. Außerhalb des Bereichs der flüssigen Phase treffen die entwichenen Moleküle schließlich auf Gefäßwände und bedingen einen meßbaren Druck. Sie können auch wieder die Grenzfläche Flüssigkeit – Dampf erreichen und erneut in den Flüssigkeitsverband aufgenommen werden. Bei diesem Kondensationsprozeß wird die beim Verdampfen aufgewandte Verdampfungsenthalpie wieder freigesetzt (Kondensationsenthalpie).

Für eine bestimmte Temperatur T stellt sich ein dynamisches Gleichgewicht ein, bei dem je Zeiteinheit pro Quadratzentimeter Grenzfläche durch die Phasengrenze ebenso viele Moleküle von der Flüssigkeit in den Dampf übergehen, wie umgekehrt vom Dampf in die Flüssigkeit. Da mit steigender Temperatur die kinetische Energie der Moleküle in der Flüssigkeit zunimmt, wächst auch der Dampfdruck dieser Flüssigkeit mit der Temperatur. Ist im Falle des Wassers ΔH_W^V die beim Verdampfen von 1 Mol H_2O aufzuwendende Enthalpie, so gilt für den Dampfdruck p_W des Wassers der folgende Zusammenhang:

$$p_W = A \cdot \exp\left(-\frac{\Delta H_W^V}{RT}\right). \tag{2.1}$$

Der durch Gl. (2.1) beschriebene Zusammenhang gilt für alle Verdampfungsgleichgewichte und lautet allgemein formuliert:

$$p = A \cdot \exp\left(-\frac{\Delta H^V}{RT}\right). \tag{2.1 a}$$

Dabei bedeutet A eine stoffspezifische Konstante und R die allgemeine Gaskonstante. ΔH^V ist die molare Verdampfungsenthalpie und p der Dampfdruck. Logarithmieren von Gl. (2.1) liefert:

$$\log p_W = \log A - \frac{\Delta H_W^V}{R} \cdot \frac{1}{T}. \tag{2.2}$$

Die Auftragung von $\log p_W$ gegen $\frac{1}{T}$ ergibt eine Gerade, aus deren Anstiegswinkel ΔH_W^V errechnet werden kann.

In Bild 2.2 ist die Dampfdruckkurve der Schmelze durch den Linienzug a schematisch dargestellt.

Analog verdampft auch Eis. Die Verdampfungsenthalpie ΔH_E^V des Eises ist indessen größer, da die Bindungskräfte im Eis größer sind als diejenigen im Wasser. Die Differenz

$$\Delta H^F = \Delta H_E^V - \Delta H_W^V \tag{2.3}$$

entspricht der Enthalpie, die beim Schmelzen von 1 Mol Eis aufzuwenden ist. Bei vorgegebener Temperatur T ist das Steigmaß der Dampfdruckkurve des Eises daher größer als das derjenigen des Wassers (vgl. Bild 2.2, Kurve b). Es tritt ein Schnittpunkt t der beiden Dampfdruckkurven auf. Nur bei der Temperatur dieses Schnittpunktes sind die Dampfdrucke über Eis und über Wasser gleich. Bei Temperaturen oberhalb von T_t ist der Dampfdruck des Wassers kleiner als der des Eises, bei Temperaturen unterhalb von T_t ist der Dampfdruck des Eises kleiner als der des Wassers. Die Folgen dieser Tatsache verdeutlicht das in Bild 2.3 dargestellte Experiment.

In einem abgeschlossenen Behälter mit gemeinsamer Gasphase, aber sonst getrennt voneinander, sind Eis und Wasser untergebracht. Es wird dafür gesorgt, daß kein Temperaturunterschied zwischen Eis und Wasser auftritt. Wählt man die Temperatur des Systems zu $T > T_t$, so kann kein dynamisches Verdampfungsgleichgewicht aufrechterhalten werden. Da $p_W < p_E$ ist, verdampft Eis und kondensiert sich im Schiffchen, das das Wasser enthält. Bei $T < T_t$ ist es umgekehrt. Nur bei $T = T_t$ liegt Gleichgewicht vor. Daraus folgt der trivial erscheinende Schluß: Unterhalb der Temperatur T_t ist – neben dem mit der kondensierten Phase im Gleichgewicht stehenden Dampf – nur Eis als stabile Phase existent, oberhalb von T_t nur Wasser stabil. Lediglich bei T_t können beide kondensierten Phasen koexistieren.

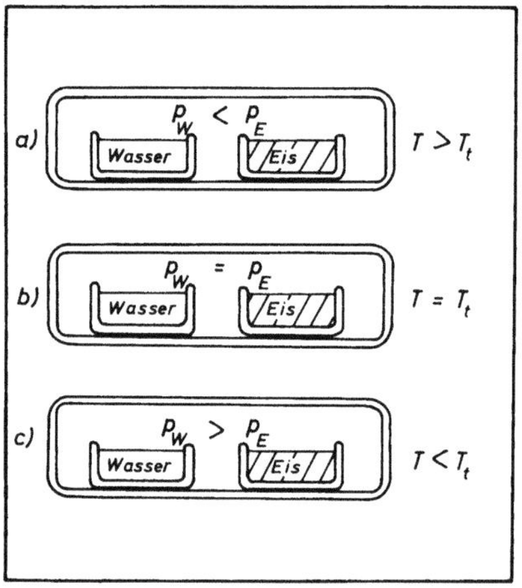

Bild 2.3 Zur Erläuterung der Stabilität koexistierender Phasen. p_W und p_E sind die Dampfdrucke des Wassers bzw. des Eises

Bei diesem Gedankenexperiment ist der Dampfdruck p ein anschaulicher Indikator für die energetischen Hintergründe der Stabilität der Phasen und der Gleichgewichtsverhältnisse. Im Falle $T > T_t$ (Bild 2.3a) ist mit dem Überdestillieren von rechts nach links eine Expansion des Dampfes verbunden. Diese Expansion könnte beispielsweise zum Bewegen eines Kolbens in einem Zylinder, ähnlich wie bei einer Dampfmaschine, und damit zur Erzeugung mechanischer Energie genutzt werden. Wird der Expansionsvorgang isotherm und reversibel durchgeführt, so wird die „maximale Nutzarbeit" gewonnen, die auch als Änderung der freien Energie, ΔF, bezeichnet wird, da sie in beliebige Energieformen umgewandelt werden kann und nicht unbedingt primär als Wärme resultiert. Sie stellt in unserem Falle die Erniedrigung der freien Energie des Systems beim Übergang vom Eis in Wasser bei vorgegebener Temperatur $T > T_t$ dar. Ihr Betrag ist abhängig vom Verhältnis der Dampfdrucke p_E und p_W, und zwar gilt für n Mole:

$$\Delta F = -n \cdot RT \cdot \ln \frac{p_E}{p_W} . \tag{2.4}$$

Nach dem Destillationsprozeß ist also die gesamte freie Energie des Systems niedriger als vorher. Das ist das eigentliche und ausschließliche Kriterium

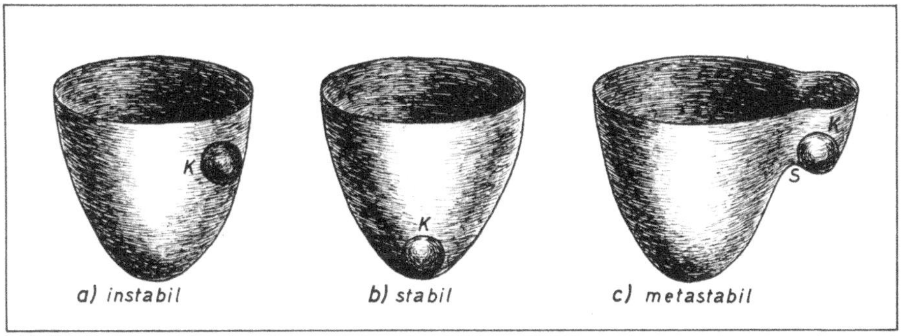

Bild 2.4 Mechanisches Modell zur Erläuterung von Gleichgewichtsverhältnissen

für die Stabilität von Phasen. Unter vorgegebenen Bedingungen (p, T, c) ist stets diejenige Phase (oder diejenige Gesamtheit koexistierender Phasen) stabil, die die kleinste freie Energie aufweist. Wie in Kapitel 7 dargelegt, ist bei Phasenübergängen, die bei konstantem Druck stattfinden, noch der mit einer eventuellen Volumenänderung verbundene Energieumsatz zu beachten. Anstelle der Änderung der freien Energie, ΔF, tritt dann die Änderung der freien Enthalpie, ΔG.

Die Energetik der Gleichgewichtseinstellung ist analog den Verhältnissen bei einem mechanischen System, wie es in Bild 2.4 dargestellt ist. Befindet sich die Kugel K am Boden des Gefäßes, so liegt bekanntlich ein stabiles Gleichgewicht vor (kleinste potentielle Energie). Im Fall a), der in diesem mechanischen Modell beispielsweise bei hohen Reibungskräften realisierbar ist (Analogon: kinetische Hemmung der Reaktion), liegt ein instabiles System vor (keine minimale potentielle Energie). Wird durch Beseitigung der Hemmung (analog z. B. der Temperatursteigerung bei chemischen Reaktionen) der Übergang in den stabilen Zustand ermöglicht, so wird vom System Energie abgegeben. Ähnliches gilt für den Fall c), in dem sich die Kugel in einem Nebenminimum befindet und durch einen geringen Aufwand an potentieller Energie zur Überwindung der Schwelle S und zur Erreichung des Minimums der potentiellen Energie gebracht werden kann. Dieses Gleichgewicht wird als metastabil bezeichnet. Metastabile Zustände treten relativ häufig auf. Sie sollen in Kapitel 9 eingehend behandelt werden.

Im schematischen Zustandsdiagramm des Wassers in Bild 2.2 stellt die Linie a die Grenze zwischen den Existenzbereichen von Wasser und Dampf, die Linie b die Grenze zwischen den Existenzgebieten von Eis und Dampf dar. Bei (p, T)-Werten, die dem Punkt A entsprechen ($p_{(A)}$, $T_{(A)}$), liegt nur eine Phase (Wasser) vor, bei B nur Eis, bei C nur Dampf. Bei K stehen Dampf und Wasser miteinander im Gleichgewicht, und bei L koexistieren Eis und Dampf. Wird von A ausgegangen und bei konstanter Temperatur T_A der Druck erniedrigt, so tritt bei Erreichen der Kurve a Sieden ein. Dabei bleibt der Druck so lange konstant, und zwar bei $p_{(A*)}$, bis alles Wasser verdampft ist, da im Falle der fest vorgegebenen Temperatur $T_{(A)}$ nur bei $p_{(A*)}$ Wasser und Dampf nebeneinander im Gleichgewicht existieren können (Zweiphasengleichgewicht). Bei diesem Siedevorgang wird die Verdampfungsenthalpie vom System aus der Umgebung aufgenommen. Erst nachdem das gesamte Wasser verdampft ist, kann der Druck weiter gesenkt werden.

Analoges gilt, wenn von C ausgegangen wird und bei konstantem Druck p_C die Temperatur erniedrigt wird, beispielsweise durch Abschalten des Ofens, in dem sich das Gefäß mit dem Dampf befindet. Sobald Kurve a bei C* erreicht ist, beginnt Kondensation. Dabei bleibt die Temperatur konstant bei $T_{(C*)}$, da beim festgelegten Druck $p_{(C)}$ nur bei der Temperatur $T_{(C*)}$ zwei Phasen koexistieren können. Bei der Kondensation wird Wärme frei (Kondensationsenthalpie). Sobald der gesamte Dampf kondensiert ist, kann die Temperatur weiter sinken.

Während die Linie a im p-T-Diagramm allgemein Orte von Zweiphasengleichgewichten darstellt, liegen im speziellen Fall des Punktes t drei Phasen nebeneinander im Gleichgewicht vor: Eis, Wasser und Dampf. Das ist der Schmelzpunkt des Wassers unter seinem eigenen Dampfdruck. Dieser Punkt, in dem drei Phasen koexistieren, wird Tripelpunkt genannt. Er liegt beim Wasser bei p = 610 Pa und T = 273, 1575 K (4,58 Torr, 0,0075 °C).

2.3 Literaturhinweise zu Kapitel 2

1) P. Gordon, „Principles of Phase Diagrams in Materials Systems“, McGraw-Hill Book Comp., New York (1968).
2) A. M. Alper (Herausgeber), „Phase Diagrams, Materials Science and Technology“, Vol. I, Academic Press, New York (1970).
3) W. Paul und D. M. Warschauer (Herausgeber), „Solids Under Pressure“, McGraw-Hill Book Comp., New York (1963).
4) R. G. Ross und D. A. Greenwood, „Liquid Metals and Vapours Under Pressure“, in „Progress in Materials Science“, Herausgeber: B. Chalmers und W. Hume-Rothery, Vol. 14, No. 4, Pergamon Press, London (1969).
5) R. C. Weast (Herausgeber), „Handbook of Chemistry and Physics“, 49. Edition, The Chemical Rubber Co., Cleveland, Ohio (1969).

3. Phasengleichgewichte in Einstoffsystemen

3.1 Allgemeines

Beim Schmelzen eines Stoffes wird Wärme verbraucht, um den Kristall in die Schmelze zu überführen, in der die zwischenatomare Wechselwirkung und der Ordnungsgrad der atomaren Struktur geringer ist als im Festkörper. Der Schmelzprozeß ist daher außer mit einer Wärmeaufnahme (Schmelzwärme bzw. Schmelzenthalpie) auch mit einer Volumenänderung verbunden. Das bedingt, daß die Schmelzgleichgewichte in einem Einstoffsystem durch ein Zusammenspiel der Zustandsvariablen Druck und Temperatur festgelegt sind. Die Richtung der Auswirkung eines äußeren Druckes ist durch das Le Chateliersche Prinzip vom kleinsten Zwang (1884) gegeben. Danach verlagert sich ein Gleichgewicht stets in die Richtung, die zu einer Reduzierung des von außen aufgelegten Zwanges (der vorgegebenen Änderung der Zustandsvariablen) führt. Nimmt beim Schmelzen eines Stoffes das Volumen zu, so bewirkt Drucksteigerung eine Erhöhung der Schmelztemperatur, da beim Erstarren der Schmelze Festkörper mit kleinerem Volumen entsteht, was den „äußeren Zwang" der Druckerhöhung zu beseitigen vermag.

Wasser schmilzt unter Volumenverminderung. Daher nimmt sein Schmelzpunkt mit steigendem Druck ab. Quantitativ und allgemein wird der Zusammenhang durch die Clausius-Clapeyronsche Beziehung beschrieben:

$$\frac{dp}{dT} = \frac{\Delta H^F}{T^F \cdot \Delta V^F}. \tag{3.1}$$

Dabei bedeuten ΔH^F die Schmelzenthalpie pro Mol, T^F die absolute Schmelztemperatur und ΔV^F die pro Mol eintretende Änderung des Volumens beim Schmelzen. Vom Tripelpunkt t beginnend ist in Bild 2.2 die Schmelzdruckkurve (c) des Eises eingezeichnet. Sie stellt die Gesamtheit aller Punkte im p-T-Diagramm dar, bei denen Wasser und Eis im Gleichgewicht stehen.

3.2 Umwandlungsgleichgewichte im festen Zustand

Die atomare Struktur eines Festkörpers ist bekanntlich festgelegt durch Art und Stärke der zwischenatomaren bzw. zwischenmolekularen Wechselwirkungen. Analog wie durch bestimmte Änderungen der Zustandsvariablen ein

Übergang von der kristallinen, ferngeordneten Struktur des Festkörpers in die nur nahgeordnete Struktur der Schmelze bewirkt werden kann, besteht für viele Stoffe die Möglichkeit, durch Variation von Druck und Temperatur eine Umwandlung der Kristallstruktur in ein anderes Gitter mit anderen Symmetrieeigenschaften und Atom- oder Molekülabständen zu bewirken. Diese Gegebenheit wurde von Mitscherlich 1821 entdeckt und Polymorphismus genannt. Die Umwandlung einer festen Phase in eine andere feste Phase läuft in der Regel über Diffusionsvorgänge in der Phasengrenze oder in deren unmittelbarer Umgebung ab. Im Falle der Koexistenz zweier fester Phasen liegt an der Phasengrenze ein dynamisches Gleichgewicht vor, in dem je Zeiteinheit und je Flächeneinheit der Phasengrenzfläche ebenso viele Atome bzw. Moleküle von Phase 1 nach Phase 2 wie von Phase 2 nach Phase 1 diffundieren. Im Prinzip herrschen analoge Verhältnisse wie beim Verdampfen und beim Schmelzen. Daher sind die Prinzipien der Fest–fest-Phasengleichgewichte analog denen beim Schmelzen oder Verdampfen. Bestimmten festen Phasen sind im Zustandsdiagramm Phasenfelder zuzuordnen. Längs bestimmter p-T-Linien stehen je zwei feste Phasen im Gleichgewicht. Phasenumwandlungen zwischen stabilen festen Phasen (Gleichgewichtsphasen) werden enantiotrope Umwandlungen genannt. Sie sind prinzipiell reversibel durchführbar.

Daneben können monotrope Umwandlungen auftreten, bei denen eine metastabile feste Phase in eine stabile feste Phase übergeht. Solche Umwandlungen sind nicht umkehrbar. Sie laufen stets in Richtung auf die stabile Phase ab. Eine stabile Phase kann nicht mit einer metastabilen Phase im Gleichgewicht stehen. Da das Zustandsdiagramm ein Gleichgewichtsdiagramm ist, können monotrope Umwandlungen nicht eingezeichnet werden. Es ist indessen üblich, zum Zwecke einer raschen Orientierung gelegentlich

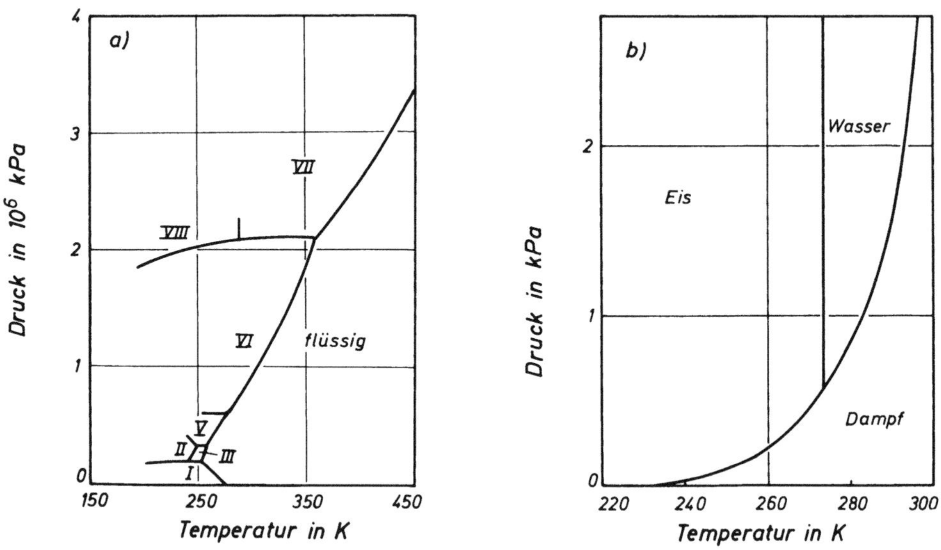

Bild 3.1 Zustandsdiagramm des Wassers. a) Phasengleichgewichte im festen Zustand nach [4]; b) Phasengleichgewichte bei Drucken unterhalb 3 kPa nach [5])

auch die wahrscheinlichen Existenzbereiche metastabiler Phasen im Zustandsdiagramm anzudeuten.

Ähnlich wie Schmelzgleichgewichte sind auch Umwandlungsgleichgewichte mit einer Volumenänderung verbunden. Die Umwandlungstemperatur ist daher vom Druck abhängig. Die Druck-Umwandlungstemperatur-Linie wird, ähnlich wie die Druck-Schmelztemperatur-Linie, durch die Clausius-Clapeyronsche Gleichung (vgl. Gl. (3.1)) beschrieben. Für den Gang der Umwandlungstemperatur mit dem Druck sind die Umwandlungsenthalpie ΔH^U und die Volumenänderung beim Umwandlungsvorgang, ΔV^U, bedeutsam.

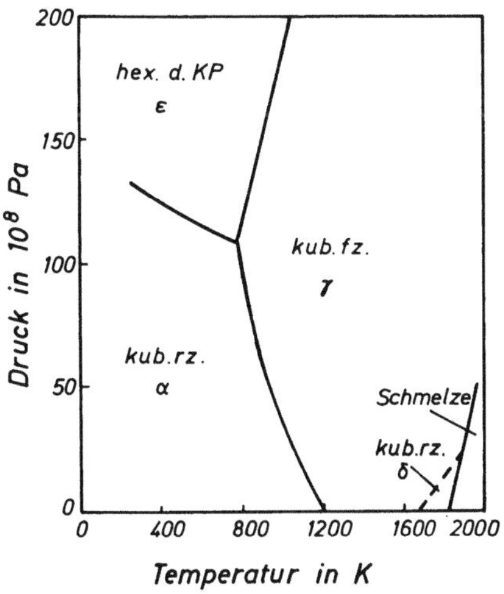

Bild 3.2 Zustandsdiagramm des Eisens nach [5])

Als Beispiel eines Zustandsdiagramms eines Einstoffsystems mit Phasenumwandlungen im festen Zustand ist in Bild 3.1 ein Teil des Phasendiagramms des Wassers wiedergegeben. Im Bereich bis $3 \cdot 10^6$ kPa (ca. $3 \cdot 10^4$ atm) tritt Eis in sieben stabilen Modifikationen auf. Bei (p, T)-Werten, die den eingezeichneten Linien entsprechen, stehen die Phasen der benachbarten Felder im Gleichgewicht. Es sei bemerkt, daß die Umwandlungen, wie sie bei Variation von p oder T gemäß Bild 3.1 bei Überschreiten einer Gleichgewichtslinie, z. B. V/VI, zu erwarten sind, oft nur zögernd eintreten. Bis wachstumsfähige Kristallkeime der neuen Phase entstehen, bleibt die Ausgangsphase naturgemäß metastabil existent.

Bemerkenswert ist ferner, daß die Schmelzpunkte der Modifikationen III, V, VI und VII mit steigendem Druck zunehmen, der Schmelzpunkt des gewöhnlichen Eises (I) indessen abnimmt. Die Hochdruckmodifikationen haben ein kleineres Molvolumen als Wasser, während das bei niedrigen Drucken durch Erstarren von Wasser entstehende Eis I ein größeres Molvolumen als Wasser besitzt. Da in allen Fällen das Vorzeichen der Schmelzenthalpie ΔH^F gleich bleibt, bedingt gemäß Gl. (3.1) ein Vorzeichenwechsel von ΔV^F eine Änderung des Vorzeichens von $\frac{dp}{dT}$. Bei $4 \cdot 10^6$ kPa liegt der

Schmelzpunkt des Eises bereits bei etwa 470 K (ca. + 200 °C). Schließlich sei noch erwähnt, daß die Modifikation Eis IV metastabil ist und daher in das Gleichgewichtsdiagramm des Bildes 3.1 a nicht eingezeichnet wird.

Auch Metalle, die relativ einfach aufgebaut sind, können in verschiedenen Modifikationen auftreten. Bereits bei Atmosphärendruck weisen einige von ihnen bei verschiedenen Temperaturen unterschiedliche Kristallstrukturen auf. Beispielsweise wandelt sich Titan bei 1155 K (882 °C) von der Tieftemperaturmodifikation mit hexagonal dichtester Kugelpackung in die Hochtemperaturmodifikation mit kubisch raumzentrierter Struktur um. Das Uran tritt in drei, das Mangan in vier Modifikationen auf. Von besonderer Bedeutung ist die Polymorphie des Eisens. Unterhalb 1184 K (911 °C) liegt Eisen in einer kubisch raumzentrierten Kristallstruktur (α) vor. Zwischen 1184 K (911 °C) und 1665 K (1392 °C) hat es eine kubisch flächenzentrierte Struktur (γ) und oberhalb 1665 K (1392 °C) ist wieder die kubisch raumzentrierte Struktur (δ) stabil. Bei hohen Drucken tritt schließlich noch eine hexagonal dichtest gepackte Modifikation (ε) auf. Das Zustandsdiagramm des Eisens ist in Bild 3.2 wiedergegeben.

3.3 Monotrope Umwandlungen

Monotrope Umwandlungen sind Übergänge metastabiler Phasen in stabile. Metastabile Phasen werden nicht über Gleichgewichtsreaktionen gebildet. Sie entstehen z. B. durch Kondensation aus der Dampfphase, durch Erstarren aus der Schmelze, bei Festkörperreaktionen oder als Produkte chemischer Umsetzungen, wenn wachstumsfähige Kristallkeime der stabilen Modifikation aus irgendeinem Grunde nicht gebildet werden können.

In Bild 3.3 ist die Dampfdruckkurve einer Schmelze und des zugehörigen stabilen Festkörpers α dargestellt. Der Gleichgewichtsschmelzpunkt sei T_g.

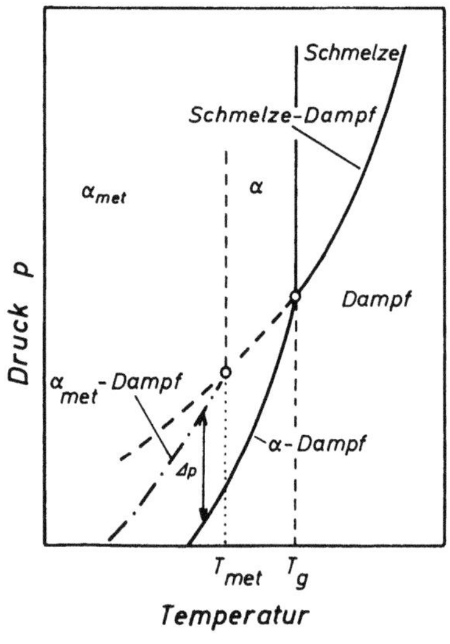

Bild 3.3 Zur Erläuterung des Auftretens einer metastabilen festen Phase α_{met} neben den Gleichgewichtsphasen Schmelze, Dampf und Festkörper α

Eine metastabile Phase dieses Systems, α_{met}, muß einen höheren Dampfdruck haben als α: $p_{\alpha_{met}} - p_\alpha = \Delta p$. Bei einer isothermen Destillation geht α_{met} in α über, wobei die durch $p_{\alpha_{met}}/p_\alpha$ festgelegte Expansionsarbeit die dabei eintretende Erniedrigung der freien Energie des Systems darstellt (vgl. Gl. (2.4)). Wird von der Schmelze mit $T > T_g$ ausgegangen und die Temperatur erniedrigt, so kann, was häufig beobachtet wird, die Kristallisation der festen Gleichgewichtsphase ausbleiben. Die Temperatur der Schmelze kann unter T_g sinken. Sofern die Bildung von Kristallkeimen der Modifikation α_{met} rascher erfolgt als die der Keime von α, tritt bei T_{met} Kristallisation der metastabilen Phase ein. Beim Erwärmen geht sie in α über. Die Temperatur, bei der diese monotrope Umwandlung erfolgt, ist nicht festgelegt wie eine Gleichgewichtstemperatur, sondern in erster Linie von der Beweglichkeit der Atome oder Moleküle im Gitter von α_{met} und von der Wahrscheinlichkeit der Bildung wachstumsfähiger α-Kristallkeime aus dem α_{met}-Kristallgitter abhängig. Es handelt sich nicht um einen Umwandlungspunkt. Der Temperaturbereich dieser Umwandlung ist erfahrungsgemäß erheblich von der Erhitzungsgeschwindigkeit abhängig.

In realen Systemen können oft mehrere metastabile Phasen beobachtet werden. Im allgemeinen entsteht bei Ungleichgewichtsreaktionen die Phase mit der geringsten Stabilität (mit der größten freien Enthalpie). Sie geht meist nicht unmittelbar in die stabile Phase über. Es erfolgt vielmehr ein stufenweiser Abbau der freien Enthalpie, indem die nächst stabilere metastabile Phase entsteht, diese ebenfalls in die nächst stabilere metastabile übergeht, bis schließlich in solchen Einzelschritten die stabile Phase erhalten wird (Ostwaldsche Stufenregel). Dieser Ablauf ist darauf zurückzuführen, daß metastabile Phasen, die sich in energetischer Hinsicht nur wenig voneinander unterscheiden, im allgemeinen auch geringe Unterschiede in ihrer Atomanordnung aufweisen, so daß die Wahrscheinlichkeit für die spontane Ausbildung eines Bereiches (Keimes), der die Kristallstruktur der jeweils stabileren Phase hat und unter Erniedrigung der freien Enthalpie des Systems wachsen kann, größer ist als bei erheblichen strukturellen Unterschieden, wie sie gegenüber der stabilen Phase auftreten können.

Aus Bild 3.3 ist noch ersichtlich, daß die metastabile Modifikation aufgrund ihres gegenüber der stabilen Modifikation höheren Dampfdrucks naturgemäß eine niedrigere Schmelztemperatur aufweist. Das gilt grundsätzlich. Metastabile Phasen haben stets einen niedrigeren Schmelzpunkt als entsprechende stabile Phasen desselben Systems.

In Bild 3.4 ist das Zustandsdiagramm des Siliciumdioxids schematisch dargestellt. Es treten mehrere stabile und metastabile Modifikationen auf. Nur einige der Phasenumwandlungen laufen üblicherweise ungestört ab. Dazu gehört z. B. die Umwandlung von α-Quarz in β-Quarz. Bereits bei der Erstarrung der Schmelze treten Keimbildungsschwierigkeiten auf, so daß es leicht möglich ist, eine Kristallisation überhaupt zu vermeiden. Dabei nimmt die Viskosität der SiO_2-Schmelze mit sinkender Temperatur rasch zu, so daß eine „Erstarrung" zu Kieselsäureglas erfolgt. Aus dem metastabilen SiO_2-Glas entsteht gemäß der Ostwaldschen Stufenregel bei Temperaturen um 1070 K nicht α-Quarz, der in diesem Temperaturbereich stabil ist. Als erstes Umwandlungsprodukt bildet sich vielmehr der metastabile α-Tridymit.

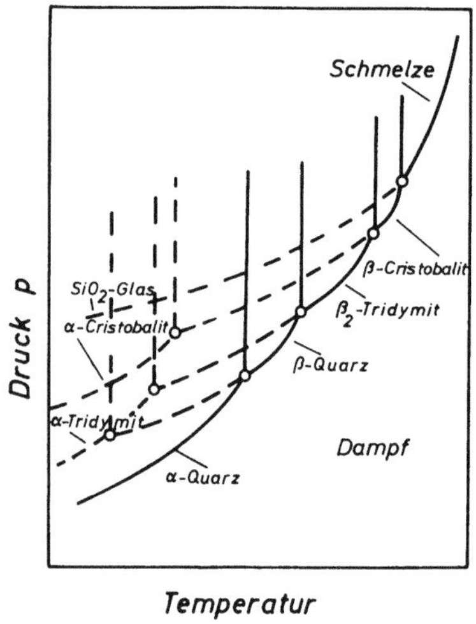

Bild 3.4 Schematisches Zustandsdiagramm des SiO_2 nach R. Vogel[1])

Die Bildung (metastabiler) Gläser in Silicatsystemen ist bekanntermaßen von erheblicher technischer Bedeutung.

Ein typischer Fall einer monotropen Umwandlung liegt ferner beim Phosphor vor. Die violette Modifikation ist unter Normalbedingungen stabil, die weiße metastabil. Es kann sich die weiße Modifikation beim Erwärmen in die violette umwandeln, nicht aber die violette in die weiße.

Die Bildung von Kristallkeimen der stabilen Modifikation kann häufig durch Katalysatoren gefördert werden. Beispielsweise wird die Umwandlung weißer Phosphor → violetter Phosphor durch Zusatz kleiner Mengen von elementarem Jod beschleunigt. Zur Erleichterung der Keimbildung im SiO_2-System können geringe Zusätze von Na_2WO_4 dienen.

3.4 Literaturhinweise zu Kapitel 3

1) R. Vogel, „Die heterogenen Gleichgewichte“, 2. Auflage, Akademische Verlagsgesellschaft, Leipzig (1959).

2) W. Paul und D. M. Warschauer (Herausgeber), „Solids under Pressure“, McGraw-Hill Book Comp., New York (1963).

3) R. G. Ross und D. A. Greenwood, „Liquid Metals and Vapours under Pressure“, in „Progress in Materials Science“, Herausgeber: B. Chalmers und W. Hume-Rothery, Vol. 14, No. 4, Pergamon Press, London (1969).

4) J. C. Bailar, Jr., H. J. Emeléus, Sir Ronald Nyholm, A. F. Trotman-Dickenson (Herausgeber), „Comprehensive Inorganic Chemistry“, Vol. 2, Pergamon Press, Oxford (1973).

5) P. Gordon, „Principles of Phase Diagrams in Materials Systems“, McGraw-Hill Book Comp., New York (1968).

4. Phasengleichgewichte in Zweistoffsystemen unter Ausschluß der Dampfphase

4.1 Definition der Konzentration

In Mehrstoffsystemen tritt die Konzentration als Zustandsvariable auf. Zur Beschreibung atomarer Gegebenheiten ist ihre Definition als Atombruch oder Molenbruch x besonders nützlich. Der Atombruch einer Komponente A eines Mehrstoffsystems ist gegeben durch

$$x_A = \frac{n_A}{\sum\limits_i n_i}, \tag{4.1}$$

wobei n_A die Anzahl der g-Atome (oder Mole) von A und $\sum\limits_i n_i$ die Summe der g-Atome (bzw. Mole) aller Komponenten i ist. Dabei gilt:

$$x_A + x_B + x_C + \ldots = 1. \tag{4.2}$$

In einem Zweistoffsystem ist die Angabe von nur einer Komponente erforderlich, da

$$x_A = 1 - x_B \tag{4.3}$$

ist.

Verschiedentlich werden als Konzentrationsangabe Atomprozente (Atom-%) verwendet. Es ist:

$$\text{Atom-\% A} = x_A \cdot 100. \tag{4.4}$$

Zur Herstellung bestimmter Mischungen mehrerer Komponenten werden die einzelnen Stoffe gewogen. Primär ist daher die Kenntnis der Gewichtsprozente einer Mischung erforderlich. Gewichts-% und Atom-% können unter Berücksichtigung der jeweiligen Atom- bzw. Molgewichte leicht ineinander umgerechnet werden. Für ein System mit zwei Komponenten gilt:

$$\text{Gew.-\% A} = \frac{100 \cdot (\text{Atom-\% A}) \cdot M_A}{(\text{Atom-\% A}) \cdot M_A + (\text{Atom-\% B}) \cdot M_B} \tag{4.5}$$

$$\text{Atom-\% A} = \frac{100}{1 + \dfrac{100 - (\text{Gew.-\% A})}{(\text{Gew.-\% A})} \cdot \dfrac{M_A}{M_B}}. \tag{4.6}$$

Dabei bedeutet M_A das Atomgewicht von A und M_B das Atomgewicht von B.

Bei der Darstellung der Phasengleichgewichte wird die Konzentration in Atom-%, weniger häufig und oft weniger zweckmäßig in Gew.-% angegeben.

4.2 Teilreaktionen des Fest – flüssig-Übergangs

Das Schmelzen eines Stoffes erfolgt erfahrungsgemäß in dem Maße, wie ihm Wärme (Enthalpie) zugeführt wird. Das Mengenverhältnis von fester und flüssiger Phase, die in einem bestimmten Moment bei der Schmelztemperatur T^F miteinander im Gleichgewicht stehen, ist abhängig von dem Bruchteil der gesamten Schmelzenthalpie, die bis zu diesem Zeitpunkt zugeführt worden ist. Die Geschwindigkeit des Schmelzprozesses ist proportional der Geschwindigkeit der Enthalpiezufuhr.

Diese einer Messung unmittelbar zugängliche Nettogeschwindigkeit kann als Differenz zweier Geschwindigkeiten von Teilreaktionen aufgefaßt werden, die das dynamische Schmelzgleichgewicht bedingen. Es ist dies der Prozeß des Schmelzens, bei dem Atome bzw. Moleküle des Festkörpers durch die Phasengrenze hindurchtreten und zur flüssigen Phase gelangen, sowie der Prozeß des Erstarrens, bei dem Teilchen aus der Schmelze zum Festkörper übertreten. Damit ein Teilchen den Einzelschritt einer der Reaktionen vollziehen kann, muß es eine hinreichend hohe Energie besitzen, die Aktivierungsenergie des Schmelzprozesses, Q^M bzw. die Aktivierungsenergie des Erstarrungsprozesses, Q^F.

Noch einige weitere Faktoren sind von Bedeutung. Je höher die Frequenz ν^S der Teilchenschwingung im Gitter des Festkörpers ist, um so höher ist die Anzahl der Möglichkeiten pro Sekunde dafür, daß ein Atom aus dem Festkörper die feste Phase verlassen kann. Analoges gilt für die Rückreaktion, den Teilprozeß des Schmelzens (ν^L = Schwingungsfrequenz der Teilchen in der Schmelze).

Weiterhin muß das Atom, das die Energie zum Entweichen aufbringt, noch eine günstige Bewegungsrichtung besitzen, so daß es eine hinreichend große Geschwindigkeitskomponente senkrecht zur Festkörperoberfläche hat, um aus dem Anziehungsbereich der Atome des Festkörpers zu entkommen. Die räumlichen Gegebenheiten können bei der Beschreibung der Geschwindigkeit der Teilreaktionen durch Geometriefaktoren berücksichtigt werden: G^M für den Schmelzprozeß, G^F für den Erstarrungsprozeß.

Ferner muß ein Teilchen, das aus einer Phase entwichen ist, in der anderen einen geeigneten Platz finden, um eingebaut zu werden. Es muß dabei einen Teil seiner Energie abgeben, um nicht wieder über den aktivierten Zustand in die Ausgangsphase zurückzukehren. Die Wahrscheinlichkeit dafür, daß ein Einbau erfolgt, wird durch einen Akkommodationskoeffizienten ausgedrückt: A^M für den Schmelzprozeß, A^F für den Erstarrungsprozeß.

Schließlich ist die Geschwindigkeit der Schmelzreaktion, R^M, proportional der Anzahl N^S von Atomen bzw. Molekülen, die sich je Flächeneinheit der Phasengrenzfläche auf der Festkörperseite befinden. Die Geschwindigkeit der Teilreaktion der Erstarrung, R^F, ist in analoger Weise der Größe N^L proportional, die die Anzahl der Atome je Flächeneinheit in der Grenzfläche auf der Seite der Schmelze bedeutet.

Die Geschwindigkeit der Teilreaktionen, die durch die Zahl der Atome beschrieben wird, die je Sekunde und je cm² die Grenzfläche durchstoßen, ist nach B. Chalmers:

$$R^M = N^S \cdot A^M \cdot G^M \cdot \nu^S \cdot \exp\left(-\frac{Q^M}{RT}\right), \tag{4.7}$$

$$R^F = N^L \cdot A^F \cdot G^F \cdot \nu^L \cdot \exp\left(-\frac{Q^F}{RT}\right). \tag{4.8}$$

Die Temperaturabhängigkeit der Einzelgeschwindigkeiten ist für den Fall des Kupfers in Bild 4.1 dargestellt.

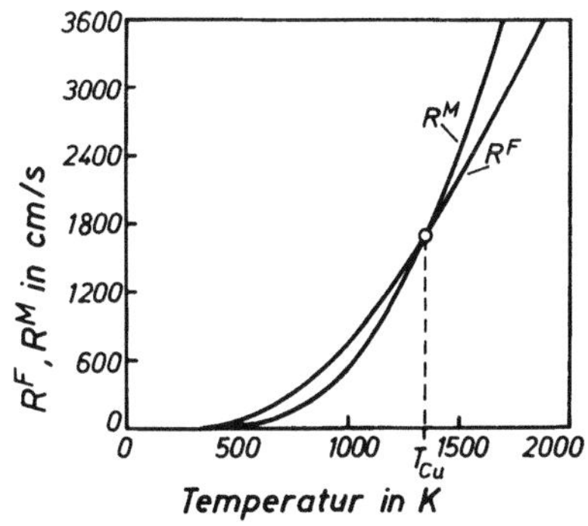

Bild 4.1 Geschwindigkeit der Teilreaktion der Erstarrung, R^F, und des Schmelzens, R^M, für Kupfer als Funktion der Temperatur (nach B. Chalmers [16]))

Es sei betont, daß grundsätzlich bei thermisch aktivierten Prozessen, die zu einem dynamischen Gleichgewicht führen, die Differenz der Aktivierungsenergie von Hin- und Rückreaktion der Reaktionsenthalpie des Gesamtprozesses entspricht. Im Falle des Fest–flüssig-Gleichgewichts gilt (vgl. Bild 4.2):

$$\Delta H^F = Q^M - Q^F, \tag{4.9}$$

wobei ΔH^F die molare Schmelzenthalpie des betrachteten Stoffes ist. Gemäß Gl. (4.9) ist $Q^M > Q^F$. Die Gestalt der R^F–T- und R^M–T-Kurve ist verschieden. Bei der Gleichgewichtstemperatur T_g schneiden sich die Kurven. Hier sind die Hin- und die Rückreaktion gleich schnell. Für diesen Fall ($R^M = R^F$)

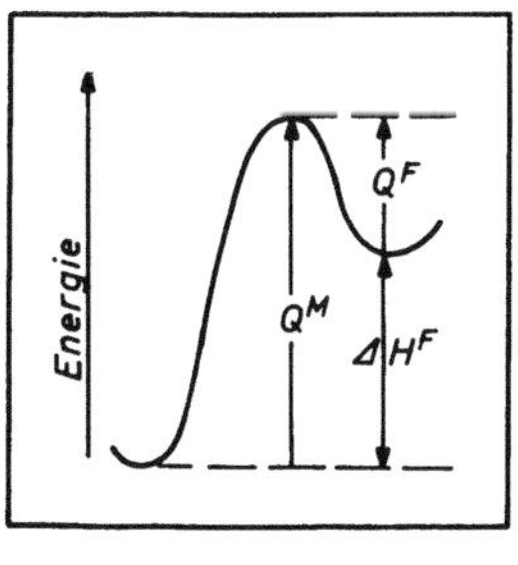

Bild 4.2 Zum Zusammenhang zwischen den Aktivierungsenergien der Teilprozesse des Fest–flüssig-Gleichgewichts und der Schmelzenthalpie

folgt aus Gl. (4.7), Gl. (4.8) und Gl. (4.9):

$$\frac{\Delta H^F}{R T_g} = \ln \frac{A^M \cdot G^M \cdot N^S \cdot \nu^S}{A^F \cdot G^F \cdot N^L \cdot \nu^L}. \tag{4.10}$$

Für eine ebene Grenzfläche ist $G^M \approx G^F$. Ferner gilt in grober Näherung für einfache Stoffe, z. B. für Metalle, $N^S \approx N^L$ und $\nu^S \approx \nu^L$. Damit vereinfacht sich Gl. (4.10) zu:

$$\frac{\Delta H^F}{R T_g} \approx \ln \frac{A^M}{A^F}. \tag{4.11}$$

Die Schmelztemperatur ist also näherungsweise gegeben durch das Verhältnis der Akkommodationskoeffizienten und durch die Schmelzenthalpie.

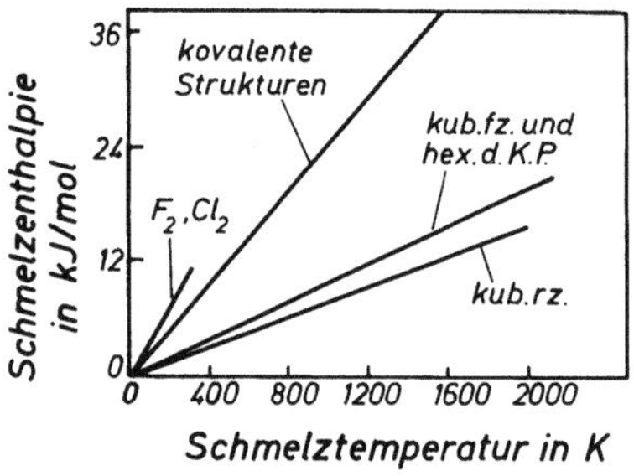

Bild 4.3 Schmelzenthalpie als Funktion der Schmelztemperatur für verschiedene homologe Reihen von Stoffen (nach B. Chalmers [16]))

Wird schließlich noch von der naheliegenden Annahme ausgegangen, daß alle Atome, die aus dem Festkörper kommen und die flüssige Phase erreichen, hier wegen der fehlenden strengen Fernordnung der Atome ohne Schwierigkeiten akkommodiert werden, so kann $A^M \approx 1$ gesetzt werden. Außer von ΔH^F wird damit die Schmelztemperatur im wesentlichen abhängig von der Kristallstruktur des Festkörpers. Je komplizierter diese Struktur ist, um so schwieriger dürfte die Akkommodation eines ankommenden Atoms bzw. Moleküls sein.

Das wirkt sich in der Tat auf den Schmelzprozeß aus, wie Bild 4.3 zeigt, in dem für homologe Stoffreihen die Schmelzenthalpie als Funktion des Schmelzpunktes aufgetragen ist. Wie aufgrund von Gl. (4.11) zu erwarten, resultieren Geraden, deren Anstiegsfaktor um so größer ist, je komplizierter das Gitter des schmelzenden Stoffes ist. Bei den Halogenen F_2 und Cl_2 müssen die Teilchen nicht nur an der richtigen Stelle des Gitters ankommen, sondern auch in der passenden Ausrichtung des hantelförmigen Moleküls, um eingebaut werden zu können.

Die Differenzen in der Strukturänderung beim Schmelzen von Stoffen der verschiedenen Gruppen sind auch aus thermodynamischer Sicht leicht zu erkennen. Der Quotient

$$\frac{\Delta H^F}{T_g} = \Delta S^F, \tag{4.12}$$

der aus dem Anstiegswinkel der Geraden in Bild 4.3 erhältlich ist, stellt die Schmelzentropie dar. Für Metalle mit dichtester Kugelpackung oder kubisch raumzentrierter Struktur beträgt er größenordnungsmäßig $\Delta S^F \approx 8{,}5$ J/g-Atom K. Für die Halogene ist $\Delta S^F \approx 20{,}4$ J/g-Atom K. Die unterschiedlichen Schmelzentropien von echten Metallen und Halogenen deuten unterschiedliche Strukturänderungen beim Schmelzen von Stoffen der beiden Gruppen an.

4.3 Schmelzprozeß in einem Zweistoffsystem

Beim Fest–flüssig-Gleichgewicht in einem Zweistoffsystem sind die Hin- und Rückreaktionen beider Komponenten zu beachten. Dabei ist die Geschwindigkeit der Teilreaktion der Komponente i proportional der Konzentration dieser Komponente in der Phase, aus der sie kommt. Ist x_i^S die Konzentration (Molenbruch) der Komponente i im Festkörper und x_i^L in der Schmelze, dann gilt, in Analogie zu Gl. (4.7) und Gl. (4.8):

$$R_i^M = A_i^M \cdot G_i^M \cdot \nu_i^S \cdot N^S \cdot x_i^S \cdot \exp\left(-\frac{Q_i^M}{RT}\right), \tag{4.13}$$

$$R_i^F = A_i^F \cdot G_i^F \cdot \nu_i^L \cdot N^L \cdot x_i^L \cdot \exp\left(-\frac{Q_i^F}{RT}\right). \tag{4.14}$$

Im Gleichgewicht muß für alle Komponenten $R_i^M = R_i^F$ sein.

Es folgt:

$$\frac{x_i^S \cdot N^S \cdot A_i^M \cdot G_i^M \cdot \nu_i^S}{x_i^L \cdot N^L \cdot A_i^F \cdot G_i^F \cdot \nu_i^L} = \exp\left[\frac{Q_i^M - Q_i^F}{RT}\right]. \tag{4.15}$$

Mit den Vereinfachungen $N^S \approx N^L$, $G_i^M \approx G_i^F$ und $\nu_i^S \approx \nu_i^L$ folgt:

$$\ln\frac{x_i^S \cdot A_i^M}{x_i^L \cdot A_i^S} = \frac{\Delta H_i}{RT}. \tag{4.16}$$

ΔH_i ist die Schmelzenthalpie der Komponente i.

Für den Schmelzpunkt des reinen Stoffes i gilt, da dann $x_i^S = x_i^L = 1$ (vgl. Gl. (4.11)):

$$\ln\frac{A_i^M}{A_i^F} = \frac{\Delta H_i}{R T_{g,i}}. \tag{4.17}$$

Subtraktion der Gl. (4.17) von Gl. (4.16) liefert:

$$\ln\frac{x_i^S}{x_i^L} = \frac{\Delta H_i}{R}\left[\frac{1}{T} - \frac{1}{T_{g,i}}\right]. \tag{4.18}$$

Daraus folgt, daß bei vorgegebenem Verhältnis $x_i^S/x_i^L \neq 1$ Gleichgewicht nur bei einer Temperatur $T \neq T_{g,i}$ auftritt. Ob diese Temperatur höher oder niedriger als $T_{g,i}$ ist, hängt davon ab, ob x_i^S/x_i^L größer oder kleiner als 1 ist.

Für ein Zweistoffsystem A–B liefert eine Umformung von Gl. (4.18) für kleine Konzentrationen x_B^L und x_B^S folgenden Ausdruck:

$$\frac{\Delta H_A}{R(T_{g,A})^2} = \frac{x_B^L}{\Delta T_A} - \frac{x_B^S}{\Delta T_A} \tag{4.19}$$

mit

$$\Delta T_A = T_A - T \tag{4.20}$$

und

$$\ln(1 - x) \approx -x \quad \text{für} \quad x \ll 1. \tag{4.21}$$

Es bedeuten T_A die Schmelztemperatur und ΔH_A die Schmelzenthalpie der reinen Komponente A.

Durch Zusatz einer zweiten Komponente zu einem Stoff A wird die Geschwindigkeit beider Teilreaktionen R_A^M und R_A^F gebremst. Wie aus Bild 4.4 ersichtlich, tritt eine Gefrierpunktserniedrigung ein, wenn R_A^F stärker redu-

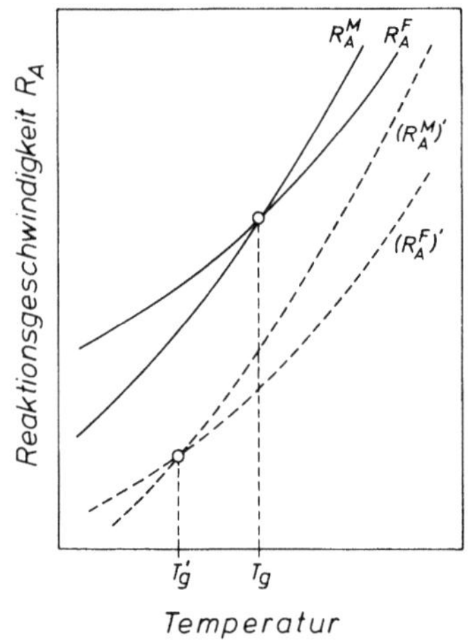

Bild 4.4 Zur Erläuterung einer Gefrierpunktserniedrigung durch Zusatz eines zweiten Stoffes zu einer Grundsubstanz

ziert wird als R_A^M. Das ist der Fall, wenn $x_A^S > x_A^L$, was z. B. bei Metallen dann zu erwarten ist, wenn die Atomradien der Komponenten einen erheblichen Unterschied aufweisen und keine Tendenz zur Bildung einer Verbindung mit eigenständigem Gitter vorliegt. Der Einbau zu großer oder zu kleiner Atome in ein vorgegebenes Grundgitter (A) ist mit einer elastischen Gitterverzerrung verbunden. Das bedingt einen Energieaufwand beim Einbau der B-Atome. Verläßt ein B-Atom beim Teilprozeß des Schmelzens den Mischkristall, so wird diese Gitterverzerrungsenergie wieder freigesetzt und ist neben der Schwingungsenergie des Atoms als Teil der gesamten Aktivierungsenergie verfügbar. Bei vorgegebener Temperatur T ist daher eine größere Anzahl von B-Atomen des Mischkristalls in der Lage, die Aktivierungsenergie für einen Teilschritt des Schmelzprozesses aufzubringen, als dies bei Fehlen der Gitterverzerrung der Fall wäre. Bei großer Verdünnung an B-Atomen im Mischkristall trifft das für die A-Atome nicht in gleichem Maße zu, da die lokale Gitterverzerrung zwar in der Nachbarschaft eines jeden B-Atoms, aber nicht in der Umgebung aller in großer Konzentration vorhandenen A-Atome existiert.

In der Schmelze hat eine Atomradiendifferenz hingegen keinen so starken Einfluß auf die energetischen Verhältnisse, da hier die strenge Fernordnung des Kristalls fehlt. Aus einer Gesamtbetrachtung aller vier Teilreaktionen folgt schließlich, daß sich die in geringer Konzentration vorhandenen, die Gitterverzerrungsenergie verursachenden B-Atome in der Schmelze anreichern. Es stellt sich ein Gleichgewicht ein, für das $x_B^L > x_B^S$ und entsprechend $x_A^L < x_A^S$ ist.

Werden die zwischenatomaren Wechselwirkungen beim Einbau eines B-Atoms in ein A-Grundgitter nicht, wie durch die elastische Gitterverzerrung, geschwächt, sondern, z. B. durch Ladungstransfer zwischen den Atomarten, verstärkt, so resultiert $x_B^L < x_B^S$ und $x_A^L > x_A^S$. Jetzt tritt eine Gefrierpunktserhöhung auf. Beide Fälle sind in Bild 4.5 dargestellt. Das Ausmaß

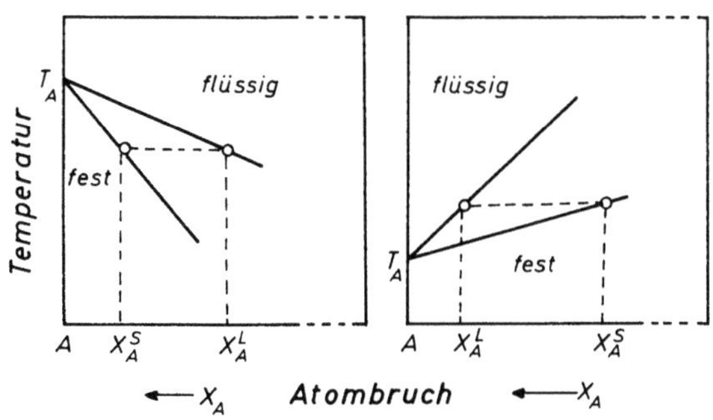

Bild 4.5 Mögliche Schmelzgleichgewichte in einem Zweistoffsystem bei kleinen Konzentrationen

der Gefrierpunktsänderung ist durch Gl. (4.19) festgelegt. Außer durch die Konzentrationsdifferenz $x_B^L - x_B^S$ ist ΔT_A auch durch die Schmelzenthalpie und den Schmelzpunkt der Hauptkomponente A bestimmt. Eine eingehende Erörterung erfolgt in Kapitel 7.

4.4 Eutektisches System

Die in Gl. (4.19) zusammengefaßte Gesetzmäßigkeit der Gefrierpunktsverschiebung gilt für geringe Konzentrationen der zweiten Komponente eines Zweistoffsystems. Durch Änderung der energetischen Gegebenheiten bei mittleren Konzentrationen kann der Zusammenhang von x und T hier recht komplexer Natur sein. Für eine Reihe binärer Systeme geben jedoch die Gesetzmäßigkeiten der verdünnten Lösungen bereits auch die Grundzüge der Schmelzgleichgewichte bei mittleren Konzentrationen vor.

Es sei ein Zweistoffsystem (binäres System) betrachtet, dessen Komponenten A und B unterschiedliche Kristallstrukturen aufweisen. Im festen Zustand kann aufgrund der strukturellen Unterschiede keine über den ganzen Konzentrationsbereich von 0 bis 100 Atom-% sich erstreckende Mischkristallreihe (feste Lösung) auftreten. Es sei indessen angenommen, daß die geschmolzenen Komponenten sich in jedem Mengenverhältnis mischen.

Gl. (4.19) ist für die Schmelzgleichgewichte in der Nähe der Schmelzpunkte T_A und T_B beider Komponenten gültig. Wenn beide Schmelzpunkte durch Zusatz der jeweiligen zweiten Komponente erniedrigt werden, resultieren im einfachsten Falle Schmelzgleichgewichte, wie sie in Bild 4.6 wiedergegeben sind. Die Linien a und a′, die bei vorgegebener Temperatur die Konzentration der im Schmelzgleichgewicht vorliegenden flüssigen Phase angeben, werden Liquiduslinien genannt. Die Linien b und b′ zeigen die Zusammensetzung der daneben im Schmelzgleichgewicht befindlichen Festkörper

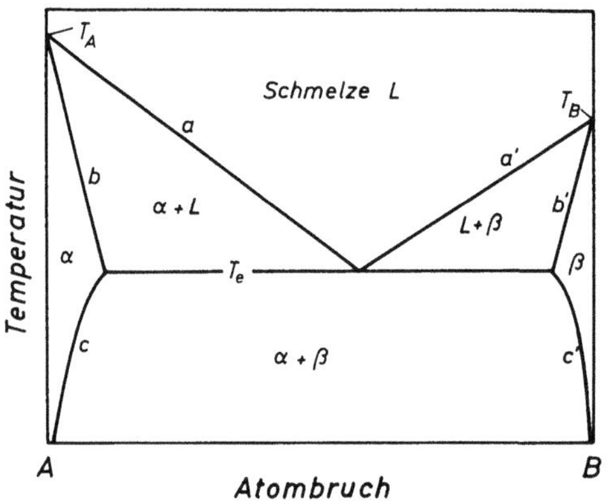

Bild 4.6 Schematische Darstellung der Phasengleichgewichte in einem einfachen eutektischen System

an und heißen Soliduslinien. Bei mittleren Konzentrationen treffen die Liquiduslinien aufeinander. Im Schnittpunkt liegt gleichzeitig das von T_A und das von T_B ausgehende Schmelzgleichgewicht vor. Zur Kennzeichnung des Gleichgewichts, in dem drei Phasen koexistieren (Mischkristall α, Schmelze und Mischkristall β) werden die Konzentrationspunkte dieser Phasen durch eine Linie verbunden. Eine Linie, die bei vorgegebener Temperatur koexistierende Phasen in einem Zustandsdiagramm verknüpft, wird Konode genannt. Das Dreiphasengleichgewicht zwischen zwei Festkörpern und einer Schmelze wird als eutektisches Gleichgewicht oder kurz als Eutektikum bezeichnet. T_e ist die eutektische Temperatur.

Unterhalb von T_e ist alles erstarrt. Bei sehr kleinen B-Konzentrationen liegt α-Mischkristall, bei sehr kleinen A-Konzentrationen β-Mischkristall vor. Die Löslichkeit von A in B und von B in A ist temperaturabhängig. Sie nimmt bis T_e mit steigender Temperatur zu. Die zugehörigen Löslichkeitslinien sind c und c′. Sie treffen bei T_e naturgemäß auf die Soliduslinie b bzw. b′, da bei dieser Temperatur sowohl der im Löslichkeitsgleichgewicht $\alpha-\beta$ als auch im Schmelzgleichgewicht Schmelze $-\,\alpha$ bzw. Schmelze $-\,\beta$ vorliegende Mischkristall α bzw. β jeweils die gleiche Konzentration hat.

Die Existenzbereiche der einzelnen Phasen sind in Bild 4.6 eingezeichnet.

4.5 Eutektische Realsysteme

Als Beispiel eines eutektischen Realdiagramms ist in Bild 4.7 das Zustandsbild des Systems Blei–Silber wiedergegeben. Das Eutektikum liegt bei hohen Bleikonzentrationen. In der Regel findet sich der eutektische Punkt auf der Seite der niedriger schmelzenden Komponente. Es sei bemerkt, daß die Liquiduskurve, die vom Schmelzpunkt des Silbers ausgeht, nicht geradlinig oder gleichsinnig gekrümmt bis zum Eutektikum läuft, sondern einen Wendepunkt aufweist. Das ist auf energetische Besonderheiten im mittleren

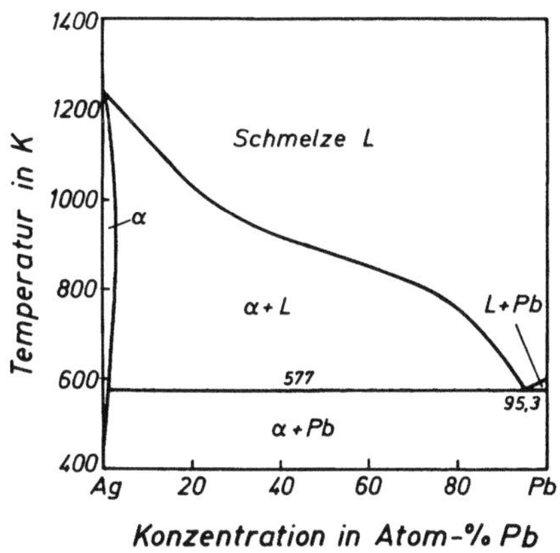

Bild 4.7 Zustandsdiagramm Silber–Blei (nach M. Hansen und K. Anderko[2]))

Konzentrationsbereich zurückzuführen und ist nicht aufgrund von Gl. (4.19) zu erwarten, die lediglich für den Grenzfall kleiner Konzentrationen gilt.

Ferner nimmt – ebenfalls aus individuellen energetischen Gründen – die Soliduskonzentration auf der Silberseite des Systems nicht mit sinkender Temperatur stetig zu, wie dies aufgrund der Grenzbeziehung Gl. (4.19) zunächst vermutet werden könnte. Es liegt eine „rückläufige" oder „retrograde" Soliduslinie vor. Schließlich sei erwähnt, daß die Löslichkeit von Silber in festem Blei so gering ist, daß sie in Bild 4.7 nicht eingezeichnet werden kann. Bei der eutektischen Temperatur können nur 0,19 Atom-% Ag im festen Blei gelöst werden.

Die Schmelzgleichgewichte im System Silber–Blei haben bei der Silbergewinnung aus Werkblei eine gewisse Bedeutung erlangt. Beim sog. Pattinsonieren wird die sehr bleireiche flüssige Legierung abgekühlt, wobei Blei mit sehr wenig Silber auskristallisiert. Die Bleikristalle werden mit Sieblöffeln abgeschöpft. Schließlich verbleibt bei 577 K (304 °C) die eutektische Schmelze, in der Silber auf 4,7 Atom-% angereichert ist. Diese Restschmelze wird dem Treibprozeß unterworfen, bei dem in einem Flammofen das Blei zu Bleiglätte (PbO) oxidiert und flüssig abgezogen wird. Es bleibt flüssiges Silber mit über 95 Atom-% zurück.

Die eutektische Schmelze aus einem Oxid und einem Salz wird bei der Aluminiumgewinnung genutzt. Bild 4.8 gibt den wesentlichen Teil des Systems Kryolith (Na_3AlF_6) – Tonerde (Al_2O_3) wieder. Für die Schmelzelektro-

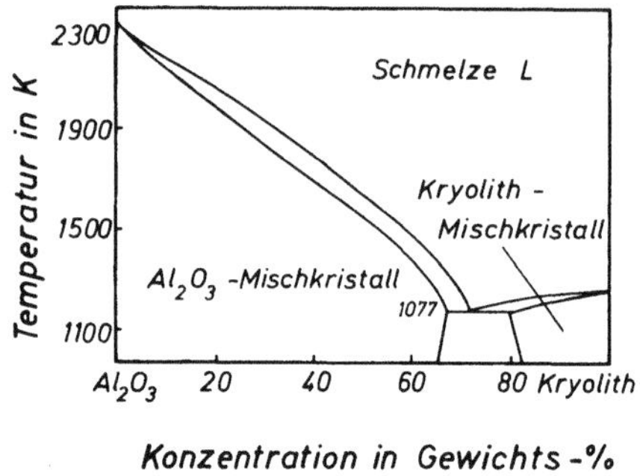

Bild 4.8 Zustandsdiagramm Kryolith–Tonerde (nach R. Vogel[1]))

lyse wird die niedrigstschmelzende Mischung eingesetzt, so daß bei Temperaturen unterhalb 1250 K die im Kryolith gelöste Tonerde elektrolysiert werden kann. Zur Erhöhung der elektrischen Leitfähigkeit und zur weiteren Reduzierung der Schmelztemperatur werden meist noch weitere Salze zugesetzt (z. B. CaF_2).

Einfache binäre eutektische Systeme sind relativ häufig, weil für viele Stoffkombinationen die Bedingung für eine Mischkristallbildung nicht erfüllt ist. In der Schmelze sind indessen wesentlich mehr Stoffpaare völlig mischbar. Bei Metallen werden eutektische Systeme vorwiegend bei Komponenten mit niedrigen Schmelzpunkten gefunden.

4.6 Das Gibbssche Phasengesetz

In einem System sind grundsätzlich beliebig viele metastabile Phasen denkbar und auch oft viele realisierbar. Sofern eine Gleichgewichtseinstellung aus kinetischen Gründen nicht erfolgen kann, kann es natürlich auch keine Gesetzmäßigkeit über die in einem System nebeneinander vorliegenden, nicht im Gleichgewicht befindlichen Phasen geben. Die Anzahl der in einem System unter bestimmten Bedingungen koexistierenden Gleichgewichtsphasen ist indessen einer strengen Gesetzmäßigkeit unterworfen. Sie hängt mit den energetischen Hintergründen der Phasengleichgewichte zusammen und kann aufgrund thermodynamischer Überlegungen abgeleitet werden. Sie ist aber auch aufgrund empirischer Befunde plausibel. Es ist dies das Gibbssche Phasengesetz.

Der Zustand eines Stoffes wird durch Zustandsgleichungen beschrieben, von denen die einfachste diejenige für ideale Gase ist:

$$p \cdot V = RT. \qquad (4.22)$$

Dabei bedeutet V das Molvolumen. Für reale Gase, Flüssigkeiten und Festkörper gelten prinzipiell analoge Zustandsgleichungen, die jedoch erheblich komplizierter sind. Um den Zustand eines einphasigen Systems festzulegen, ist es erforderlich, von den drei Zustandsvariablen p, V und T lediglich zwei vorzugeben. Die dritte Größe wird dann von der Zustandsgleichung festgelegt. Nach J. W. Gibbs (1839–1903) werden die Zustandsvariablen, die frei gewählt werden können (z. B. p und T; dann ist im Einphasensystem V festgelegt), „Freiheitsgrade des Gleichgewichts" oder kurz Freiheitsgrade $\mathscr{F}$ genannt. Wir stellen aufgrund unserer Erfahrung fest, daß bei Vorliegen einer einzigen stabilen Phase in einem Einstoffsystem die Zahl der Freiheitsgrade $\mathscr{F} = 2$ ist.

Für ein Zweiphasengleichgewicht, z. B. am Schmelzpunkt eines reinen Stoffes, ist $\mathscr{F} = 1$. Die Schmelztemperatur in einem Einstoffsystem ist bei vorgegebenem Druck eine scharf definierte Größe. Sie kann nur dann verändert werden, wenn der Druck variiert wird. Bei einem Zweiphasengleichgewicht kann im Einstoffsystem nur über eine Zustandsvariable frei verfügt werden. Das System hat nur noch einen Freiheitsgrad. Das gilt für alle Zweiphasengleichgewichte von Einstoffsystemen (Verdampfung, Erstarrung, Umwandlung). Allgemein gilt die Gesetzmäßigkeit:

$$\mathscr{P} + \mathscr{F} = 3. \tag{4.23}$$

Dabei bedeuten $\mathscr{P}$ die Anzahl der Phasen und $\mathscr{F}$ die Anzahl der Freiheitsgrade.

In einem Zweistoffsystem tritt Schmelzen bei vorgegebenem Druck nicht allgemein bei einer konstanten Temperatur ein. Schmelze und Festkörper können bei verschiedenen Temperaturen miteinander im Gleichgewicht stehen, wobei die Phasenkonzentrationen verschieden sind. Die Konzentration x tritt als weitere Zustandsvariable neben p, T und V hinzu. Auch wenn $p = \text{const}$ ist, können T und x um endliche Beträge geändert werden, ohne daß eine der beiden Phasen verschwindet oder eine weitere hinzutritt. T und p können auch gleichzeitig vorgegeben werden. Dann ist die Liquiduskonzentration und die Soliduskonzentration allerdings festgelegt. Für ein Zweistoffsystem ist die Gesetzmäßigkeit, die für ein Einstoffsystem durch Gl. (4.23) ausgedrückt wurde, zu erweitern. Sie lautet für ein Zweistoffsystem:

$$\mathscr{P} + \mathscr{F} = 4. \tag{4.24}$$

Der Unterschied zwischen Gl. (4.23) und Gl. (4.24) ist nur dadurch bedingt, daß die Anzahl der das System konstituierenden Komponenten um 1 verschieden ist. Man kann ganz allgemein schreiben:

$$\mathscr{P} + \mathscr{F} = \mathscr{B} + 2. \tag{4.25}$$

$\mathscr{B}$ bedeutet die Anzahl der unabhängigen Komponenten des Systems.

Der besondere Nutzen des Phasengesetzes besteht in der Möglichkeit, gelegentlich sehr verwirrende Zustandsdiagramme in Mehrstoffsystemen auf ihre Konsistenz zu prüfen. Es stellt vor allem bei der experimentellen Erschließung von Phasengleichgewichten ein unentbehrliches Kontrollmittel dar.

4.7 Anwendung des Phasengesetzes

Zur weiteren Erläuterung des Gibbsschen Phasengesetzes und zur Einführung weiterer Begriffe sei das in Bild 4.9 wiedergegebene Zustandsdiagramm Cad-

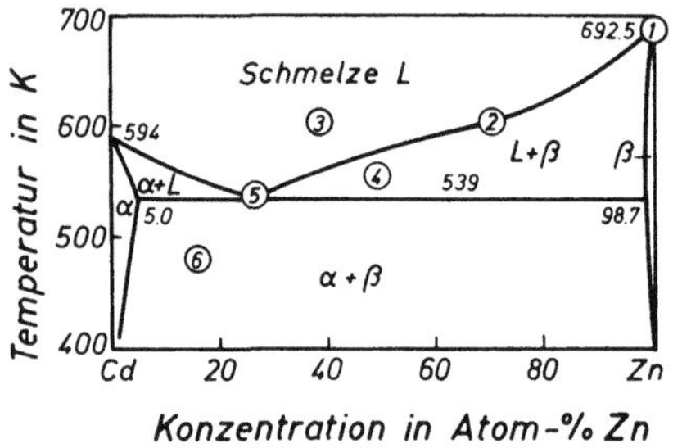

Bild 4.9 Zur Erläuterung des Gibbsschen Phasengesetzes anhand des Zustandsdiagramms Cadmium–Zink

mium–Zink betrachtet. Folgende Fälle sind zu unterscheiden:

1. Schmelzpunkt von Zink

   $\mathscr{P} = 2$; $\mathscr{B} = 1$; $\mathscr{F} = 0$ bei p = const.

   Bei konstantem Druck ist für einen reinen Stoff der Schmelzpunkt eine Stoffkonstante. Nonvariantes Gleichgewicht.

2. Liquiduslinie

   $\mathscr{P} = 2$; $\mathscr{B} = 2$; $\mathscr{F} = 1$ bei p = const.

   Wenn T vorgegeben wird, ist die Konzentration der Phasen festgelegt. Univariantes Gleichgewicht.

3. Einphasige Schmelze

   $\mathscr{P} = 1$; $\mathscr{B} = 2$; $\mathscr{F} = 2$ bei p = const.

   Sowohl die Temperatur als auch die Konzentration kann um endliche Beträge geändert werden, ohne daß eine Änderung der Anzahl der Phasen eintritt. Bivariantes Gleichgewicht.

4. Fest–flüssig-Gleichgewicht

   $\mathscr{P} = 2$; $\mathscr{B} = 2$; $\mathscr{F} = 1$ für p = const.

   Zinkmischkristall und Schmelze jeweils bestimmter Konzentration stehen im Gleichgewicht. Wird die Temperatur erhöht, dann ändern sich die Konzentrationen von Mischkristall und Schmelze. Univariantes Gleichgewicht.

5. Eutektisches Gleichgewicht

   $\mathscr{P} = 3$; $\mathscr{B} = 2$; $\mathscr{F} = 0$ bei p = const.

   Im eutektischen Punkt stehen Zinkmischkristall, Cadmiummischkristall und Schmelze jeweils festgelegter Konzentration im Gleichgewicht. Nonvariantes Gleichgewicht.

6. Löslichkeitsgleichgewicht im festen Zustand

   $\mathscr{P} = 2$; $\mathscr{B} = 2$; $\mathscr{F} = 1$ für p = const.

   Bei vorgegebener Temperatur stehen Zinkmischkristalle und Cadmiummischkristalle jeweils bestimmter Konzentration miteinander im Gleichgewicht. Dies ist analog dem Fall 4: Univariantes Gleichgewicht.

4.8 Das Hebelgesetz

Aus dem Zustandsdiagramm eines binären Systems ist bei Zweiphasengleichgewichten die Art der koexistierenden Phasen und deren Konzentration unmittelbar zu entnehmen. Anhand einer einfachen Beziehung kann zudem auch das Mengenverhältnis der im Gleichgewicht befindlichen Phasen angegeben werden.

Bei einer vorgegebenen Temperatur bestehe das Gemisch zweier Stoffe A und B mit der Bruttokonzentration x_B aus den koexistierenden Phasen α und β (vgl. Bild 4.10). Es sei ferner:

N die Anzahl der Atome (bzw. Moleküle) im gesamten Gemisch Q,
y der Bruchteil der N Atome, die in β enthalten sind,
(1 – y) der Bruchteil der N Atome, die in α enthalten sind.

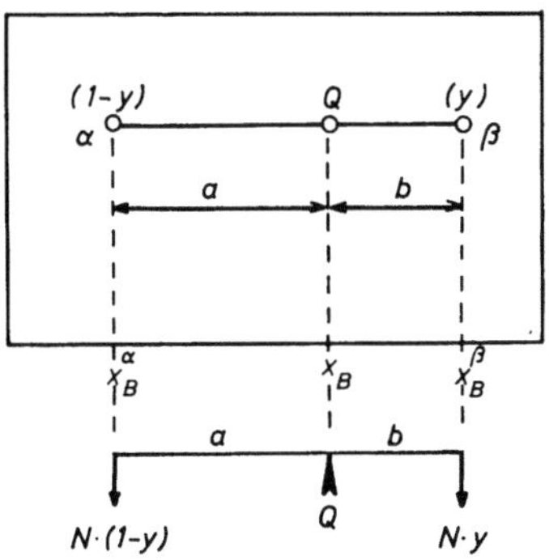

Bild 4.10 Zur Bestimmung des Mengenverhältnisses koexistierender Phasen in einem Zweistoffsystem nach dem Hebelgesetz

Es gilt:

$$N \cdot (1-y) + N \cdot y = N. \tag{4.26}$$

Es sei

n_B^Q die Anzahl der B-Atome in der Legierung Q
n_B^α die Anzahl der B-Atome in der Phase α
n_B^β die Anzahl der B-Atome in der Phase β.

Die Molenbrüche des Gesamtgemisches und der im Gleichgewicht stehenden Phasen sind:

$$x_D = \frac{n_B^Q}{N}; \quad x_B^\alpha = \frac{n_B^\alpha}{N\,(1-y)}; \quad x_B^\beta = \frac{n_B^\beta}{N \cdot y}. \tag{4.27}$$

Ferner gilt:

$$n_B^Q = n_B^\alpha + n_B^\beta. \tag{4.28}$$

Mit Gl. (4.27) folgt daraus:

$$x_B = x_B^\alpha\,(1-y) + x_B^\beta \cdot y. \tag{4.29}$$

Umformung liefert:

$$y = \frac{x_B - x_B^\alpha}{x_B^\beta - x_B^\alpha}. \tag{4.30}$$

Wird gemäß Bild 4.10 $(x_B - x_B^\alpha) = a$ und $(x_B^\beta - x_B) = b$ gesetzt, so ist, nach weiterer Umformung:

$$\frac{y}{(1-y)} = \frac{a}{b}. \tag{4.31}$$

Im Falle des Zweiphasengleichgewichtes sind die Mengenanteile der Phasen umgekehrt proportional dem Verhältnis der Konzentrationsdifferenz zwischen der jeweiligen Phase und der Bruttokonzentration des Gemisches. Dieser Zusammenhang wird „Hebelgesetz" genannt, da er formal den Gegebenheiten bei einem zweiarmigen mechanischen Hebel entspricht (vgl. Bild 4.10):

Last · Lastarm = Kraft · Kraftarm.

4.9 Thermische Analyse

Bei der Erstarrung einer Schmelze wird die Schmelzenthalpie freigesetzt. Sofern keine Störungen durch Ungleichgewichte vorliegen, tritt die Abgabe der Schmelzenthalpie bei der Schmelztemperatur (reiner Stoff) oder im Liquidus-Solidus-Bereich (Mehrstoffsystem) ein. Das wird in der „thermischen Analyse" genutzt, um Schmelzgleichgewichte zu erschließen. Im einfachsten Falle wird der Stoff in einem geeigneten Gefäß geschmolzen und anschließend wieder abgekühlt. Während der Abkühlung wird die Temperatur des Stoffes mit einem Thermoelement als Funktion der Zeit registriert. Die Ergebnisse seien am Beispiel des Systems Cadmium-Zink erläutert (vgl. Bild 4.11).

Von einer Temperatur weit oberhalb der Schmelztemperatur kommend, kühlt sich die zu untersuchende Probe ab. Das erfolgt, sofern das System sich selbst überlassen bleibt, in der Regel nach dem Newtonschen Abkühlungs-

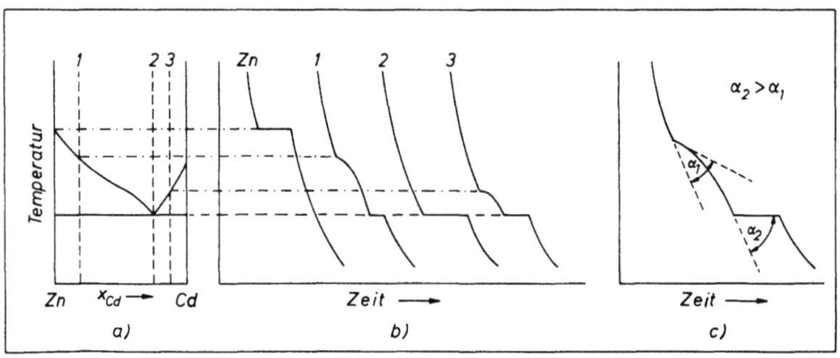

Bild 4.11 Abkühlungskurven einer einfachen thermischen Analyse am Beispiel des Systems Cadmium-Zink. a) Zustandsdiagramm Cd-Zn, schematisch (Löslichkeit im festen Zustand vernachlässigt); b) Abkühlungskurven; c) Zur Erläuterung der Schärfe der Knickpunkte in einer Abkühlungskurve

gesetz. Besteht die Probe aus reinem Zink, so setzt beim Erreichen des Erstarrungspunktes dieses Metalls Kristallisation ein. Es wird die Schmelzenthalpie freigesetzt, und zwar nur mit der Geschwindigkeit, wie sie aufgrund der experimentell gegebenen Wärmeleitverhältnisse möglich ist, um die Temperatur konstant zu halten. Schmelze und festes Zink können nur bei der Schmelztemperatur des Zinks koexistieren. Wird die Probentemperatur als Funktion der Zeit aufgezeichnet, so resultiert während des Erstarrungsprozesses bei der Schmelztemperatur eine „Haltestrecke" (vgl. Bild 4.11 b). Der Erstarrungsvorgang stellt hier ein nonvariantes Gleichgewicht dar. Erst wenn die gesamte Probe erstarrt ist, setzt die Abkühlung wieder ein.

Bei Probe 1 (vgl. Bild 4.11 a, b) beginnt die Erstarrung beim Erreichen der Liquiduslinie. Das Erstarrungsgleichgewicht ist indessen nicht an eine konstante Temperatur gebunden. Es liegt ein univariantes Gleichgewicht vor. Der aus der Schmelze auskristallisierende Festkörper ist fast reines Zink. Dadurch verarmt die Schmelze an dieser Komponente. Als Folge davon sinkt die Liquidustemperatur. Während der Kristallisation wird zwar Enthalpie frei, die eine Verzögerung der Abkühlungsgeschwindigkeit der Probe bewirkt, eine „Haltestrecke" wie bei enem nonvarianten Gleichgewicht tritt jedoch nicht auf, solange ein Zweiphasengleichgewicht vorliegt. Schließlich erreicht infolge der Kristallisation von zinkreichen Mischkristallen die Schmelze die Konzentration des eutektischen Punktes. Nun setzt zusätzlich zur Kristallisation des Zinkmischkristalls die Ausscheidung von Cadmiummischkristallen ein. Es stehen jetzt drei Phasen miteinander im Gleichgewicht. Das entspricht einem nonvarianten Gleichgewicht. Die eutektische Kristallisation läuft demgemäß bei konstanter Temperatur ab. Zinkmischkristalle und Cadmiummischkristalle scheiden sich nebeneinander in einem solchen Verhältnis aus, daß keine Änderung der Konzentration der Schmelze erfolgt. Es tritt bei der Temperatur des Eutektikums eine „Haltestrecke" auf.

Probe 2 entspricht genau der eutektischen Konzentration. Die Erstarrung der gesamten Legierung erfolgt in einem nonvarianten Dreiphasengleichgewicht bei der eutektischen Temperatur, wobei Cadmiummischkristalle und Zinkmischkristalle gleichzeitig ausgeschieden werden.

Das Thermogramm der Probe 3 ist demjenigen von Probe 1 ähnlich. Es scheiden sich hier primär Cadmiummischkristalle aus. Dadurch reichert sich die Schmelze an Zink an, bis die eutektische Konzentration erreicht ist. Erst nach der jetzt erfolgenden eutektischen Erstarrung bei konstanter Temperatur kann die Probe weiter abgekühlt werden.

Der Knickpunkt in einer bei der thermischen Analyse aufgenommenen Abkühlungskurve tritt naturgemäß am deutlichsten hervor, wenn ein nonvariantes Gleichgewicht einsetzt (vgl. Bild 4.11 c). Bei Beginn eines univarianten Erstarrungsgleichgewichts ist die Richtungsänderung der Abkühlungskurve grundsätzlich kleiner, da die Kristallisation nur bei fortschreitender Abkühlung der Probe erfolgen kann. Der Knickwinkel ist jetzt auch abhängig von der Anzahl der Mole der Substanz, die je Grad Temperaturerniedrigung erstarren, d. h. von der Steigung der Liquiduslinie und der Soliduslinie im Temperaturbereich nahe der Liquidustemperatur der Probe. Es kann gelegentlich schwierig sein, aus einem schwach ausgeprägten Knickpunkt der Abkühlungskurve die Liquidustemperatur genau zu ermitteln.

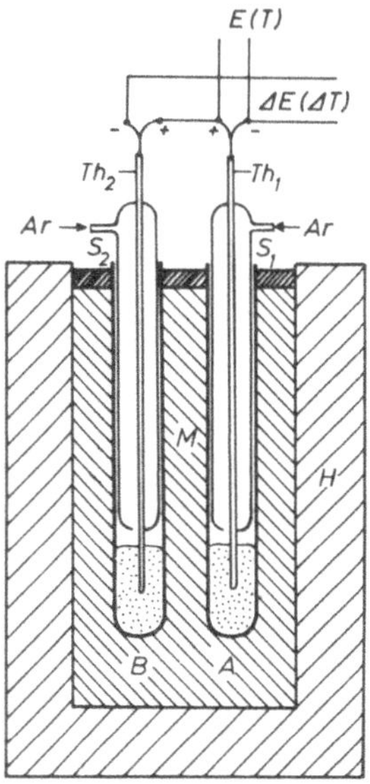

Bild 4.12 Beispiel einer Versuchsanordnung zur Differential-Thermoanalyse (DTA). A Tiegel mit Probe; B Tiegel mit inerter Referenzprobe; M massiver inerter Metallblock; H elektrischer Widerstandsofen; Th_1, Th_2 Thermoelemente; S_1, S_2 Einlaß für Schutzgas; E Thermospannung des Thermoelements Th_1 (Maß für die Temperatur T der Probe); ΔE Differenz der Thermospannungen der Thermoelemente Th_1 und Th_2 (Maß für die Temperaturdifferenz ΔT zwischen Probe und Referenzprobe); Ar Argon als Schutzgas

Die Empfindlichkeit kann erheblich gesteigert werden, wenn gleichzeitig mit der zu untersuchenden Probe eine Vergleichsprobe unter gleichen thermischen Bedingungen abgekühlt wird, die in dem interessierenden Temperaturbereich keinen thermischen Effekt verursacht (vgl. Bild 4.12). Wird anstelle der Probentemperatur die Temperaturdifferenz ΔT zwischen Probe und Referenzprobe als Funktion der Zeit registriert, so tritt im Moment des Erstarrungsbeginns eine wesentlich schärfere Richtungsänderung des Kurvenzuges ein als bei der einfachen thermischen Analyse (vgl. Bild 4.13b). Diese Methode wird als Differentialthermoanalyse (DTA) bezeichnet. Sie hat aufgrund ihrer Vorteile die einfache thermische Analyse fast völlig verdrängt. Zur Ermittlung der Temperatur des Knickpunktes in der ΔT-Zeit-Kurve muß parallel noch die Temperatur der Probe registriert werden. Zur Verein-

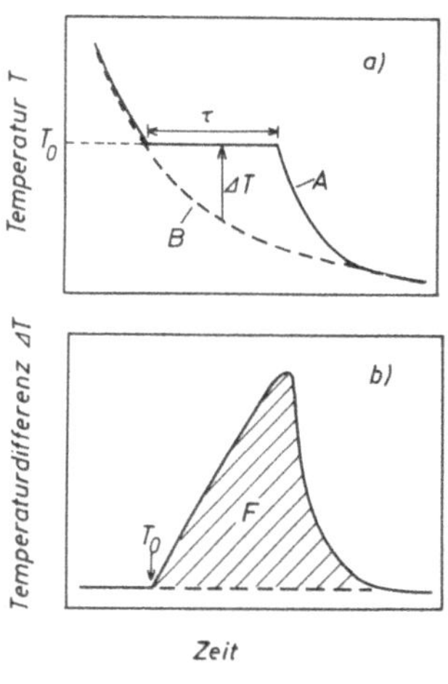

Bild 4.13 Zur Erläuterung der Registrierkurve bei der Differential-Thermoanalyse. a) Gleichzeitig registrierte Abkühlungskurven für die Probe (A) und die inerte Referenzprobe (B) (vgl. Bild 4.12) für den Fall eines nonvarianten Erstarrungsgleichgewichts, das bei T_0 einsetzt; b) Temperaturdifferenz zwischen Probe und Referenzprobe als Funktion der Zeit für den in a) dargestellten Erstarrungsfall

fachung der Auswertung wird in modernen handelsüblichen DTA-Anlagen ΔT nicht als Funktion der Zeit, sondern in Abhängigkeit von der Probentemperatur bei vorgegebener Abkühlungs- bzw. Erhitzungsgeschwindigkeit registriert.

Sofern bei der Untersuchung mehrerer Proben unterschiedlicher Konzentration die Abkühlungsbedingungen gleich bleiben, ist die jeweils auftretende

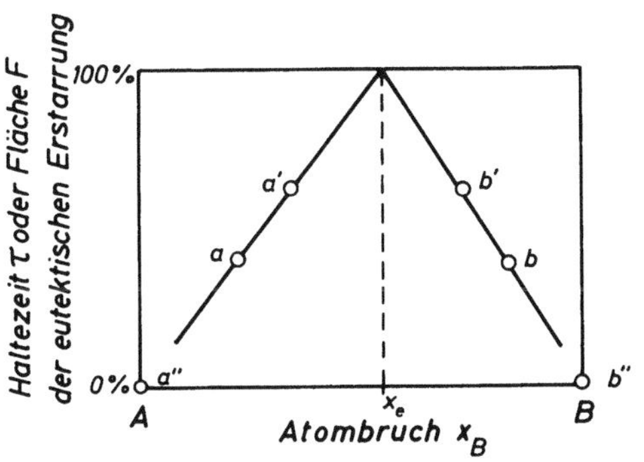

Bild 4.14 Zur Ermittlung der eutektischen Konzentration aus der Haltezeit τ der thermischen Analyse und der Fläche F unter der ΔT-Zeit-Kurve bei der Erstarrung des eutektischen Anteils

eutektische Haltezeit τ und die unter der ΔT-Zeit-Kurve durch den eutektischen Effekt bedingte Fläche F (vgl. Bild 4.13) ein Maß für den Teil der Gesamtschmelze, der eutektisch erstarrt. Mit Annäherung der Konzentration der Probe an die eutektische Konzentration x_e nehmen τ und F linear mit der Konzentration zu und erreichen beim Eutektikum naturgemäß ihren Maximalwert (vgl. Bild 4.14). Zur raschen Orientierung über ein nicht näher bekanntes eutektisches System ist es daher möglich, durch Ermittlung der eutektischen Haltezeiten τ oder Flächen F einiger weniger Legierungsproben Hinweise über die Konzentration der eutektischen Schmelze zu gewinnen (z. B. a, a′, b, b′, vgl. Bild 4.14). Wenn die gegenseitige Löslichkeit der Komponenten im festen Zustand klein ist, genügen sogar Abkühlungskurven von nur 2 Proben (a und b), da in diesem Falle die Gerade $a-a'$ annähernd durch a″ und die Gerade $b-b'$ annähernd durch b″ geht. Trivialerweise tritt bei der Erstarrung der reinen Komponenten kein eutektischer Effekt auf.

Die thermische Analyse, insbesondere in Form zahlreicher Varianten der Differentialthermoanalyse, ist die wichtigste Methode zur Erschließung von Schmelzgleichgewichten.

4.10 Lichtmikroskopische Methoden zur Erschließung von Zustandsdiagrammen

Die Kristallisation der Schmelze eines reinen Stoffes beim Erreichen seiner Schmelztemperatur beginnt mit der Keimbildung, die im allgemeinen an verschiedenen Stellen des Schmelzvolumens einsetzt. Die Keime wachsen zu Kristallen, bis sie aneinanderstoßen. Da die zu einem polykristallinen Festkörper sich zusammenfügenden Einzelkristalle in der Regel ungleichmäßige Begrenzungen haben, relativ klein sind (Durchmesser oft kleiner als 1 mm) und vielfach den Eindruck einer Masse zusammenhaftender Körner erwecken, werden sie „Körner" oder Kristallite genannt. Die Berührungsflächen zwischen zwei Körnern, die aufgrund der zufälligen kristallographischen Orientierung der Keime mit einer gewissen Orientierungsdifferenz aufeinanderstoßen, werden als Korngrenzen bezeichnet. Korngrenzen sind flächenhafte Gitterbaufehler. Hier ist die Ordnung des Kristallgitters gestört. Netzebenen des einen Grenzkristalls gehen nicht ungestört in Netzebenen des anderen Nachbarkristalls über. Die Atome in der Korngrenze sind nicht

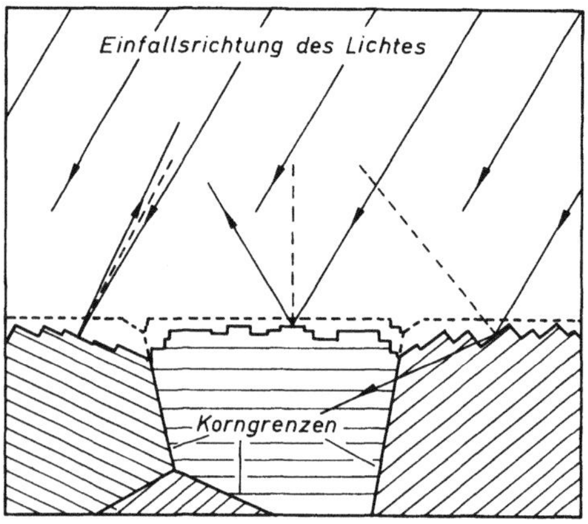

Bild 4.15 Zur Erläuterung der Helligkeitsunterschiede von Körnern, bedingt durch Lösungsätzung einer polykristallinen Probe (- - - Korngrenzenätzung; ⊔⊓⊔⊓ Kornflächenätzung)

so perfekt an ihre Nachbaratome gebunden wie im ungestörten Gitter. Korngrenzen sind daher ein Ort erhöhten Energieinhalts im Festkörper. Bei einem chemischen Angriff durch Lösungsmittel, gasförmige oder flüssige Reaktionspartner werden in der Regel Atome aus der Korngrenze rascher herausgelöst als aus anderen Kristallbereichen. Dadurch ist die Möglichkeit gegeben, mit geeigneten Ätzmitteln die Korngrenze durch Anätzen „sichtbar" zu machen (Korngrenzenätzung, vgl. Bild 4.15).

Durch geeignete Ätzmittel werden auch die übrigen Oberflächenbereiche eines polykristallinen Körpers angegriffen. Die Stärke des Angriffs ist abhängig vom atomaren Aufbau der angegriffenen Oberfläche. In einer polykristallin erstarrten Probe erfolgt an jedem Korn der Abbau der Oberfläche in der Weise, daß diejenige Netzebene beschleunigt abgetragen wird, für die die größte Lösungsgeschwindigkeit möglich ist. Das führt zu einer stufenförmigen Aufrauhung der Oberfläche (vgl. Bild 4.15). Bei Beleuchtung dieser Oberfläche mit parallelem Licht tritt Reflexion in entsprechend verschiedenen Richtungen ein, so daß einzelne Bereiche dem Beobachter hell, andere dunkel erscheinen. Auch diese „Kornflächenätzung" kann zur Sichtbarmachung des Kristallgefüges dienen.

Häufig ist mit der Abtragung der Oberfläche eine Reaktion der in Lösung gegangenen Atome mit einzelnen Bestandteilen des Ätzmittels verbunden, wobei die Bildung unlöslicher Produkte möglich ist, die sich in unterschiedlicher Weise auf die einzelnen Kornflächen niederschlagen können. Auch diese „Niederschlagsätzung" bedingt eine unterschiedliche Helligkeit der Körner. Es sei bemerkt, daß es eine Vielzahl chemischer und physikalischer Methoden zur „Sichtbarmachung" eines Gefüges gibt.

An verzinkten Eisengegenständen kann manchmal das durch Atmosphärilien angegriffene Gefüge der Zinkschicht mit bloßem Auge beobachtet werden. Die Körner der meisten Gebrauchsmetalle und der meisten technischen nichtmetallischen Werkstoffe sind jedoch so klein, daß sie nur mit dem Lichtmikroskop unterschieden werden können. Dabei ist es erforderlich, die Probe durch Anschleifen mit einer ebenen Fläche zu versehen, diese hochglänzend zu polieren und schließlich die Ätzung vorzunehmen. Bild 4.16 gibt das lichtmikroskopisch aufgenommene Gefügebild von reinem polykristallinem Zink wieder. Bei Metallen und anderen undurchsichtigen Substanzen muß in Auflicht mikroskopiert werden, bei vielen Mineralien ist Durchstrahlungsmikroskopie möglich. Nichtkubische Substanzen drehen mehr oder weniger stark die Ebene des polarisierten Lichts, sowohl bei ihrer Durchstrahlung als auch, wie im Falle der nichtdurchstrahlbaren Metalle, bei der Reflexion des Lichtes. Je nach der Orientierung, die die Kristallite in einer polierten, ungeätzten Oberfläche zum einfallenden Lichtstrahl haben, erscheinen sie bei Beobachtung im polarisierten Licht heller oder dunkler. In Bild 4.16 ist dieser Effekt am Beispiel des Zinks dargestellt, das in einer Struktur mit hexagonal dichtester Kugelpackung kristallisiert. Diese Gegebenheit kann, ähnlich wie die Ätztechnik, zur Untersuchung des Gefügeaufbaus genutzt werden.

In noch viel stärkerem Maße, wie sich einzelne Netzebenen eines Kristalls in der Angreifbarkeit durch ein Ätzmittel unterscheiden, ist dies bei Kristalliten unterschiedlicher Konzentration oder gar unterschiedlichen Gitteraufbaus der Fall. Es ist daher in der Regel in einfacher Weise möglich, in einer Probe nach geeignetem Ätzen mikroskopisch die Existenz verschiedener fester Phasen zu beobachten. Das wird in erheblichem Umfang genutzt, um Ergebnisse der thermischen Analyse zu kontrollieren und über die Aussagekraft der thermoanalytischen Methoden hinausgehende Informationen zu gewinnen. Als Beispiel sind in Bild 4.17 Gefügebilder aus dem System Cadmium–Zink wiedergegeben.

Die Erstarrung einer Legierung mit 48 At.-% Zink setzt bei 580 K ein (vgl. Bild 4.9). Es bilden sich zunächst Keime von Zinkmischkristallen, die bei sinkender Temperatur zu Kristalliten wachsen, bis schließlich die eutektische Temperatur erreicht ist. Nun kristallisieren bei konstanter Temperatur (nonvariantes Gleichgewicht) Zink und Cadmium nebeneinander aus. Diese eutektische Kristallisation führt in der Regel zu einem Gefüge, das abwechselnd aus Lamellen von Zinkmischkristallen und Cadmiummischkristallen besteht und den Raum zwischen den primär entstandenen Zinkmischkristallkörnern ausfüllt.

Bei der eutektischen Zusammensetzung fehlen naturgemäß Primärkristalle einer der Komponenten. Die gesamte Probe besteht aus dem lamellaren Gefüge, das bei der eutektischen Kristallisation entsteht und kurz „Eutektikum" genannt wird. Die eutektische Kristallisation setzt an verschiedenen Stellen der Probe ein und führt zu einzelnen Bereichen mit jeweils mehr oder

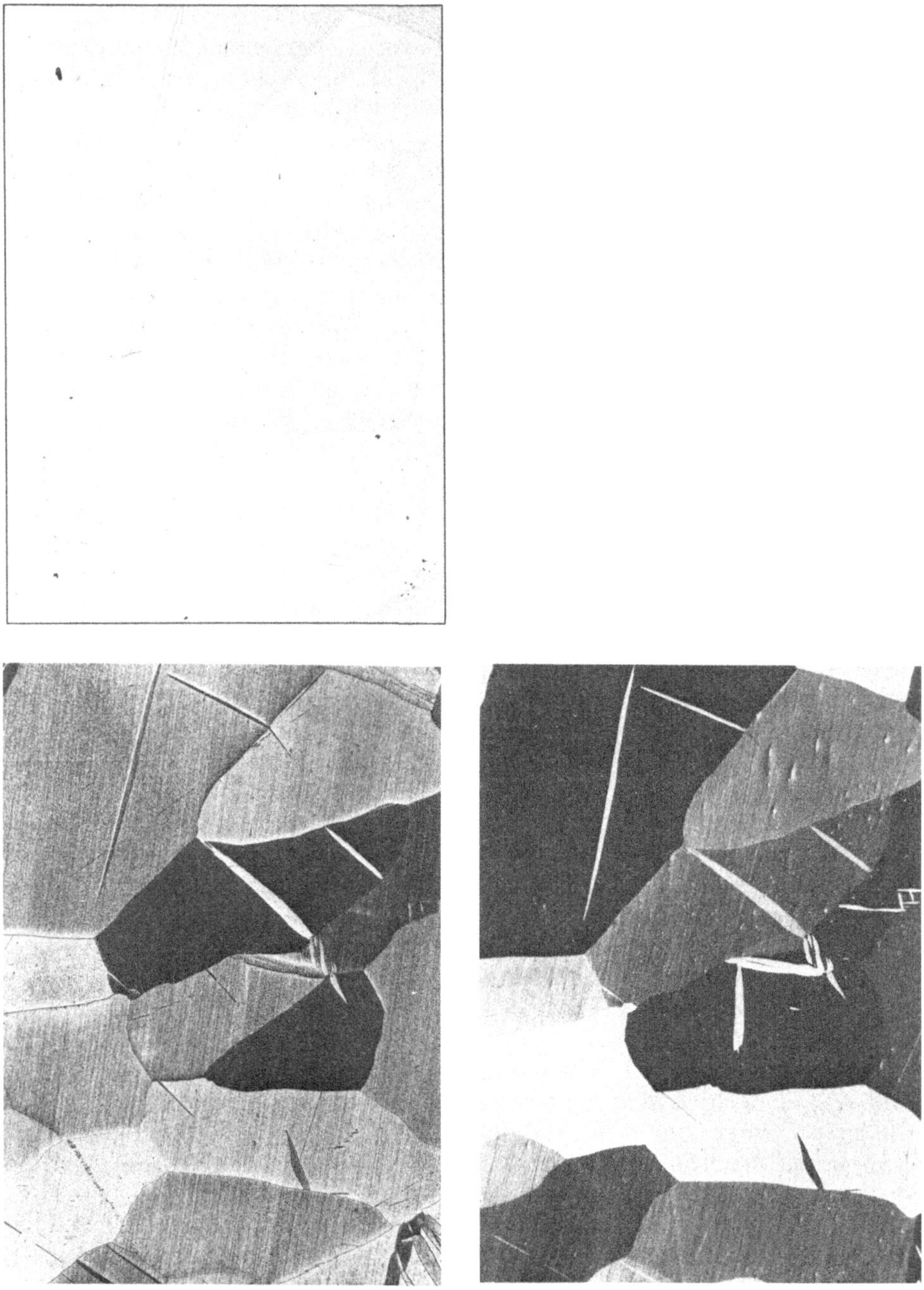

a b c

Bild 4.16 Lichtmikroskopische Aufnahme von polykristallinem Zink (K. Polczer). Vergrößerung: 64fach, a) poliert, ungeätzt; b) Niederschlagsätzung mit einer Lösung von Kaliumbisulfat und Natriumthiosulfat; c) poliert, ungeätzt, im polarisierten Licht

a

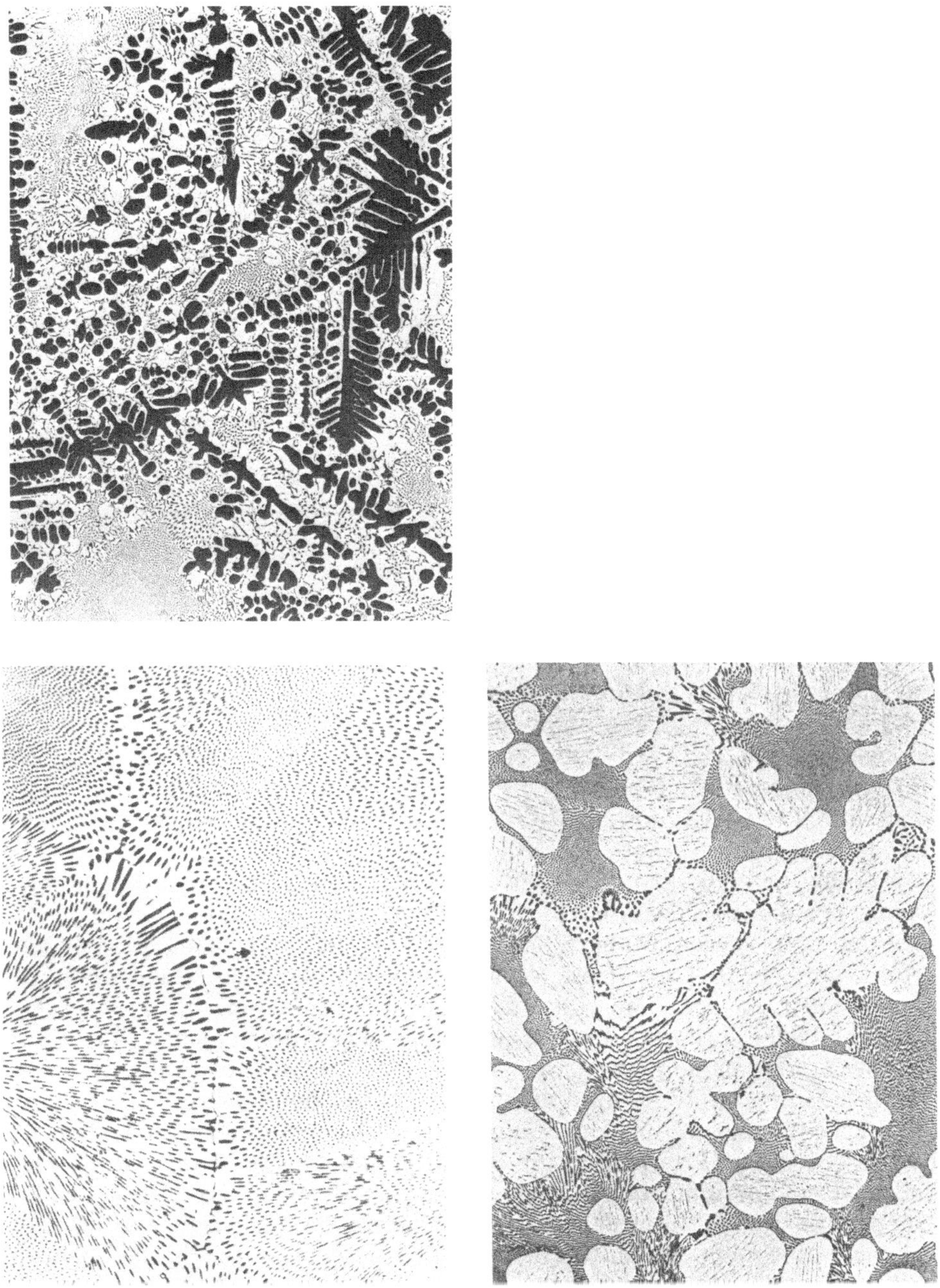

b c

Bild 4.17 Gefüge von Zink–Cadmium-Legierungen. a) 48 At.-% Zn; primär Zink (schwarze Dendriten); Rest Eutektikum; lichtmikroskopisch, Vergrößerung: 40fach (S. Schmidt); b) 26,5 At.-% Zn; Eutektikum; lichtmikroskopisch, Vergrößerung 300fach (E. Scheil); c) 14,5 At.-% Zn; primär Cadmium (helle Flächen), Rest Eutektikum; lichtmikroskopisch, Vergrößerung: 75fach (S. Schmidt)

weniger gleichbleibender Lamellenorientierung. Diese Bereiche treffen schließlich aufeinander. Die Grenzen werden als eutektische Korngrenzen bezeichnet.

Die Kristallisation bei 14,5 At.-% Zn ist prinzipiell analog derjenigen bei 48 At.-% Zn. Primär kristallisiert jetzt jedoch Cadmiummischkristall aus. Es folgt die eutektische Erstarrung.

Die Flächenanteile von primären Kristalliten und vom Eutektikum sind proportional den Volumenanteilen dieser Gefügebestandteile in der Probe. Die Flächenanteile lassen sich z. B. durch Planimetrieren einer entsprechenden Mikrophotographie oder unmittelbar mit handelsüblichen optisch-elektronischen Geräten ermitteln. Der Mengenanteil des Eutektikums hängt

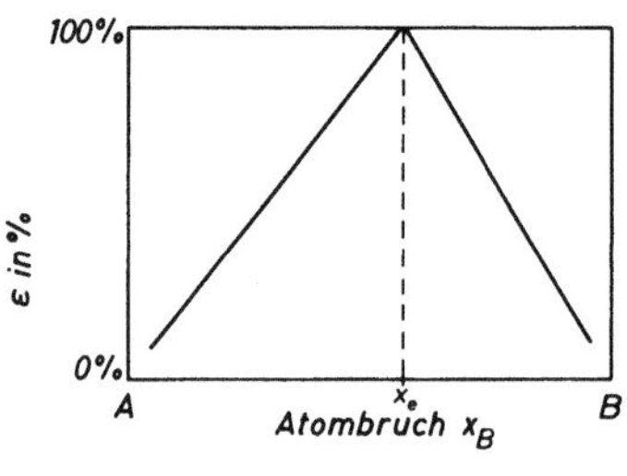

Bild 4.18 Anteil ε des eutektischen Gefügebestandteils in einem einfachen eutektischen System als Funktion der Bruttokonzentration

linear von der Konzentration der Probe ab und erreicht bei der eutektischen Zusammensetzung den Maximalwert (100%, vgl. Bild 4.18). Ähnlich wie aus der eutektischen Haltezeit kann aus dem Anteil des Eutektikums am gesamten Gefüge anhand einzelner Proben die Zusammensetzung des Eutektikums durch Extrapolation (auf 100% eutektischen Gefügeanteils) die eutektische Konzentration ermittelt werden.

Während der Übergang fest–flüssig bei der Aufnahme von Abkühlungskurven der thermischen Analyse in der Regel ohne große Verzögerung einsetzt und rasch in dem Maße zu Ende läuft, wie die Erstarrungsenthalpie abgeführt wird, ist dies bei Phasenumwandlungen im festen Zustand im allgemeinen nicht der Fall. Die Umwandlungsreaktionen setzen oft erst nach erheblicher Unterschreitung der Gleichgewichtstemperatur ein und laufen bei Abkühlungsgeschwindigkeiten, wie sie bei der thermischen Analyse üblich sind (0,1 K/min bis 10 K/min), nicht zu Ende. Die Beweglichkeit der Atome, die die Voraussetzung für den Ablauf einer Phasenumwandlung darstellt, ist bei vorgegebener Temperatur im Festkörper erheblich kleiner als in der Schmelze und nimmt zudem nach einem Exponentialgesetz mit sinkender Temperatur ab. Zur Einstellung von Festkörperphasengleichgewichten sind daher oft erhebliche Zeiten erforderlich. Beispielsweise ist es in den meisten Fällen nicht möglich, die Löslichkeitskurven c und c′ (vgl. Bild 4.6) mit Hilfe der thermischen Analyse zu ermitteln. Mikroskopische Untersuchungen führen hier indessen zum Ziel. Dabei wird eine Reihe von Proben, die bei bestimmter Temperatur hinreichend lange gehalten worden sind, um das Gleichgewicht einzustellen, rasch auf Zimmertemperatur abgekühlt (abgeschreckt), poliert, geätzt und mikroskopisch betrachtet. Es kann leicht entschieden werden, ob eine Probe einphasig oder zweiphasig ist, wodurch die

Frage zu klären ist, zwischen welchen Probenkonzentrationen die Löslichkeitsgrenze liegt (vgl. Bild 4.19 a).

Eine zweite Möglichkeit ergibt sich aufgrund einer quantitativen Bestimmung der Gefügeanteile in einer Reihe zweiphasiger Proben des mittleren Konzentrationsbereichs. Es wird beispielsweise der Mengenanteil φ_α der Phase α (vgl. Bild 4.19) für eine Reihe von Proben bestimmt, die bei der interessierenden Temperatur hinreichend lange zur Gleichgewichtseinstellung gehalten (getempert) worden sind. Eine Auftragung des Flächenanteils φ_α gegen die Konzentration liefert bei Extrapolation der Geraden an den Stellen $\varphi_\alpha = 100\%$ und $\varphi_\alpha = 0\%$ die beiden Grenzlöslichkeiten x_B^α und x_B^β bei der Temperatur T_1.

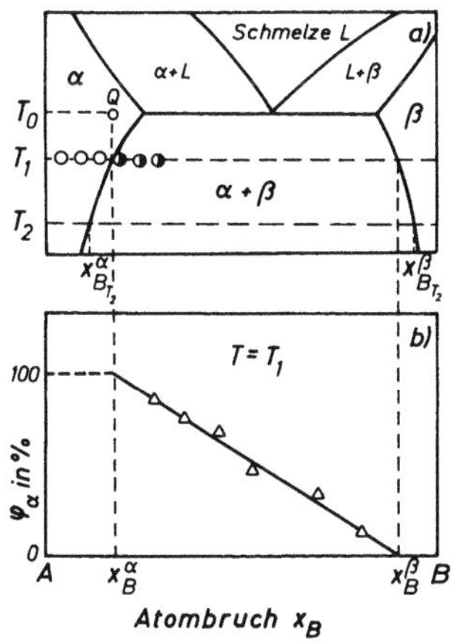

Bild 4.19 Gefügeanalytische Bestimmung der Löslichkeitsgleichgewichte. a) Eingrenzung der maximalen Löslichkeit durch qualitative Gefügeanalyse; ○ einphasige Legierung, ◑ zweiphasige Legierung; b) Extrapolatorische Ermittlung der Löslichkeitsgrenze durch quantitative Gefügeanalyse

4.11 Elektronenmikroskopische Untersuchungsverfahren

Das Gefüge von Festkörpern kann so fein gegliedert sein, daß das Auflösungsvermögen des Lichtmikroskops zu seiner Erschließung nicht ausreicht. In diesem Falle können nützliche Aussagen durch elektronenmikroskopische Methoden gewonnen werden. Beispiele dafür sind Ausscheidungsgefüge, die dadurch zustande kommen, daß ein (einphasiger) Mischkristall Q der Konzentration x_B^α (vgl. Bild 4.19) rasch von einer Temperatur T_0, bei der er stabil ist, auf eine Temperatur T_2 abgekühlt wird, bei der er in die beiden Phasen $\alpha + \beta$ zerfallen sollte. Die Ausscheidung der Phase β aus dem Mischkristall α kann sehr langsam vonstatten gehen, an außerordentlich vielen Stellen der Ausgangsmatrix einsetzen und daher zu einem sehr feinen Gefüge führen. Zur elektronenmikroskopischen Untersuchung wird die Probe in der Regel so stark durch chemische oder elektrochemische Methoden gedünnt, daß sie für Elektronenstrahlen durchlässig wird. Bild 4.20 gibt ein Beispiel für ein in Durchstrahlung elektronenmikroskopisch aufgenommenes Ausscheidungsgefüge.

Auch das Oberflächenrasterelektronenmikroskop kann zur Gefügeuntersuchung eingesetzt werden. Es ist dies ein in „Auflicht" arbeitendes Gerät,

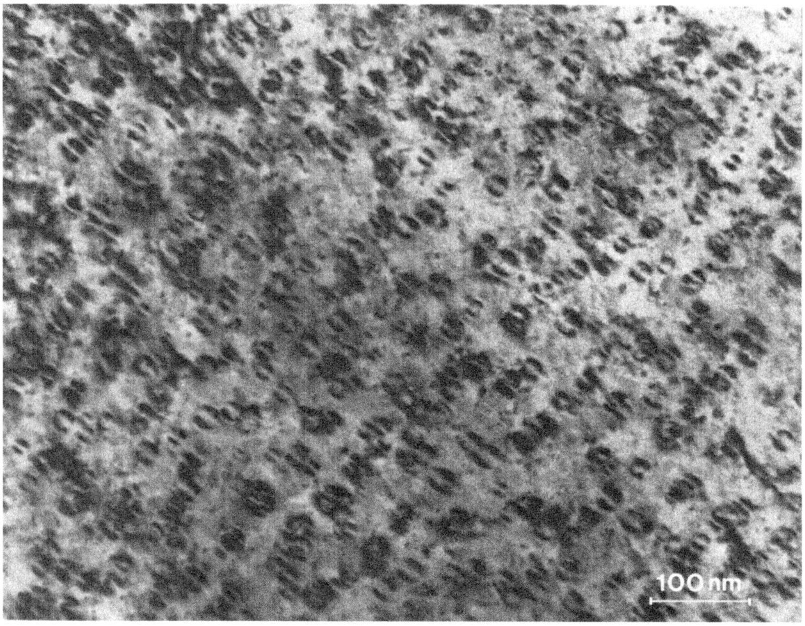

Bild 4.20 Ausscheidungen in einer Cu–Co-Legierung mit 2 At.-% Co; elektronenmikroskopisch; Durchstrahlung; Vergrößerung 130000fach (M. Rühle). Die Kobaltmischkristall-Ausscheidungen bedingen in der kupferreichen Matrix mechanische Gitterverzerrungen, die einen Kontrast im elektronenmikroskopischen Bild bewirken (Spannungskontrast)

das sich durch seine hohe Schärfentiefe auszeichnet und daher besonders zur Untersuchung von Oberflächenreliefs eignet, die z. B. bei der Erstarrung entstehen können.

Schließlich sei noch die Elektronenstrahl-Mikrosonde genannt. Ihr Prinzip besteht im wesentlichen in einer Kombination von Elektronenmikroskop und Röntgenröhre. Ein hochbeschleunigter Elektronenstrahl wird auf die Probe fokussiert und regt die Atome des Probenmaterials lokal zur Emission von Röntgeneigenstrahlung an. Der Elektronenstrahl kann rasterartig über die Probenoberfläche geführt werden. Die Röntgenstrahlung wird spektrometrisch in Anteile mit Wellenlängen der einzelnen chemischen Elemente aufgegliedert und zur Erzeugung eines Bildes genutzt. Das entstehende Bild gibt die Lage der die Röntgenstrahlung bestimmter Wellenlänge emittierenden Atomart im Gefüge wieder. Dabei kann nicht nur eine relative Verteilung der Atomsorten auf einzelne Gefügebestandteile, sondern auch eine quantitative Bestimmung des Gehalts an den Komponenten an einem bestimmten Ort im Gefüge ermöglicht werden.

4.12 Röntgenographische Methoden

Das Gefüge eines Festkörpers läßt sich durch Röntgenstrahlbeugungsexperimente hinsichtlich der Art der verschiedenen Phasen unmittelbar erschließen. Das ist vor allem zur Aufstellung von Zustandsdiagrammen von erheblichem Nutzen, bei denen im festen Zustand außer den Mischkristallen der Komponente noch andere Phasen auftreten.

Daneben sind auch Löslichkeitsgleichgewichte leicht zu ermitteln. Die Gitterkonstante eines Stoffes wird durch Zusatz einer zweiten Komponente, die zur Mischkristallbildung führt, im allgemeinen geändert, da die beiden Atomsorten oder Molekülsorten des Mischkristalls in der Regel verschiedene Größen haben. In Bild 4.21 sei dies am Beispiel des Systems Kupfer–Silber dargestellt. Die Gitterkonstante des Silbers nimmt beim Einbau der kleineren Kupferatome ab, bis die Löslichkeitsgrenze bei der Temperatur, bei der

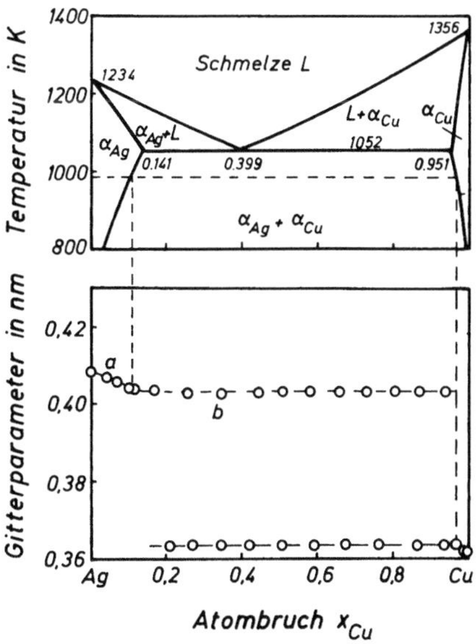

Bild 4.21 Zur röntgenographischen Bestimmung von Löslichkeitsgleichgewichten

das Gleichgewicht durch hinreichend langes Tempern eingestellt wurde, erreicht ist. Im Zweiphasengleichgewicht zwischen Silbermischkristallen und Kupfermischkristallen ist die Gitterkonstante beider Mischkristalle unabhängig von der Bruttokonzentration. Aus dem Schnittpunkt der Linien a und b resultiert die Löslichkeitsgrenze. Analoges gilt für die Kupferseite des Systems.

4.13 Weitere experimentelle Methoden

Im Prinzip können zur Ermittlung des Phasenaufbaus von Festkörpern und zur Erschließung von Schmelzgleichgewichten alle Eigenschaften herangezogen werden, die Phasenänderungen anzeigen oder Hinweise auf den Gefügeaufbau geben. In der Tat werden verschiedentlich folgende physikalische Eigenschaften genutzt: Der elektrische Widerstand, die magnetischen Eigenschaften, die optischen Eigenschaften, die Härte, die thermische Ausdehnung und einige andere Eigenschaften mehr.

Nicht alle Verfahren sind für die Untersuchung aller denkbaren Phasengleichgewichte gleich gut geeignet. Für spezielle Fälle sind zum Teil recht komplexe Untersuchungsmethoden entwickelt worden.

4.14 Eutektische Kristallisation

Aus einer Schmelze der eutektischen Zusammensetzung kristallisieren beide zu dem nonvarianten Gleichgewicht gehörigen festen Phasen gleichzeitig aus. Die häufig entstehende lamellare Anordnung der beiden festen Phasen hat kinetische Gründe. Unter einachsigen Erstarrungsbedingungen, bei denen die Abkühlung der Probe nur in eine Richtung erfolgt, wächst die Lamellenfront entgegen der Richtung der Wärmeabfuhr (vgl. Bild 4.22). Vor einer Lamelle aus B-reichem Mischkristall reichert sich bei deren Wachstum die Schmelze an der Komponente A an. Vor der A-reichen Lamelle stellt sich ein Überschuß an B in der Schmelze ein. In der Schmelze unmittelbar vor der Wachstumsfront der Lamellen werden durch Diffusion die verschiedenen Atomarten aufgrund der sich ausbildenden Konzentrationsgradienten zu den jeweils benachbarten Lamellen transportiert. Der vor einer A-reichen Lamelle entstehende Überschuß an B in der Schmelze wird durch Diffusion von B-Atomen zur Schmelze vor den benachbarten B-reichen Lamellen abgebaut, wo B-Atome infolge des Wachstums der B-reichen Lamellen der Schmelze entzogen werden. Dafür wird der Überschuß an A-Atomen vor der B-reichen Lamelle durch Diffusion in die Bereiche vor der A-reichen Lamelle transportiert, wo infolge ihres Wachstums ein Unterschuß an A in der Schmelze vorliegt. Auf diese Weise sind nur sehr geringe Diffusionswege zu überwinden, um die beiden Atomsorten, die die homogene Schmelze bilden, auf die beiden festen Phasen zu verteilen. Die Diffusion in der Schmelze, die den tragenden Transportmechanismus der Erstarrungsreaktion darstellt, wird durch die Verkürzung der Diffusionswege infolge günstiger Anordnung der beiden Phasen besonders effektiv. Die Erstarrung erfolgt um so schneller, je höher die Geschwindigkeit der Wärmeabfuhr ist.

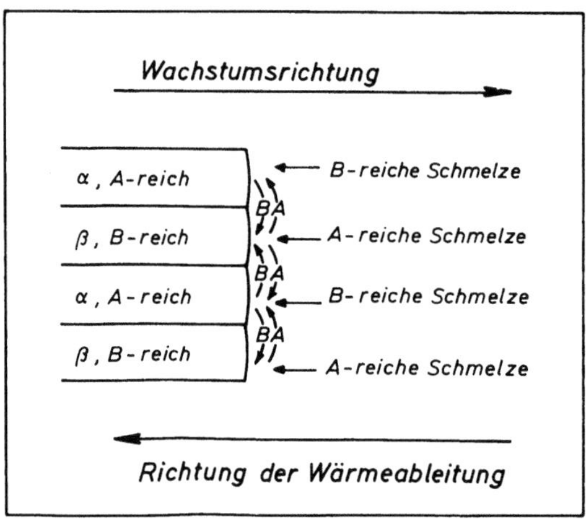

Bild 4.22 Mechanismus der eutektischen Kristallisation

Bild 4.22a. Lamellares Eutektikum im System UO_2-W. Lichtmikroskopisch, Dunkelfeldaufnahme im reflektierten Licht; Vergrößerung 1000fach. Die Wolfram-Platten reichen bis zur polierten Oberfläche. Die zweite Komponente, UO_2, ist durchsichtig. Die Farbvertiefung zwischen den Platten resultiert aus der selektiven Lichtabsorption des Urandioxids. Sie nimmt mit steigender UO_2-Schichtdicke zu. Wo die Wolfram-Platten der Probenoberfläche nahekommen, treten Interferenzlinien auf. G. W. Clark, A. T. Chapman und J. C. Gower; Metals and Ceramic Division, Oak Ridge National Laboratory; sponsored by the Materials Science Division, U.S. Department of Energy, Contract W-7405-eng-26 with the Union Carbide Corporation.

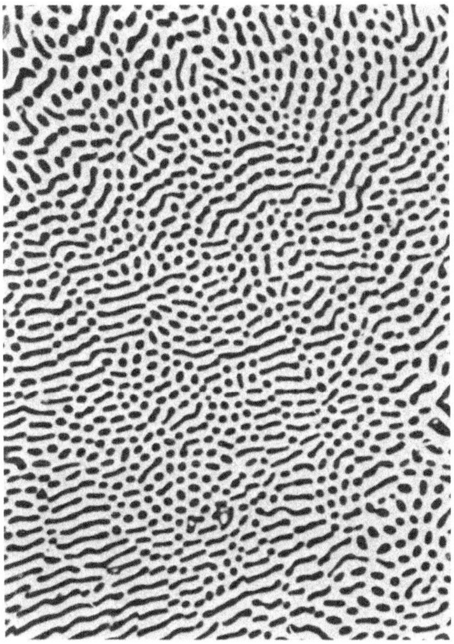

a

b

Bild 4.23 Sonderformen eutektischer Gefüge. a) Langsam erstarrtes Eutektikum im System Kobalt–Zinn (M. Ellner). 20 At.-% Sn; Bestandteile des eutektischen Gefüges: α-Co-Mischkristall (dunkel) und γ-Phase (hell); lichtmikroskopisch; Vergrößerung: 1500fach; b) Stäbcheneutektikum im System Zn–Cd; 26,5 At.-% Zn; lichtmikroskopisch; 600fach vergrößert

Bei hohen Wärmeableitungsgeschwindigkeiten bildet sich ein kleiner Lamellenabstand aus. Dadurch kann die diffusionsgesteuerte Separierung der Komponenten auf die beiden festen Phasen rascher vonstatten gehen. Gleichzeitig wird dabei indessen die Gesamtheit der je Mol auftretenden Phasengrenzfläche größer, was einen Verlust an freier Enthalpie für die treibende Kraft bei der Erstarrung bedeutet. Es stellt sich daher für vorgegebene thermische und stoffliche Bedingungen ein bestimmter Lamellenabstand ein. Nach Chadwick ist

$$l \sim R_E^{-\frac{1}{2}}, \tag{4.32}$$

wobei l der Lamellenabstand und R_E die Wachstumsgeschwindigkeit des Eutektikums ist.

Wenn eine der bei der eutektischen Erstarrung auftretenden Phasen durchsichtig ist, kann der plattenförmige Aufbau des Erstarrungsgefüges unmittelbar erkannt werden. Ein eindrucksvolles Beispiel zeigt Bild 4.22a, das das Eutektikum im System UO_2-W darstellt. UO_2 ist in dünnen Schichten durchsichtig.

Bei sehr kleinen Erstarrungsgeschwindigkeiten degeneriert die lamellare Struktur. Es bilden sich lokale Verdickungen aus, Unterbrechungen der lamellaren Kontinuität und Abrundungen der Lamellenenden (vgl. Bild 4.23a). Dabei wird die Grenzflächenenergie des Zweiphasensystems durch Reduzierung der gesamten Phasengrenzfläche erniedrigt.

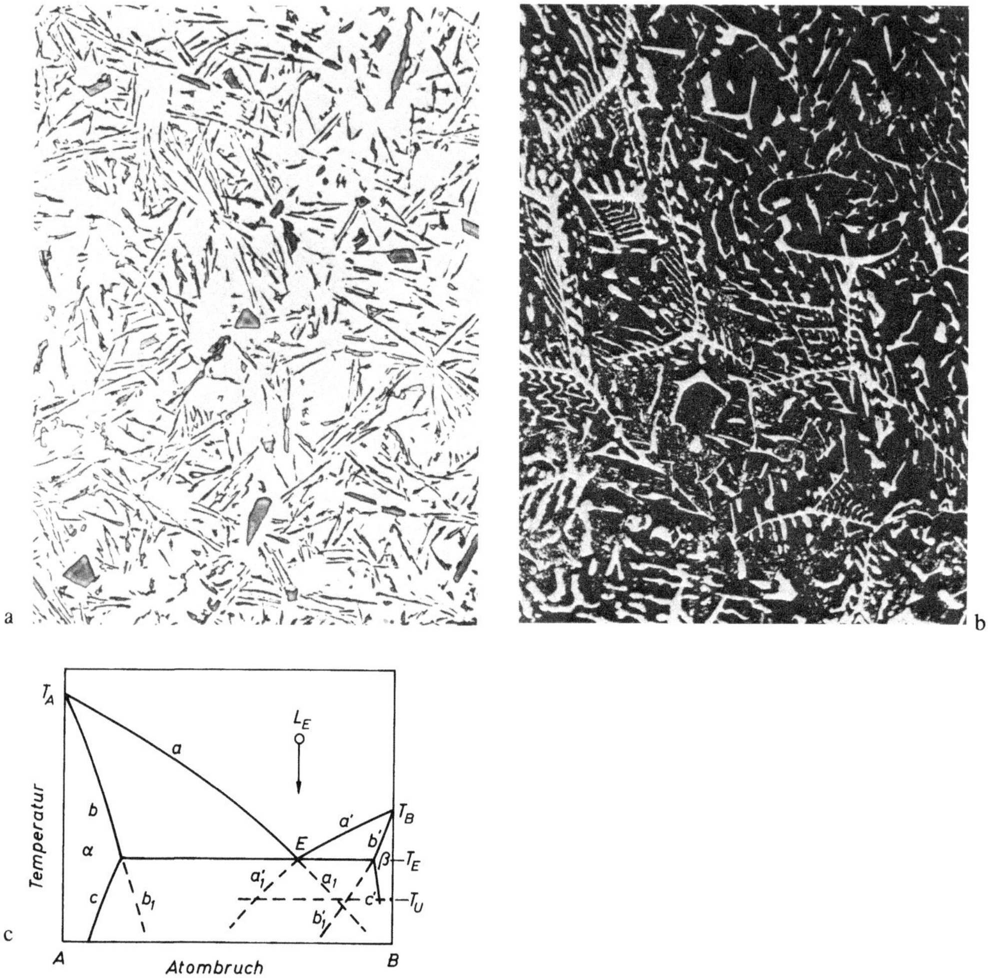

Bild 4.24 Anomales Eutektikum. a) System Al–Si (Dujardin); 11,3 At.-% Si; lichtmikroskopisch; Vergrößerung: 150fach; weiß: Al-Mischkristalle; b) System Pb–Sb (Spengler); 17,5 At.-% Sb; lichtmikroskopisch; Vergrößerung: 375fach; weiß: Antimon; c) Zur Erläuterung des Erstarrungsablaufs beim anomalen Eutektikum

Eine weitere Besonderheit tritt auf, wenn neben den das binäre Eutektikum konstituierenden Komponenten noch weitere Stoffe in der Schmelze gelöst sind. Das kann zur Bildung eines Stäbcheneutektikums führen, in dem die eine Phase eine Grundmatrix darstellt, in die die andere in Form von Stäbchen eingelagert ist (vgl. Bild 4.23 b).

Der kinetische Vorteil der lamellaren oder stäbchenförmigen Anordnung bei der eutektischen Kristallisation besteht neben den geringen Diffusionswegen auch darin, daß keine wiederholte Keimbildung erforderlich ist. Die Lamellen oder Stäbchen wachsen kontinuierlich. Das ist leicht realisierbar, wenn keine ausgeprägte individuelle Kristallmorphologie der festen Phasen vorhanden ist. Besitzt hingegen eine bei der eutektischen Kristallisation ent-

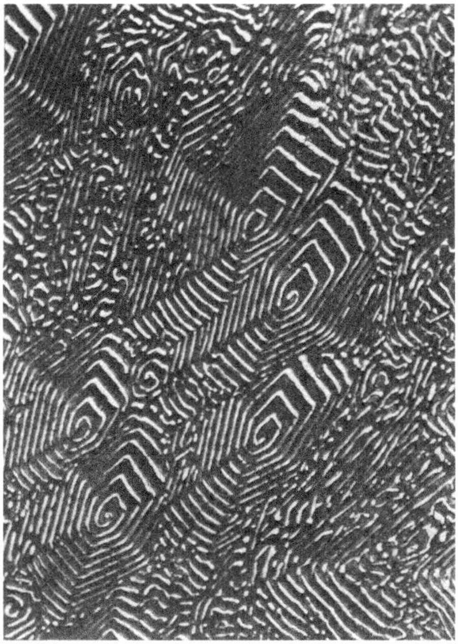

Bild 4.25 Spiraleneutektikum im System Magnesium–Zink (E. Scheil). 7,7 At.-% Mg; lichtmikroskopisch; Vergrößerung: 600fach

stehende Phase eine Kristallstruktur mit ausgeprägter Wachstumsanisotropie, so ist der geordnete Ablauf der lamellaren Erstarrung nicht mehr gewährleistet. Als Beispiel ist in Bild 4.24 das Gefüge von Eutektika der Systeme Al–Si und Pb–Sb wiedergegeben.

Das Gefüge eines solchen als „anomal" bezeichneten Eutektikums kann auch durch eine unterschiedliche Keimbildungswahrscheinlichkeit für die Kristallisation der beiden Phasen beeinflußt sein. Tritt beispielsweise beim Abkühlen der eutektischen Schmelze L_E (Bild 4.24c) beim Unterschreiten der eutektischen Temperatur T_E zunächst nur Keimbildung der α-Phase, nicht aber der β-Phase ein, dann ändert sich die Konzentration der Schmelze bei der anschließenden Kristallisation von α gemäß der Linie a_1, die die Verlängerung der Liquiduslinie a ist. Erst wenn eine hinreichend große Unterkühlung erreicht ist, z. B. bei T_U, tritt auch Kristallisation von β ein. Die Folge eines derartigen Kristallisationsablaufs kann eine andere Mengenverteilung von α und β sein, als sie bei normaler eutektischer Erstarrung zu erwarten wäre.

Durch Wachstumsanisotropie kommt schließlich auch das Spiraleneutektikum zustande, das allerdings relativ selten anzutreffen ist. Bild 4.25 gibt das Spiraleneutektikum im System Zink–Magnesium wieder.

Eine „Entartung" des Eutektikums tritt ein, wenn die eutektische Konzentration nahe bei der einen Komponente, z. B. A, liegt. Es kann dann bei der Primärkristallisation einer Schmelze mittlerer Konzentration bis zur Erreichung des eutektischen Punktes eine sehr große Menge B-reicher Mischkristalle ausgeschieden werden. Die eutektische Restschmelze füllt die schmalen Spalte zwischen den Primärkristallen aus. Es werden Keime der A-reichen

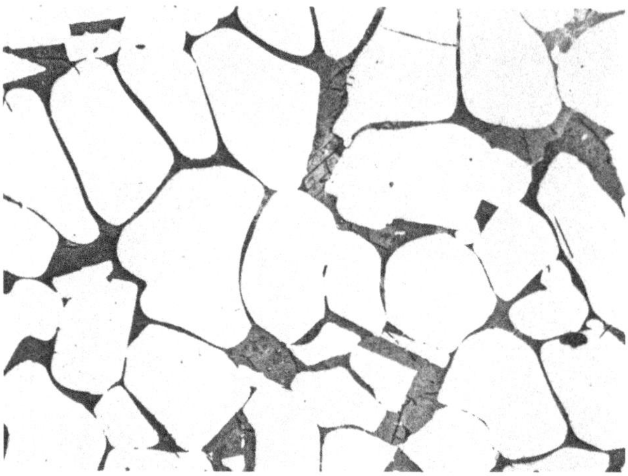

Bild 4.26 Entartetes Eutektikum im System Antimon–Cadmium (Günzler). 5,5 At.-% Cd; Primärkristalle (weiß): Antimon; grau: CdSb; lichtmikroskopisch; Vergrößerung: 150fach

Phase gebildet, da dies für die eutektische Kristallisation unvermeidlich ist. Die Bildung von Keimen der B-reichen Phase kann indessen ausbleiben. Die im nonvarianten Gleichgewicht neben der Kristallisation der A-reichen Phase erfolgende Ausscheidung der B-reichen Phase geschieht durch einfaches Ankristallisieren an die Primärkristalle, da dazu wegen der schmalen Restschmelzbereiche keine großen Diffusionswege erforderlich sind. Ein Beispiel eines entarteten Eutektikums ist in Bild 4.26 wiedergegeben.

4.15 Dendritische Kristallisation

Die Gestalt der Kristallite eines polykristallin erstarrten Zweiphasengemenges ist nicht immer polyedrisch. Verschiedentlich treten als Primärausscheidungen nur skelettartige Kristalle mit einspringenden Winkeln auf, sog. Dendriten, die auch feingliedrig verzweigt sein können. Ein Beispiel ist in Bild 4.27 wiedergegeben. Die Spitze eines durchsichtigen Dendriten, wie sie bei der Erstarrung unter dem Mikroskop beobachtet werden kann, ist in Bild 4.27a dargestellt. Der Hauptast und die Zweige entsprechen kristallographischen Richtungen bevorzugten Wachstums. Ursache der dendritischen Kristallisation sind Besonderheiten der Temperaturverteilung in der Schmelze. Starke Unterkühlung der Schmelze unter die Gleichgewichts-Liquidustemperatur bedingt nach erfolgter Keimbildung zunächst dendritisches Wachstum von Primärkristallen. Erst wenn die durch die dendritische Kristallisation freigesetzte Erstarrungsenthalpie die Temperatur bis auf die Gleichgewichts-Liquidustemperatur aufgeheizt hat, erfolgt normale Kristallisation der zwischen den Dendriten verbliebenen Restschmelze.

In reinen Stoffen ist die dendritische Erstarrung nach vollständiger Kristallisation der Schmelze im Schliffbild kaum nachweisbar, da die zunächst verbleibenden Hohlräume des Skeletts von Schmelze des gleichen Stoffes ausgefüllt werden, die dann ebenfalls erstarrt. An der Oberfläche erstarrter Proben auch hoher Reinheit können indessen Dendritenreliefs sichtbar werden. In-

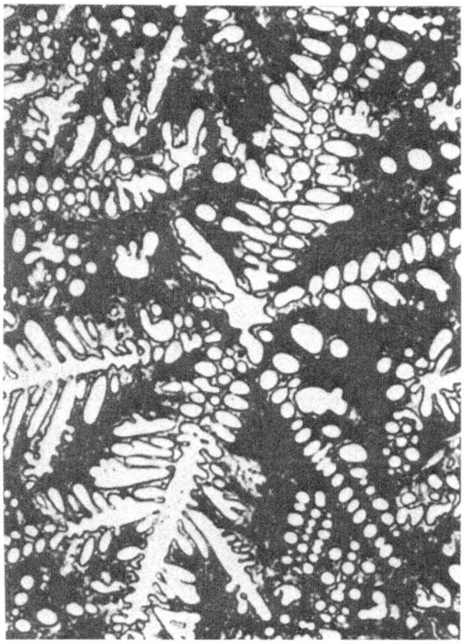

Bild 4.27 Dendritische Kristallisation im System Kupfer–Eisen–Aluminium (E. Wachtel). 25 At.-% Fe, 22 At.-% Al; Primärdendriten der $\varkappa$-Phase; lichtmikroskopisch; Vergrößerung: 750fach

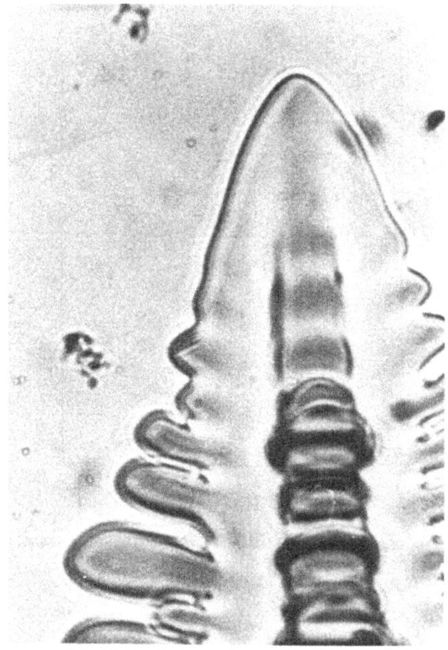

Bild 4.27a. Dendritenspitze bei gerichteter Erstarrung unter dem Mikroskop. Piralinsäure mit 0,5 Gew.-% Naphthalin; Wachstumsgeschwindigkeit $R^K = 4 \cdot 10^{-4}$ cm/s; Temperaturgradient: 15 K/cm. Vergrößerung: 230fach (P. A. Steinmann und W. Kurz).

folge der Volumenkontraktion bei der Erstarrung wird die Restschmelze in die Dendritenzwischenräume gesaugt. Die Dendritenäste können deshalb als erhabene Skelette aus der Probenoberfläche hervorragen.

4.16 Einfache Phasengleichgewichte bei unbegrenzter Löslichkeit im flüssigen und festen Zustand

Besitzen die Komponenten eines Zweistoffsystems gleiche Kristallstruktur, ist der Unterschied in der Atom- bzw. Molekülgröße klein und liegen zudem ähnliche Bindungsverhältnisse vor, so können im gesamten Konzentrationsbereich flüssige und feste Lösungen gebildet werden. Die für diesen Fall einfachste Kombination von Solidus- und Liquiduskurve ist in Bild 4.28 dargestellt. Es ist dabei angenommen, daß die Komponenten sich bezüglich der Gefrierpunktsänderung bei Zusatz der jeweils anderen Komponente unterschiedlich verhalten. Zusatz von B zu A bedingt eine Gefrierpunktserniedrigung, Zusatz von A zu B eine Gefrierpunktserhöhung. Das ist realisiert für Systeme, in denen keine oder eine sehr geringe Änderung der zwischenatomaren Wechselwirkungen bei der Bildung ihrer flüssigen und festen Lösungen eintritt.

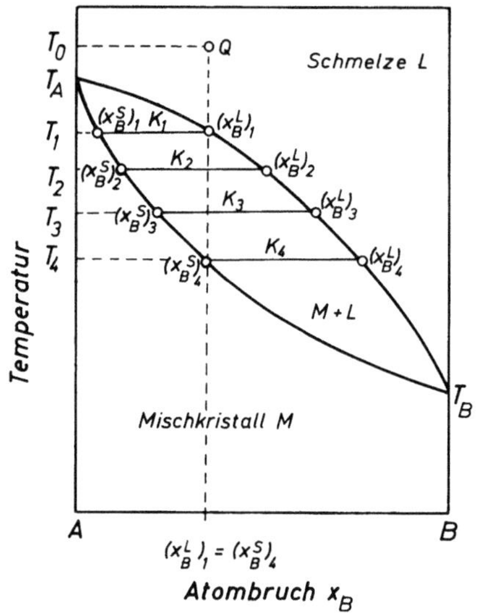

Bild 4.28 Schmelzdiagramm eines Systems mit vollständiger Mischbarkeit im festen und flüssigen Zustand sowie Gefrierpunktserniedrigung der einen und Gefrierpunktserhöhung der anderen Komponente

Abgesehen von den Schmelzgleichgewichten der reinen Stoffe A und B liegen im gesamten Konzentrationsbereich keine nonvarianten Gleichgewichte vor. Die Erstarrung während extrem langsamer Abkühlung läuft folgendermaßen ab: Wird die Schmelze Q mit der Ausgangskonzentration $(x_B^L)_1$ und der Ausgangstemperatur T_0 abgekühlt, so tritt beim Erreichen der Liquiduskurve Ausscheidung von Mischkristallen ein, deren Konzentration $(x_B^S)_1$ durch die Konode K_1 festgelegt ist. Da $(x_B^S)_1 < (x_B^L)_1$, reichert sich die Schmelze bei der Kristallisation an B an. Die Liquidustemperatur sinkt in dem Maße, wie die Konzentration der Schmelze an B zunimmt. Ist die Zusammensetzung der Schmelze bei $(x_B^L)_2$ angelangt, so muß gleichzeitig die Temperatur T_2 erreicht sein. Die Konzentration der im Erstarrungsgleichgewicht stehenden Phasen wird jetzt durch die Konode K_2 angezeigt. Da wieder die Konzentration des Gleichgewichtsmischkristalls $(x_B^S)_2$ kleiner ist als die der koexistierenden Schmelze $(x_B^L)_2$, reichert sich die Schmelze weiter an B an. Die Erniedrigung der Liquidustemperatur setzt sich fort.

Gleichzeitig mit der Änderung von Liquidustemperatur, Liquiduskonzentration und Soliduskonzentration ändert sich das Mengenverhältnis von Schmelze zu Festkörper. Beim Erreichen der Liquiduskurve bei der Abkühlung der einphasigen Schmelze auf T_1 liegt die gesamte Probe flüssig vor. Die Menge der koexistierenden Mischkristalle mit der Zusammensetzung $(x_B^S)_1$ ist infinitesimal klein. Mit sinkender Temperatur nimmt der Mengenanteil der Schmelze ab, derjenige des Mischkristalls zu. Das Mengenverhältnis wird durch das Hebelgesetz festgelegt.

Es sei das Gleichgewicht bei T_3 betrachtet. Die Bruttozusammensetzung der Probe ist $(x_B^L)_1$, die Konzentrationen der koexistierenden Phasen sind $(x_B^S)_3$ und $(x_B^L)_3$. Gemäß Gl. (4.31) gilt:

$$\frac{M_3^L}{M_3^S} = \frac{(x_B^L)_1 - (x_B^S)_3}{(x_B^L)_3 - (x_B^L)_1} \tag{4.33}$$

oder allgemein:

$$\frac{M_i^L}{M_i^S} = \frac{(x_B^L)_1 - (x_B^S)_i}{(x_B^L)_i - (x_B^L)_1}. \tag{4.34}$$

Dabei bedeutet M_3^L die Menge der Schmelze und M_3^S die des Mischkristalls im Schmelzgleichgewicht bei T_3. Die Indizierung mit i gilt entsprechend für eine beliebige Temperatur T_i zwischen T_1 und T_4.

Bei T_1 ist $(x_B^L)_1 - (x_B^S)_i$ maximal und $(x_B^L)_i - (x_B^L)_1 = 0$. Entsprechend ist $M_i^S = 0$ und M_i^L maximal. Mit sinkender Temperatur nimmt $(x_B^L)_1 - (x_B^S)_i$ ab und $(x_B^L)_i - (x_B^L)_1$ zu. Gleichermaßen nimmt das Verhältnis M_i^L/M_i^S ab, bis es bei T_4 null geworden ist. Hier ist $(x_B^L)_1 - (x_B^S)_i = (x_B^L)_1 - (x_B^S)_4 = 0$ und $(x_B^L)_i - (x_B^L)_1 = (x_B^L)_4 - (x_B^L)_1$ maximal. Die gesamte Probe ist nun erstarrt.

Dieser Ablauf ist indessen nur bei völliger Gleichgewichtseinstellung gewährleistet. Das ist lediglich bei extrem langsamer Abkühlungsgeschwindigkeit der Fall. Nach Entstehung der ersten Mischkristalle hat die feste Phase die Konzentration $(x_B^S)_1$, wie sie dem Gleichgewicht mit der Schmelze bei T_1 entspricht. Bei großer Abkühlungsgeschwindigkeit wird beispielsweise die Temperatur T_2 rasch erreicht. Jetzt kristallisiert Mischkristall der Konzentration $(x_B^S)_2$ aus und umhüllt den vorher ausgeschiedenen Mischkristall mit der Konzentration $(x_B^S)_1 < (x_B^S)_2$. Das Gleichgewicht ist erst dann für das gesamte System eingestellt, wenn der gesamte Festkörper, der mit der Schmelze der Konzentration $(x_B^L)_2$ im Gleichgewicht steht, durchweg, innen und außen, die Konzentration $(x_B^S)_2$ hat. Dazu müssen B-Atome aus der Schmelze in das Innere des Kristalls diffundieren, um dort die Konzentration auf $(x_B^S)_2$ zu erhöhen. Dafür ist, da es sich um eine Festkörperreaktion handelt, relativ viel Zeit erforderlich. Bei rascher Abkühlung kann keine Homogenisierung des Festkörpers erreicht werden. Das bedeutet, daß bei T_2 zwar an der Grenzfläche fest–flüssig die Gleichgewichtskonzentrationen $(x_B^S)_2$ und $(x_B^L)_2$ vorliegen, lokal die Gleichgewichtsbedingung also erfüllt ist, das gesamte System aber nicht im Gleichgewicht ist. Im Inneren des Kristalls sind zu wenig B-Atome vorhanden. Diese befinden sich noch in der Schmelze (vgl. Bild 4.29). Da bei fortschreitender Abkühlung immer mehr B-Atome (Atome der niedriger schmelzenden Komponente) in der Schmelze angereichert werden, ist beim Erreichen der Temperatur T_4, bei der die Erstarrung im Gleichgewicht beendet sein sollte, noch Schmelze vorhanden. Dafür ist entsprechend weniger Festkörper gebildet worden. Die Erstarrung der Restschmelze erfolgt un-

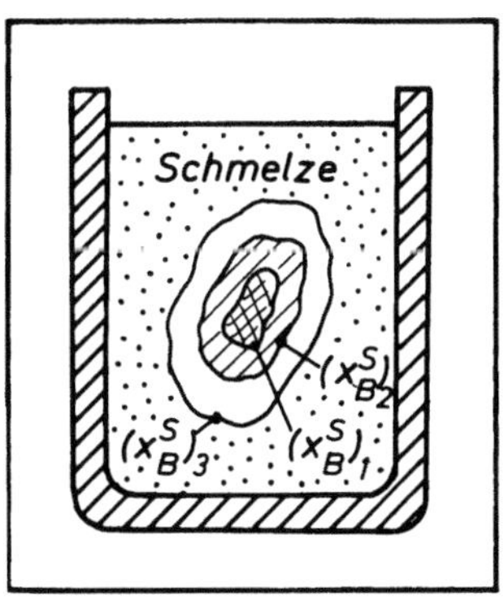

Bild 4.29 Schichtkristallbildung bei der Erstarrung von Mischkristallen

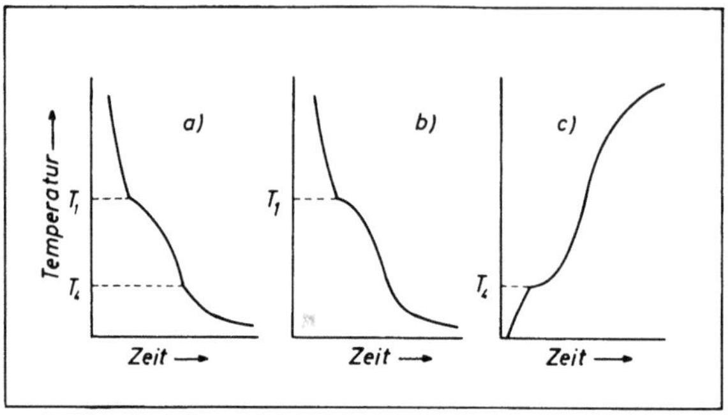

Bild 4.30 Schematische Abkühlungs- und Erhitzungskurven für die Erstarrung bzw. für das Schmelzen von Mischkristallen der Bruttokonzentration $(x_B^L)_1 = (x_B^S)_4$ (vgl. Bild 4.28)

terhalb T_4. Es kann schließlich die Temperatur T_B erreicht werden, bei der die verbliebenen letzten Spuren der Schmelze erstarren.

Da während des gesamten Erstarrungsvorgangs keine totale Gleichgewichtseinstellung erfolgt, ist das Hebelgesetz nicht anwendbar. Als Erstarrungsprodukt liegt ein Mischkristall mit ungleichmäßiger Verteilung der Atomsorten vor (Schichtkristall).

Bild 4.30 gibt schematisch Temperatur–Zeit-Kurven der thermischen Analyse für das Erstarren und Schmelzen von Mischkristallen der Bruttokonzentration $(x_B^L)_1 = (x_B^S)_4$ wieder (vgl. Bild 4.28). Bei laufender totaler Einstellung des Gleichgewichts (Bild 4.30a) tritt in der T-Zeit-Kurve sowohl bei der Liquidustemperatur T_1 als auch bei der Solidustemperatur T_4 ein Knickpunkt deutlich hervor. Bei fehlender totaler Gleichgewichtseinstellung kann in der Abkühlungskurve nur der Liquiduspunkt erkannt werden. Das Ende dieser Erstarrung ist „verschmiert" (vgl. Bild 4.30b). Die bei thermischen Analysen üblicherweise gegebenen Abkühlungsgeschwindigkeiten sind im allgemeinen zu hoch, um eine Gleichgewichtseinstellung zu ermöglichen. Auf diesem Wege kann nur der Liquiduspunkt experimentell ermittelt werden. Bei manchen geologischen Erstarrungsvorgängen kann indessen Gleichgewichtseinstellung eintreten.

Mittels thermischer Analyse ist T_4 zu ermitteln, wenn von einem durch langes Tempern homogenisierten Mischkristall der Konzentration $(x_B^S)_4$ ausgegangen und der Schmelzvorgang im Verlaufe einer Erhitzung aufgezeichnet wird. Bild 4.30c gibt schematisch die Erhitzungskurve wieder. Der Soliduspunkt bei T_4 ist scharf ausgeprägt. Allerdings ist jetzt, aus analogen Gründen wie für den Ungleichgewichtsfall bei der Abkühlung besprochen, der Liquiduseffekt nicht klar zu erkennen.

4.17 Phasengleichgewichte bei vollständiger Mischbarkeit im flüssigen und festen Zustand mit einem Schmelzpunktsminimum oder einem Schmelzpunktsmaximum

Wenn bei der Bildung flüssiger und fester Phasen eines Systems mit unbegrenzter Löslichkeit merkliche Änderungen der zwischenatomaren Wechsel-

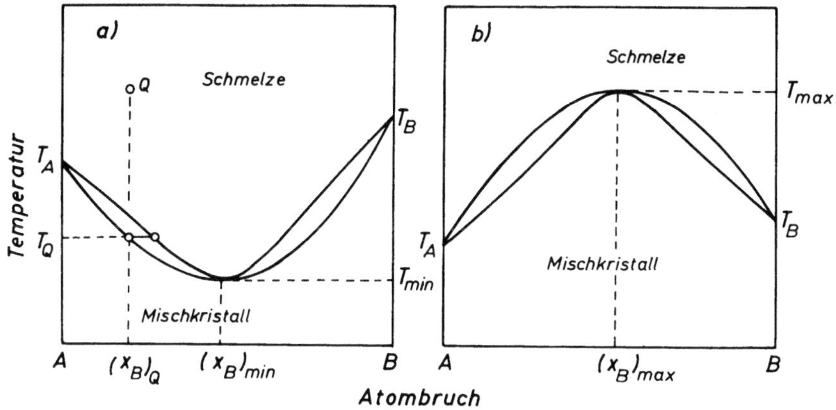

Bild 4.31 Zustandsdiagramme mit einem Schmelzpunktsminimum oder einem Schmelzpunktsmaximum bei vollständiger Mischbarkeit der Komponenten im festen und flüssigen Zustand

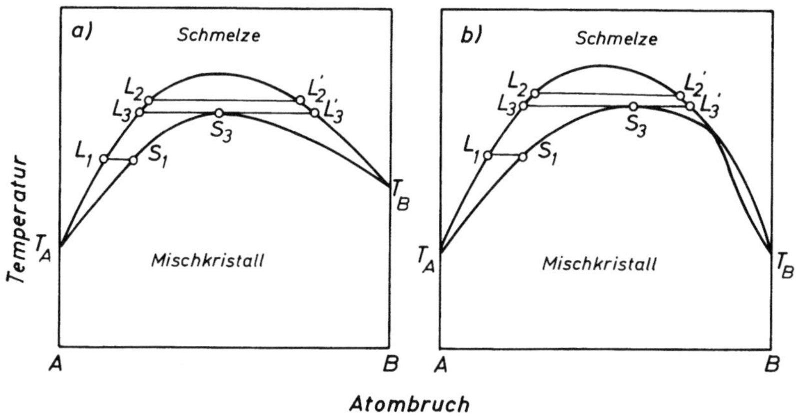

Bild 4.32 Zur Erläuterung der Notwendigkeit der Berührung von Liquidus- und Soliduskurve in einem Schmelzpunktsextremum

wirkungen eintreten, kann der Gefrierpunkt bei Zusatz des jeweils anderen Partners für beide Komponenten erniedrigt oder für beide Komponenten erhöht werden. Wird der Schmelzpunkt beider Komponenten erniedrigt, so tritt notwendigerweise ein Schmelzpunktsminimum auf. Liegt bei beiden Komponenten Gefrierpunktserhöhung vor, so folgt zwangsläufig ein Schmelzpunktsmaximum. Beispiele für den Gang der Liquidus- und Soliduslinien sind für diese Fälle in Bild 4.31 dargestellt.

Liquidus- und Soliduslinien treffen sich im Schmelzpunktsminimum bzw. Schmelzpunktsmaximum. Das ist thermodynamisch begründbar, ist aber auch aufgrund einer Betrachtung des Bildes 4.32 zu fordern. Würden Liquidus- und Soliduskurve bei der maximalen Liquidustemperatur nicht zusammentreffen, wären durch Verknüpfung von Liquidus- und Soliduslinie jeweils Konoden möglich, bei denen 2 flüssige Phasen (L_3, L_3') unterschiedlicher Zusammensetzung mit einer festen Phase (S_3) im Gleichgewicht stehen. Diese Möglichkeit ist jedoch unsinnig, da hier der vorgegebene Zweiphasencharakter des Schmelzgleichgewichts nicht gewahrt bliebe.

Zwischen dem Schmelzpunktsextremum und den jeweiligen Komponenten des Systems liegen Schmelzgleichgewichte vor, die im wesentlichen denen bei einfachen Systemen mit vollständiger Mischbarkeit im festen und flüssigen Zustand entsprechen (vgl. Bilder 4.28 und 4.31). Im Schmelzpunktsmaximum und Schmelzpunktsminimum sind diese univarianten Schmelzgleichgewichte zu einem nonvarianten Schmelzgleichgewicht entartet. Die Erstarrung läuft bei konstanter Temperatur ab, da auch die Konzentration nicht geändert werden kann. Wie dies allgemein für ein Extremum zu fordern ist, haben Solidus- und Liquiduskurve im Berührungspunkt im Schmelzpunktsmaximum bzw. Schmelzpunktsminimum eine horizontale Tangente. Es tritt bei $(x_B)_{min}$ und $(x_B)_{max}$ kein Knick in den Kurven auf.

Abkühlung einer Schmelze Q aus einem System mit Schmelzpunktsminimum (vgl. Bild 4.31 a) führt bei hohen Abkühlungsgeschwindigkeiten zu Schichtkristallbildung und stärkerer Anreicherung von B-Atomen in der Schmelze, als dies bei totaler Gleichgewichtseinstellung der Fall sein kann. Die Erstarrung ist daher nicht zu Ende, wenn die Schmelze eine Konzentration erreicht hat, die mit einem Mischkristall der Zusammensetzung $(x_B)_Q$ im Gleichgewicht steht. Die Restschmelze erstarrt bei weiter sinkender Temperatur, wobei sie die Konzentration des Schmelzpunktsminimums, $(x_B)_{min}$, erreichen kann. Jetzt erstarrt die noch vorhandene Flüssigkeit bei konstanter Temperatur. In der Abkühlungskurve der thermischen Analyse tritt eine Haltestrecke auf, die einen eutektischen Effekt vortäuscht. Eine Entscheidung, ob in einem System ein Eutektikum oder ein Schmelzpunktsminimum existiert, kann dadurch erfolgen, daß ein Festkörper, dessen Abkühlungskurve eine solche Haltestrecke aufweist, unterhalb der minimalen Erstarrungstemperatur getempert wird. Bleibt er zweiphasig, liegt ein Eutektikum vor. Wird er einphasig, existiert ein Schmelzpunktsminimum. Der Nachweis kann beispielsweise mikroskopisch oder röntgenographisch geführt werden.

4.18 Realdiagramme mit unbegrenzter Löslichkeit im flüssigen und festen Zustand

Als Beispiel für ein reales Zustandsdiagramm eines Systems, in dem völlige Mischbarkeit auftritt und in dem keine starke Änderung der zwischenatomaren Wechselwirkungen bei der Vermischung der Komponenten erfolgt, ist in Bild 4.33 das Zustandsdiagramm FeS – CrS dargestellt. Ähnlich wie das hier wiedergegebene Schmelzdiagramm weisen auch Systeme wie Natronfeldspat – Kalkfeldspat und mehrere binäre Metallkombinationen (Ag – Au, Cu – Ni und andere mehr) einfache univariante Schmelzgleichgewichte auf.

Von den binären Metallsystemen, die eine ununterbrochene Mischbarkeit im flüssigen und festen Zustand aufweisen, haben etwa 35% Schmelzgleichgewichte ohne Extremum. In etwa 65% aller Fälle liegt ein Schmelzpunktsminimum vor. Einfache Schmelzgleichgewichte mit einem Schmelzpunkts-

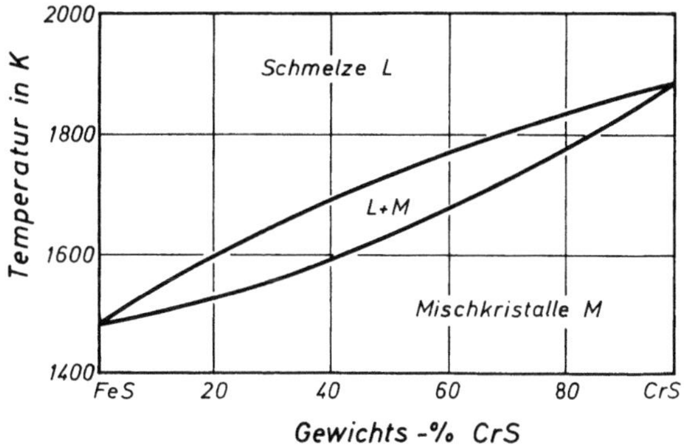

Bild 4.33 Zustandsdiagramm des Systems FeS–CrS (nach R. Vogel[1])

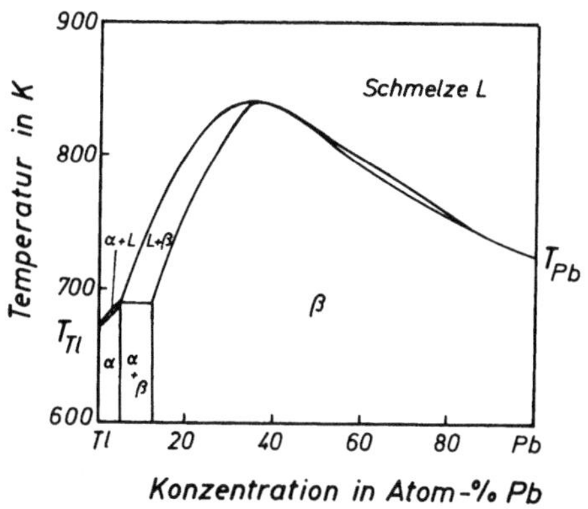

Bild 4.34 Zustandsdiagramm des Systems Blei–Thallium (nach M. Hansen und K. Anderko[2])

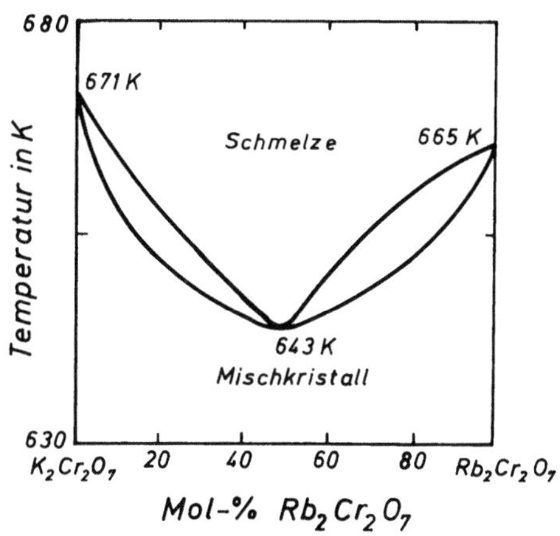

Bild 4.35 Zustandsdiagramm $K_2Cr_2O_7$ – $Rb_2Cr_2O_7$ (nach[18])

maximum treten nicht auf. Wenn in einem Metallsystem ein Schmelzpunktsmaximum gefunden wird, liegen bei anderen Konzentrationen weitere spezielle Phasengleichgewichte vor (z. B. im System Pb–Tl, vgl. Bild 4.34), Bild 4.35 gibt die Schmelzgleichgewichte im System $K_2Cr_2O_7$–$Rb_2Cr_2O_7$ wieder. Es tritt ein Schmelzpunktsminimum auf. Auch im System KCl–NaCl und Cu–Au liegt ein Schmelzpunktsminimum vor. Ein Schmelzpunktsmaximum wurde im System d-Carvoxim – l-Carvoxim gefunden.

Die Häufigkeit des Schmelzpunktsminimums bei Metallsystemen mit ununterbrochener Mischbarkeit ist in erster Linie auf eine Gitterverzerrungsenthalpie zurückzuführen, die bei der Bildung eines Mischkristalls aus ungleich großen Atomen aufzuwenden ist. Bei der Bildung einer entsprechend zusammengesetzten flüssigen Lösung ist kein so hoher Betrag an Enthalpie aufzubringen. Die Auswirkung auf die Lage der Phasengleichgewichte und die dadurch bedingte Existenz eines Schmelzpunktsminimums kann auf thermodynamischer Basis quantitativ gezeigt werden. Qualitativ folgt, daß bei Bildung von Substitutionsmischkristallen aus Atomen merklich unterschiedlicher Größe der erhebliche Aufwand an Gitterverzerrungsenthalpie den Stabilitätsunterschied zwischen Mischkristall und Schmelze zugunsten der Schmelze verschiebt, deren Stabilität durch die Atomradiendifferenz weniger stark berührt wird. Das Zustandsfeld der Schmelze dehnt sich gegenüber den bei Atomradiengleichheit zu erwartenden idealen Verhältnissen zu tieferen Temperaturen hin auf Kosten des Zustandsbereichs des Mischkristalls aus, wie dies bei Vorliegen eines Schmelzpunktsminimums der Fall ist.

Ein Schmelzpunktsmaximum ist zu erwarten, wenn bei der Bildung des Mischkristalls eine erhebliche Verstärkung der zwischenatomaren Wechselwirkungen eintritt. In einer gleichartig zusammengesetzten Schmelze ist dies aufgrund der fehlenden Fernordnung im atomaren Aufbau der Flüssigkeit nicht in so starkem Maße möglich. Dadurch wird das Existenzgebiet der Schmelze eingeengt durch Ausdehnung des Zustandsfeldes des Mischkristalls zu höheren Temperaturen hin. Es resultiert ein Schmelzpunktsmaximum. Da dieser Fall der erheblichen Verstärkung der zwischenatomaren Wechselwirkungen in Metallsystemen häufig zur Bildung einer intermetallischen Verbindung mit eigenständigem Kristallgitter führt, kommt ein ausgedehnter Mischkristallbereich mit Schmelzpunktsmaximum nur selten vor. Als Beispiel ist in Bild 4.34 das System Blei – Thallium wiedergegeben.

4.19 Mischungslücke im festen Zustand

Wie aufgrund energetischer Betrachtungen leicht gezeigt werden kann, muß ein Substitutionsmischkristall, der aus unterschiedlich großen Atomen aufgebaut ist und in dem die Gitterverzerrungsenthalpie für die Stabilität eine ausschlaggebende Bedeutung hat, bei hinreichend niedriger Temperatur in zwei Phasen zerfallen. Unterhalb einer bestimmten kritischen Temperatur T_K tritt ein Fest-fest-Zweiphasengleichgewicht auf. Die in Bild 4.36 mit c und c′ bezeichneten Löslichkeitslinien entsprechen völlig den in Bild 4.6 mit c und c′ benannten Linien der Grenzlöslichkeit. Bei T_1 stehen im mittleren Konzentrationsbereich zwei feste Phasen im Gleichgewicht. Die Konzentrationen der durch die Konode K_1 verknüpften koexistierenden Phasen sind $(x_B^S)_1$ und $(x_B^S)_2$. Mit steigender Temperatur nimmt die Löslichkeit von A in festem B und von B in festem A zu. Das ist gleichbedeutend damit, daß die Konzentrationen der koexistierenden Phasen $(x_B^S)_1$ und $(x_B^S)_2$ sich gegenseitig nähern, bis sie bei der sog. kritischen Temperatur im Punkt Q_K gleich werden. Die Konzentration des kritischen Punktes ist $(x_B^S)_K$. Oberhalb des kritischen Punktes ist ununterbrochene Mischkristallbildung möglich.

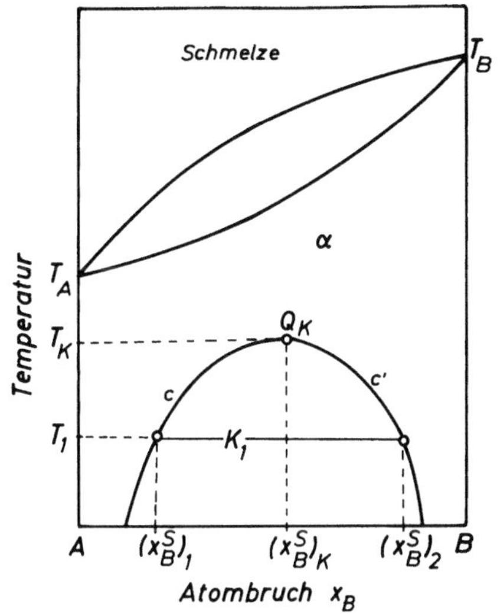

Bild 4.36 Zustandsdiagramm mit einer Mischungslücke im Festen

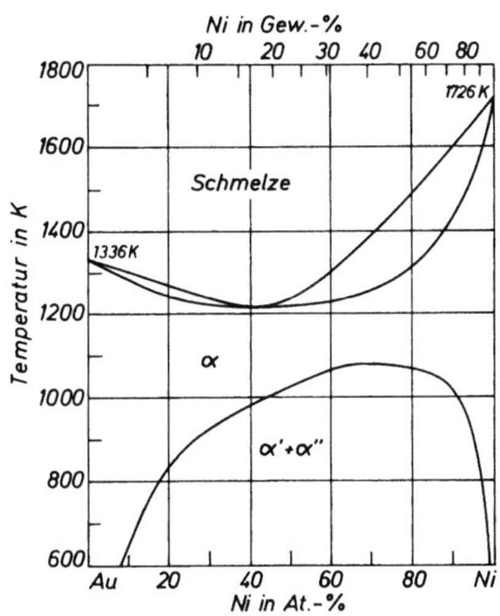

Bild 4.37 Zustandsdiagramm Gold–Nickel (nach M. Hansen und K. Anderko[2])

Bei tiefen Temperaturen ist die Geschwindigkeit der Gleichgewichtseinstellung im Festkörper gering. Es bedarf daher oft sehr langer Temperzeiten zur Einstellung der wahren Phasengleichgewichte.

Als Beispiel eines Realdiagramms dieses Typs ist in Bild 4.37 das Zustandsdiagramm Gold–Nickel dargestellt.

4.20 Zustandsdiagramm mit peritektischem Gleichgewicht

Die kritische Temperatur einer durch Gitterverzerrungseffekte bedingten Mischungslücke im festen Zustand liegt um so höher, je größer die Differenz der Atomradien der Komponenten ist. T_K kann auch höher als die Solidus-

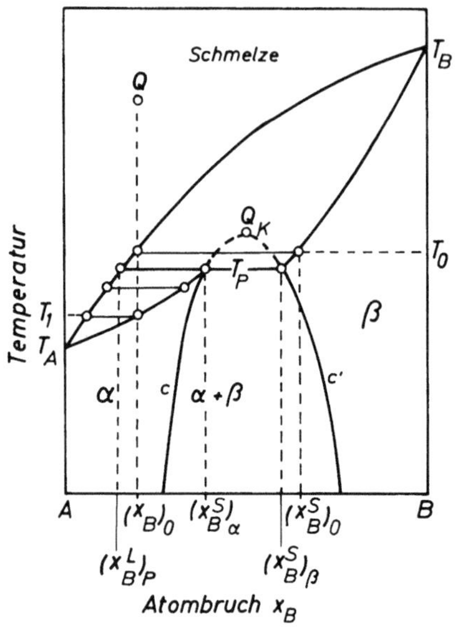

Bild 4.38 Zustandsdiagramm mit peritektischer Reaktion

temperaturen von Mischkristallen mittlerer Zusammensetzung sein. In diesem Falle tritt eine Überschneidung der Fest–fest-Gleichgewichte der Mischungslücke mit den Schmelzgleichgewichten ein (vgl. Bild 4.38). Es resultiert ein Dreiphasengleichgewicht, in dem Schmelze der Konzentration $(x_B^L)_P$ mit Mischkristall der Konzentration $(x_B^S)_\alpha$ und Mischkristall der Konzentration $(x_B^S)_\beta$ koexistiert. Gemäß dem Gibbsschen Phasengesetz ist dies ein nonvariantes Gleichgewicht. Jetzt liegt keine ununterbrochene Mischbarkeit im festen Zustand mehr vor. Auch wenn die Gitterstruktur der A-reichen und der B-reichen Mischkristalle gleich ist, werden die Zustandsbereiche dieser festen Lösungen unterschiedlich bezeichnet (α, β), um die Phasen einzeln zu kennzeichnen, die unterhalb von T_K in einem univarianten Gleichgewicht mit Schmelze koexistieren können.

Bei der Abkühlung einer Schmelze Q tritt beim Erreichen der Liquidustemperatur T_0 Kristallisation von β-Mischkristallen ein. Sie schreitet bei sinkender Temperatur fort, bis die Temperatur des peritektischen Gleichgewichtes erreicht ist. Die Schmelze hat jetzt die Zusammensetzung $(x_B^L)_P$ und der Gleichgewichtsmischkristall eine solche von $(x_B^S)_\beta$. Diese beiden Phasen reagieren unter Bildung der festen Phase α mit der Konzentration $(x_B^S)_\alpha$. Erst wenn bei dieser Reaktion die gesamte Menge der Phase β umgesetzt ist, kann die Abkühlung weitergehen. Die Konzentrationen von Schmelze und koexistierendem α-Mischkristall folgen der Spur der Liquidus- und Soliduslinie unterhalb T_P, bis im Gleichgewichtsfall der Festkörper α die Zusammensetzung $(x_B)_0$ erreicht hat und damit die Menge der Schmelze null ist. Da die Erstarrung im univarianten Fest–flüssig-Gleichgewicht bei rascher Abkühlung nicht zur Einstellung des totalen Gleichgewichts führt, muß die bei T_1 verbliebene Restschmelze bei weiterer Abkühlung allmählich fest werden.

Das Dreiphasengleichgewicht bei T_P ist ein Übergangsgleichgewicht (peritektisches Gleichgewicht). Der zunächst gebildete β-Mischkristall wird mit der Schmelze zu α-Mischkristall umgesetzt. Diese Reaktion beginnt an der Oberfläche der ausgeschiedenen β-Kristallite. Dabei müssen A-Atome aus der Schmelze durch Diffusion in den Festkörper eindringen. Zur völligen Umsetzung auch des Inneren der β-Kristalle ist mehr Zeit erforderlich, als in der Regel bei üblichen Abkühlungsbedingungen der thermischen Analyse zur Verfügung steht. Nachdem sich lediglich ein lokales Gleichgewicht an der Grenzfläche Schmelze–β-Mischkristall eingestellt hat, wobei nur eine grenzflächennahe Schicht des β-Mischkristalls in α-Mischkristall umgesetzt wurde, sinkt die Temperatur unter T_P. Dabei scheidet sich α-Mischkristall aus. Der Rest des β-Mischkristalls im Inneren der Primärkristallite bleibt unberührt. Es wird kein totales Gleichgewicht des gesamten Systems erreicht. Es resultiert ein Gefüge mit Körnern, die im Inneren aus β-Mischkristall und am Rande aus α-Mischkristall bestehen (vgl. Bild 4.39). In Bild 4.40 ist diese Gegebenheit am Beispiel einer Legierung des Systems Cu–Fe dargestellt. Durch hinreichend langes Tempern unterhalb der Gleichgewichts-Solidustemperatur der Legierung wird schließlich der Gleichgewichtszustand erreicht. Er ist für eine Legierung der Konzentration $(x_B)_0$ in Bild 4.38 naturgemäß einphasig.

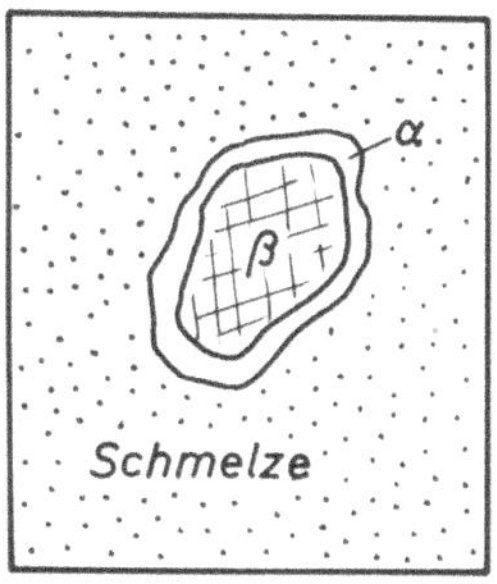

Bild 4.39 Reaktionsschicht (α) zwischen Primärkristall (β) und Schmelze als Folge einer peritektischen Reaktion

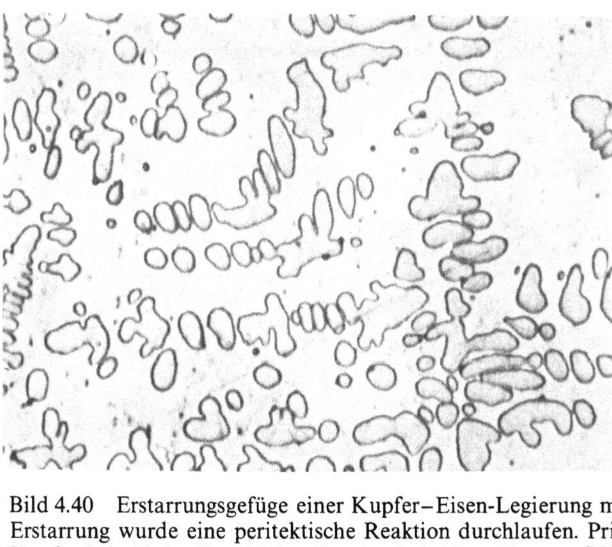

Bild 4.40 Erstarrungsgefüge einer Kupfer–Eisen-Legierung mit 35 At.-% Fe (A. Klein). Bei der Erstarrung wurde eine peritektische Reaktion durchlaufen. Primäre Eisendendriten umhüllt von Kupfer-Mischkristallen. Lichtmikroskopisch; Vergrößerung: 750fach

Wenn Schmelzgleichgewichte, die durch eine Erniedrigung sowohl von T_A als auch von T_B festgelegt sind, mit den Fest-fest-Gleichgewichten einer Mischungslücke kombinieren, resultiert ein einfaches eutektisches System, wie es in Bild 4.6 wiedergegeben ist.

4.21 Mischungslücke im flüssigen Zustand

Bei sehr großen Atomradiendifferenzen kann in Metallsystemen die Störung der Struktur- und Bindungsverhältnisse auch in der Schmelze so groß sein, daß keine völlige Mischbarkeit mehr möglich ist. Es tritt dann eine Mischungslücke im flüssigen Zustand auf. Das ist allerdings nicht der einzige Grund für eine mehr oder weniger starke Eingrenzung der Löslichkeit von Komponenten eines Systems. Die Ursachen liegen allgemein im Unterschied des atomaren bzw. molekularen Aufbaus der flüssigen Komponenten, was häufig eine Reduzierung der zwischenatomaren Wechselwirkungen bei der

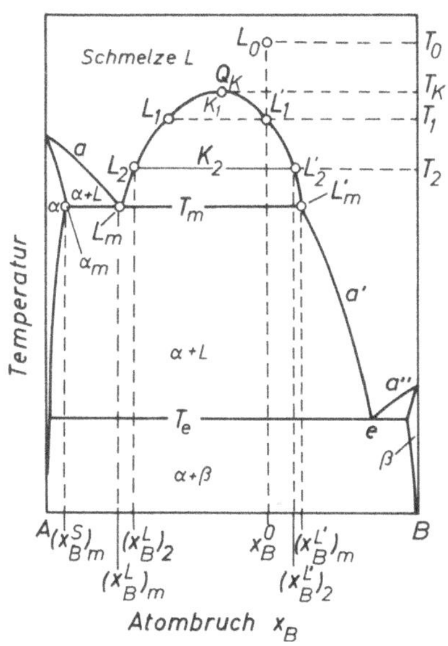

Bild 4.41 Zustandsdiagramm mit einer Mischungslücke im flüssigen Zustand

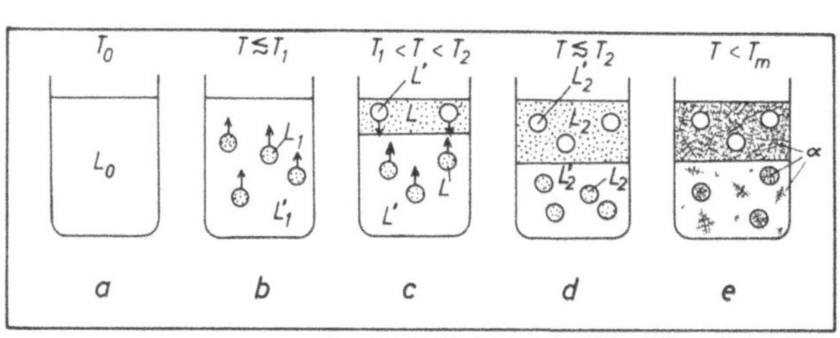

Bild 4.42 Zur Erläuterung des Entmischungs- und Erstarrungsvorgangs von Schmelzen beim Durchlaufen einer Mischungslücke im flüssigen Zustand. L_0 = Ausgangsschmelze (vgl. Bild 4.41); L = A-reiche Schmelze; L′ = B-reiche Schmelze; α = α-Phase (dendritisch erstarrt)

Vermischung der Lösungspartner zur Folge hat. Die Löslichkeit nimmt, analog wie im festen Zustand, mit steigender Temperatur zu. Bei einer kritischen Lösungstemperatur T_K werden die bei tieferen Temperaturen koexistierenden Phasen identisch (vgl. Bild 4.41).

Bei der Abkühlung einer Schmelze L_0 tritt bei Erreichen der Temperatur T_1 eine Aufspaltung in zwei Schmelzen ein (vgl. auch Bild 4.42b). Zunächst scheidet sich die A-reichere flüssige Phase in Form feiner Tröpfchen aus. Diese Phase habe eine kleinere Dichte als die flüssige Grundphase, aus der sie sich ausscheidet. Die Tröpfchen der A-reichen Phase werden durch Auftrieb nach oben bewegt. Sie sammeln sich dort zu einer eigenständigen Flüssigkeitsschicht (vgl. Bild 4.42c, d). Bei fortschreitender Abkühlung erfolgt sowohl Ausscheidung von Phase L′ aus Phase L als auch von Phase L aus Phase L′. Z. B. wird das bei T_2 vorliegende Phasengleichgewicht durch die Konode K_2 angezeigt. Ist schließlich T_m erreicht, dann gilt für die A-reichere flüssige Phase L_m sowohl das Zweiphasengleichgewicht $L_m - L'_m$ als auch das Erstarrungsgleichgewicht $L_m - \alpha_m$. Die Phase L_m geht bei konstanter Temperatur T_m in den zweiphasigen Zustand $\alpha_m + L'_m$ über, wobei die Schmelze L'_m sich naturgemäß mit der schon vorhandenen, über Flüssig-flüssig-Gleichgewichte beim Abkühlen entstandenen Schmelze L'_m vereinigt. Die Mengenanteile von α_m und L'_m, die aus L_m entstehen, sind durch das Hebelgesetz festgelegt.

Die Umsetzung, bei der eine flüssige Phase in eine feste und eine andere flüssige Phase übergeht, wird monotektische Reaktion genannt (monotektikales Gleichgewicht; Monotektikum):

$$L_m \rightarrow \alpha_m + L'_m. \tag{4.35}$$

Zum Vergleich sei an die eutektische Reaktion erinnert:

$$L \rightarrow \alpha + \beta. \tag{4.36}$$

Nachdem L_m verschwunden ist, stehen nur noch zwei Phasen miteinander im Gleichgewicht (α und L′). Es liegt jetzt ein univariantes Gleichgewicht vor. Während der Abkühlung erfolgt Kristallisation von α, wobei die Schmelze die Liquiduspunkte der Linie a′ durchläuft. Die Linie a′ kann als Fortsetzung der Liquiduslinie a angesehen werden, die durch die Mischungslücke unterbrochen ist. Der weitere Verlauf der Erstarrung entspricht demjenigen in einem einfachen eutektischen System.

Der Ausscheidungs- und Erstarrungsablauf dokumentiert sich im Gefüge der Proben in charakteristischer Weise. Ist L die obere Schicht der Probe (vgl. Bild 4.42c und d) und gleichzeitig die bei der monotektischen Reaktion verschwindende Phase, so kristallisiert hier α aus, was oft in Form von Dendriten erfolgt. Die Dendriten sinken aufgrund ihrer gegenüber der Schmelze etwas größeren Dichte nach unten und gelangen auch in die Schicht L′. Die zum Teil als Tröpfchen dabei im oberen Bereich der Probe ausgeschiedene Schmelze L′ sinkt ebenfalls nach unten, um sich mit der unteren Schicht zu vereinigen. Ein Teil davon erreicht aber die untere Schicht nicht, bevor die Grundmasse der oberen Schicht erstarrt ist, in der sie darum eingeschlossen bleiben. Auch in der unteren Schicht können eingeschlossene Tröpfchen von

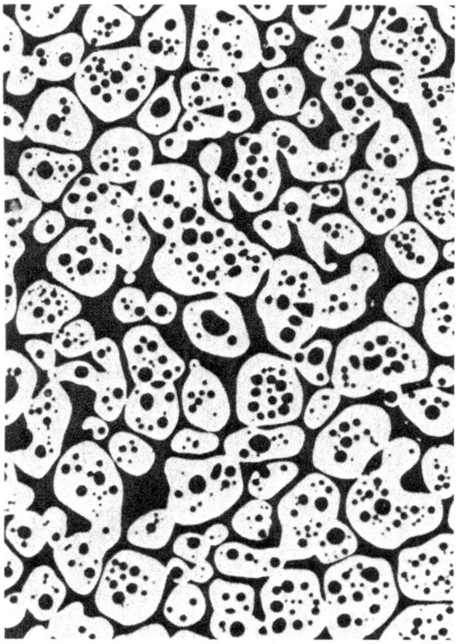

Bild 4.43 Gefügebild einer Kupfer–Blei-Legierung mit 14,7 At.-% Pb (Konzentration des Monotektikums) (Ch. Staats). Kupfer: weiß; Blei: schwarz; lichtmikroskopisch; Vergrößerung: 75fach

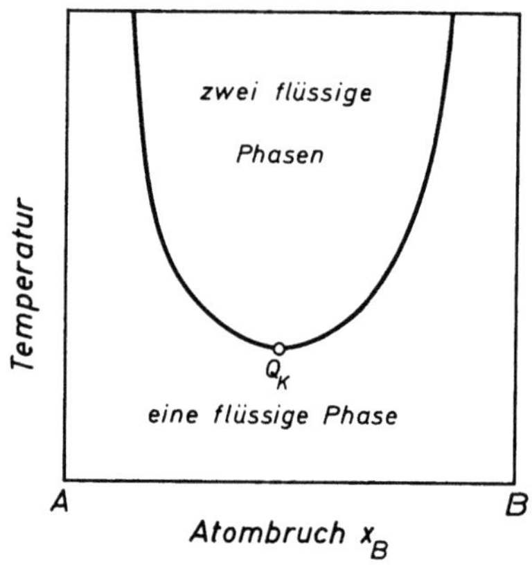

Bild 4.44 Mischungslücke im flüssigen Zustand mit unterem kritischen Punkt Q_K

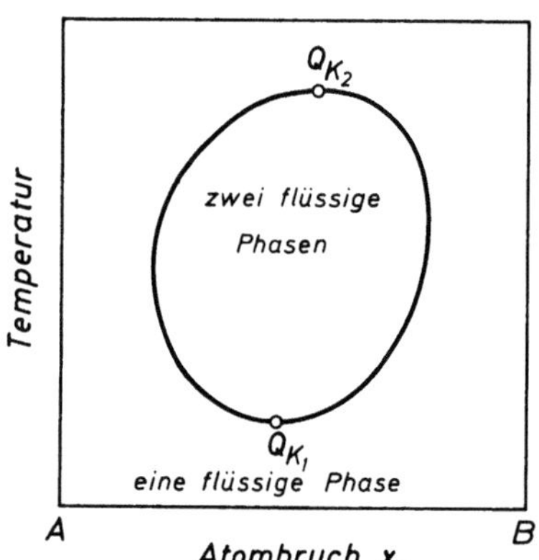

Bild 4.45 Mischungslücke im flüssigen Zustand mit unterem und oberem kritischen Punkt

L gefunden werden. Zudem können hier Dendriten gefunden werden, die bei der Kristallisation der oberen Schicht nach unten gesunken sind. Kristallisiert die untere Schicht zuerst, werden naturgemäß keine Dendriten der zuerst erstarrenden Schicht in der anderen Schicht gefunden.

Als Beispiel ist in Bild 4.43 die Gefügeaufnahme einer Kupfer–Blei-Legierung mit 14,7 Atom-% Blei wiedergegeben.

In nichtmetallischen binären Systemen können Änderungen der Wechselwirkungskräfte zwischen den Molekülen der konstituierenden Komponenten dazu führen, daß Mischungslücken im flüssigen Zustand auftreten, die eine prinzipiell andere Gestalt als die in Bild 4.41 wiedergegebene haben. Es kann die Löslichkeit mit steigender Temperatur abnehmen oder zunächst abnehmen und dann mit weiterer Temperatursteigerung wieder zunehmen. Im ersten Falle führt das zu einer Mischungslücke mit einem unteren kritischen Punkt Q_K (vgl. Bild 4.44). Als Beispiel sei das System Triäthylamin–Wasser genannt. Im zweiten Falle kann eine geschlossene Mischungslücke mit einem unteren kritischen Punkt Q_{K_1} und einem oberen kritischen Punkt Q_{K_2} auftreten (vgl. Bild 4.45). Die Erwärmung einer einphasigen Lösung mittlerer Konzentration führt hier zu einer Entmischung, die durch weitere Temperaturerhöhung wieder rückgängig gemacht wird. Ein typisches Beispiel dafür ist das System Nikotin–Wasser.

In transparenten Mischphasen, wie dies bei wäßrigen oder organischen Lösungen in der Regel für sichtbares Licht der Fall ist, kann der Beginn der Ausscheidung einer zweiten flüssigen Phase an einer Trübung erkannt werden. Dieser empfindliche Nachweis des Auftretens einer zweiten Phase kann zur genauen Ermittlung der Löslichkeitslinien genutzt werden.

4.22 Reale Zustandsdiagramme mit Mischungslücke in flüssigem Zustand mit ausschließlich oberem kritischen Punkt

Gleichgewichte zwischen zwei flüssigen Phasen stellen sich infolge der hohen Atombeweglichkeit in Schmelzen rasch ein. Der mit der Entmischung ver-

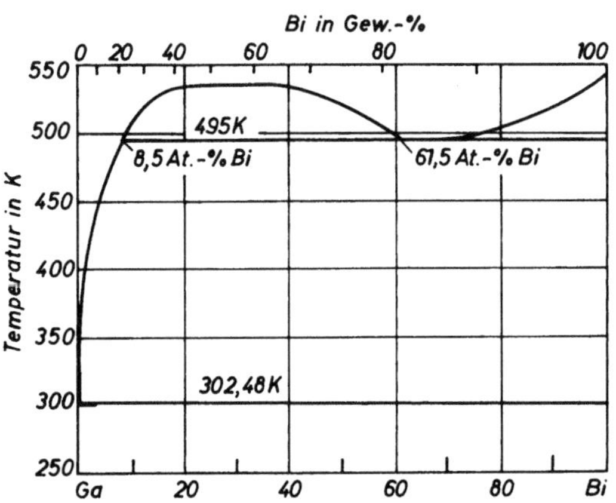

Bild 4.46
Zustandsdiagramm Gallium–Wismut[7])

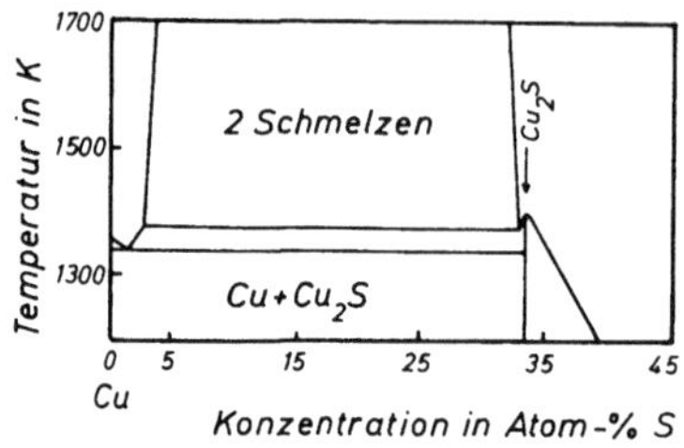

Bild 4.47 Kupferreicher Teil des Zustandsdiagramms Cu–S (nach M. Hansen und K. Anderko [2])

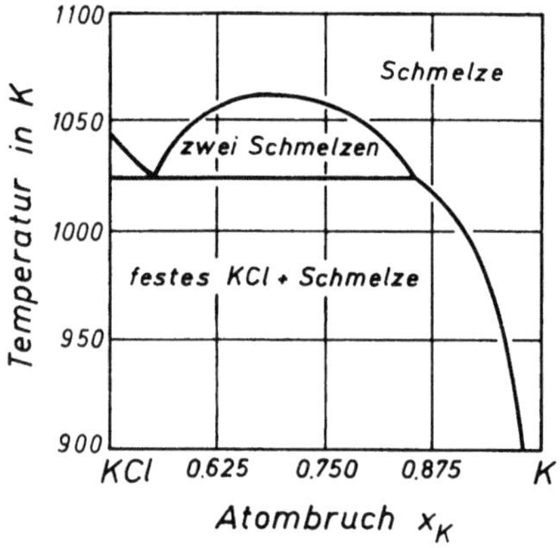

Bild 4.48 Zustandsdiagramm K–KCl (nach M. Blander [6])

bundene thermische Effekt ist indessen relativ klein, da keine Änderung des Aggregatzustands erfolgt. Dennoch ist es möglich, die Löslichkeitslinien in flüssigem Zustand mit Hilfe der Differential-Thermoanalyse zu bestimmen. Bild 4.46 gibt das Zustandsdiagramm Gallium–Wismut wieder, dessen Mischungslücke durch thermische Analyse ermittelt worden ist.

Von technischer Bedeutung ist die teilweise Mischbarkeit von Sulfiden mit Metallen. Bild 4.47 gibt einen Teil des Zustandsdiagramms Kupfer–Schwefel wieder. Bei der Kupfergewinnung nach dem Bessemer-Verfahren wird eine Trennung des Rohkupfers vom Cu_2S durch Schichtenbildung beim Stehenlassen des geschmolzenen Gemenges herbeigeführt. „Kupfer“ bildet die untere, Cu_2S die obere Schicht. Wie aus dem Zustandsdiagramm in Bild 4.47 zu erkennen ist, enthält die „Kupfer“-Schicht selbst bei der monotektischen Temperatur noch 2,9 Atom-% Schwefel, der durch geeignete Maßnahmen beseitigt wird, weil er das Kupfer versprödet.

Auch mit ihren Oxiden sind einige Metalle im flüssigen Zustand begrenzt mischbar. Dazu gehören die Teilsysteme $Cu-Cu_2O$ und $Fe-Fe_3O_4$. Bedeutsam ist, daß sich Metalle und Silicate im flüssigen Zustand praktisch nicht mischen, worauf die technische Trennung von Metall und Schlacke bei vielen Metallgewinnungsverfahren beruht. Hingegen ist eine Reihe von Metallen in ihren flüssigen Halogeniden löslich. Wie Bild 4.48 zeigt, lösen sich beispielsweise flüssiges Kalium und flüssiges Kaliumchlorid oberhalb 1063 K (790 °C) unbegrenzt ineinander. Bei tieferen Temperaturen liegt eine Mischungslücke vor.

4.23 Überstrukturphasen

Es sind grundsätzlich zwei extreme Möglichkeiten denkbar, wie die beiden Atom- oder Molekülarten eines binären Systems auf die Gitterplätze eines Mischkristalls verteilt sein können. Es sind dies die völlig regellose (statistische) Atomverteilung und eine streng geordnete Verteilung der Spezies. Ein einfaches Beispiel sind die Mischkristalle im System Kupfer–Gold. Bei Temperaturen zwischen 683 K (410 °C) und 1162 K (889 °C, Schmelzpunktsminimum, vgl. Bild 4.35) werden im gesamten Konzentrationsbereich von 0

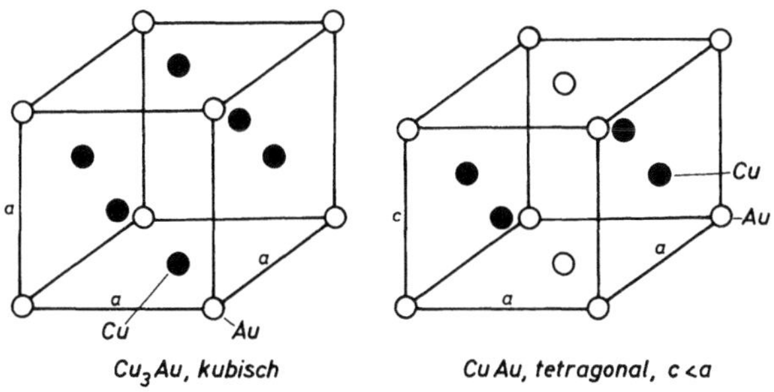

Bild 4.49 Elementarzellen von Überstrukturphasen im System Kupfer–Gold

bis 100% Mischkristalle mit statistischer Atomverteilung gebildet. Bei tieferen Temperaturen kann bei bestimmten Konzentrationen eine geordnete Atomverteilung stabil sein. Bild 4.49 gibt die Elementarzellen zweier realer Fälle wieder. Sie entsprechen den stöchiometrischen Verhältnissen Cu_3Au und CuAu.

Cu_3Au hat das gleiche kubische Grundgitter wie Kupfer und wie Gold. CuAu ist indessen tetragonal. Es liegt ein schichtenförmiger Aufbau vor. Die beiden Gitterkonstanten a im CuAu sind allein durch die Größe der Goldatome festgelegt, die in der oberen und unteren Fläche des Elementarwürfels liegen. Die Schicht in der halben Höhe der Elementarzelle besteht ausschließlich aus Kupferatomen. Sie sind kleiner als Goldatome, so daß bei dieser Ordnungseinstellung eine Verkürzung der Höhe des ursprünglich kubischen Elementarwürfels eintritt. Es ist daher $c/a < 1$. Dieser „Mischkristall" mit geordneter Atomverteilung gehört damit nicht mehr zur Reihe der Mischkristalle mit statistischer Atomdistribution, auch nicht als Grenzfall, der durch kontinuierlich fortschreitende Erhöhung des Ordnungsgrades erreicht werden kann. CuAu ist eine eigenständige Phase, eine sog. Überstrukturphase.

Auch Cu_3Au ist eine eigenständige Überstrukturphase, trotz der Gleichheit seines kubisch flächenzentrierten Unterstrukturgitters mit dem Gitter der Mischkristalle mit ungeordneter Atomverteilung. Die geordnete Atomverteilung – die Überstruktur – kann röntgenographisch am Auftreten zusätzlicher Beugungsreflexe erkannt werden (Überstrukturreflexe).

Beim Erhitzen geht die Überstrukturphase CuAu bei 683 K (410 °C) in einen Mischkristall mit statistischer Atomverteilung über. Dieser Übergang ist mit dem Schmelzen reiner Stoffe vergleichbar, bei dem der ferngeordnete Kristall in die nur nahgeordnete Schmelze übergeht. Beim Übergang geordnete Atomverteilung → ungeordnete Atomverteilung (Ordnung – Unordnung – Umwandlung) bleibt das Grundgitter zwar erhalten, die streng geordnete Verteilung der Atomsorten wird indessen aufgehoben. Wie aufgrund thermodynamischer Überlegungen gezeigt werden kann, treten in jedem System mit sinkender Temperatur zunehmend geordnete Phasen auf (Beispiel: Dampf → Wasser → Eis).

Bei der Abkühlung eines Mischkristalls mit 50 Atom-% Au aus dem Bereich oberhalb 683 K (410 °C) tritt die Ordnungseinstellung allerdings nur dann ein, wenn die Abkühlungsgeschwindigkeit hinreichend langsam ist. Die Kinetik der Ordnung – Unordnung – Reaktion ist sehr wesentlich durch die Diffusion der Atome mitbestimmt, so daß bei rascher Abkühlung die Zeit, während der die Probe bei hinreichend hohen Temperaturen mit merklicher Atombeweglichkeit verbleibt, nicht groß genug ist, um eine vollständige Ordnungseinstellung zu erzielen. Durch Abschrecken des Mischkristalls mit statistischer Atomverteilung (z. B. durch Einwerfen der Probe von 973 K [700 °C] in Wasser von Zimmertemperatur) bleibt die Ordnung – Unordnung – Umwandlung praktisch völlig aus. Der Mischkristall mit statistischer Atomverteilung kann bei Zimmertemperatur fast unbegrenzt lange als metastabile Phase existent bleiben. Auf diesem Wege läßt sich auch in anderen Systemen die statistische Atomverteilung „einfrieren“ und bei Zimmertemperatur bequem untersuchen.

Als eigenständige Phasen unterscheiden sich die Überstrukturphasen in ihren chemischen und physikalischen Eigenschaften deutlich von den Eigenschaften der gleich zusammengesetzten Mischkristalle mit statistischer Atomverteilung. G. Tammann hat die Überstrukturphasen dadurch entdeckt, daß Cu_3Au und CuAu eine größere Resistenz gegenüber Salpetersäure zeigen als Mischkristalle gleicher Zusammensetzung, aber statistischer Atomverteilung. Ferner sind merkliche Unterschiede im elektrischen, magnetischen und mechanischen Verhalten vorhanden, was auch technisch genutzt wird.

Überstrukturphasen treten in einem Mischkristallbereich dann auf, wenn die zwischenatomaren Wechselwirkungen bei der Bildung der festen Lösung verstärkt werden. Unterhalb einer kritischen Temperatur T_K (kritische Ordnungstemperatur) tritt Ordnungseinstellung ein, die so geartet ist, daß Atompaare A–B, zwischen denen die Wechselwirkungen stärker sind, als dem Mittelwert aus den Wechselwirkungen zwischen A–A- und A–B-Paaren entspricht, in höherem Maße auftreten als bei einer regellosen Atomverteilung. Die freie Enthalpie des Systems wird reduziert. Auch Atomradiendifferenzen können förderlich sein. Durch geordnete Atomverteilung kann in manchen Fällen die bei statistischer Atomverteilung vorhandene Gitterverzerrungsenergie merklich reduziert werden. Die maximale Reduzierung der freien Enthalpie tritt dabei verständlicherweise im allgemeinen bei der jeweils optimalen Stöchiometrie ein. Abweichungen von dieser Stöchiometrie können im einfachsten Falle eine Verminderung der Stabilität der Überstrukturphase bedingen. Bei genauer Einstellung der Stöchiometrie ist die Überstruktur bis zu einer höheren Temperatur beständig als bei Abweichung davon. Die gefundenen Phasengleichgewichte entsprechen in der Tat diesen einfachen Betrachtungen.

Bild 4.50 gibt die durch Ordnung – Unordnung – Umwandlungen bedingten Phasengleichgewichte im System Kupfer – Gold wieder. Im Bereich um 50 Atom-% Au liegen in der Nähe des kritischen Ordnungspunktes Q_K analoge Phasengleichgewichte vor, wie in der Umgebung eines Schmelzpunktsmaximums (vgl. Bild 4.31 b). Unterhalb T_K (683 K für CuAu) treten Zweiphasengleichgewichte auf, in denen Mischkristalle mit statistischer Atomverteilung und die Überstrukturphase miteinander im Gleichgewicht stehen. Die Linien o (bzw. o′) zeigen die Temperatur – Konzentration-Wertepaare der „Ordnungsphase" an, die mit der „Unordnungsphase" im Gleichgewicht

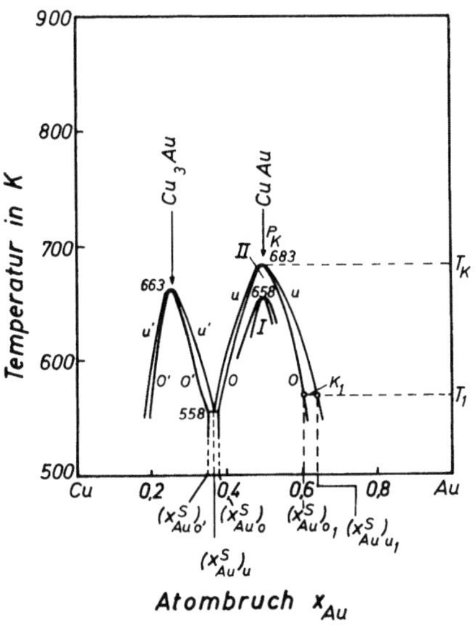

Bild 4.50 Phasengleichgewichte mit Überstrukturphasen im System Kupfer – Gold (nach M. Hansen und K. Anderko[2]))

stehen. Die Linien u (bzw. u′) stellen die Gesamtheit aller Temperatur–Konzentration-Punkte dar, die dieser im Zweiphasengleichgewicht stehenden „Unordnungsphase" entspricht. Die Konode K_1 zeigt an, daß bei T_1 für Goldkonzentrationen im Bereich der Konode die im Zweiphasengleichgewicht existierende Überstrukturphase die Konzentration $(x^S_{Au})_{o_1}$ hat und der Gehalt des zugehörigen Mischkristalls mit statistischer Atomverteilung $(x^S_{Au})_{u_1}$ ist.

In dem hier als Beispiel betrachteten System Gold – Kupfer treten außer der Überstrukturphase CuAu noch die Überstrukturphasen Cu_3Au und $CuAu_3$ auf. In Bild 4.50 sind die Phasengleichgewichte, die von der Phase Cu_3Au bedingt werden, eingezeichnet. Sie sind prinzipiell denen um CuAu analog. Indessen treffen die mit der Überstruktur Cu_3Au zusammenhängenden Zweiphasengleichgewichte bei etwa 36 Atom-% Au auf die von CuAu ausgehenden Zweiphasengleichgewichte. Bei der Temperatur des Schnittpunkts der Linien u und u′ (bei 558 K; 285 °C) kommt ein Dreiphasengleichgewicht zustande, das dem eutektischen Erstarrungsgleichgewicht formal analog ist (eutektoidisches Gleichgewicht). Bei der Abkühlung zerfällt der ungeordnete Mischkristall der eutektoidischen Konzentration $(x^S_{Au})_U$ in eine Ordnungsphase der Konzentration $(x^S_{Au})_{0'}$ mit der Struktur des Cu_3Au und in eine Ordnungsphase mit der Zusammensetzung $(x^S_{Au})_0$ der Struktur des CuAu.

Die Formel für die eutektoidische Umsetzung lautet allgemein:

$$S_1 \rightarrow S_2 + S_3, \qquad (4.37)$$

wobei S_2 und S_3 zwei Festkörper sind, die sich in der Konzentration und evtl. auch in der Struktur von dem Festkörper S_1 unterscheiden. Gemäß dem Gibbsschen Phasengesetz ist dies ein nonvariantes Gleichgewicht.

Die Überstruktur einer Phase kann sich mit sinkender Temperatur ändern. Es können bei bestimmten Temperaturen Strukturumwandlungen auftreten, in denen eine bestimmte Ordnungsstruktur in eine andere Ordnungsstruktur überführt wird. Das ist auch bei CuAu der Fall. Oberhalb 658 K (385 °C) ist eine etwas andere Anordnung der Atome stabil, als in Bild 4.49 für die Tieftemperaturmodifikation CuAu I dargestellt. Die oberhalb dieser Temperatur stabile Modifikation wird CuAu II genannt. Sie hat ein orthorhombisches Grundgitter.

4.24 Systeme mit einer kongruent schmelzenden Verbindung

Die kritische Temperatur T_K einer Überstrukturphase kann höher sein als ihr Schmelzpunkt. In diesem Falle treten Schmelzgleichgewichte auf, an denen die Ordnungsphase teilnimmt. Eine unbegrenzte gegenseitige Löslichkeit der Komponenten ist nicht mehr möglich. Das gilt nicht nur für Überstrukturphasen, deren Existenzgebiet bis in den Temperaturbereich der Schmelzgleichgewichte reicht, sondern auch für beliebige Verbindungen, die aus den Komponenten in bestimmten Konzentrationsbereichen gebildet werden und ein eigenständiges Gitter mit einem singulären Schmelzpunkt besitzen, das nicht aus dem Grundgitter der Komponenten durch gewisse Ordnung in der Verteilung der Atomarten abgeleitet werden kann. Als Beispiel seien der im System $FeO - SiO_2$ als Verbindung auftretende Fayalit Fe_2SiO_4 oder das im System Kupfer – Schwefel vorhandene Cu_2S genannt.

Bild 4.51 gibt schematisch die Schmelzgleichgewichte für ein System wieder, in dem eine Verbindung V auftritt, die einen eigenen Schmelzpunkt T_V hat. Die Verbindung bildet in ähnlicher Weise ein System von Zweiphasengleichgewichten aus, wie sie in einem Mischkristallbereich von einer Ordnungsphase bedingt sein können.

Durch die Konoden K_1 und K_1' sind die bei dieser Temperatur in unterschiedlichen Konzentrationsbereichen auftretenden Fest–flüssig-Gleichgewichte angedeutet. Die Liquiduslinien a und a′ treffen in ihrer Fortsetzung zu niedrigeren Temperaturen hin bei T_e bzw. T_e' auf die Liquiduslinien a_1 bzw. a_1'. Es resultieren bei diesen Temperaturen eutektische Dreiphasengleichgewichte:

$$L_e \rightarrow \alpha_e + V_e \qquad (4.38)$$

und

$$L_{e'} \rightarrow \beta_{e'} + V_{e'}. \quad (4.39)$$

Die Löslichkeitslinien d und d′ (vgl. Bild 4.51 und Bild 4.52) sind temperaturabhängig. Mit sinkender Temperatur wird im allgemeinen der Konzentrationsbereich, in dem die Verbindung als einzige Phase existent ist, eingeengt. Einige Verbindungen sind unterhalb einer bestimmten Temperatur T'_e (vgl. Bild 4.52) nicht beständig. Die Löslichkeitslinien d und d′ treffen sich bei dieser Temperatur. Die Verbindung der Konzentration $(x_B^S)_{e'}$ zerfällt beim Abkühlen bei $T_{e'}$ in einer eutektoidischen Dreiphasenreaktion in Mischkristalle der Zusammensetzung $(x_B^S)_\alpha$ und $(x_B^S)_\beta$:

$$V \rightarrow \alpha + \beta. \quad (4.40)$$

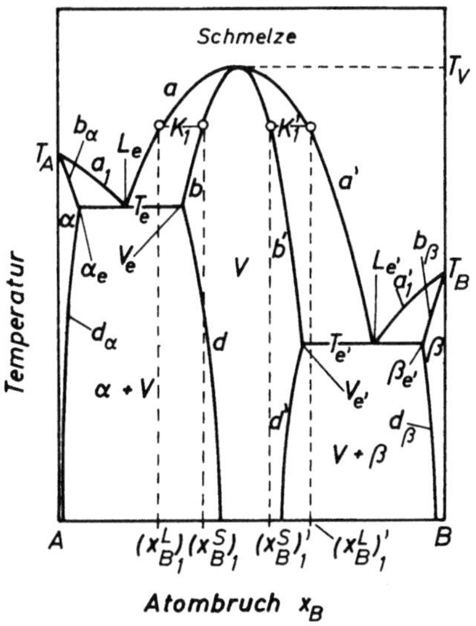

Bild 4.51 Schematische Darstellung eines Zustandsdiagramms mit kongruent schmelzender Verbindung

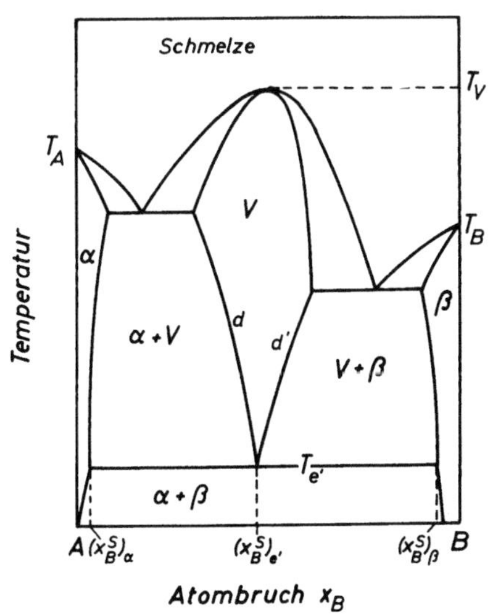

Bild 4.52 Phasengleichgewichte beim Zerfall einer nur bei hohen Temperaturen stabilen Verbindung

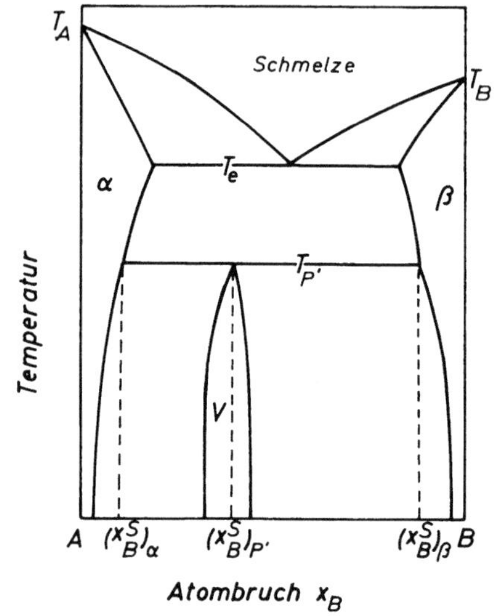

Bild 4.53 Phasengleichgewichte bei der Bildung einer nur bei tiefen Temperaturen stabilen Verbindung

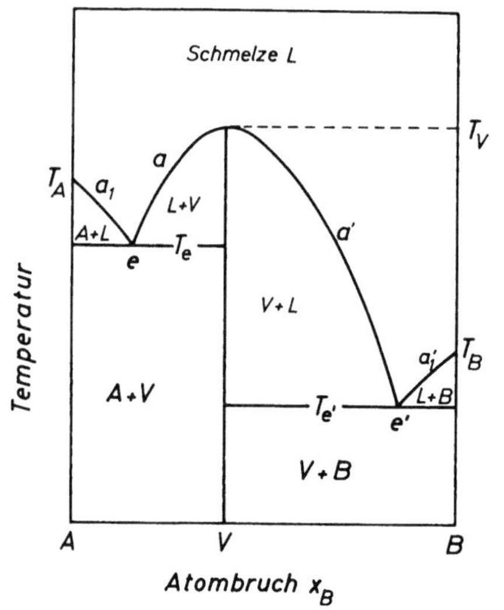

Bild 4.54 Schematische Darstellung eines Zustandsdiagramms mit einer kongruent schmelzenden Verbindung und extrem kleinen Löslichkeiten im festen Zustand

Andererseits sind nicht alle Verbindungen bis zu so hohen Temperaturen stabil, daß sie an den Schmelzgleichgewichten ihres Systems teilnehmen können. Beim Erhitzen können sie sich in ein Gemenge zweier Phasen zersetzen, wie dies in Bild 4.53 dargestellt ist. Hier entstehen aus der Verbindung der Konzentration $(x_B^S)_{P'}$ als Zerfallsprodukte Mischkristalle α und β der Zusammensetzung $(x_B^S)_\alpha$ bzw. $(x_B^S)_\beta$, und zwar in Mengenanteilen, die durch das Hebelgesetz festgelegt sind.

Wird ein solches Gemenge aus α- und β-Mischkristallen aus dem Temperaturbereich $T > T_{P'}$ abgekühlt, so entsteht in peritektoidischer Reaktion (analog dem peritektischen Erstarrungsgleichgewicht) die Verbindung V:

$$\alpha + \beta \rightarrow V\,. \tag{4.41}$$

Die peritektoidische Reaktion ist formal die Umkehrung der eutektoidischen Reaktion (vgl. Gl. (4.40) und Gl. (4.41)).

Die in Bild 4.51 dargestellten Phasengleichgewichte treffen zu für eine Verbindung, bei der die Konzentration in einem (von der Temperatur abhängigen) Bereich geändert werden kann, ohne daß eine zweite Phase auftritt (α- oder β-Mischkristall bzw. Schmelze). Eine Vielzahl chemischer Verbindungen ist indessen an eine feste Stöchiometrie gebunden. Erinnert sei an KCl, SiO_2 oder H_2O. Aufgrund spezifischer Bindungsbedingungen (z. B. Elektroneutralitätsprinzip bei heteropolarer Bindung) können nur extrem kleine Überschüsse der einen oder der anderen Komponente über das stöchiometrische Verhältnis hinaus toleriert werden. Die Soliduslinien b und b′ sowie die Löslichkeitslinien d und d′ fallen dann praktisch zu einem zur Temperaturachse parallelen Strich zusammen. Die Verbindung hat in diesem Falle einen verschwindend kleinen Homogenitätsbereich.

Auch die gegenseitige Löslichkeit der Komponenten im festen Zustand ist in vielen Fällen extrem gering, vor allem, wenn die Bindungsverhältnisse in der Verbindung und in den Komponenten verschieden sind sowie unterschiedliche Gitterstrukturen und große Atomradiendifferenzen der Komponenten vorliegen. Die Soliduslinie b_α und die Löslichkeitslinie d_α fallen dann praktisch mit der linken Temperaturachse und die Soliduslinie b_β sowie die Löslichkeitslinie d_β mit der rechten Temperaturachse des Diagramms zusammen. Das schematische Bild eines Zustandsdiagramms mit einer Verbindung, die einen eigenständigen Schmelzpunkt besitzt, vereinfacht sich dann zu einem Diagramm, wie es in Bild 4.54 dargestellt ist.

Löslichkeitsbereiche werden bei Realdiagrammen trivialerweise auch dann nicht eingezeichnet, wenn deren Ausdehnung nicht bekannt ist. Es ist indessen zu bedenken, daß aufgrund thermodynamischer Prinzipien jeder Stoff in jedem anderen, wenn auch nur in verschwindend kleinen Mengen, löslich ist und daß die Löslichkeit von der Temperatur abhängt. Wäre dies nicht prinzipiell so, dann würde z. B. im Konzentrationsbereich A–V unterhalb T_e (vgl. Bild 4.51) das Gibbssche Phasengesetz verletzt sein. Hier wäre aufgrund der einfachen Zeichnung in Bild 4.54 zu fordern, daß A mit V im Zweiphasengleichgewicht steht. Für ein Zweiphasengleichgewicht muß sich in einem Zweistoffsystem bei Variation der Temperatur die Konzentration der Phasen zwangsweise ändern. Das wäre bei den in Bild 4.54 dargestellten Verhältnissen nicht der Fall, wenn nicht als stille Voraussetzung eine endliche und temperaturabhängige, zeichnerisch wegen ihrer Minimalität nicht darstellbare Löslichkeit angenommen würde.

Grob vereinfachend kann das Zustandsdiagramm in Bild 4.54 als aus zwei Teildiagrammen, A–V und V–B, zusammengesetzt angesehen werden. Es sind dies zwei einfache eutektische Systeme, deren eine Komponente, V, beiden Teilsystemen gemeinsam ist. Es besteht indessen ein Unterschied zwischen einem echten eutektischen System und den Teilsystemen A–V und V–B. Aufgrund kinetischer und thermodynamischer Überlegungen kann gezeigt werden, daß bei geringer Löslichkeit im festen Zustand die Liquiduslinie a_1 die T-Achse mit einem Winkel trifft, der von 90° verschieden ist. Der Schmelzpunkt der Verbindung, T_V, stellt hingegen im allgemeinen ein echtes Maximum der ohne Knick von e nach e′ durchlaufenden Liquiduslinie a–a′

dar. Die Tangente im Maximum einer Kurve hat stets die Steigung null. Die Senkrechte auf der Konzentrationsachse A–V in V wird von der Liquiduslinie a–a′ unter 90 ° getroffen (Näheres dazu auf S. 256).

Aufgrund der geometrischen Gegebenheiten wird eine Verbindung mit einem eigenständigen Schmelzpunkt als „offen" schmelzende Verbindung, als Verbindung mit Schmelzpunktsmaximum oder als kongruent schmelzende Verbindung bezeichnet.

4.25 Zustandsdiagramm mit einer inkongruent schmelzenden Verbindung

Ob die einzige in einem System vorhandene Verbindung V einen eigenständigen Schmelzpunkt T_V hat oder nicht, hängt, wie aus Bild 4.55 ersichtlich, von seiner Höhe im Vergleich zur Höhe des Schmelzpunktes T_A der Komponente A ab. Bei vorgegebenem T_V und T_A ist für $T_A = (T_A)_1$ ein Zustandsdiagramm mit kongruent schmelzender Verbindung zu erwarten, ebenso auch für $T_A = (T_A)_2$. $T_A = (T_A)_3$ stellt eine Grenzsituation dar. Die von $(T_A)_3$ ausgehende Liquiduslinie a_3 trifft die Liquiduslinie a′ genau im Schmelzpunkt der Verbindung. Ist der Schmelzpunkt der Komponente A noch höher, z. B. bei $T_A = (T_A)_4$, so erreicht die Liquiduslinie a_4 die Liquiduslinie a′ erst bei einer Temperatur $T < T_V$, nämlich bei T_p. Die Verbindung hat keinen eigenständigen Schmelzpunkt. Wird die Verbindung V erhitzt, so zersetzt sie sich bei T_p in einer Dreiphasenreaktion in Schmelze der Zusammensetzung $(x_B^L)_p$ und festes A. Die Mengenverhältnisse der Reaktionsprodukte sind durch das Hebelgesetz festgelegt.

Entsprechend kristallisiert aus einer Schmelze der Zusammensetzung von V nicht primär die Verbindung aus. Erreicht die Schmelze L_V beim Abkühlen die Liquiduslinie a_4, so kristallisiert A aus. Damit verbunden ist eine Anreicherung der Schmelze an B, was eine Erniedrigung der Liquidustemperatur bedingt. Wenn die Temperatur T_p erreicht ist, reagieren Schmelze der Konzentration $(x_B^L)_p$ mit dem ausgeschiedenen Festkörper A unter Bildung der Verbindung V:

$$L + A \rightarrow V. \tag{4.42}$$

Das ist eine peritektische Reaktion analog der peritektischen Erstarrung eines Mischkristalls (vgl. Bild 4.38). Sie setzt während der Abkühlung beim Erreichen der Temperatur T_p an der Grenzfläche Schmelze–Festkörper A ein und führt nur nach langen Zeiten zur vollständigen Umsetzung. Unter üblichen Abkühlungsbedingungen resultiert ein Gefüge, in dem Schichten des Reaktionsproduktes V peripher um die primär entstandenen A-Kristallite gelagert sind (analog Bild 4.39). Als Beispiel solcher Reaktionszonen ist in Bild 4.56 das Gefüge einer peritektisch erstarrten Au–Al-Legierung wiedergegeben. Durch hinreichend langes Tempern unterhalb von T_p kann die Phase $AuAl_2$ völlig in AuAl überführt werden.

In der Abkühlungskurve der thermischen Analyse für eine Schmelze L_V tritt im Gleichgewichtsfall beim Erreichen des nonvarianten peritektischen Gleichgewichts bei T_p ein Haltepunkt auf. Gleiches gilt für Schmelzen mit

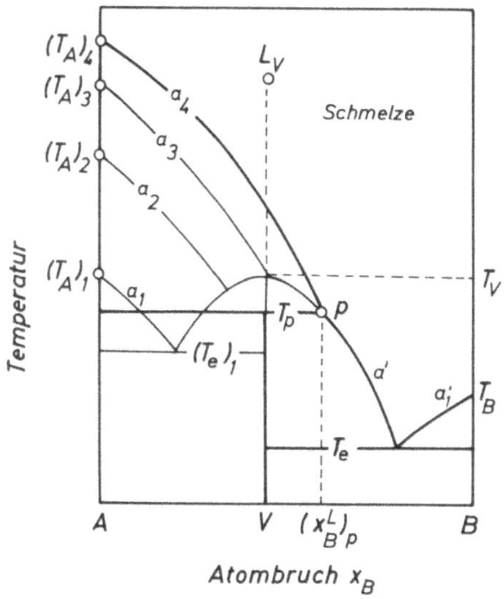

Bild 4.55 Zur Erläuterung des Einflusses der Schmelztemperatur der höherschmelzenden Komponente auf den Schmelzcharakter einer intermediären Verbindung

Konzentrationen zwischen $x_B^L = 0$ und $(x_B^L)_p$. Das Peritektikum bei T_p wird durch Einzeichnen der Konode für das Dreiphasengleichgewicht gekennzeichnet (Peritektikale), die sich aus der Gesamtheit der Haltepunkte der Abkühlungskurven im Konzentrationsbereich $x_B < (x_B^L)_p$ ergibt. p ist der peritektische Punkt.

Bei der Abkühlung von Schmelzen, deren Konzentration $x_B^L > (x_B^L)_p$ ist, setzt Kristallisation beim Erreichen der Liquiduslinie a′ ein. Hier kristallisiert primär die Verbindung V aus.

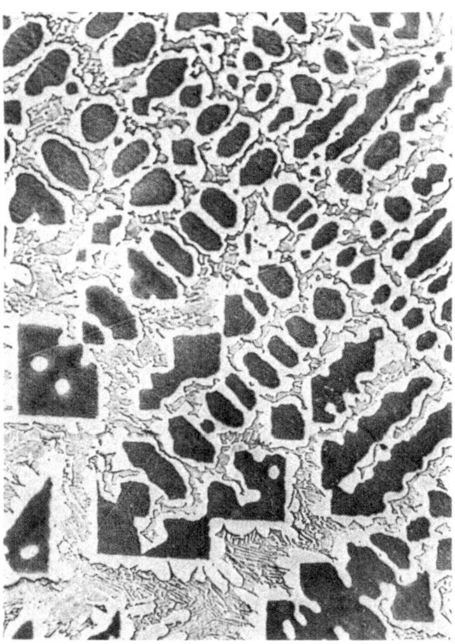

Bild 4.56 Gefüge mit einer in peritektischer Erstarrungsreaktion entstandenen inkongruent schmelzenden Verbindung (M. Kluge). Au–Al-Legierung mit 45 At.-% Al; lichtmikroskopisch; Vergrößerung: 150fach; Primäres $AuAl_2$ (schwarz) mit AuAl-Umhüllung (weiß). Eutektikum aus AuAl + Au_2Al.

Verbindungen, deren Existenz zu Schmelzgleichgewichten führt, wie sie in Bild 4.55 für $T_A = (T_A)_4$ dargestellt sind, werden als Verbindungen mit „verdecktem“ Maximum oder als inkongruent schmelzende Verbindungen bezeichnet.

4.26 Zustandsdiagramme mit einer aus zwei Schmelzen sich bildenden Verbindung

Bild 4.57 gibt schematisch das Zustandsdiagramm eines Systems wieder, in dem eine Verbindung V aus zwei koexistierenden Schmelzen gebildet wird. Beim Abkühlen einer einphasigen Schmelze L_V, die der Zusammensetzung von V entspricht, tritt beim Erreichen der Mischungslücke Entmischung in zwei flüssige Phasen ein, die schließlich bei der Temperatur T_t die Konzentrationen $(x_B^L)_1$ bzw. $(x_B^L)_2$ annehmen. Diese Phasen setzen sich in einer nonvarianten Dreiphasenreaktion zur kristallinen Verbindung V um:

$$L_1 + L_2 \rightarrow V. \qquad (4.43)$$

Die Umsetzung gemäß Gl. (4.43) wird syntektische Reaktion genannt.

Die Kristallisation der Verbindung V erfolgt dabei an der Grenzfläche zwischen den beiden flüssigen Phasen. Durch Bildung von V werden die Reaktionspartner L_1 und L_2 voneinander getrennt, so daß eine vollständige Umsetzung nur in sehr langen Zeiten möglich ist, in denen die Komponenten der flüssigen Schichten durch die gebildete feste Phase zueinander diffundieren.

Im Falle der nur lokal an den Grenzschichten Verbindung V – Schmelze L_1 und Verbindung V – Schmelze L_2 eingestellten Phasengleichgewichte erfolgt nach Trennung der Phasen L_1 und L_2 voneinander eine separate Erstarrung

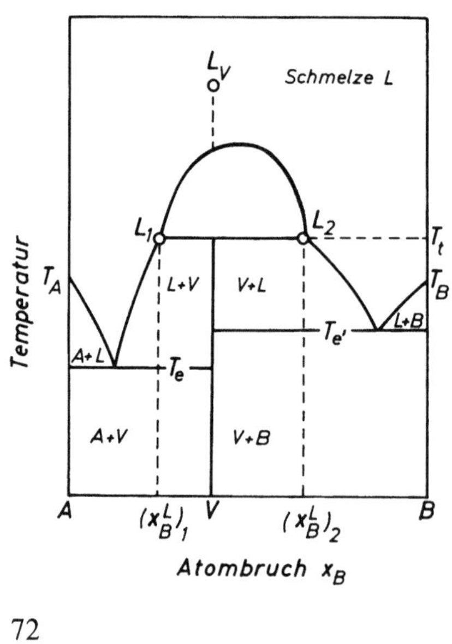

Bild 4.57 Schematische Darstellung eines Zustandsdiagramms mit einer aus zwei koexistierenden Schmelzen sich bildenden Verbindung

dieser Schmelzen. Dabei erstarrt L_1 unter Ausscheidung von V, bis schließlich die Temperatur T_e erreicht ist und abschließende eutektische Kristallisation erfolgt. Aus L_2 kristallisiert ebenfalls V aus. Hier wird die Erstarrung mit der eutektischen Kristallisation bei T_e' abgeschlossen.

Systeme mit Verbindungen, die aus zwei Schmelzen kristallisieren, sind relativ selten.

4.27 Realdiagramme mit Verbindungen

Eine große Anzahl realer Systeme enthält eine kongruent schmelzende Verbindung. Als Beispiel ist in Bild 4.58 das System $FeO-Cr_2O_3$ wiedergegeben. Als Verbindung tritt $FeCr_2O_4$ auf. Die Verbindung $FeCr_2O_4$ gehört zur Gruppe der Spinelle und ist ferrimagnetisch. Ferrimagnetische Materialien haben eine erhebliche technische Bedeutung. Sie dienen beispielsweise zur Herstellung von Permanentmagneten.

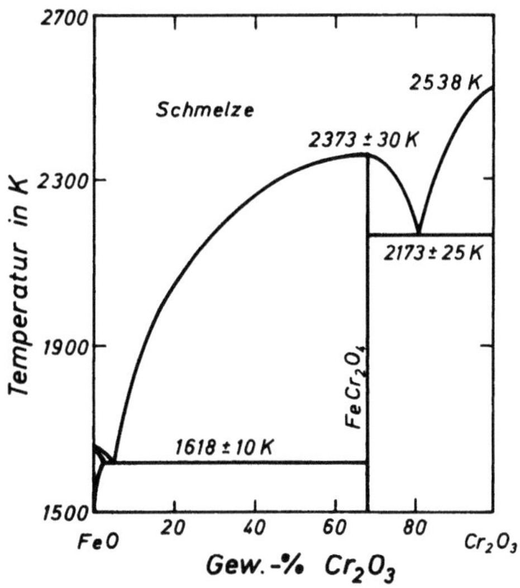

Bild 4.58 Zustandsdiagramm $FeO-Cr_2O_3$ (nach[18])

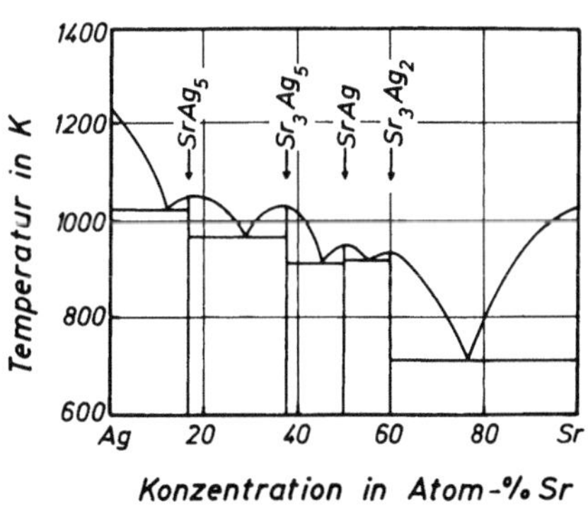

Bild 4.59 Zustandsdiagramm Silber-Strontium (nach M. Hansen und K. Anderko[2])

In einem System können auch mehrere Verbindungen auftreten. Die jeweiligen Schmelzgleichgewichte der Teilsysteme kombinieren im einfachsten Fall zu einer entsprechenden Anzahl eutektischer Dreiphasengleichgewichte. Als Beispiel mit mehreren kongruent schmelzenden Verbindungen ist in Bild 4.59 das System Silber–Strontium wiedergegeben.

Bild 4.60 zeigt ein System mit einer inkongruent schmelzenden Verbindung, die bei tiefer Temperatur in eutektoidischer Reaktion zerfällt.

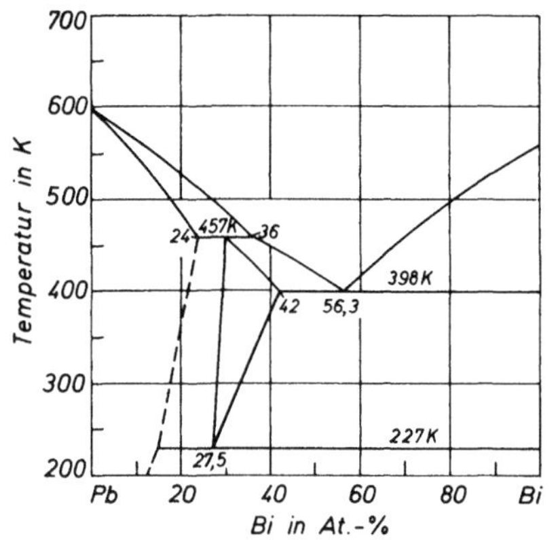

Bild 4.60 Zustandsdiagramm Blei–Wismut[15])

Sehr häufig liegt der Fall vor, daß in einem System sowohl kongruent schmelzende als auch inkongruent schmelzende Verbindungen auftreten. Als Beispiel ist in Bild 4.61 das System RbF–ThF_4 dargestellt. Von den insgesamt 7 Verbindungen dieses Systems zerfällt die kongruent schmelzende Phase 3 RbF · ThF_4 eutektoidisch in zwei andere Verbindungen, während die Phase 5 RbF · ThF_4 erst unterhalb des Temperaturbereichs der Schmelzgleichgewichte beim Abkühlen aus festem RbF und festem 7 RbF · 2 ThF_4 gebildet wird.

Als Beispiel für die Bildung einer Verbindung durch Reaktion zweier koexistierender Schmelzen ist in Bild 4.62 das Zustandsdiagramm Wismut–Wismuttribromid wiedergegeben. Oberhalb der aus dem Bild ersichtlichen kritischen Entmischungstemperatur ist eine vollständige Mischbarkeit von flüssigem Wismutmetall und flüssigem Salz $BiBr_3$ vorhanden. Bei tiefen Temperaturen ist das Subbromid BiBr stabil.

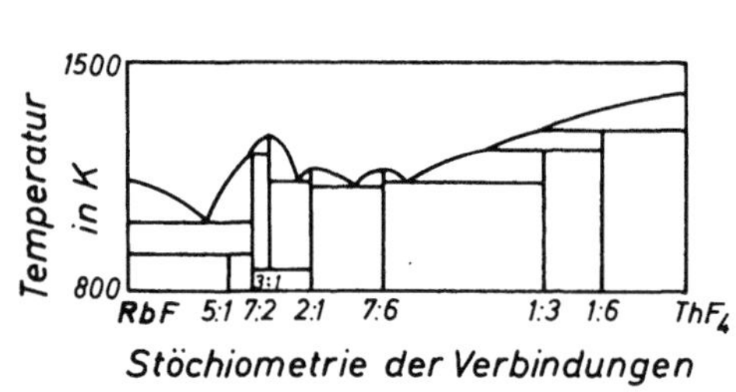

Bild 4.61 Zustandsdiagramm RbF–ThF_4 (nach M. Blander[6]))

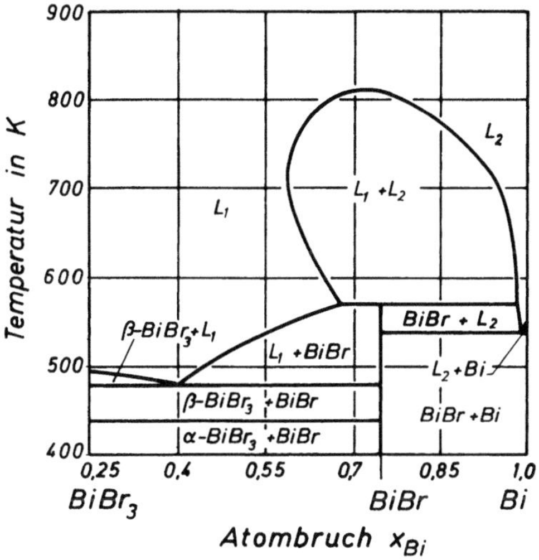

Bild 4.62 Zustandsdiagramm Wismut–Wismuttribromid (nach M. Blander[6]))

4.28 Umwandlungsgleichgewichte

Der in zahlreichen Stoffen auftretende Polymorphismus gibt Anlaß zu Umwandlungsgleichgewichten in binären Systemen. Die enantiotrope Umwandlungsreaktion kann kinetisch und energetisch analog behandelt werden wie ein Schmelzvorgang. Der Gesamtvorgang ist die Summe zweier Teilprozesse, der Hin- und Rückreaktion. Maßgeblich für die Geschwindigkeiten der Teilreaktionen sind ähnliche atomare Faktoren wie beim Fest–flüssig-Gleichgewicht. Daher gilt auch für das Umwandlungsgleichgewicht, in dem die Hin- und die Rückreaktion gleich schnell ablaufen, Gl. (4.11) analog:

$$\frac{\Delta H^u}{R T^u} \approx \ln \frac{A_{\alpha \to \beta}}{A_{\beta \to \alpha}}. \tag{4.11 a}$$

ΔH^u bedeutet die Änderung der Enthalpie bei der Umwandlung des Stoffes von seiner α-Modifikation in seine β-Modifikation, R ist die allgemeine Gaskonstante, T^u die absolute Umwandlungstemperatur. $A_{\alpha \to \beta}$ bedeutet den Akkommodationskoeffizienten für die Teilreaktion des Übergangs der Tieftemperaturmodifikation α in die Hochtemperaturmodifikation β und $A_{\beta \to \alpha}$ stellt den Akkommodationskoeffizienten für die Teilreaktion $\beta \to \alpha$ dar.

Tritt bei Zusatz einer zweiten Komponente Mischkristallbildung ein, so wirkt sich dies in einer Umwandlungspunktsverschiebung ΔT^u aus – analog der Gefrierpunktsverschiebung beim Fest–flüssig-Gleichgewicht. Für ein Zweistoffsystem A–B gilt für Mischkristalle mit geringem B-Gehalt analog zu Gl. (4.19):

$$\frac{\Delta H_A^u}{R (T_A^u)^2} = \frac{x_B^\beta}{\Delta T_A^u} - \frac{x_B^\alpha}{\Delta T_A^u}. \tag{4.19 a}$$

ΔH_A^u ist die Umwandlungsenthalpie der Komponente A, T_A^u die Umwandlungstemperatur der Komponente A, ΔT_A^u die Verschiebung der Umwand-

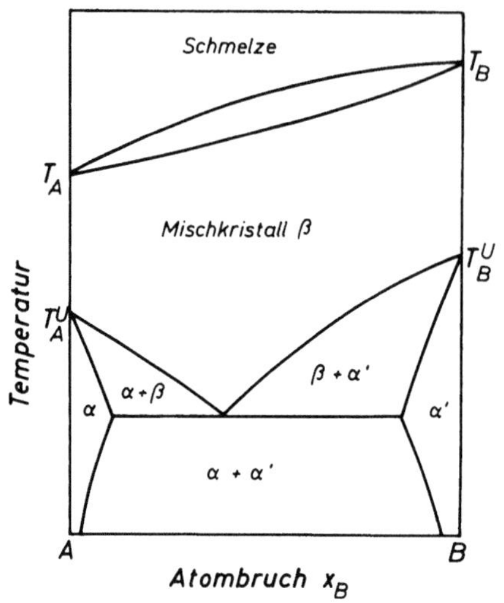

Bild 4.63 Schematische Darstellung einfacher Umwandlungsgleichgewichte für den Fall, daß die Hochtemperaturmodifikationen der Komponenten uneingeschränkt Mischkristalle bilden und für die Tieftemperaturmodifikationen nur begrenzte Löslichkeit vorliegt

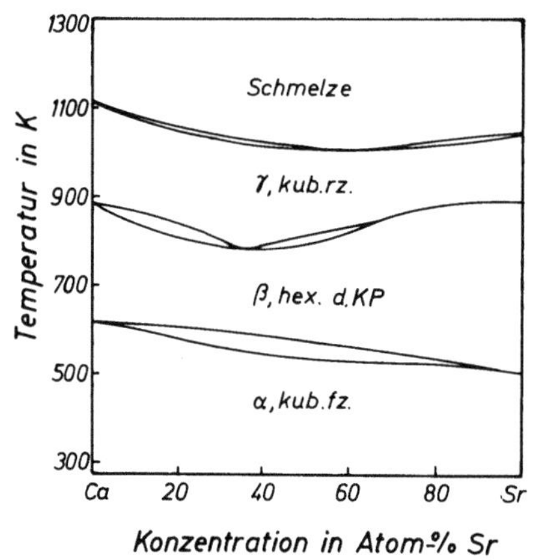

Bild 4.64 Zustandsdiagramm Calcium–Strontium (nach R. P. Elliott[7])

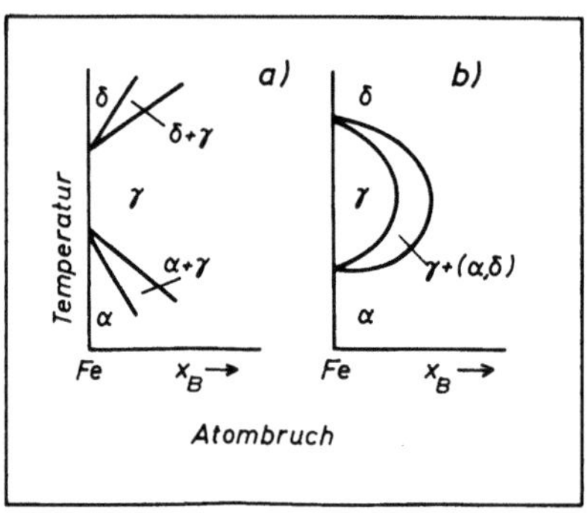

Bild 4.65 Schematische Darstellung möglicher Umwandlungsgleichgewichte in binären Systemen mit Eisen als Hauptkomponente

lungstemperatur der Komponente A sowie x_B^β und x_B^α der Molenbruch der Komponente B in den koexistierenden Mischkristallen der Tieftemperaturmodifikation α bzw. der Hochtemperaturmodifikation β. Je nach den energetischen Gegebenheiten kann eine Umwandlungspunktserniedrigung oder eine Umwandlungspunktserhöhung eintreten.

Haben beide Komponenten einen Umwandlungspunkt und bilden die Hochtemperaturmodifikationen unbegrenzt Mischkristalle, die Tieftemperaturmodifikationen jedoch nicht, so resultieren im einfachsten Falle Fest–fest-Gleichgewichte, wie sie in Bild 4.63 schematisch dargestellt sind. Bild 4.64 zeigt das Zustandsdiagramm Calcium–Strontium. Beide Komponenten treten im dargestellten Bereich in drei Modifikationen auf, die jeweils paarweise unbegrenzte Mischkristallreihen bilden. Die Analogie zwischen den resultierenden Umwandlungsgleichgewichten und den ebenfalls eingezeichneten Schmelzgleichgewichten ist unverkennbar.

Eisen hat bei niedrigen Temperaturen eine kubisch raumzentrierte Struktur (α-Fe). Beim Erhitzen wandelt es sich bei 1184 K (911 °C) in eine kubisch flächenzentrierte Modifikation (γ-Fe) um. Bei 1665 K (1392 °C) geht dieses γ-Eisen in das δ-Eisen über, das die gleiche Kristallstruktur wie das α-Eisen hat. Das bedingt eine Besonderheit, die darin besteht, daß durch Zusatz von Legierungselementen, die mit dem Eisen Mischkristalle bilden, die Umwandlungstemperaturen für den Übergang $\alpha \rightarrow \gamma$ und $\gamma \rightarrow \delta$ in gegenläufiger Weise verschoben werden können. Elemente, die aus energetischen Gründen die γ-Phase gegenüber der α- bzw. δ-Phase stabilisieren, erweitern das Existenzgebiet der γ-Mischkristalle dadurch, daß eine Umwandlungspunktserniedrigung der α–γ-Umwandlung und eine Umwandlungspunktserhöhung der γ–δ-Umwandlung eintritt (vgl. Bild 4.65a). Stabilisiert indessen das dem Eisen zugesetzte Element die kubisch raumzentrierten Modifikationen gegenüber der γ-Modifikation, so wird die Umwandlungstemperatur der α–γ-Umwandlung erhöht und die der γ–δ-Umwandlung erniedrigt (vgl. Bild 4.65b). In diesem Falle können, sofern sich der Bereich der kubisch raumzentrierten Mischkristalle zu hinreichend hohen Konzentrationen der zugesetzten Komponente erstreckt, die α–γ- und die γ–δ-Gleichgewichtslinien aufeinanderstoßen und ineinander übergehen. Es liegt jetzt ein „abge-

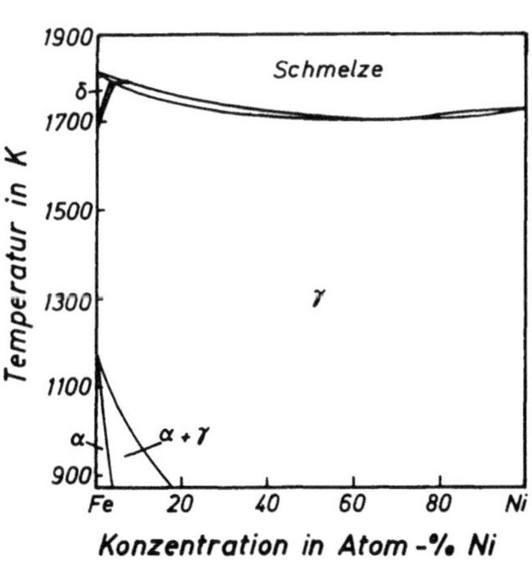

Bild 4.66 Zustandsdiagramm Eisen–Nickel (nach M. Hansen und K. Anderko[2])

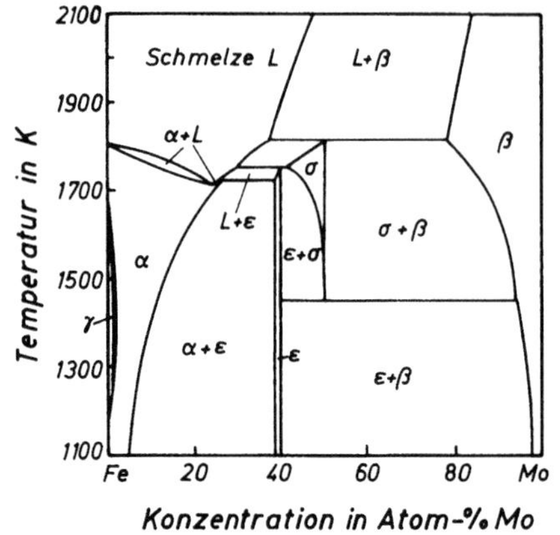

Bild 4.67 Zustandsdiagramm Eisen–Molybdän (nach M. Hansen und K. Anderko[2]))

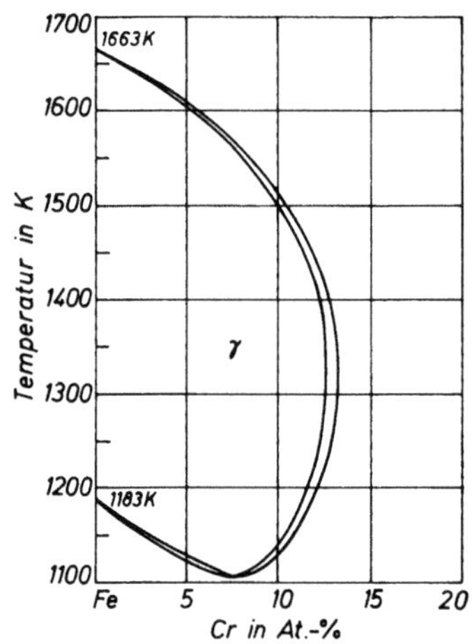

Bild 4.68 Eisenreicher Teil des Zustandsdiagramms Eisen–Chrom (nach M. Hansen und K. Anderko[2]))

schnürtes“ γ-Mischkristallfeld vor. Beide Möglichkeiten (Bild 4.65a und b) sind in technisch wichtigen Systemen mit Eisen als einer Komponente realisiert. Als Beispiel ist in Bild 4.66 das System Eisen–Nickel und in Bild 4.67 das System Eisen–Molybdän dargestellt.

Auch eine gleichzeitige Erniedrigung der Umwandlungstemperatur sowohl für den Übergang $\alpha \rightarrow \gamma$ als auch für den Übergang $\gamma \rightarrow \delta$ ist möglich und wird z. B. beim Zusatz von Chrom zum Eisen realisiert. Bild 4.68 gibt einen entsprechenden Ausschnitt aus dem Zustandsdiagramm Eisen–Chrom wieder. Die das γ-Feld abschnürenden Gleichgewichtslinien weisen hier ein Minimum auf.

4.29 Das Zustandsdiagramm Eisen – Kohlenstoff

Bei der Reduktion von Eisenerzen im Hochofen wird Roheisen mit einem Kohlenstoffgehalt von größenordnungsmäßig 2 Gew.-% C gewonnen. Die

Herstellung von Stahl aus Roheisen besteht in erster Linie in der Erniedrigung des Kohlenstoffgehalts. Nicht minder bedeutsam ist indessen die Wärmebehandlung, durch die bestimmte Phasen in geeigneter Verteilung im Gesamtgefüge erzeugt werden, um die typischen Eigenschaften des Stahls gezielt zu erreichen. Eine Übersicht über die wichtigsten Möglichkeiten der Gefügebeeinflussung gibt bereits das Zustandsdiagramm Eisen–Kohlenstoff. Es ist in Bild 4.69 wiedergegeben.

Durch Zusatz von Kohlenstoff wird der Schmelzpunkt und der $\alpha-\gamma$-Umwandlungspunkt erniedrigt. Der Umwandlungspunkt $\gamma-\delta$ wird erhöht. Der γ-Mischkristall wird durch Kohlenstoffzusatz gegenüber dem kubisch raum-

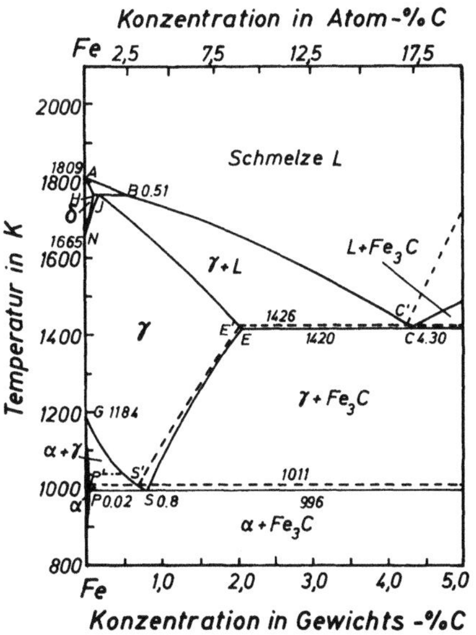

Bild 4.69 Zustandsdiagramm Eisen–Kohlenstoff nach M. Hansen und K. Anderko[2]). --- Gleichgewichtslinien bei Graphit als Gleichgewichtspartner; –·– magnetische Umwandlung

zentrierten Mischkristall stabilisiert, das γ-Feld auf Kosten des α- und des δ-Feldes ausgedehnt. Das hängt damit zusammen, daß Kohlenstoff aufgrund seines geringen Atomradius bei der Mischkristallbildung nicht Eisenatome auf deren regulären Gitterplätzen substituiert, sondern in Gitterlücken (Oktaederlücken) untergebracht wird. Diese Gitterlücken bieten im kubisch raumzentrierten Eisen den eingelagerten Kohlenstoffatomen weniger Platz als im kubisch flächenzentrierten. Bei der Erzeugung eines Einlagerungsmischkristalls vorgegebener Konzentration ist in beiden Fällen eine Gitterverzerrungsenergie aufzuwenden. Sie ist indessen bei der Bildung des kubisch raumzentrierten Eisenmischkristalls erheblich größer als bei der Bildung des kubisch flächenzentrierten Einlagerungsmischkristalls. Bei einem $\alpha-\gamma$- und $\gamma-\delta$-Gleichgewicht reichert sich daher der Kohlenstoff in der γ-Phase an, in der die Einlagerung in die Gitterlücken mit einem kleineren Aufwand an Gitterverzerrungsenergie verbunden ist. Es ist in jedem Falle für die koexistierenden Phasen

$$x_C^\alpha < x_C^\gamma \quad \text{bzw.} \quad x_C^\delta < x_C^\gamma .$$

Die γ–δ-Umwandlungsgleichgewichte kombinieren mit den Schmelzgleichgewichten, wobei ein nonvariantes Dreiphasengleichgewicht resultiert, in dem Schmelze, γ-Mischkristall und δ-Mischkristall koexistieren.

Außer den α-, γ- und δ-Mischkristallen kommt bei stabilen Phasengleichgewichten im System Eisen–Kohlenstoff nur noch der Graphit als feste Phase vor. Es resultiert ein Eutektikum bei etwa 4,3 Gew.-% C. Aus eisenreichen Schmelzen, wie sie technisch Verwendung finden, kristallisiert Graphit unter den üblichen Abkühlungsbedingungen jedoch nicht aus. Vielmehr entsteht bei der Erstarrung von Eisenlegierungen mit mehr als 4,3 Gew.-% C die Verbindung Fe_3C. Diese Zementit genannte Verbindung ist metastabil. Ihre Struktur hat eine größere Ähnlichkeit mit dem atomaren Aufbau eisenreicher Schmelzen als der Graphit. Es können daher leichter Kristallisationskeime des Zementits als des Graphits gebildet werden. Auch die Liquiduskurve des Zementits kombiniert mit der Liquiduslinie, die vom Schmelzpunkt des Eisens ausgeht, zu einem Eutektikum.

Die Löslichkeitsgrenze des Austenit genannten γ-Mischkristalls ist verschieden, je nachdem, ob Graphit oder Zementit als eine der Phasen in dem bei höheren Kohlenstoffkonzentrationen angrenzenden Zweiphasengebiet auftritt. Die zum stabilen System gehörende Löslichkeitslinie liegt grundsätzlich bei kleineren C-Konzentrationen. Die stabilen Phasengleichgewichte mit Graphit als kohlenstoffreicher Phase sind nur dann von Bedeutung, wenn zur Einstellung des Gleichgewichts so lange gewartet wird, bis eventuell vorhandener Zementit zerfallen ist. Hier sollen nur die Phasengleichgewichte mit Zementit als Phasenpartner betrachtet werden.

Die Löslichkeitslinie E–S, die den Einphasenbereich des Austenits (γ-Mischkristall) gegen das Zweiphasengebiet Austenit–Zementit abgrenzt, kombiniert mit dem Zweiphasengleichgewicht α–γ, das von der α–γ-Umwandlung des reinen Eisens ausgeht. Es resultiert ein eutektoidisches Dreiphasengleichgewicht, in dem α-Mischkristall (Ferrit), Austenit und Zementit im Gleichgewicht koexistieren. Wird γ-Mischkristall der Konzentration, die dem eutektoidischen Punkt S entspricht, aus dem Bereich des γ-Feldes abgekühlt, so tritt bei Erreichen der eutektoidischen Temperatur (996 K; 723 °C) gleichzeitige Ausscheidung von Ferrit (α-Mischkristall) und Zementit (Fe_3C) ein. Ist die Austenitprobe polykristallin, so setzt die Ausscheidung an den Korngrenzen ein, da hier die Keimbildung gegenüber der Keimbildung im ungestörten Korninneren energetisch begünstigt ist. Die beiden Phasen Ferrit und Zementit ordnen sich bei ihrer Ausscheidung lamellar an, völlig analog der Kristallisation eines lamellaren Eutektikums. Dieses Gefüge mit abwechselnden Ferrit- und Zementit-Lamellen wird Perlit genannt.

Ist die Kohlenstoffkonzentration des Austenits bei einem solchen Abkühlungsversuch kleiner, als dem eutektoidischen Punkt entspricht, kristallisiert beim Erreichen der Linie G–S an den Korngrenzen primär α-Eisenmischkristall aus. Erst wenn im Verlaufe dieser Ausscheidung bei sinkender Temperatur der Kohlenstoffgehalt des Austenits die Konzentration von S erreicht hat, folgt Perlitbildung. Analog wird primär Zementit an den Korngrenzen ausgeschieden, wenn von Austenit mit einem Kohlenstoffgehalt größer als 0,8 Gew.-% C ausgegangen wird. Gefügebilder für diese drei Fälle sind in Bild 4.70 wiedergegeben.

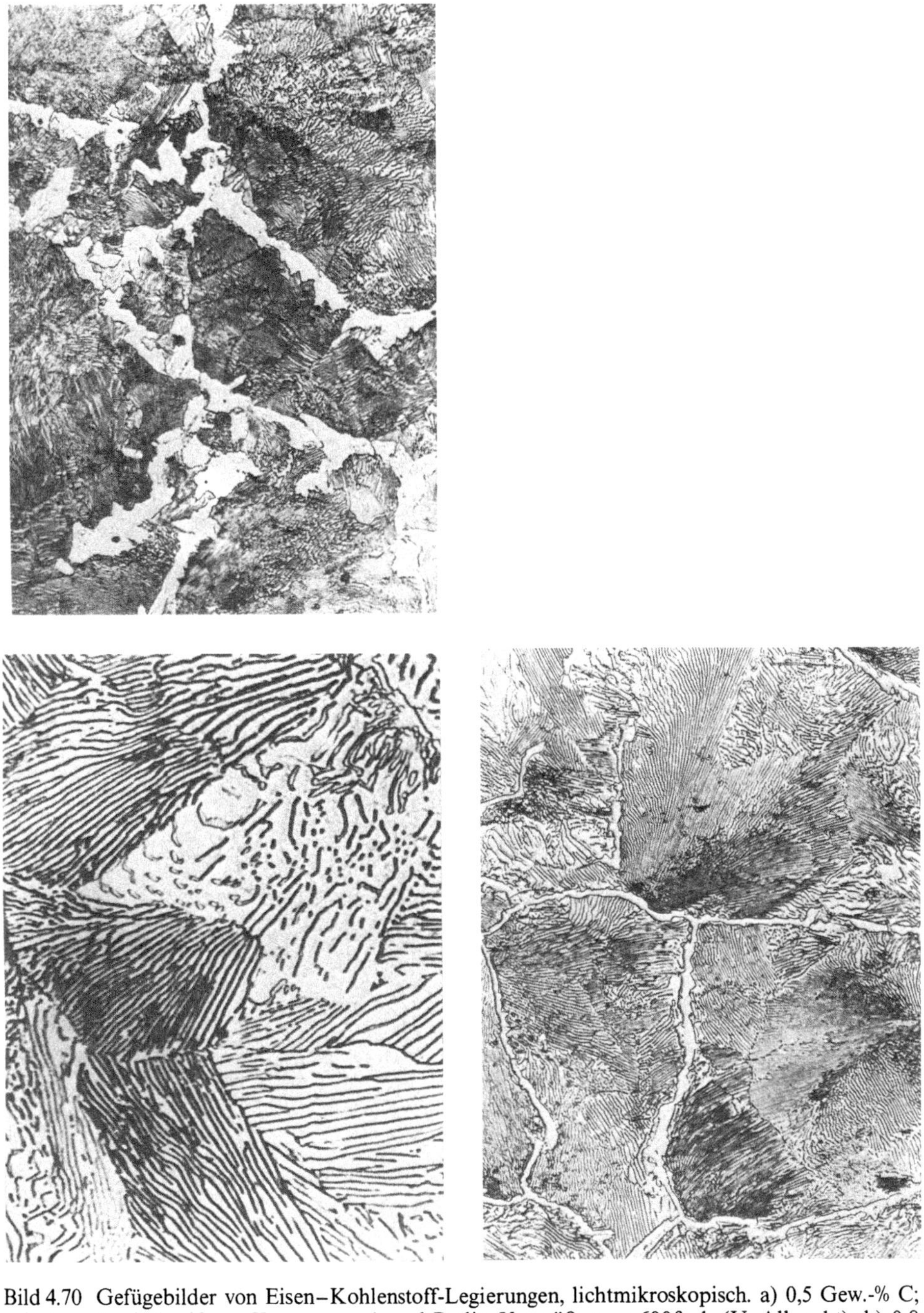

a b c

Bild 4.70 Gefügebilder von Eisen–Kohlenstoff-Legierungen, lichtmikroskopisch. a) 0,5 Gew.-% C; primärer Ferrit (weiß, an Korngrenzen) und Perlit; Vergrößerung 600fach (U. Albrecht); b) 0,8 Gew.-% C: Perlit; Vergrößerung 375fach (A. Gerold); c) 1,4 Gew.-% C; primärer Zementit (weiß, an den Korngrenzen) und Perlit; Vergrößerung 300fach (E. Scheil)

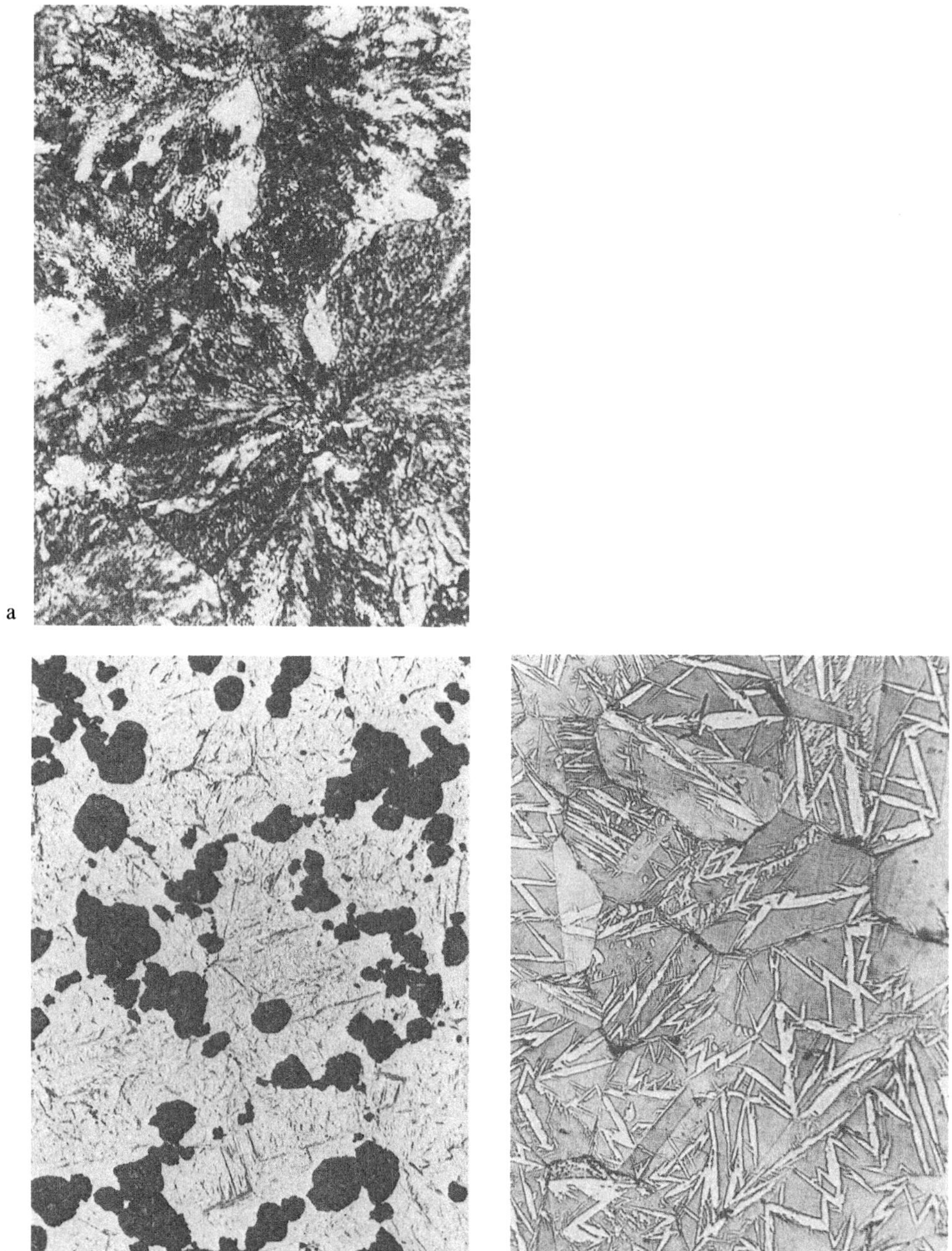

Bild 4.71 Gefügebilder von rasch abgekühlten Eisen–Kohlenstoff-Legierungen, lichtmikroskopisch. a) Sorbit; 0,8 Gew.-% C; Vergrößerung 600fach (I. Atmer); b) Troostit (schwarz) und restlicher Austenit mit Martensit; 0,8 Gew.-% C; Vergrößerung 150fach (I. Zimmer); c) Martensit (weiß) in Restaustenit; 1,7 Gew.-% C; Vergrößerung 150fach (A. Gerold)

Die in Bild 4.70 gezeigten Gefügeformen werden bei langsamem Abkühlen des Austenits erhalten. Mit steigender Abkühlungsgeschwindigkeit nimmt die Verweilzeit bei Temperaturen wenig unter 996 K ab, bei denen die Perlitbildung rasch ablaufen kann. Mit sinkender Temperatur wird die Diffusionsgeschwindigkeit geringer. Die Lamellen werden dünner, um den Prozeß der Verteilung des Kohlenstoffs auf die entstehenden Phasen rasch zu ermöglichen. Bei hinreichend großen Abkühlungsgeschwindigkeiten ist die Lamellendicke schließlich so gering, daß sie lichtmikroskopisch nicht aufgelöst werden kann. Ein solches Gefüge wird Sorbit genannt (vgl. Bild 4.71 a). Die lamellare Natur ist elektronenmikroskopisch nachweisbar.

Wird die Abkühlungsgeschwindigkeit schließlich so groß, daß die Probe rasch Temperaturbereiche erreicht, in denen die diffusionsgesteuerte Umwandlung zum Stillstand kommt, bevor der gesamte Austenit umgewandelt ist, so sind im Gefüge lediglich an einzelnen Stellen sphärolithische Bereiche zu erkennen, in denen die Perlitbildung gestartet ist, aber dann zum Stillstand kam. Dieses Gefüge wird Troostit genannt (vgl. Bild 4.71 b).

Bei noch höheren Abkühlungsgeschwindigkeiten kann die Perlitbildung völlig unterbleiben. Der Austenit kann als metastabile Phase bis weit unter die Gleichgewichtstemperatur der Perlitbildung unterkühlt werden. Mit steigender Unterkühlung unter einen Gleichgewichtspunkt nimmt die energetische Differenz zwischen stabilem und metastabilem Zustand zu. Die Neigung des Systems zum Übergang in die Gleichgewichtsphasen steigt. Im vorliegenden Falle ist dies in erster Linie die Neigung zum Übergang der Struktur der γ-Phase in die kubisch raumzentrierte Struktur der α-Phase. Bei hinreichend tiefen Temperaturen (ca. 470 K) setzt eine diffusionslose Umwandlung ein, deren Reaktionsprodukt eine verzerrte Form des α-Fe-Gitters, der Martensit, ist. Dieser diffusionslose Phasenübergang wird martensitische Umwandlung genannt. Dabei werden nicht einzelne Atome in Diffusionsschritten bewegt, bis sie einen effektiven Umwandlungsschritt erzielen. Vielmehr führen in großen Volumenbereichen des Austenits alle Atome gemeinsam einen gleichartigen Schritt aus, ähnlich wie bei der mechanischen Bildung kristallographischer Zwillinge. Dieser kooperative Mechanismus ist thermisch nicht aktiviert. Die Umwandlungsgeschwindigkeit ist daher praktisch temperaturunabhängig. Sie entspricht der Geschwindigkeit der Ausbreitung elastischer Verzerrungen in dem betreffenden Festkörper (Schallgeschwindigkeit).

Ist ein bestimmtes Volumenelement in die neue Struktur umgeklappt, so hat es seine Gestalt geändert und übt auf die noch nicht umgewandelte Umgebung der Ausgangsmatrix eine elastische Verzerrung aus. Ist ein kritisches Ausmaß dieser Verzerrung erreicht, so behindert sie das weitere Fortschreiten des Umklappprozesses. Bei vorgegebener Endtemperatur des Abkühlungsprozesses kommt der Umwandlungsvorgang nach Umwandlung eines ganz bestimmten Anteils der Ausgangsmatrix zum Stillstand. Erst wenn weiter abgekühlt wird, kann aus dem Umwandlungsprozeß weitere freie Enthalpie gewonnen werden, die zur weiteren Erhöhung des Ausmaßes der Verzerrung der Austenitmatrix zur Verfügung steht. Die Austenitprobe wird nicht komplett umgewandelt. Ein Teil der Probe bleibt Austenit (Restaustenit). Das Gefüge einer martensitisch umgewandelten Austenitprobe ist in Bild

4.71c wiedergegeben. Auch im Gefügebild des „Troostits“ sind außerhalb der Sphärolithe bereits Martensitlinsen zu erkennen (vgl. Bild 4.71b).

Der beim diffusionslosen Umwandlungsvorgang entstehende Martensit hat eine tetragonal raumzentrierte Struktur. Sie ist der angestrebten Struktur des α-Fe sehr ähnlich. Eine einfache Darstellung des geometrischen Zusammenhangs der Struktur des Martensits mit der der Ausgangsphase (Austenit, kubisch flächenzentriert) ist in Bild 4.72 gegeben. Wie ersichtlich, kann das kubisch flächenzentrierte Gitter auch als tetragonal raumzentriertes Gitter aufgestellt werden. Um die eingezeichnete tetragonal raumzentrierte Zelle in eine kubisch raumzentrierte Zelle zu verwandeln, wäre eine Kompression in

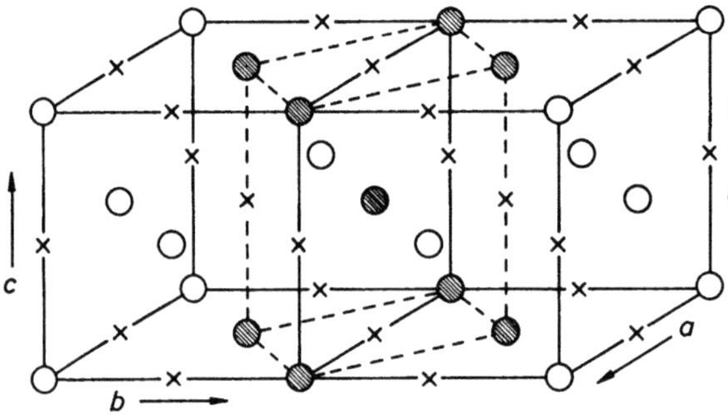

Bild 4.72 Zur Erläuterung des geometrischen Zusammenhanges zwischen der kubisch flächenzentrierten und der kubisch raumzentrierten Modifikation des Eisens

c-Richtung und eine Dilatation in a- und b-Richtung erforderlich. Die in Gitterlücken sitzenden Kohlenstoffatome (x) stören einen solchen hypothetischen Übergang bis zu einem exakt kubisch raumzentrierten Gitter. Es resultiert daher ein tetragonal verzerrtes Gitter des Martensits, dessen Verhältnis c/a vom Kohlenstoffgehalt abhängig ist. Diese einfachen geometrischen Zusammenhänge beschreiben lediglich die Punktlagen im Ausgangs- und Endgitter. Der atomare Mechanismus, nach dem dieser Übergang erfolgt, besteht nicht in einer Stauchung bzw. Dilatation. Der Vorgang ist kompliziert. Stauchung und Dilatation sind keine atomar kooperativ durchführbaren Umklappprozesse. Der komplexe Gang des Umwandlungsvorgangs ist zudem vom Kohlenstoffgehalt und von der Anwesenheit weiterer Legierungsbestandteile abhängig.

Martensit ist hart und spröde, Perlit weich und zäh. Durch eine geeignete Wärmebehandlung können die jeweils gewünschten Eigenschaften erhalten werden. Wird Martensit auf höhere Temperaturen erhitzt, bei denen die Diffusion des Kohlenstoffs hinreichend groß ist, so zerfällt diese metastabile Phase unter Bildung von Ferrit und Zementit. Durch diesen sog. Anlaßvorgang können die Eigenschaften des Stahls ebenfalls reguliert werden.

4.30 Literaturhinweise zu Kapitel 4

1) R. Vogel, „Einführung in die Metallurgie", Musterschmidt-Verlag, Göttingen (1955).
2) M. Hansen und K. Anderko, „Constitution of Binary Alloys", McGraw-Hill Book Comp., New York (1958).
3) R. Vogel, „Die heterogenen Gleichgewichte", 2. Auflage, Akademische Verlagsgesellschaft Geest u. Portig, Leipzig (1959).
4) „Das Zustandsschaubild Eisen–Kohlenstoff und die Grundlagen der Eisen–Kohlenstoff-Legierungen", 4. Auflage, Verlag Stahleisen, Düsseldorf (1961).
5) H. Schumann, „Metallographie", VEB Deutscher Verlag für Grundstoffindustrie, Leipzig (1975).
6) M. Blander (Herausgeber), „Molten Salt Chemistry", Interscience Publishers, New York (1964).
7) R. P. Elliott, „Constitution of Binary Alloys", First Supplement, McGraw-Hill Book Comp., New York (1965).
8) A. Prince, „Alloy Phase Equilibria", Elsevier Publ. Comp., Amsterdam (1966).
9) P. Gordon, „Principles of Phase Diagrams in Materials Systems", McGraw-Hill Book Comp., New York (1968).
10) F. A. Shunk, „Constitution of Binary Alloys", Second Supplement, McGraw-Hill Book Comp., New York (1969).
11) R. Haase und H. Schönert, „Solid–Liquid Equilibrium", in „The International Encyclopedia of Physical Chemistry and Chemical Physics", Topic 13, Mixtures, Solutions, Chemical and Phase Equilibria, Vol. I, Herausgeber: M. L. McGloshan, Pergamon Press, Oxford (1969).
12) A. G. Guy and G. Petzow, „Metallkunde für Ingenieure", Akademische Verlagsgesellschaft, Frankfurt/M. (1970).
13) J. Nývlt, „Solid–Liquid Phase Equilibria", Elsevier Scientific Publ. Comp., Amsterdam (1977).
14) W. G. Moffatt, „The Handbook of Binary Phase Diagrams", General Electric Company, Schenectady (1978).
15) B. Predel und W. Schwermann, Z. Metallkde., **58,** 553 (1967).
16) B. Chalmers, „Principles of Solidification", J. Wiley, Sons, New York (1964).
17) G. Petzow, „Metallographic Etching", Amer. Soc. for Metals, Metals Park, Ohio, USA (1978).
G. Petzow, „Metallographisches Ätzen", 5. Aufl., Gebr. Borntraeger, Stuttgart (1976).
18) E. M. Levin und H. F. McMurdie (Herausgeber: M. K. Reser), „Phase Diagrams for Ceramists, 1975 Supplement", The Amer. Ceramic Soc., Columbus, Ohio, USA (1975).

5. Phasengleichgewichte in Dreistoffsystemen und Vierstoffsystemen unter Ausschluß der Dampfphase

5.1 Konzentrationsdreieck

In einem System aus drei Komponenten (A, B, C) ist die Zusammensetzung eines Gemisches durch Angabe der Konzentration zweier Bestandteile festgelegt. Für die Atombrüche gilt:

$$x_A + x_B + x_C = 1. \tag{4.2a}$$

Die graphische Darstellung der Konzentrationen ternärer Gemische erfolgt in der Regel anhand des Konzentrationsdreiecks (vgl. Bild 5.1a). In einem gleichseitigen Dreieck ist die Länge aller Senkrechten von einem Punkt Q auf die Dreiecksseiten gleich der Höhe h des Dreiecks. Wird h = 1 gesetzt, so ist für den Punkt Q:

$$\overline{Qa} + \overline{Qb} + \overline{Qc} = 1. \tag{5.1}$$

Für eine Darstellung der Konzentrationen (vgl. Gl. (4.2a)) könnten die Strecken $\overline{Qa}$, $\overline{Qb}$ und $\overline{Qc}$ den Atombrüchen x_A, x_B und x_C gleichgesetzt werden. Das ist jedoch noch keine optimale Darstellungsweise. Aus Bild 5.1a ist ersichtlich, daß folgende Verhältnisse gelten:

$$\overline{Qc} : \overline{Cc_2} = \overline{AB_1} : \overline{Ac} = \overline{Ba_1} : \overline{BC}. \tag{5.2}$$

Man kann daher anstelle von $\overline{Cc_2} = h = 1$ zweckmäßigerweise auch

$$\overline{AB} = \overline{AC} = \overline{CB} = 1 \tag{5.3}$$

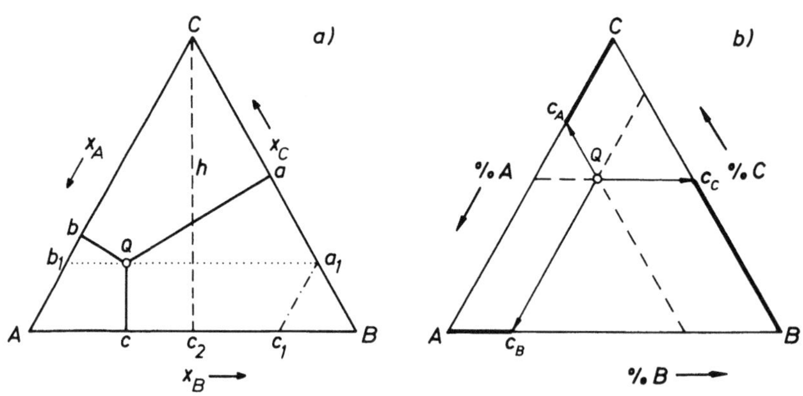

Bild 5.1 Zur Darstellung der Konzentration ternärer Gemische in Dreieckskoordinaten

setzen. Nun entsprechen die Ecken des gleichseitigen Dreiecks den reinen Komponenten. Auf den Seiten werden die Konzentrationen der binären Randsysteme aufgetragen. Die Fläche im Inneren des Dreiecks stellt die Gesamtheit aller Konzentrationspunkte der ternären Gemische dar.

Ein spezieller Fall einer Konzentrationsreihe ist gegeben, wenn die ternären Gemische im Konzentrationsdreieck auf einer Geraden parallel zu einer Dreiecksseite liegen. Der Abstand der Geraden $c_1 - a_1$ von der Ecke B, oder, was gleichbedeutend ist, der Abstand aller Punkte der Geraden $c_1 - a_1$ von der Geraden A – C, ist konstant. Alle Gemische, deren Konzentration Punkten der Geraden $c_1 - a_1$ entsprechen, haben den gleichen Gehalt an B.

Ein weiterer Spezialfall ergibt sich für eine Gerade im Konzentrationsdreieck, die durch einen Eckpunkt geht. Auf einer solchen Geraden liegen Gemische, deren Konzentrationen durch ein konstantes Verhältnis der Konzentrationen der beiden anderen Komponenten gekennzeichnet ist, durch deren Eckpunkte die Gerade nicht geht. Beispielsweise ist für die Gerade $C - c_2$ das Verhältnis $x_A/x_B = \text{const}$.

Anstelle der Atombrüche wird häufig die Konzentration in Atom-% oder in Gewichts-% angegeben. Die Strecken $\overline{AB} = \overline{AC} = \overline{CB}$ entsprechen dann 100 At.-% bzw. 100 Gew.-%. Zur Ermittlung der Konzentrationen der Komponenten, die einem vorgegebenen Punkt Q im Konzentrationsdreieck entsprechen, werden durch diesen Punkt Parallelen zu den Dreiecksseiten gezogen (vgl. Bild 5.1 b). Der Anteil an A (Konzentration c_A) ist in der Strecke $\overline{C\,c_A}$ gegeben. Die Strecke $\overline{A\,c_B}$ stellt die Konzentration an B und die Strecke $\overline{B\,c_C}$ die Konzentration an C dar.

5.2 Hebelgesetz im Ternären

Zerfällt ein ternäres Gemisch Q in zwei Phasen α und β, so liegen die Konzentrationen Q, α und β, ähnlich wie in einem binären System, auf einer Geraden, einer Konode. Das Verhältnis der Menge der Phasen α und β ist durch das Hebelgesetz festgelegt. Die Gesamtzahl der Atome der Legierung Q sei M. Ist m_α der Bruchteil der Atome, die in der α-Phase enthalten sind und m_β

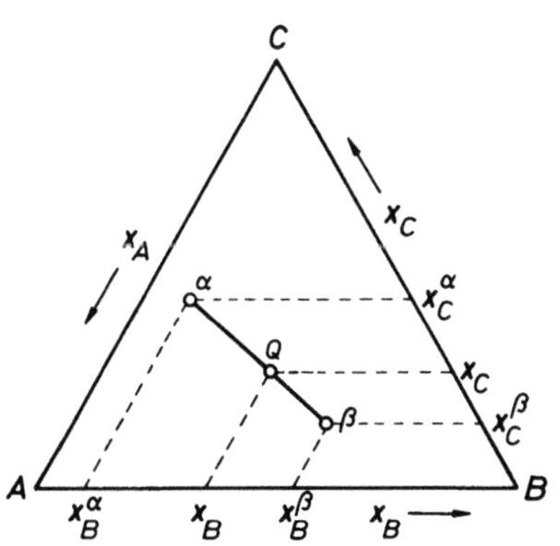

Bild 5.2 Zur Erläuterung des Hebelgesetzes in ternären Systemen

der Bruchteil der Atome, die sich in der β-Phase befinden, dann gilt (vgl. Bild 5.2):

$$\frac{m_\alpha}{m_\beta} = \frac{\overline{Q\beta}}{\overline{\alpha Q}} = \frac{x_B^\beta - x_B}{x_B - x_B^\alpha} \quad \text{oder} \quad \frac{m_\alpha}{m_\beta} = \frac{x_C - x_C^\beta}{x_C^\alpha - x_C}. \tag{5.4}$$

5.3 Konodendreieck

Zerfällt eine ternäre Lösung Q in drei Phasen α, β und γ, so bilden die Konzentrationspunkte dieser Phasen ein Dreieck. Der Konzentrationspunkt der Ausgangsphase Q liegt im Inneren dieses Dreiecks $\alpha\beta\gamma$ (vgl. Bild 5.3a). Die Konzentrationen seien durch Atombrüche ausgedrückt, und die Gesamtanzahl der Atome in der dreiphasigen Legierung Q sei M. Sind die Bruchteile von M, die auf die einzelnen Phasen entfallen, m_α, m_β und m_γ, so entspricht

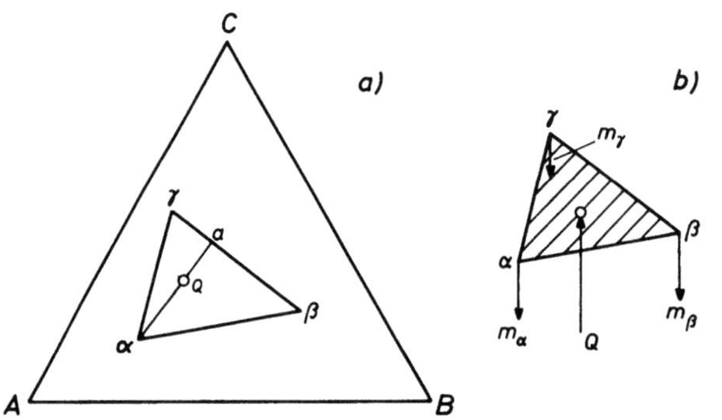

Bild 5.3 Zur Erläuterung des Konodendreiecks und des Schwerpunktssatzes

der Konzentrationspunkt Q dem „Schwerpunkt" dieser drei Atommengen, die an den Ecken des Dreiecks $\alpha\beta\gamma$ aufgehängt sind (vgl. Bild 5.3b). Dieses Dreieck, das drei koexistierende Phasen verknüpft, wird Konodendreieck genannt. Wird die Konzentration durch Massenbrüche oder Gew.-% ausgedrückt, dann ist Q der Schwerpunkt der Massen der drei Phasen α, β und γ.

Die Atombrüche x_A, x_B, x_C des Schwerpunkts Q eines Konodendreiecks sind folgendermaßen gegeben:

$$\begin{aligned} x_A &= m_\alpha \cdot x_A^\alpha + m_\beta \cdot x_A^\beta + m_\gamma \cdot x_A^\gamma, \\ x_B &= m_\alpha \cdot x_B^\alpha + m_\beta \cdot x_B^\beta + m_\gamma \cdot x_B^\gamma, \\ x_C &= m_\alpha \cdot x_C^\alpha + m_\beta \cdot x_C^\beta + m_\gamma \cdot x_C^\gamma. \end{aligned} \tag{5.5}$$

Der Mengenanteil einer Phase (z. B. der Phase α) an der Gesamtmenge M des Phasengemenges $\alpha + \beta + \gamma$ ist, wie aufgrund des Hebelgesetzes anhand von Bild 5.3a ersichtlich:

$$\frac{m_\alpha}{M} = \frac{\overline{Q\alpha}}{\overline{\alpha a}}. \tag{5.6}$$

5.4 Vierphasengleichgewichte

Auch dann, wenn ein betrachteter Stoff aus einem Gemenge von mehr als drei Phasen besteht, trifft der Schwerpunktssatz naturgemäß zu. Analog wie beim Konodendreieck ist der Schwerpunkt des betreffenden Konodenvielecks bei Berücksichtigung der Mengen der einzelnen Phasen zu ermitteln.

Bei einem Gemenge aus vier Phasen (feste Phasen α, β, γ und Schmelze L) sind drei Fälle zu unterscheiden.

a) Die Konzentration einer Schmelze (L) liegt innerhalb des Dreiecks, das aus den Konzentrationen der drei weiteren Phasen gebildet wird (vgl. Bild 5.4a).

b) Die Konzentrationen der vier Phasen bilden ein Viereck. Die Zusammensetzung jeder einzelnen Phase befindet sich außerhalb des Dreiecks, das aus den jeweils drei weiteren Phasen konstruiert werden kann (vgl. Bild 5.4b).

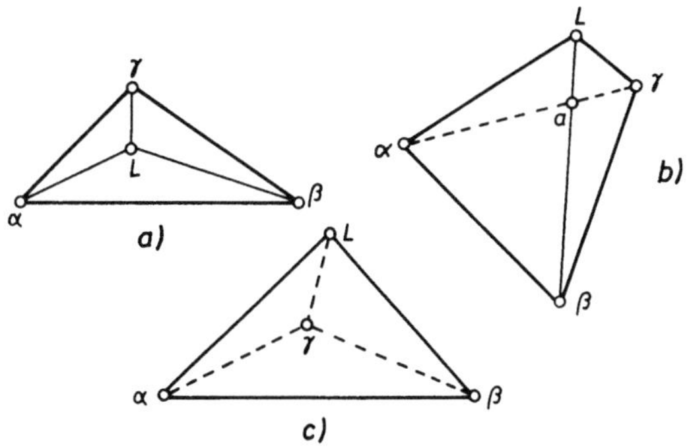

Bild 5.4 Vierphasengleichgewichte in ternären Systemen. a) eutektisches Gleichgewicht; b) Übergangsgleichgewicht; c) peritektisches Gleichgewicht

Gemäß dem Gibbsschen Phasengesetz koexistieren in einem nonvarianten Gleichgewicht bei konstantem Druck im ternären System vier Phasen. Die Konzentrationspunkte der in solchen Gleichgewichten koexistierenden Phasen können die in Bild 5.4a und Bild 5.4b wiedergegebenen Anordnungen haben. Die Koexistenz der einzelnen Phasen wird durch Einzelkonoden angedeutet. In diesem nonvarianten Gleichgewicht ändern sich bei Wärmeaufnahme oder Wärmeentzug die Mengenverhältnisse der Phasen. Da L eine Schmelze ist und ferner α, β und γ Mischkristalle sind, die bei Wärmeentzug aus L gebildet werden, so liegt ein ternäres eutektisches Gleichgewicht vor:

$$L \rightleftarrows \alpha + \beta + \gamma. \tag{5.7}$$

Für ein eutektisches Gleichgewicht muß die Konzentration der Schmelze L notwendigerweise innerhalb des Dreiecks liegen, das aus den Konzentrationspunkten der entstehenden festen Phasen konstruiert werden kann.

Der in Bild 5.4b dargestellte Fall entspricht einem anderen nonvarianten Gleichgewicht. Der Punkt a stellt sowohl ein Gemenge der beiden Phasen α und γ als auch ein Gemenge der Phasen β und L dar. Dabei muß noch das gemäß der Hebelbeziehung richtige Mengenverhältnis $m_\alpha : m_\gamma$ bzw. $m_\beta : m_L$ vorliegen. Das einzige mögliche Gleichgewicht, das diesen Bedingungen entspricht, ist:

$$L + \beta \leftrightarrows \alpha + \gamma. \tag{5.8}$$

Gl. (5.8) stellt eine Reaktion dar, in deren Verlauf beim Abkühlen zunächst gebildeter Mischkristall β mit der Schmelze L im Gleichgewicht unter Bildung der beiden Mischkristalle α und γ umgesetzt wird. Diese Umsetzung wird als Übergangsgleichgewicht bezeichnet.

c) Die Randbedingungen der als ternär peritektisch benannten Reaktion sind in Bild 5.4c wiedergegeben. Die Schmelze L reagiert in diesem Falle mit vorher bei der Abkühlung gebildeten Mischkristallen α und β unter Erzeugung des Mischkristalls γ:

$$L + \alpha + \beta \leftrightarrows \gamma. \tag{5.9}$$

Der Punkt L stellt den Unterstützungspunkt des Dreiecks in Bild 5.4a dar, wenn an der Ecke α die Masse μ_α, an der Ecke β die Masse μ_β und an der Ecke γ die Masse μ_γ aufgehängt ist. Analoges gilt für den Punkt a in Bild 5.4b und für den Punkt γ in Bild 5.4c.

5.5 Darstellung ternärer Zustandsdiagramme

Wird der Druck konstant gehalten, so sind zur vollständigen Darstellung von Phasengleichgewichten im ternären System drei Zustandsvariablen erforderlich: Zwei Konzentrationen und die Temperatur. Die Temperatur wird senkrecht zum Konzentrationsdreieck aufgetragen (vgl. Bild 5.5). Es resultiert ein Dreikantprisma. Die Kanten dieses Prismas enthalten die Zustandsänderungen der reinen Komponenten A, B bzw. C als Funktion der Temperatur. Die drei seitlichen Prismenflächen geben die Zustandsdiagramme der begrenzen-

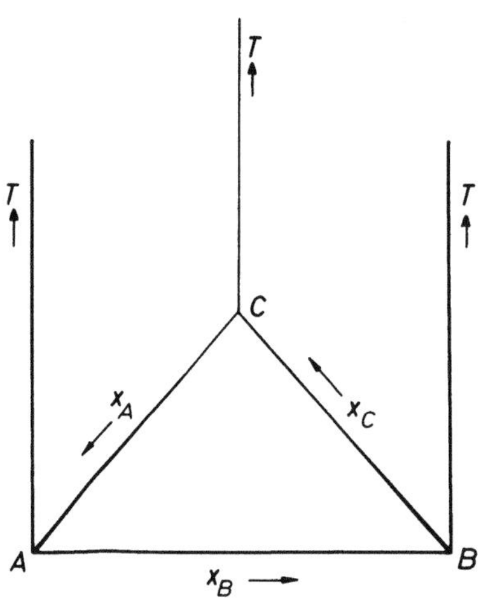

Bild 5.5 Koordinatensystem zur Darstellung von Zustandsdiagrammen ternärer Systeme bei konstantem Druck

den binären Randsysteme A–B, A–C und B–C wieder. Das Innere des Prismas ist schließlich der Bereich der Zustandsänderungen der ternären Gemische.

5.6 Einfaches System mit einem ternären Eutektikum

Es soll ein System betrachtet werden, für das folgende Bedingungen gelten (vgl. Bild 5.6):

a) Die Komponenten sind im festen Zustand praktisch nicht mischbar und im flüssigen Zustand völlig mischbar. Die konstituierenden binären Randsysteme sind dementsprechend einfache eutektische Systeme.

b) Es tritt ein ternäres Eutektikum auf.

c) Es tritt keine intermetallische Verbindung auf.

Die Liquiduslinien u und v in Bild 5.6, die beispielsweise vom Schmelzpunkt der reinen Komponente C, T_C, ausgehen und zu den binären Randsystemen A–C bzw. B–C gehören, sind die Grenzlinien einer gewölbten Liquidusfläche L_C im Ternären. Analoges gilt für die Liquiduslinien und für die Liquidusflächen L_A und L_B, die von T_A und T_B ausgehen. Die Liquidusflächen L_C und L_A stoßen in einer eutektischen Rinne aufeinander, die vom eutektischen Punkt e_1 des Randsystems A–C ausgeht. Entsprechendes gilt für die anderen Liquidusflächen und eutektischen Rinnen. Die drei eutektischen Rinnen treffen sich im ternären eutektischen Punkt E.

Sinnvoller als eine perspektivische Zeichnung ist in der Regel die Darstellung der wesentlichen Teile des dreidimensionalen Zustandsbildes in Form einer zweidimensionalen Projektion, wie sie in Bild 5.7 als Beispiel wiedergegeben ist. Die binären Randsysteme sind um 90° in die Zeichenebene geklappt. Die eutektischen Rinnen starten in den binären eutektischen Punkten. Sie werden durch Doppelpfeile gekennzeichnet. Die Pfeile geben die Richtung an, in der die Rinne zu niedrigeren Temperaturen hin verläuft.

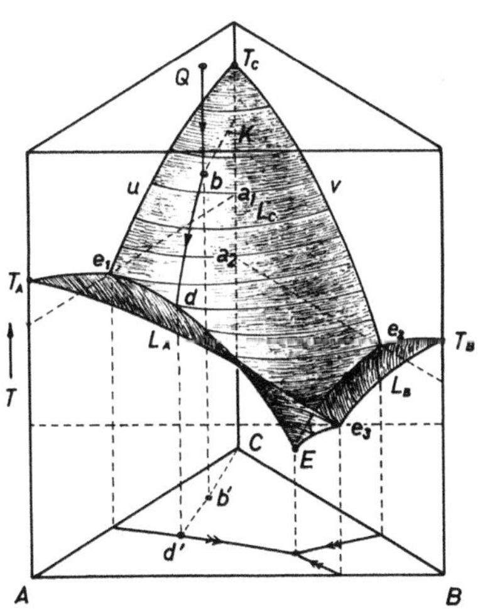

Bild 5.6 Räumliche Darstellung der Liquidusflächen eines ternären Zustandsdiagramms mit völliger Mischbarkeit der Komponenten im flüssigen und völliger Unmischbarkeit im festen Zustand bei Abwesenheit einer Verbindung

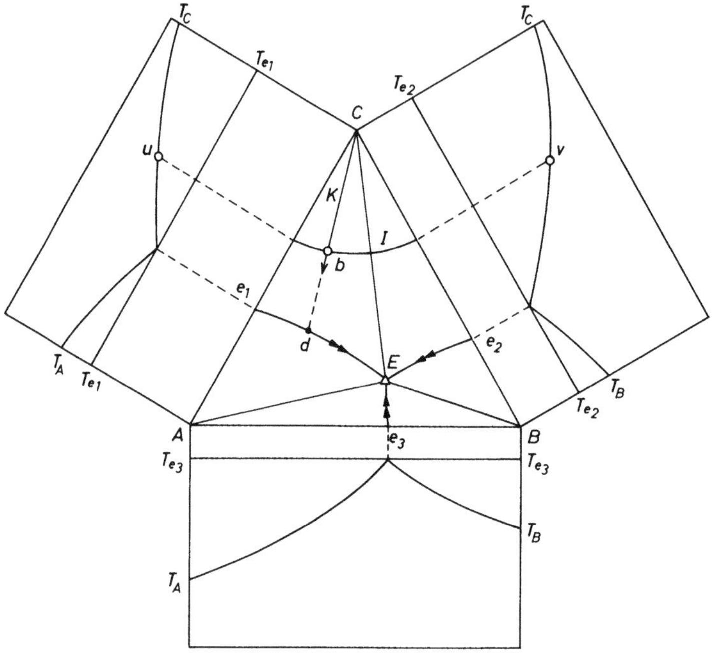

z.B. $T_C > T_A > T_{e1} > T_B > T_{e2} > T_{e3} > T_E$

Bild 5.7 Konzentrationsdreieck eines einfachen Systems mit einem ternären Eutektikum. I = Isotherme durch den Punkt b auf der Fläche der Primärausscheidung von C

Unter der vereinfachenden Annahme, daß keine nennenswerte gegenseitige Löslichkeit der Komponenten im festen Zustand auftritt, läuft der Erstarrungsvorgang einer Schmelze Q folgendermaßen ab (vgl. Bilder 5.6 und 5.7). Bei Abkühlung wird die Liquidusfläche L_C in b getroffen. Es kristallisiert praktisch reines C aus. K ist die Konode, die die im Augenblick des Beginns der Erstarrung koexistierenden Phasen verknüpft (Schmelze b und festes C).

Durch Ausscheidung von C wird die Schmelze C-ärmer. Der Schmelzpunkt sinkt. Die Konzentrationsänderung der Schmelze folgt bei vernachlässigbar geringer Löslichkeit von A und B in festem C der geradlinigen Fortsetzung der Konode K in Richtung des eingezeichneten Pfeils (vgl. Bild 5.7).

Bei dieser Primärerstarrung stehen zwei Phasen im Gleichgewicht. Nach dem Gibbsschen Phasengesetz sind zwei Freiheitsgrade vorhanden. Die Kristallisation kann auf einer Fläche, der Liquidusfläche, erfolgen. Im binären System ist für die Primärkristallisation $\mathcal{F} = 1$, und die Ausscheidung der Primärkristalle erfolgt längs einer Linie (Liquiduslinie).

Wird bei fortschreitender Abkühlung der Punkt d erreicht, so ist die Schmelze nicht nur an C, sondern auch an A gesättigt. Jetzt kristallisieren A und C gleichzeitig aus. Das ist eine binäre eutektische Kristallisation der ternären Legierung, bei der noch ein Freiheitsgrad verfügbar ist. Die Erstarrung erfolgt längs einer Linie, der Rinne der binären eutektischen Kristallisation e_1–E (vgl. Bild 5.6 und Bild 5.7). Die Temperatur kann weiter sinken. Es sei erinnert, daß die eutektische Erstarrung im binären System eine nonvariante Reaktion ist und daher bei konstanter Temperatur abläuft.

Bei der Ausscheidung von A und C beim Durchlaufen der eutektischen Rinne e_1–E nimmt der Gehalt der Schmelze an B zu, bis das ternäre Eutektikum E erreicht ist. Hier kristallisieren drei Phasen A, B und C gleichzeitig aus. Es liegt ein nonvariantes Gleichgewicht vor (Vierphasengleichgewicht). Aus Bild 5.7 ist ersichtlich, daß im Konzentrationsbereich des Dreiecks AEB nach primärer Kristallisation die binäre eutektische Erstarrung von A und B erfolgt. Im Bereich AEC ist es die binäre eutektische Kristallisation von A und C sowie im Teildreieck BEC die binäre eutektische Ausscheidung von B und C, die schließlich zum ternären Eutektikum führen.

5.7 Zustandsbereiche im ternären eutektischen System

Im Zustandsdiagramm sind Bereiche untereinander abgegrenzt, in denen jeweils eine verschiedene Anzahl von Phasen existent ist (vgl. Bild 5.6). Diese Bereiche sind – je nach der Anzahl der existenten Phasen – dreidimensional oder zweidimensional. Nur in dem Bereich, in dem eine einzige Phase vorliegt, geben die Konzentrationen und die Temperatur den Zustand unmittelbar an. In allen anderen Fällen, bei denen die Zustandsvariablen einen Punkt in einem Mehrphasenbereich beschreiben, liegen die Konzentrationen der koexistierenden Phasen auf den Begrenzungen dieser Bereiche. Sie stehen naturgemäß in einem bestimmten Zusammenhang mit der Bruttokonzentration.

Der primären Kristallisation von C ist ein räumlicher Bereich zugeordnet, der zu hohen Temperaturen hin durch die Liquidusfläche L_C begrenzt ist (vgl. Bild 5.6). Als weitere Begrenzungen fungieren die ebenen Flächen $T_C e_2 a_2$ und $T_C e_1 a_1$. Zu tieferen Temperaturen hin wird der Bereich der primären Kristallisation von C begrenzt durch die gekrümmten Flächen $a_2 E e_2$ und $a_1 E e_1$, auf denen alle Temperatur–Konzentration-Punkte liegen, bei denen die binäre eutektische Kristallisation startet. Die Krümmung ist durch den Lauf der eutektischen Rinnen $e_1 E$ und $e_2 E$ bestimmt. Die Flächen $a_2 E e_2$ und $a_1 E e_1$ treffen bei der Temperatur des ternären Eutektikums E aufeinander und bilden eine „Rippe". Analoges gilt für die Räume der primären Kristallisation von A und von B.

Die sich an die Räume der primären Kristallisation zu tieferen Temperaturen hin anschließenden Bereiche der binären eutektischen Kristallisation sind ebenfalls dreidimensional. Zu hohen Temperaturen hin sind diese Räume durch die Bereiche der primären Kristallisation begrenzt. Beispielsweise sind dies auf der Seite des Randsystems C–B die Räume der primären Kristallisation von C und B, die sich in der Rinne der binären eutektischen Kristallisation treffen. Die dadurch gegebenen zwei Begrenzungsflächen und die dritte Begrenzungsfläche, die durch die Seitenfläche des binären Systems B–C dargestellt wird, bilden eine „Dreikantröhre". Zu tieferen Temperaturen hin ist sie durch die Ebene der ternären eutektischen Kristallisation begrenzt. Die Grundfläche der Dreikantröhre ist in Bild 5.7 durch das Teildreieck BEC gegeben. Zu höheren Temperaturen hin nähern sich die Seiten BE und EC der Geraden BC des Teildreiecks BEC, bis dieses Dreieck bei der Temperatur des Eutektikums e_2 völlig zur Geraden BC degeneriert ist.

In der eben beschriebenen Dreikantröhre der binären eutektischen Kristallisation liegen die Phasen Schmelze, festes B und festes C nebeneinander vor. Analoges gilt für die zwei weiteren Räume der binären eutektischen Kristallisation, in denen Schmelze, festes A und festes C bzw. Schmelze, festes A und festes B miteinander im Gleichgewicht stehen.

Während der Abkühlung erfolgt im Anschluß an die binäre eutektische Ausscheidung die ternäre eutektische Kristallisation. Sie läuft bei konstanter Temperatur ab und wird demgemäß durch eine isotherme Ebene dargestellt.

Nach erfolgter ternärer eutektischer Kristallisation liegen die drei fast reinen festen Komponenten A, B und C vor. Nach dem Gibbsschen Phasengesetz ist $\mathscr{F} = 1$. Daher hat der Existenzbereich dieser festen Phasen eine Ausdehnung in T-Richtung: er ist dreidimensional. Bei praktisch fehlender gegenseitiger Löslichkeit im festen Zustand entspricht der Raum dem Prisma, das durch das Konzentrationsdreieck und die Temperaturachsen als Kanten gebildet wird.

Insgesamt liegen in einem einfachen System mit ternärem Eutektikum 8 Zustandsräume vor:

1 Zustandsraum der einphasigen Schmelze,
3 Räume der primären Kristallisation,
3 Räume der binären eutektischen Kristallisation,
1 Raum der drei ausschließlich festen Phasen.

Es sei betont, daß dies für das Idealsystem mit allseits verschwindender gegenseitiger Löslichkeit der Komponenten im festen Zustand gilt. Bei Realsystemen ist, wie bereits erwähnt, immer eine, wenn auch manchmal nicht nachweisbare, Löslichkeit im Festen vorhanden. Somit treten zu den bereits erwähnten Räumen drei Räume der Mischkristallbereiche, die den reinen Komponenten zuzuordnen sind, sowie drei Räume der teilweisen Löslichkeit, wo jeweils die dritte (feste) Komponente mit dem binären Eutektikum der anderen beiden Komponenten im Gleichgewicht steht. Insgesamt resultieren daher in einem realen ternären eutektischen System 14 Phasenräume.

5.8 Schnitte bei konstanter Temperatur

Einen raschen Überblick über Phasengleichgewichte in ternären Systemen können isotherme Schnitte vermitteln.

Oberhalb der Schmelztemperatur der am höchsten schmelzenden Komponente stellt das Konzentrationsdreieck trivialerweise den Existenzbereich der Schmelze dar (vgl. Bild 5.8a).

Bei einer Temperatur T, die niedriger als T_C, aber höher als T_A und T_B ist, ergibt sich ein Schnitt durch den Zweiphasenraum der primären Kristallisation von C (vgl. Bild 5.8b). In diesem Bereich sind Konoden der koexistierenden Phasen (Schmelze und festes C) eingezeichnet.

Liegt T oberhalb T_B, aber unterhalb T_A und T_C, so kann Bild 5.8c resultieren.

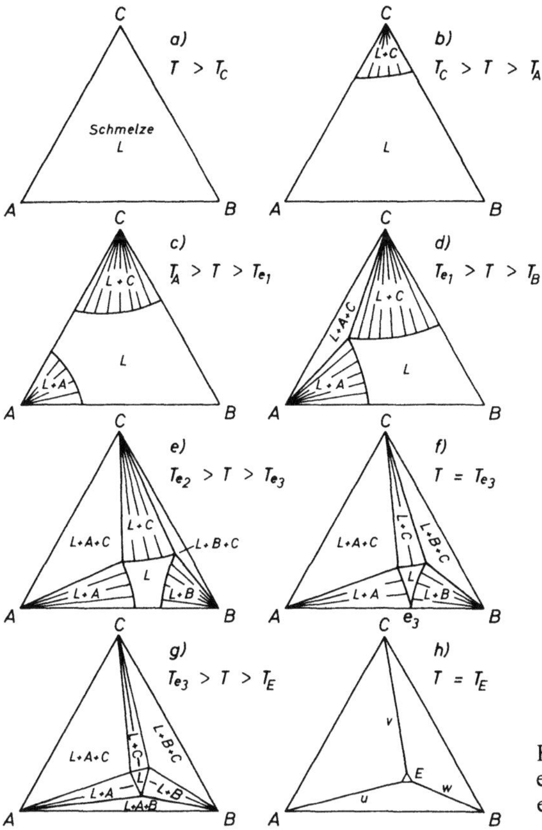

Bild 5.8 Isotherme Schnitte durch ein einfaches ternäres Zustandsdiagramm mit einem ternären Eutektikum

In Bild 5.8 d ist ein isothermer Schnitt dargestellt für eine Temperatur, bei der die Rinne der binären eutektischen Kristallisation A + C geschnitten wird.

Bild 5.8 e gilt für eine Temperatur, die oberhalb der Temperatur des tiefstschmelzenden binären Eutektikums e_3 liegt, aber unterhalb der Temperaturen der binären Eutektika e_1 und e_2. Es liegen neben einem Einphasengebiet der Schmelze L und drei Zweiphasengebieten noch zwei Dreiphasengebiete vor.

Für die Temperatur des binären Eutektikums e_3 des Randsystems A–B ergibt sich ein isothermer Schnitt, wie er in Bild 5.8 f wiedergegeben ist.

Den isothermen Schnitt für eine Temperatur zwischen der der ternären eutektischen Reaktion und der des niedrigstschmelzenden binären Eutektikums e_3 gibt Bild 5.8 g wieder.

Bei der Temperatur des ternären Eutektikums berühren sich die drei Dreiphasenräume der binären eutektischen Kristallisation (Bild 5.8 h). Die Linien u, v und w sind die Rippen der Zustandsräume der primären Kristallisation. Der Bereich der Schmelze ist zu einem Punkt E zusammengezogen.

Bei noch tieferen Temperaturen ist keine Schmelze mehr vorhanden. Es liegen jetzt die praktisch reinen Komponenten A, B und C im festen Zustand vor.

Die isothermen Schnitte in Bild 5.8 unterscheiden sich wesentlich von der Darstellung in Bild 5.7. Bild 5.7 ist kein isothermer Schnitt, sondern eine Projektion einiger wesentlicher Elemente des ternären Zustandsdiagramms auf die Konzentrationsebene (Schmelzflächenprojektion).

5.9 Vertikale Schnitte

Bei der experimentellen Erschließung eines ternären Systems durch thermische Analyse werden primär nicht isotherme Schnitte, sondern Schnitte senkrecht zur Ebene der Konzentrationsauftragung gewonnen. Sinnvollerweise werden Schnitte mit geraden Schnittspuren auf dem Konzentrationsdreieck gewählt. Wie aus Bild 5.9 ersichtlich, sind drei Typen von Temperatur–Konzentration-Schnitten möglich:

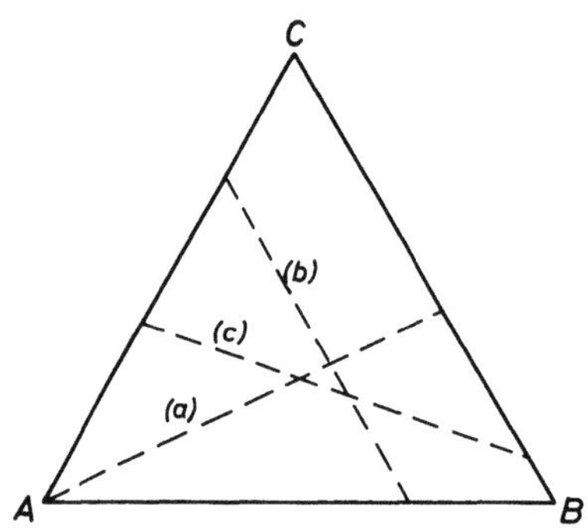

Bild 5.9 Mögliche Typen von Temperatur–Konzentration-Schnitten im ternären System

a) Die Schnittspur läuft durch eine Ecke des Konzentrationsdreiecks. Geht der Temperatur–Konzentration-Schnitt beispielsweise durch A, dann ist das Verhältnis der Konzentrationen $x_B : x_C$ der Gemische dieses Schnittes konstant (vgl. Bild 5.9, Schnitt (a)).
b) Die Spur des Temperatur–Konzentration-Schnittes ist parallel einer Seite des Konzentrationsdreiecks. Die Konzentration der Komponente, hier A, die nicht dem binären Randsystem angehört, dem der Schnitt parallel ist, bleibt für alle Gemische gleich (vgl. Bild 5.9, Schnitt (b)).
c) Weniger häufig werden Schnitte beliebiger Lage betrachtet (vgl. Bild 5.9, Schnitt (c)). Sie sind z. B. dann von Nutzen, wenn sie bei Vorliegen binärer Verbindungen vom Konzentrationspunkt der Verbindung des einen binären Randsystems zum Konzentrationspunkt der anderen binären Verbindung gezogen werden.

5.10 Temperatur – Konzentration-Schnitt durch eine Ecke des Konzentrationsdreiecks

Im folgenden sei abermals ein System mit ternärem Eutektikum und vernachlässigbar kleiner gegenseitiger Löslichkeit der Komponenten im Festen betrachtet.

Ein Temperatur–Konzentration-Schnitt längs der Spur b–B in Bild 5.10a hat die in Bild 5.10b wiedergegebene Gestalt. Der Punkt T_b in Bild 5.10b entspricht der Liquidustemperatur des binären Randsystems A–C bei der Konzentration b. Bei Zusatz der dritten Komponente B nimmt diese Liquidustemperatur ab, entsprechend der Linie T_b–d in Bild 5.10b. Zwischen b und d (vgl. Bild 5.10a) kristallisiert primär die Komponente A aus. In d ist die Rinne der binären eutektischen Kristallisation e_3–E getroffen. Beim Abkühlen der Schmelze dieser Konzentration erfolgt sofort Kristallisation von zwei festen Phasen, und zwar von A und von B. Zwischen d und B tritt beim Abkühlen zunächst wieder Primärkristallisation einer Phase ein, diesmal von B. Durch die Primärausscheidung von B wird die Schmelze B-ärmer, bis sie schließlich die Konzentration d erreicht und die binäre eutektische Erstarrung von A und B einsetzt. Bei allen Schmelzen mit Konzentrationen zwischen d und B folgt demgemäß nach der Primärausscheidung die binäre eutektische Kristallisation von A und B. T_d ist die Temperatur der eutektischen Rinne bei der Zusammensetzung d.

Auch an die primäre Kristallisation von A im Bereich b–d schließt sich eine binäre eutektische Reaktion an. Ausgehend vom binären Gemisch der Konzentration b reichert sich während der im Verlaufe einer Abkühlung erfolgenden Kristallisation von A die Schmelze an C an, bis der binäre eutektische Punkt e_1 erreicht ist (vgl. Bild 5.10a). Die Temperatur, bei der die Dreiphasenreaktion e_1 erfolgt, ist T_{e_1} (vgl. Bild 5.10b). Alle Schmelzen mit Konzentrationen zwischen b und a treffen infolge Verarmung an A bei der Primärkristallisation auf die Rinne e_1–E, und zwar um so näher bei E, je höher ihr B-Gehalt ist. Die Temperatur, bei der diese Rinne erreicht wird, nimmt entsprechend mit steigender B-Konzentration ab.

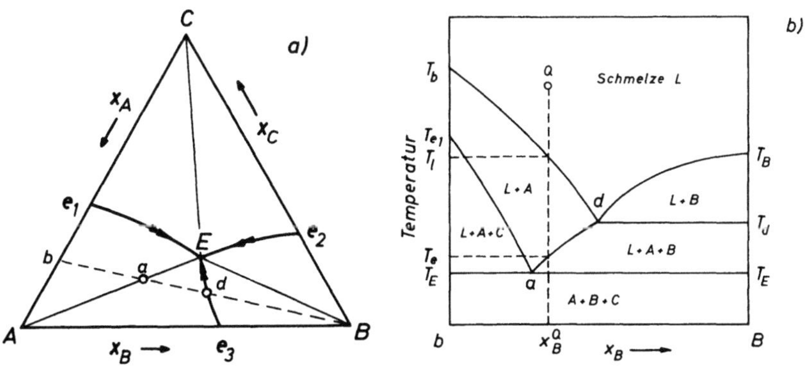

Bild 5.10 Temperatur–Konzentration-Schnitt durch eine Ecke des Konzentrationsdreiecks für den Fall eines einfachen Systems mit einem ternären Eutektikum

Im Verlaufe der binären eutektischen Kristallisation von A und C steigt ferner der B-Gehalt der Schmelze. Die Konzentration folgt der Rinne e_1-E in Pfeilrichtung, bis das ternäre Eutektikum E erreicht ist. Hier erstarrt die Restschmelze bei T_E in einer Vierphasenreaktion. Hat die Ausgangsschmelze die Konzentration a, so bleibt die binäre eutektische Kristallisation von A und C aus. An die Primärkristallisation von A schließt sich bei Erreichen von T_E sofort die ternäre eutektische Reaktion an. Der Zusammenhang zwischen Konzentration und Temperatur für die eutektischen Erstarrungsvorgänge im Bereich zwischen b und a wird in Bild 5.10b durch die Linie T_{e_1} a und die zur Grundlinie b–B durch T_E gezogene Gerade wiedergegeben.

Schmelzen, deren Konzentrationen zwischen a und d liegen, treffen nach Primärausscheidung von A auf die Rinne e_3-E der binären eutektischen Kristallisation von A und B. Die Temperatur, bei der diese Rinne erreicht wird, ist um so näher bei T_E, je kleiner der B-Gehalt der Ausgangsschmelze ist. Der zugehörige Zusammenhang zwischen Temperatur und Konzentration wird in Bild 5.10b durch die Linie a–d dargestellt.

Die einzelnen Bereiche des aus Bild 5.10a in einfacher Weise mit wenigen Grundkenntnissen erschlossenen Temperatur–Konzentration-Schnitts werden üblicherweise zur besseren Übersicht mit den jeweils vorliegenden Phasen bzw. Phasengemengen bezeichnet. In einem binären Temperatur–Konzentration-Diagramm sind durch Ziehen einer Konode, die hier notwendigerweise immer in der Temperatur–Konzentration-Ebene liegt, die bei vorgegebener Temperatur koexistierenden Phasen zu finden. Das ist in einem Temperatur–Konzentration-Schnitt durch ein ternäres System im allgemeinen nicht der Fall. Die Konoden liegen in der Regel nicht in der Temperatur–Konzentration-Ebene des betrachteten Schnitts. Beispielsweise ist bei der Primärkristallisation von A im Bereich zwischen b und d (Bild 5.10a) die mit der Schmelze koexistierende feste Phase A in der Zeichenebene des Schnitts b–B nicht darstellbar. Während der Erstarrung von A verläßt die Zusammensetzung der Schmelze zudem die Reihe der Konzentrationen des Schnitts b–B mit konstantem Verhältnis A:C. Sie wird C-reicher.

5.11 Temperatur – Konzentration-Schnitt parallel zu einer Seite des Konzentrationsdreiecks

Die Konstruktion eines Temperatur–Konzentration-Schnitts a–b mit konstantem Gehalt an der Komponenten C ist aus Bild 5.11 ersichtlich.

Beim Abkühlen von Schmelzen mit Konzentrationen zwischen a und d tritt zunächst Primärkristallisation von A ein. Die Temperaturen, bei denen diese Zweiphasenreaktion einsetzt, sind durch die Linie T_a–d festgelegt (vgl. Bild 5.11b). Im Bereich zwischen d und b (vgl. Bild 5.11a) erfolgt analog Primärkristallisation von B längs der Linie d – T_b in Bild 5.11b.

Bei Schmelzen mit Gehalten im Bereich zwischen a und f schließt sich an die Primärkristallisation die binäre eutektische Reaktion längs der Linie e_1-E (Bild 5.11a) bzw. $T_{e_1}-f$ (Bild 5.11b) an. Entsprechend folgt für

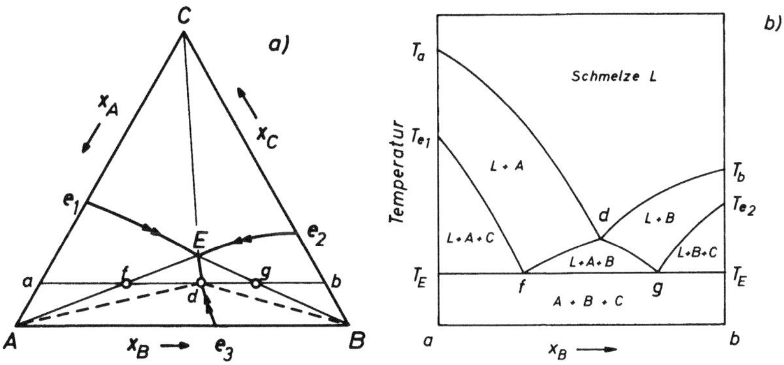

Bild 5.11 Temperatur–Konzentration-Schnitt parallel zu einer Seite des Konzentrationsdreiecks für den Fall eines einfachen Systems mit einem ternären Eutektikum

Schmelzen des Bereichs zwischen g und b auf die Primärausscheidung von B die binäre eutektische Kristallisation von B und C längs der Linien e_2–E (Bild 5.11 a) bzw. T_{e_2}–g (Bild 5.11 b).

Schmelzen mit Gehalten, die zwischen f und d liegen, erreichen nach Primärkristallisation von A die Rinne e_3–E der binären eutektischen Kristallisation A + B. Analoges gilt für Gemische mit Konzentrationen zwischen d und g nach primärer Ausscheidung von B. Die Temperaturen, bei denen die Rinne e_3–E erreicht wird, sind in Bild 5.11 b als Funktion der Konzentration dargestellt durch die Linien f–d bzw. d–g.

Alle Gemische erreichen schließlich das ternäre Eutektikum, und zwar bei den Ausgangskonzentrationen f und g unmittelbar im Anschluß an die Primärkristallisation, bei allen anderen Konzentrationen nach Primärkristallisation und binärer eutektischer Kristallisation.

5.12 Einfache Realdiagramme mit einem ternären Eutektikum

In einem einfachen ternären eutektischen System kann die Temperatur des ternären Eutektikums merklich niedriger liegen als die des niedrigstschmelzenden Eutektikums eines binären Randsystems. Als Beispiel sind in Tab. 5.1 die Schmelzpunkte der Komponenten, der binären Eutektika und des ternären Eutektikums des Systems Benzol–Diphenylamin–Naphthalin wiedergegeben.

Einfache binäre eutektische Systeme werden häufig gebildet aus niedrigschmelzenden Metallen. Diese binären Systeme können in manchen Fällen zu einfachen ternären eutektischen Systemen kombiniert werden. Als ein in der Literatur vorliegendes Beispiel ist in Bild 5.12 die Schmelzflächenprojektion des Systems Pb–Sn–Cd dargestellt. Zur Orientierung über die Steilheit der Flächen der primären Kristallisation sind neben den Rinnen der binären eutektischen Erstarrung auch Isothermen der Liquidusflächen als „Höhenschichtlinien“ eingezeichnet. Die gegenseitige Löslichkeit der Kom-

Tabelle 5.1 Schmelzpunkte im System Benzol–Diphenylamin–Naphthalin (nach R. Vogel [4]))

Stoff oder Stoffgemisch	Temperatur in K
Benzol	278
Diphenylamin	326
Naphthalin	353
Eutektikum Diphenylamin–Naphthalin	305
Eutektikum Diphenylamin–Benzol	269
Eutektikum Benzol–Naphthalin	270
Ternäres Eutektikum	260

ponenten im festen Zustand ist hier allerdings in der Nähe der Temperatur T_E nicht mehr vernachlässigbar klein. Ferner tritt im Randsystem Cd–Sn bei ca. 95 At.-% Sn eine intermetallische Verbindung auf, die sich in der Sn-Ecke auch auf die Schmelzgleichgewichte im Ternären auswirkt. Diese werden zur Zeit erforscht (T. Gödecke) und sind in Bild 5.12 noch nicht berücksichtigt.

Die sog. Rosesche Legierung ist ein eutektisches Gemenge aus Blei, Zinn und Wismut. Der Schmelzpunkt liegt unter dem Siedepunkt des Wassers, nämlich bei 369 K (96 °C). Dieses System ist indessen ebenfalls kein einfaches eutektisches System, da im binären Randsystem Pb–Bi eine intermetallische Verbindung vorliegt.

Ähnlich, wie in binären Systemen mit kongruent schmelzenden intermetallischen Verbindungen eine Aufteilung des Gesamtsystems in einzelne eutektische Teilsysteme möglich ist, kann auch ein komplexes ternäres System in einfacher überschaubare Teilsysteme aufgegliedert werden. Im Silicatsystem $CaO-Al_2O_3-SiO_2$ tritt ein Teilsystem $SiO_2-CaO \cdot SiO_2-CaO \cdot Al_2O_3 \cdot 2\,SiO_2$ auf, das ein relativ niedrigschmelzendes Eutektikum ($T_E = 1438$ K (1165 °C)) besitzt. Die Komponenten des Teilsystems schmelzen oberhalb 1813 K. Niedrigschmelzende silicatische Gemenge sind für die Schlackenbildung bei metallurgischen Prozessen und für die Herstellung silicatischer Gläser von Bedeutung. Aus strukturellen Gründen ist die Zähigkeit von geschmolzenen Silicaten beträchtlich. Sie nimmt mit sinkender Temperatur

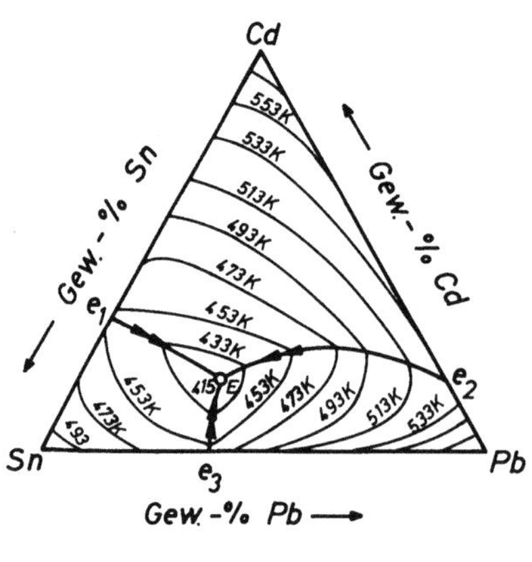

Bild 5.12 Zustandsdiagramm Pb–Cd–Sn nach [11])

rasch zu. Die Kristallisation kann bei zähen Schmelzen infolge von Keimbildungsschwierigkeiten ausbleiben, so daß bei tiefen Temperaturen ein amorpher, metastabiler Festkörper erhalten wird. Das wird beispielsweise im System $SiO_2 - CaO - Na_2O$ bei der Glasherstellung technisch genutzt.

5.13 Thermische Analyse und Gefüge einfacher ternärer eutektischer Systeme

Ähnlich wie für binäre Systeme wird die thermische Analyse auch zur Erschließung ternärer Schmelzdiagramme genutzt.

Die Abkühlungskurve einer Schmelze Q der Konzentration x_B^Q (vgl. Bild 5.10b) ist in Bild 5.13 wiedergegeben. Nach einer Vorperiode u, die der ein-

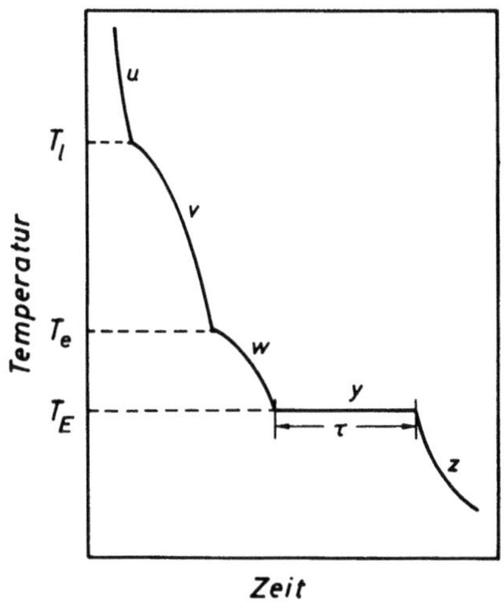

Bild 5.13 Abkühlungskurve der thermischen Analyse einer Mischung Q in Bild 5.10

fachen Abkühlung der Schmelze entspricht, läuft längs des Kurvenzuges v die Primärkristallisation von A ab (bivariante Reaktion). Es folgt im Bereich w die univariante binäre eutektische Kristallisation von A und B, an die sich schließlich die nonvariante ternäre eutektische Erstarrung y anschließt. Der Kurvenzug z zeigt die ungestörte weitere Abkühlung des Gemenges der drei festen Phasen A, B und C an.

Verschiedentlich interessiert im Falle eines einfachen eutektischen Systems nicht die komplette Kenntnis aller Schmelzgleichgewichte, sondern in erster Linie die Lage des ternären eutektischen Punktes. Dieser kann – ähnlich wie bei binären Systemen – durch wenige thermische Analysen erschlossen werden. Eine Auftragung der Haltezeit τ des ternären eutektischen Effektes einer Abkühlungskurve (vgl. Bild 5.13, y) senkrecht über dem Konzentrationsdreieck liefert eine dreiseitige Pyramide mit der Spitze bei der Konzentration des niedrigstschmelzenden Gemisches. In Bild 5.14 bedeuten l, m und n die Projektionen der Pyramidenkanten auf die Konzentrationsebene. Die Auftragung der Haltezeit τ über der Konzentration an einer Komponente (z. B. B),

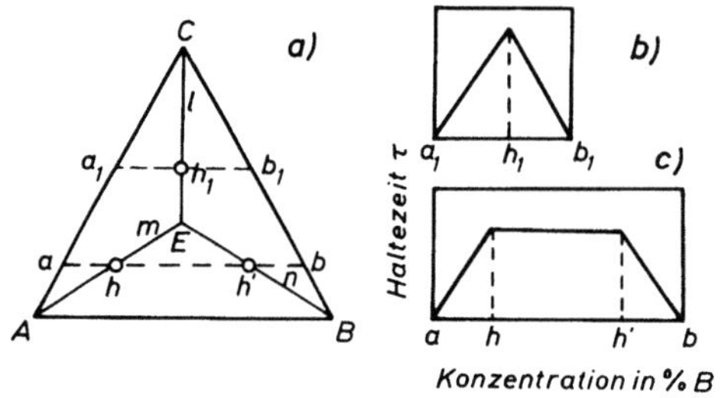

Bild 5.14 Zur raschen Ermittlung des ternären eutektischen Punktes E mittels thermischer Analyse

liefert, je nach der Lage der Schnitte, dreieckförmige oder viereckige Linienzüge. Aus wenigen Schnitten dieser Art kann rasch auf die Lage des ternären Eutektikums geschlossen werden.

Ein wichtiges Hilfsmittel zur Erstellung eines ternären Zustandsdiagramms ist die mikroskopische Untersuchung des Erstarrungsgefüges – analog wie bei binären Systemen. Primärausscheidungen dokumentieren sich in der Regel in isolierten polyedrischen oder dendritischen Bereichen. Schließt sich eine binäre eutektische Reaktion an, so werden die Primärkristallite von dem dabei entstehenden Zweiphasengefüge umhüllt, da an dem schon vorhandenen primär ausgeschiedenen Kristall zumindest die Keimbildung der einen im binären Eutektikum auftretenden Phase nicht erforderlich ist. Zudem wird bei üblichen Abkühlungsgeschwindigkeiten an der Grenzfläche fest–flüssig die Konzentration eines Punktes der betreffenden Rinne der binären eutektischen Kristallisation eher erreicht als bei größeren Entfernungen von den Primärkristallen.

Wenn die Primärausscheidung in Form idiomorpher Kristalle auftritt, wird in der Regel die Wachstumsrichtung der Lamellen durch die in dem als

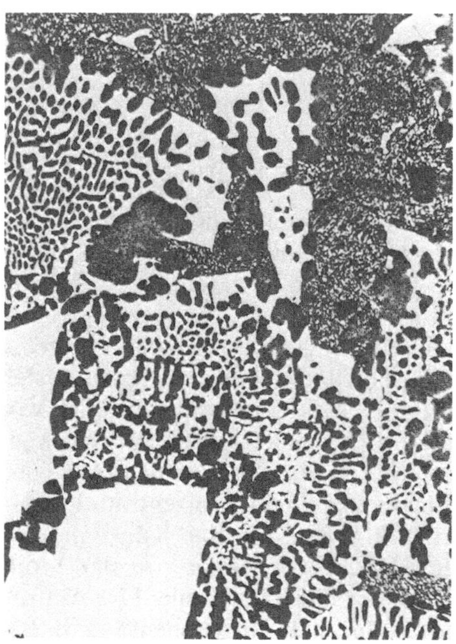

Bild 5.15 Gefügebild einer ternären Legierung des Systems Wismut–Zinn–Blei (T. Gödecke). 30 Gew.-% Sn, 7 Gew.-% Pb; primär kristallisierte weiße Wismutkristalle, grobes binäres Eutektikum (Bi + Sn; „eutektische Polyeder“), feines ternäres Eutektikum (Bi + Sn + ε-Phase); lichtmikroskopisch; Vergrößerung: 75fach

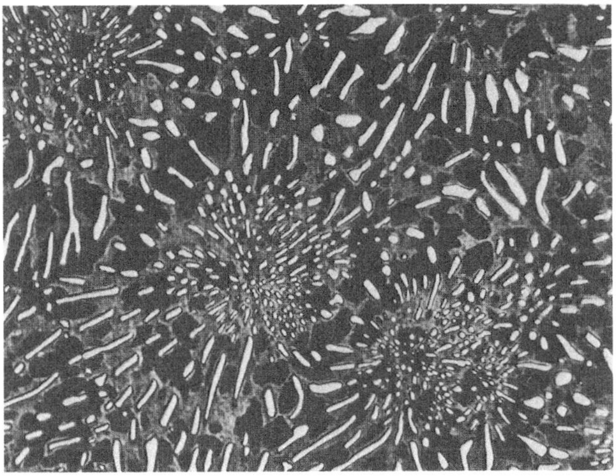

Bild 5.16 Gefüge des ternären Eutektikums Kupfer–Silber–Cadmium (G. Petzow). 25 Gew.-% Cu, 22,5 Gew.-% Ag, 52,5 Gew.-% Cd. Weiß: Cu-Mischkristall; grau: β-Hume-Rothery-Phase; schwarz: γ-Hume-Rothery-Phase; lichtmikroskopisch; Vergrößerung: 200fach

Keim dienenden Primärkristall vorhandene Phase vorgegeben (führende Phase). Die binäre eutektische Schicht wächst dann gleichmäßig auf den Primärkristallen auf. Es können sog. „eutektische Polyeder" entstehen. Ihre Existenz beweist, daß bei der Erstarrung sekundär eine binäre eutektische Kristallisation erfolgt ist. Als Beispiel ist in Bild 5.15 ein Gefügebild mit „eutektischen Polyedern" wiedergegeben.

Die Erstarrung des ternären Eutektikums erfolgt nur selten in lamellarer Anordnung der drei entstehenden festen Phasen. In der Regel kristallisieren zwei Phasen lamellar und die dritte ist in ungleichmäßiger Form dazwischengelagert. Die Ausbildung eines lamellaren Gefüges kann auch völlig unterbleiben. In diesem Falle sind die drei Gefügebestandteile regellos verteilt.

In Bild 5.16 ist als Beispiel das Gefüge eines ternären Eutektikums wiedergegeben.

5.14 Eigenschaften benachbarter Zustandsräume

Ein Blick auf die Bilder 5.10b und 5.11b lehrt, daß die Anzahl der koexistierenden Phasen beim Übergang von einem Zustandsraum in einen benachbarten sich in regelmäßiger Weise ändert. Bei der Abkühlung der Schmelze Q in Bild 5.10b erfolgt ein Übergang aus dem Phasenraum mit einer Phase (L) in einen solchen mit zwei Phasen (L + A) und schließlich in den Phasenraum mit drei Phasen (L + A + B). G. Masing hat diese allgemein anzutreffende Gesetzmäßigkeit als das „Gesetz der sich berührenden Zustandsräume" formuliert. Danach haben im allgemeinen nur dann zwei Zustandsräume eine gemeinsame Berührungsfläche, wenn die Anzahl der in ihnen existierenden Phasen sich um

1 unterscheidet. Dabei ist das Gibbssche Phasengesetz zu beachten. So gibt es im Dreistoffsystem keinen Vierphasenraum, da bei konstantem Druck vier Phasen nur bei einer einzigen Temperatur koexistieren können. Der „Vierphasenraum der ternären eutektischen Erstarrung" ist zu einer Vierphasenfläche degeneriert.

Bei Fortführung der Abkühlung der Schmelze Q in Bild 5.10b verläßt die Probe den Phasenraum der binären eutektischen Erstarrung (L + A + B), geht in den zu einer Fläche degenerierten „Vierphasenraum der ternären eutektischen Erstarrung" über (L + A + B + C), den sie schließlich bei weiterer Abkühlung verläßt, um in den Zustandsraum der drei festen Phasen (A + B + C) zu gelangen. Unter Berücksichtigung der durch das Phasengesetz gegebenen Beschränkung gilt das Gesetz von Masing aus thermodynamischen Gründen allgemein, unabhängig von der Anzahl der Komponenten des Systems. Es kann bei der Aufstellung und bei der Kontrolle komplizierter Vielstoffsysteme von erheblichem Nutzen sein.

L. S. Palatnik und A. I. Landau [5]) haben das Gesetz über die angrenzenden Phasenräume in einer einfachen Formel zusammengefaßt:

$$r_1 = r - d^- - d^+ \geqq 0 . \qquad (5.10)$$

Dabei bedeuten:

r die Dimension des Zustandsdiagramms oder des Schnittes durch das Zustandsdiagramm,

r_1 die Dimension der Grenze zwischen den benachbarten Phasen,

d^- und d^+ die Anzahl der Phasen, die beim Übergang aus einem betrachteten Phasengebiet in ein benachbartes Phasengebiet wegfallen bzw. hinzukommen.

Bei der Anwendung der Gl. (5.10) ist auf die Einschränkungen zu achten, die durch das Gibbssche Phasengesetz gegeben sind.

Für den in Bild 5.17 dargestellten Temperatur–Konzentration-Schnitt mit konstantem Gehalt an einer Komponente sind einige mit Gl. (5.10) zugängliche Aussagen in Tab. 5.2 zusammengestellt.

In einem zweidimensionalen Zustandsdiagramm oder einem zweidimensionalen Schnitt haben die Grenzen zwischen den Phasenbereichen die Dimension 1 oder 0. $r_1 > 1$ ist nicht möglich. Wäre beispielsweise $r_1 = 2$, dann würde aus Gl. (5.10) $d^- = d^+ = 0$ folgen. Wenn aber keine Änderung der Anzahl der Phasen eintritt, erfolgt auch kein Phasenübergang. Die beiden Phasen wären gleich. Es ist demnach stets:

$$r_1 \leqq r - 1 . \qquad (5.11)$$

Tabelle 5.2 Anwendung der Beziehung von Palatnik und Landau auf den Temperatur–Konzentration-Schnitt in Bild 5.17

Übergang	d^-	d^+	r_1
L → L + A	0	1	1; Linie
L + A + B → L + B	1	0	1; Linie
L → L + A + B	0	2	0; Punkt

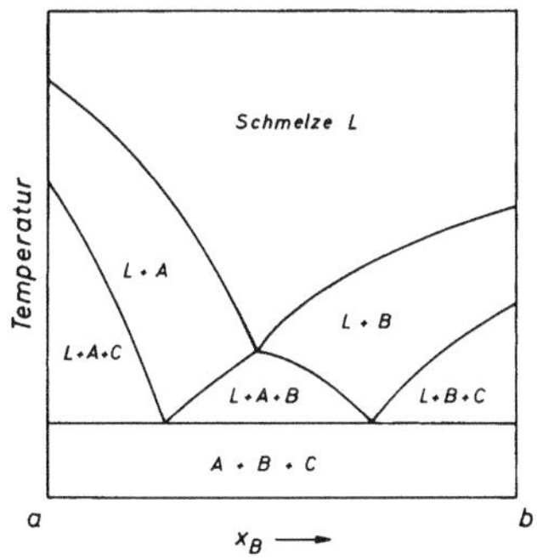

Bild 5.17 Schnitt durch ein ternäres System zur Veranschaulichung des Gesetzes von Palatnik und Landau über die angrenzenden Phasenräume

Diese von Palatnik und Landau topologisch formulierten Zusammenhänge geben ferner die Möglichkeit einer grundsätzlichen Ermittlung der Anzahl der Linien in einem Zustandsdiagramm, die sich in einem Punkt treffen können. In Bild 5.18a ist Gl. (5.10) für $r = 2$ erfüllt. Die Grenze zwischen den Phasenbereichen I und II ist eindimensional (Linie). Die Anzahl der Phasen in I ($\alpha_1 + \alpha_2 + \ldots \alpha_n$) unterscheidet sich von der Anzahl der Phasen in II ($\alpha_1 + \alpha_2 + \ldots + \alpha_n + \alpha_{(n+1)}$) um 1.

Anhand von Bild 5.18b kann geprüft werden, ob sich drei Linien, die Phasenbereiche voneinander abgrenzen, in einem Punkt treffen können. Aufgrund des Übergangs I → III ergeben sich folgende mögliche Zusammensetzungen des Phasengemenges in III:

1. $\alpha_1 + \alpha_2 + \ldots + \alpha_n + \alpha_{(n+1)}$,
2. $\alpha_1 + \alpha_2 + \ldots + \alpha_n + \alpha_{(n+2)}$,
3. $\alpha_1 + \alpha_2 + \ldots + \alpha_{(i-1)} + \alpha_{(i+1)} + \ldots + \alpha_n$.

Im letzteren Fall fehlt im Phasengemenge III die Phase i, die in I vorhanden ist.

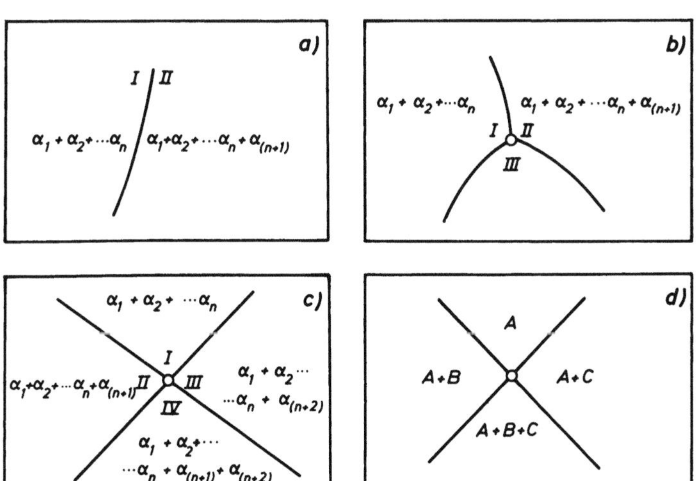

Bild 5.18 Zur Veranschaulichung der Kreuzregel

Diese drei möglichen Phasengemenge von III werden in das Phasengemenge des Bereichs II überführt. Dabei wird geprüft, ob Gl. (5.10) erfüllt ist.

Zu 1.: Dieses zunächst möglich erscheinende Phasengemenge von III ist gleich demjenigen von II. Es kann nicht zutreffend sein.

Zu 2.: Bei der Überführung von $(\alpha_1 + \alpha_2 + \ldots + \alpha_n + \alpha_{(n+2)})$ in das Phasengemenge von II $(\alpha_1 + \alpha_2 + \ldots + \alpha_n + \alpha_{(n+1)})$ ist $d^- = 1$ und $d^+ = 1$; folglich $r_1 = 2 - 1 - 1 = 0$. Gl. (5.10) fordert somit, daß die Grenze zwischen II und III nulldimensional ist. Das stellt einen Widerspruch zur Voraussetzung dar, die besagt, daß die Grenze II/III eine Linie ist.

Zu 3.: Wird das Gemenge $(\alpha_1 + \alpha_2 + \ldots + \alpha_{(i-1)} + \alpha_{(i+1)} + \ldots + \alpha_n)$ in das Phasengemenge von II überführt, so kommen zwei neuen Phasen hinzu $(\alpha_i$ und $\alpha_{(n+1)})$. Mit Gl. (5,10) folgt $r_1 = 2 - 0 - 2 = 0$, was ebenso wie 2. im Widerspruch zum vorausgesetzten Zusammentreffen von drei Phasengrenzlinien in einem Punkte steht.

Aus dieser Betrachtung ist zu schließen, daß in einem zweidimensionalen Zustandsdiagramm oder einem zweidimensionalen Schnitt (isothermer oder Temperatur–Konzentration-Schnitt) niemals drei Linien in einem Punkt zusammentreffen können, wenn kein nonvariantes Gleichgewicht vorliegt.

Auch fünf Linien können in einem zweidimensionalen Zustandsdiagramm nicht in einem Punkt zusammentreffen, was in ähnlicher Weise nachgewiesen werden kann, wie dies für den Schnittpunkt von drei Linien gezeigt wurde. Nur vier Linien können einen Punkt gemeinsam haben. Dabei müssen die Phasengemenge der vier in einem Punkt aufeinanderstoßenden Phasenbereiche eine Zusammensetzung haben, wie aus Bild 5.18c und Bild 5.18d ersichtlich ist.

Einer der Phasenbereiche hat die niedrigste Anzahl von Phasen (A). Dieser Raum stößt nur über den Schnittpunkt auf das Phasengebiet mit der größten Anzahl der Phasen (A + B + C). Die zu A benachbarten Phasenbereiche enthalten jeweils eine Phase mehr (A + B; A + C) als das Phasengebiet mit der kleinsten Anzahl der Phasen. Diese Kreuzregel ist hilfreich bei der Aufstellung der Zustandsdiagramme von Vielstoffsystemen. Ist die Zusammensetzung des Phasengemenges eines Zustandsbereichs in der Nähe eines Schnittpunktes bekannt, bestehen nur noch zwei Möglichkeiten für die Zusammensetzung der Phasengemische in den drei anderen Phasengebieten. Zwischen diesen zwei Möglichkeiten kann in der Regel durch gezielte Experimente leicht entschieden werden.

5.15 Nichtreguläre Schnitte

Durch einen Schnitt wird die Anzahl der frei verfügbaren Zustandsvariablen erniedrigt. Bei einem isothermen Schnitt ist die Temperatur festgelegt, bei einem Temperatur–Konzentration-Schnitt ist eine Konzentrationsgröße konstant. Die Dimension r eines Schnittes ist

$$r = \mathscr{B} + 1 - \varphi. \qquad (5.12)$$

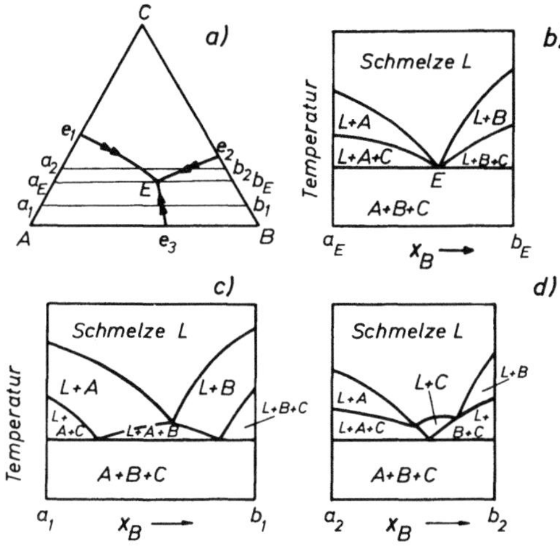

Bild 5.19
Zur Erläuterung eines nichtregulären Schnittes

$\mathscr{B}$ bedeutet die Anzahl der Komponenten des Systems und φ die Anzahl der festgelegten Zustandsvariablen. Das dreidimensionale Diagramm in Bild 5.6 ist ein isobarer Schnitt durch das vierdimensionale Temperatur–Druck–Konzentration-Zustandsdiagramm für den Druck $p = 1$ atm. Wird durch dieses dreidimensionale Diagramm ein Schnitt bei konstanter Temperatur betrachtet, so hat dieser Schnitt, wie die Erfahrung trivialerweise lehrt, die Dimension:

$$r = \mathscr{B} + 1 - \varphi = 3 + 1 - 2 = 2.$$

Analog ist die Dimension einer Grenze zwischen zwei Zustandsbereichen in einem Schnitt kleiner als im Ausgangsdiagramm. Wird beim Schnitt φ um 1 reduziert, so wird im allgemeinen auch die Dimension einer Begrenzung zwischen Phasenbereichen um 1 kleiner. Eine Fläche zwischen zwei Phasenräumen in einem dreidimensionalen Zustandsdiagramm wird zu einer Linie im zweidimensionalen Schnitt. Das gilt für reguläre Schnitte. Bei nichtregulärem Schnitt treten Ausnahmen auf. Das zeigt das Beispiel in Bild 5.19.

Die Dimension aller Grenzen zwischen sich berührenden Phasenbereichen ist im Temperatur–Konzentration-Schnitt $a_E - b_E$ des Bildes 5.19 um 1 kleiner als im dreidimensionalen Ausgangsdiagramm. Der ternäre eutektische Punkt ist indessen eine Ausnahme. Der Punkt E, der bereits im dreidimensionalen Ausgangsdiagramm ein Punkt war, bleibt auch im Schnitt $a_E - b_E$ ein Punkt. Der Schnitt in Bild 5.19b ist ein Grenzfall für den Übergang der allgemeinen Schnitte vom Charakter des Bildes 5.19c in die Schar von Schnitten der Gestalt von Bild 5.19d. Nichtreguläre Schnitte sind allgemein Schnitte für Übergangssituationen zwischen zwei regulären Schnitten.

5.16 Kritischer Punkt

Auch im kritischen Punkt, wie er u.a. bei Mischungslücken im festen und im flüssigen Zustand auftritt, treffen die Gesetzmäßigkeiten über benachbarte

Phasenbereiche nicht zu. Vielmehr fanden Palatnik und Landau folgenden Zusammenhang zwischen der Dimension r des Zustandsdiagramms (oder Schnitts), der Dimension r_1 der Grenze zwischen sich berührenden Phasengebieten und der Anzahl d_K der Phasen, die im kritischen Punkt zu einer Phase werden:

$$r_1 = r - d_K \geqq 0 . \tag{5.13}$$

Für den Fall einer Mischungslücke in einem binären System ist beispielsweise

$$r_1 = r - d_K = 2 - 2 = 0 .$$

Es liegt ein nulldimensionales kritisches Element vor – der kritische Punkt Q_K (vgl. z. B. Bild 4.41).

5.17 Die Schreinemakerssche Regel

Zwei Löslichkeitslinien, die in einem isothermen Schnitt eines Dreistoffsystems beispielsweise die Sättigungskonzentrationen von A einerseits und von B andererseits in der Schmelze darstellen, können sich bei einer Konzentration x_0 treffen. Bei x_0 ist die Schmelze sowohl an festem A als auch an festem B gesättigt. Die beiden Löslichkeitslinien können sich indessen nicht in beliebiger Weise schneiden, wie F. A. H. Schreinemakers aufgrund thermodynamischer Betrachtungen zeigen konnte.

Es sind insgesamt vier Schnittmöglichkeiten für zwei aufeinandertreffende Löslichkeitslinien denkbar. Sie sind in Bild 5.20 wiedergegeben. Es sei zunächst der Fall a) betrachtet. Bei der Konzentration a liegt ein Gemenge aus

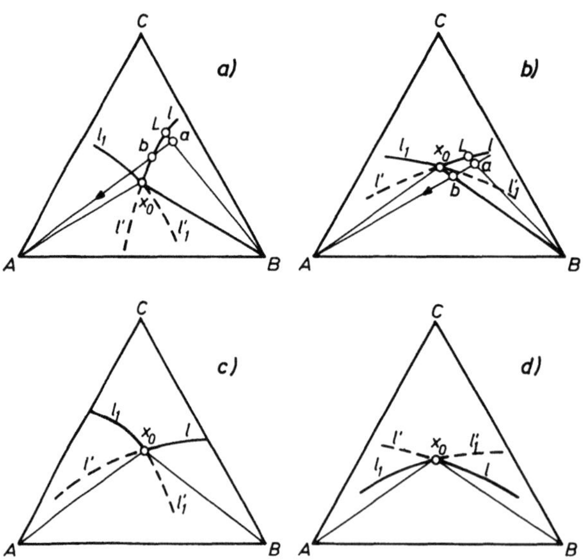

Bild 5.20 Zur Erläuterung der Schreinemakersschen Regel

Schmelze L und Festkörper B vor. Die Mengenanteile der Phasen sind durch das Hebelgesetz gegeben. Wird zu dieser Mischung der Bruttokonzentration a Stoff A zugesetzt, so nimmt der Mengenanteil an festem B im Zweiphasengemenge (L + B) ab, bis bei Erreichen des Punktes b die feste Phase B völlig verschwunden ist. Analoges gilt bei Zusatz von A für die Löslichkeitslinie, längs welcher Schmelze und A im Gleichgewicht stehen.

Der Fall b) zeigt umgekehrtes Verhalten. Die Konzentration a entspricht wieder einem Zweiphasengemenge aus Schmelze L und Festkörper B. Wird A zugesetzt, so tritt hier keine Auflösung, sondern eine Ausscheidung von festem B ein. Der Mengenanteil an B im Zweiphasengemenge (L + B) nimmt mit steigendem A-Gehalt zu. Hat die Bruttokonzentration des Phasengemenges den Punkt b erreicht, so hat die Schmelze die Zusammensetzung x_0. Sie ist nun sowohl an A als auch an B gesättigt.

Fall a) und b) sind thermodynamisch zulässige Möglichkeiten für den Schnittpunkt zweier Löslichkeitslinien. Der erste Fall a), in dem Zusatz von A die Löslichkeit der festen Komponente B in einem Zweiphasengemenge (L + B) erhöht, ist dadurch gekennzeichnet, daß die Verlängerung l' und l_1' der Löslichkeitslinien l und l_1 über den Schnittpunkt x_0 hinaus beide im Inneren des Konodendreiecks $A x_0 B$ liegen. Im Falle b), in dem die Löslichkeit des Festkörpers B in einem Zweiphasengemenge (L + B) reduziert wird, liegen die Verlängerungen l' und l_1' der Löslichkeitskurven l und l_1 über x_0 hinaus beide außerhalb des Konodendreiecks $A x_0 B$.

Im Falle c) liegt die Verlängerung der einen Löslichkeitslinie (l_1') im Konodendreieck, die der anderen (l') außerhalb. Im Fall d) gehen die Verlängerungen der Löslichkeitslinien l' und l_1' in den Bereich des Einphasengebietes hinein. Die beiden Fälle c) und d) sind aus energetischen Gründen nicht möglich. Es gilt daher die Regel von Schreinemakers:

Zwei Löslichkeitslinien in einem isothermen Schnitt schneiden sich stets so, daß ihre Verlängerungen über den Schnittpunkt hinaus entweder beide im Konodendreieck oder beide außerhalb des Konodendreiecks liegen. Zudem muß im letztgenannten Fall die aus den sich schneidenden Löslichkeitslinien gebildete Spitze stets auf das Konodendreieck hinweisen.

5.18 Ternäres System mit unbegrenzter Löslichkeit im festen und flüssigen Zustand ohne Schmelzpunktsextremum

Leicht zu übersehende Schmelzgleichgewichte liegen in einem ternären System vor, dessen Komponenten im festen und flüssigen Zustand unbegrenzt ineinander löslich sind und in dem in den binären Randsystemen kein Schmelzpunktsminimum oder Schmelzpunktsmaximum vorkommt. Wie aus Bild 5.21 ersichtlich, sind die Liquidusfläche und die Solidusfläche einsinnig und kontinuierlich gekrümmt, und zwar, von oben gesehen, die Liquidusfläche konvex und die Solidusfläche konkav. Sie schließen so einen Raum zweiphasiger Zustände ein, an den zu tieferen Temperaturen der Einphasenraum der Mischkristalle angrenzt.

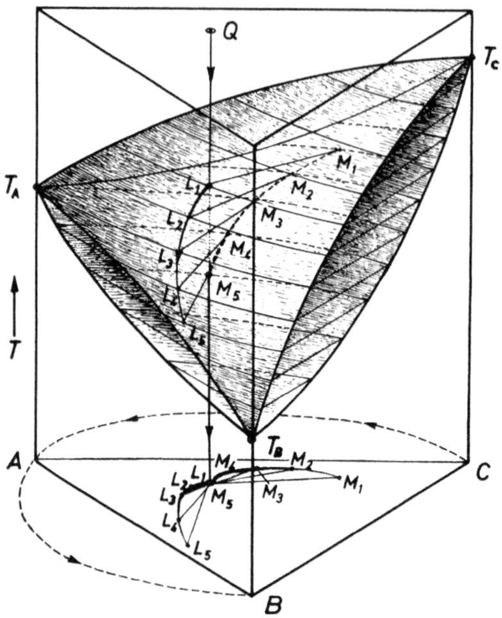

Bild 5.21 Perspektivische Darstellung eines ternären Systems mit vollständiger Löslichkeit im flüssigen und festen Zustand

Bei der Abkühlung der Schmelze Q setzt Kristallisation ein, sobald die Liquidusfläche erreicht ist. Aus der Schmelze L_1 kristallisiert Mischkristall M_1 aus. Da die Komponente C den höchsten Schmelzpunkt (T_C) hat, ist der Mischkristall M_1 C-reicher als die Schmelze L_1. Die durch den Kristallisationsprozeß an C verarmende Schmelze durchläuft mit gleichzeitig sinkender Temperatur die Linie L_1, L_2, ... L_5. Die mit den jeweiligen Schmelzen im Gleichgewicht stehenden Mischkristalle ändern ebenfalls ihre Zusammensetzung, und zwar längs der Spur M_1, M_2, ... M_5 auf der Solidusfläche. Die Konoden $L_1 - M_1$, $L_2 - M_2$, ... sind definitionsgemäß horizontale Linien. Sie sind jedoch nicht für alle Temperaturen parallel. Mit sinkender Temperatur drehen sie sich im gleichen Sinn, wie die Schmelztemperaturen von T_C über T_A nach T_B im Zustandsdiagramm abnehmen (Regel von Konovalov). Der Drehsinn und die Projektion der Konoden auf die Grundfläche sind aus Bild 5.21 ersichtlich.

Alle Konoden gehen naturgemäß durch die Linie, die parallel zur T-Achse durch den Punkt Q läuft. Wenn die Soliduskonzentration die Ausgangskonzentration erreicht hat, $(x_B^L)_1 = (x_B^S)_5$, ist alles erstarrt.

Analog wie in einem binären System mit vollständiger Löslichkeit im festen und flüssigen Zustand ist auch im Falle des ternären Systems mit ununterbrochener Mischkristallbildung bei üblichen Abkühlungsgeschwindigkeiten mit einer Schichtkristallbildung bei der Erstarrung zu rechnen.

5.19 Isotherme Schnitte durch ein ternäres System mit unbegrenzter Mischkristallbildung

Drei Beispiele von isothermen Schnitten durch das in Bild 5.21 dargestellte ternäre Zustandsdiagramm gibt Bild 5.22 wieder. Die eingezeichneten Konoden eines Zweiphasengebietes gehen nicht durch einen Punkt, etwa eine Ecke des Konzentrationsdreiecks, wie das bei fehlender Löslichkeit im festen Zustand der Fall ist. Es ist daher nicht möglich, allein aus der Liquiduskonzentration die Lage der Konode in einem (L + α)-Gleichgewicht zu bestimmen. Zur Festlegung der Konode ist jetzt zusätzlich die Kenntnis der Konzentration des koexistierenden Mischkristalls α erforderlich. Eine Überschneidung von Konoden eines Zweiphasengebietes ist nicht möglich, was anhand des Gibbsschen Phasengesetzes gezeigt werden kann.

Der Regel von Konovalov über die Drehung der Konoden liegt das Faktum zugrunde, daß in einem Fest–flüssig-Gleichgewicht im Mischkristall die Komponente mit dem höheren Schmelzpunkt in höherer Konzentration vorliegt. Das ist für ein entsprechendes Zweistoffsystem aus Bild 5.23a unmittelbar ersichtlich. Es ist

$$\frac{x_A^\alpha}{x_B^\alpha} > \frac{x_A^L}{x_B^L}\,. \tag{5.14}$$

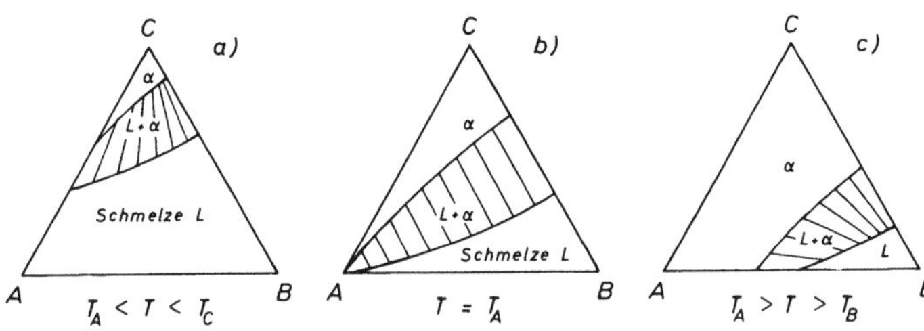

Bild 5.22 Beispiel isothermer Schnitte durch ein einfaches ternäres System mit vollständiger Löslichkeit im festen und flüssigen Zustand (vgl. Bild 5.21)

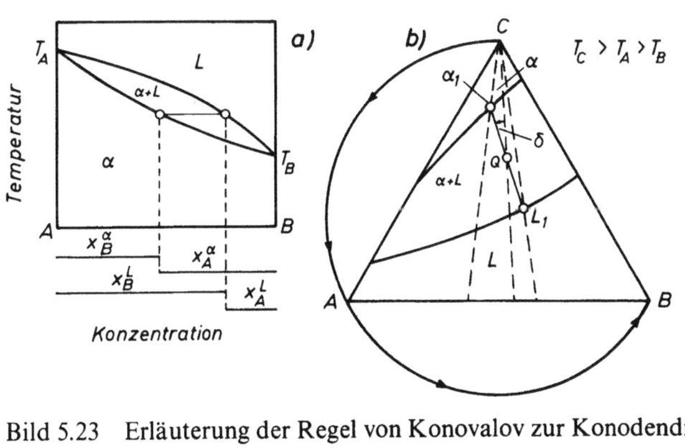

Bild 5.23 Erläuterung der Regel von Konovalov zur Konodendrehung

In Bild 5.23b wird ein Dreistoffsystem betrachtet, dessen Komponenten die Schmelztemperaturen $T_C > T_A > T_B$ haben. Für ein Gemisch Q wäre bei Fehlen einer Mischkristallbildung die Konode durch die Strecke C–Q gegeben. Von dieser Strecke weicht die Richtung der Konode $\alpha_1 - L_1$, wie sie bei Mischkristallbildung auftritt, um den Winkel δ ab. Der Drehsinn der Konoden ist der gleiche wie derjenige der Abnahme der Schmelztemperaturen der Komponenten im Konzentrationsdreieck (Konovalov-Regel). Aus Bild 5.23b kann entnommen werden, daß

$$\frac{x_A^{\alpha_1}}{x_B^{\alpha_1}} > \frac{x_A^{L_1}}{x_B^{L_1}} \tag{5.15}$$

ist. Das stimmt mit Gl. (5.14) überein. Die Konovalov-Regel ist, den Voraussetzungen gemäß, erfüllt. Die Verletzung der Konovalov-Regel bei Annahme eines entgegengesetzten Drehsinns der Konode gegenüber der Richtung von C – Q kann in analoger Weise nachgewiesen werden. Nicht nur

$$\frac{x_A^{\alpha_1}}{x_B^{\alpha_1}} < \frac{x_A^{L_1}}{x_B^{L_1}}, \tag{5.16}$$

sondern auch

$$\frac{x_A^{\alpha_1}}{x_B^{\alpha_1}} = \frac{x_A^{L_1}}{x_B^{L_1}} \tag{5.17}$$

würde der in Gl. (5.15) bzw. Gl. (5.14) zum Ausdruck kommenden Konovalov-Regel widersprechen. Das bedeutet, daß eine Konode eines Zweiphasenbereichs $\alpha + L$ nicht durch den Eckpunkt des Konzentrationsdreiecks gehen kann, von dem aus sich das α-Gebiet ins Ternäre erstreckt.

5.20 Temperatur – Konzentration-Schnitte durch ein ternäres System mit unbegrenzter Mischkristallbildung

Bild 5.24 stellt zwei charakteristische Schnitte durch das in Bild 5.21 wiedergegebene Zustandsdiagramm dar. Im Schnitt mit konstantem Verhältnis von A : B ist T'_{C_1} die Liquidustemperatur und T''_{C_1} die Solidustemperatur des bi-

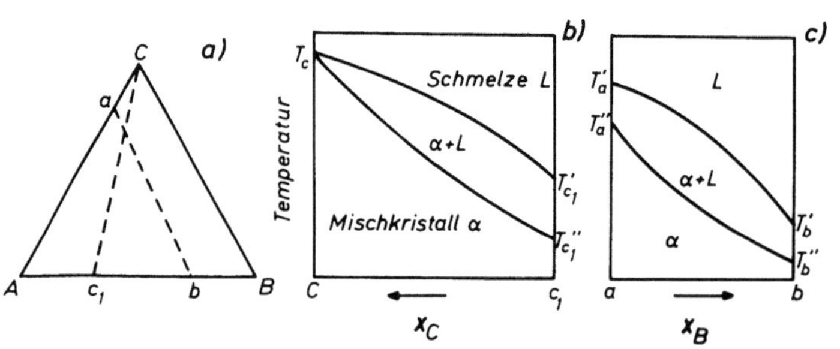

Bild 5.24 Temperatur–Konzentration-Schnitt durch ein einfaches ternäres System mit vollständiger Mischkristallbildung ohne Schmelzpunktsextremum

nären A–B-Gemisches bei c_1. Analog sind T'_a und T'_b die Liquidustemperaturen im binären Randsystem A–C bei a bzw. im binären Randsystem A–B bei b. T''_a und T''_b sind die zugehörigen Solidustemperaturen.

Ein System, das im festen und flüssigen Zustand keine begrenzte Löslichkeit aufweist und kein Schmelzpunktsminimum oder Schmelzpunktsmaximum besitzt, ist beispielsweise in der Kombination der drei Laves-Phasen $UFe_2 - UCo_2 - UMn_2$ realisiert [6] [12]. Die Schmelzintervalle zwischen Liquidus- und Solidustemperatur sind relativ gering. Sie betragen maximal etwa 30 K. Das System $UFe_2 - UCo_2 - UMn_2$ ist ein ternärer Schnitt durch das quaternäre System U – Fe – Co – Mn.

5.21 System mit ternärem Eutektikum und begrenzter Mischkristallbildung

Wie bereits erwähnt, sind im allgemeinen Stoffe, die sich im Flüssigen unbegrenzt ineinander lösen, auch im festen Zustand zumindest in begrenztem Ausmaß ineinander löslich. Im einfachsten Falle führt das zu eutektischen Schmelzgleichgewichten, wobei im festen Zustand indessen die Mischkristallbildung zu beachten ist. Bild 5.25 gibt die Projektionen einiger Konturen eines ternären eutektischen Zustandsdiagramms mit merklicher Mischkristallbildung wieder.

Es treten in der Umgebung von A, B und C Bereiche der Mischkristalle α, β und γ auf. Im nonvarianten Gleichgewicht der ternären eutektischen Reak-

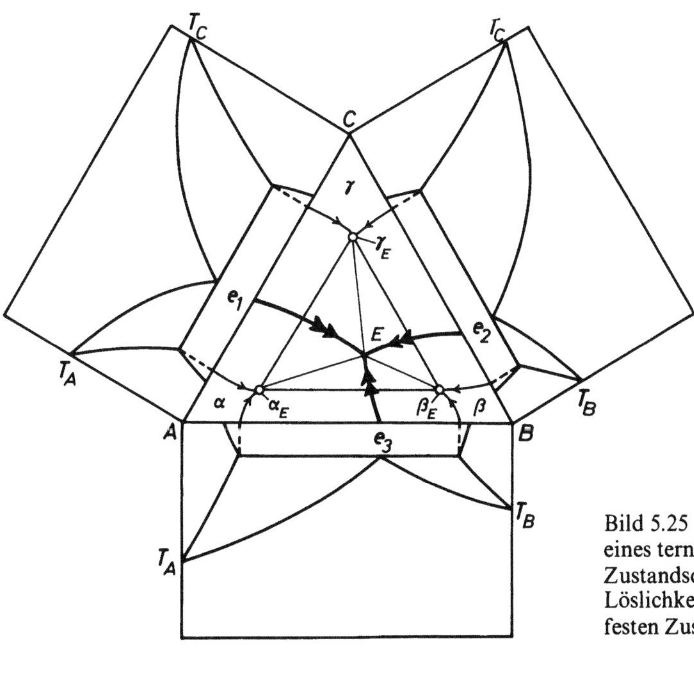

Bild 5.25 Projektion von Konturen eines ternären eutektischen Zustandsdiagramms mit begrenzter Löslichkeit der Komponenten im festen Zustand

tion steht jetzt Schmelze mit den entsprechenden Mischkristallen α_E, β_E und γ_E im Gleichgewicht. Bild 5.26 stellt einen isothermen Schnitt für eine Temperatur unterhalb der Temperatur T_E des ternären Eutektikums dar. Es liegen sieben Zustandsfelder vor: 3 Einphasenbereiche der Mischkristalle (α, β, γ), 3 Zweiphasengebiete ($\alpha + \beta$, $\alpha + \gamma$ und $\beta + \gamma$) sowie ein Raum, in dem alle drei Mischkristalle miteinander im Gleichgewicht stehen. Die Löslichkeitsgleichgewichte im festen Zustand sind naturgemäß temperaturabhängig. Mit sinkender Temperatur nimmt die Ausdehnung der Einphasenbereiche in der Regel ab. Der Punkt α_E rückt mit sinkender Temperatur im allgemeinen auf den Punkt A zu (analog $\gamma_E \to$ B und $\gamma_E \to$ C).

Bild 5.27 gibt zwei isotherme Schnitte für Temperaturen oberhalb T_E wieder. Bild 5.27a stellt die Phasengleichgewichte bei einer Temperatur T dar, die unterhalb der Schmelztemperatur der niedrigstschmelzenden Komponente und oberhalb der Temperatur des höchstschmelzenden binären Eutektikums liegt. Es sind lediglich Zweiphasengleichgewichte vorhanden.

Bei einer Temperatur wenig oberhalb von T_E und unterhalb der Temperatur des tiefstschmelzenden binären Eutektikums liegen die in Bild 5.27b schematisch dargestellten Phasengleichgewichte vor. Neben Fest–flüssig- und Fest–fest-Zweiphasengleichgewichten sind u. a. drei Bereiche vorhanden, in denen die binären eutektischen Kristallisationen ablaufen ($L \to \alpha + \gamma$, $L \to \beta + \gamma$ und $L \to \alpha + \beta$).

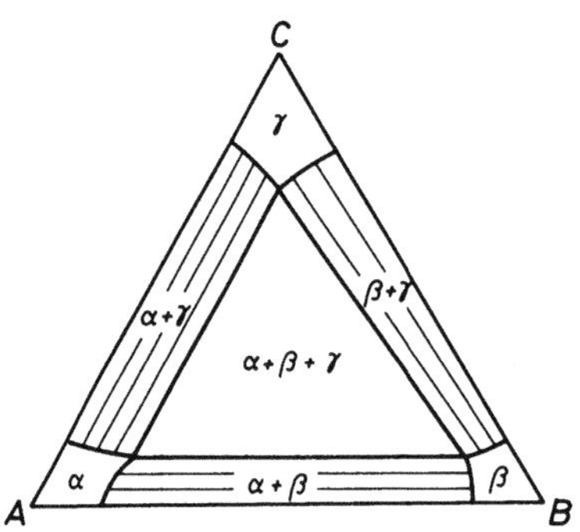

Bild 5.26 Isothermer Schnitt bei $T < T_E$ durch ein ternäres eutektisches System mit begrenzter Mischkristallbildung

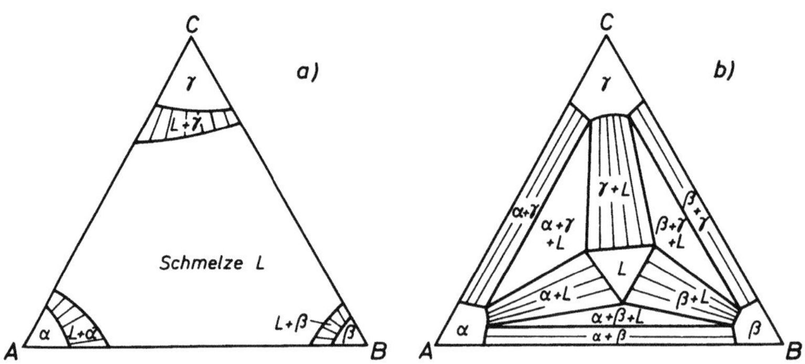

Bild 5.27 Beispiele isothermer Schnitte bei $T > T_E$ durch ein ternäres eutektisches System mit begrenzter Mischkristallbildung

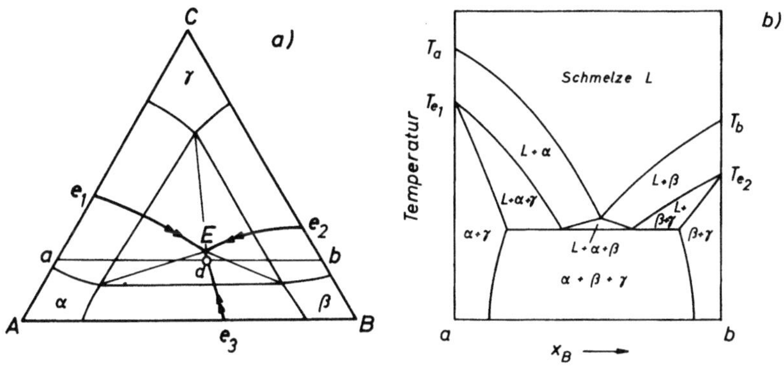

Bild 5.28 Beispiel eines Temperatur–Konzentration-Schnittes durch ein ternäres eutektisches System mit begrenzter Mischkristallbildung

Ein Beispiel eines Temperatur–Konzentration-Schnitts ist in Bild 5.28b wiedergegeben. Der dargestellte Schnitt a–b für konstante Konzentrationen an C entspricht in wesentlichen Teilen den in Bild 5.11 für den Fall völliger Unlöslichkeit im Festen wiedergegebenen Fakten. In Bild 5.28b sind die durch merkliche Löslichkeit im festen Zustand bedingten Fest–fest-Zweiphasengleichgewichte ($\alpha + \gamma$ und $\beta + \gamma$) zusätzlich vorhanden.

5.22 Ternäres System mit einer kongruent schmelzenden binären Verbindung mit quasibinärem Schnitt

In einem System aus drei Komponenten können außer binären Verbindungen in den Randsystemen auch ternäre Verbindungen auftreten. Leicht überschaubare Phasengleichgewichte ergeben sich für den Fall, daß in einem Randsystem eine kongruent schmelzende Verbindung vorliegt, während in den beiden anderen Randsystemen einfache eutektische Schmelzgleichgewichte vorhanden sind. Die Prinzipien werden im folgenden unter der vereinfachenden Annahme unmerklich kleiner Löslichkeiten im festen Zustand dargelegt. In den vorausgegangenen Abschnitten wurde bereits die gegebenenfalls erforderliche Berücksichtigung von Mischkristallbereichen erörtert.

In Bild 5.29 sind die Grundzüge möglicher Gleichgewichte eines solchen Systems wiedergegeben. Analog wie das binäre Randsystem A–B vereinfachend in zwei eutektische Teilsysteme A–V und V–B aufgegliedert werden kann, ist dies auch für das ternäre System möglich. Die beiden ternären Teilsysteme sind A–V–C und V–C–B.

Hier soll zunächst der Fall erörtert werden, bei dem die von den binären eutektischen Punkten e_1 und e_3 ausgehenden Rinnen im Teildreieck ACV im Punkte E aufeinandertreffen. Da in diesem Punkt aus der Schmelze gleichzeitig A, V und C auskristallisieren und E innerhalb des Dreiecks liegt, das aus den Konzentrationen der in diesem nonvarianten Vierphasengleichgewicht bei Wärmeentzug entstehenden festen Phasen A, V und C gebildet

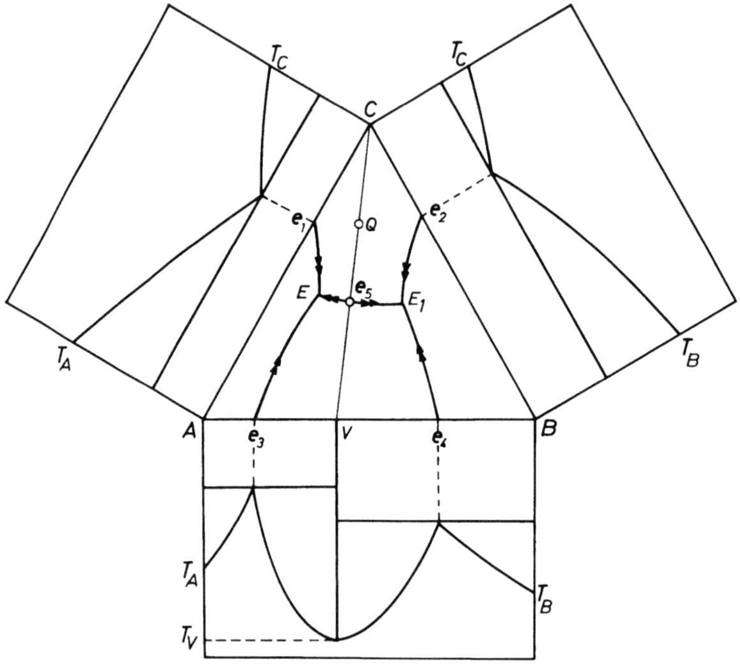

Bild 5.29 Zur Erläuterung von Gleichgewichten in einem ternären System mit einer kongruent schmelzenden binären Verbindung V und einem quasibinären Schnitt

werden kann, handelt es sich um ein ternäres Eutektikum. In E muß noch eine weitere Rinne binärer eutektischer Kristallisation einlaufen, und zwar die der gleichzeitigen Ausscheidung von V und C. Das kann naturgemäß nur dann der Fall sein, wenn im Schnitt V–C eine binäre eutektische Erstarrung vorkommt. Die Erstarrung der Gemische des Schnittes V–C erfolgt dann wie in einem binären eutektischen System. Ein Gemisch der Konzentration Q erstarrt unter Ausscheidung von C. Die Schmelze gelangt, ohne daß sie vom Schnitt C–V abkommt, in den binären eutektischen Punkt e_5, wo sie in einer nonvarianten Reaktion unter gleichzeitiger Ausscheidung von C und V völlig erstarrt. Obwohl Q ein ternäres Gemisch darstellt, erfolgt die Kristallisation wie in einem binären System. Schnitte mit dieser Eigenschaft werden quasibinäre Schnitte genannt.

Auch im ternären Teilsystem V–B–C kann in der dargestellten Weise ein ternäres Eutektikum (E_1) auftreten. Der Punkt e_5 des binären Eutektikums des quasibinären Schnitts C–V entspricht der höchsten Temperatur der Rinnen der binären eutektischen Kristallisation e_5–E und e_5–E_1.

Sofern in einem ternären System ein quasibinärer Schnitt auftritt, kann grundsätzlich eine Aufteilung in zwei Teilsysteme erfolgen. Im Falle des in Bild 5.29 wiedergegebenen Zustandsdiagramms resultieren zwei Teildiagramme, deren Aufbau prinzipiell demjenigen eines einfachen ternären eutektischen Systems entspricht.

Es sei erinnert, daß die Liquiduslinie in der Nähe einer reinen Komponente eine endliche Steigung hat, während die Steigung im Schmelzpunkt einer kongruent schmelzenden Verbindung eines binären Systems null ist. Analoges gilt für ein ternäres System beim quasibinären Schnitt. Die Steigung der Liquidusfläche senkrecht zur Richtung des quasibinären Schnitts ist null (vgl. auch S. 256).

5.23 Ternäres System mit einer binären Verbindung ohne quasibinären Schnitt

Das Auftreten zweier ternärer Eutektika in einem ternären System, dessen zwei binäre Randsysteme einfache eutektische Gleichgewichte aufweisen und dessen drittes binäres Randsystem eine kongruent schmelzende Verbindung enthält, ist nicht die einzige Möglichkeit eines Zusammentreffens der binären eutektischen Rinnen. Nur wenn der Schnittpunkt der Rinnen, die von e_1 und e_3 ausgehen, im Teilbereich ACV und der Schnittpunkt der Rinnen, die von e_2 und e_4 ausgehen, im Teildreieck BCV liegt, ist das der Fall. Es gibt indessen auch die Möglichkeit, daß die von e_1 und e_3 ausgehenden Rinnen sich nicht im Teildreieck ACV, sondern im Teilbereich BCV treffen (vgl. Bild 5.30).

Auch in diesem Fall liegt im Schnittpunkt U dieser Rinnen ein nonvariantes Vierphasengleichgewicht vor. Die Konzentration dieses Schnittpunktes, die die Konzentration der am Vierphasengleichgewicht beteiligten Schmelze L wiedergibt, liegt jedoch nicht in einem Dreieck, das aus den Konzentrationen der drei festen Phasen gebildet werden kann, die bei Wärmeentzug aus L entstehen. Vielmehr kann jetzt aus den im Vierphasengleichgewicht koexistierenden Phasen ein Viereck AVUC gebildet werden, das ein Übergangsgleichgewicht gemäß Bild 5.4 b anzeigt.

In diesem Falle liegt auch kein quasibinärer Schnitt vor. Gemische des Schnittes C–V ändern bei der Erstarrung ihre Konzentrationen so, daß sie schließlich nicht mehr Punkten der Linie C–V entsprechen. Bei der Erstarrung einer Schmelze der Konzentration Q kristallisiert zunächst C aus, bis die Restschmelze die Konzentration c erreicht hat. Nun erfolgt gleichzeitige Ausscheidung von A und C, wobei sich B in der Schmelze anreichert und damit der Schnitt C–V verlassen wird.

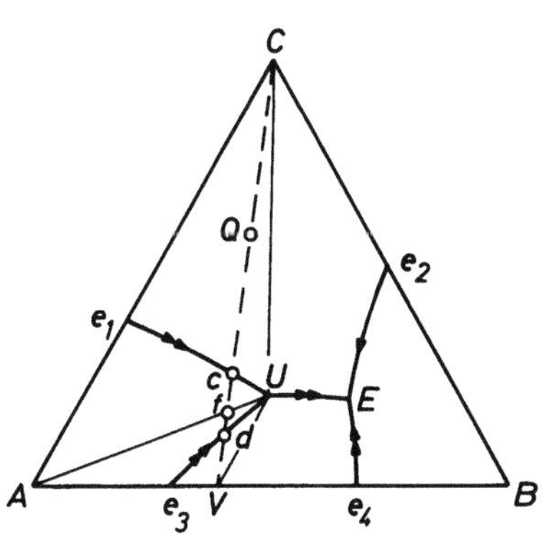

Bild 5.30 Zur Erläuterung der Gleichgewichte in einem ternären System mit einer kongruent schmelzenden binären Verbindung V ohne quasibinären Schnitt

Bei Konzentrationen des Schnittes C–V zwischen V und d erfolgt Primärkristallisation von V, bis die Rinne e_3–U der binären eutektischen Kristallisation bei d erreicht ist. Im weiteren Verlauf der Abkühlung scheiden sich V und A gemeinsam aus. Die Schmelze reichert sich an B an und weicht vom Schnitt C–V ab.

Aus Schmelzen, die im Bereich c–d auf dem Schnitt C–V liegen, erfolgt durch die Primärkristallisation von A sofort Abweichung vom Schnitt C–V. Die Schmelzen des Schnittes C–V verhalten sich in keinem Falle quasibinär.

Längs der Rinne e_1–U stehen die festen Phasen A und C mit Schmelze im Gleichgewicht und längs der Rinne e_3–U die festen Phasen A und V. Im Punkte U liegt daher ein Vierphasengleichgewicht mit den Phasen L, A, C und V vor. Von diesem Punkt muß noch ein Rinne weggehen, längs der ein Dreiphasengleichgewicht mit den Phasen L, C und V existiert. Das ist, wie aus Bild 5.30 ersichtlich, gleichzeitig die binäre eutektische Rinne U–E, die gemeinsam mit den binären eutektischen Rinnen e_2–E und e_4–E zum ternären Eutektikum E führt. Die Temperatur muß daher längs der Rinne U–E in Richtung U → E abfallen, analog wie sie von e_2 und e_4 kommend längs der Rinnen e_2–E und e_4–E sinkt. Aus der Richtung der Rinne U–E ist der Übergangscharakter des Vierphasengleichgewichts in U unmittelbar ersichtlich. Alle Schmelzen mit Konzentrationen, die im Viereck AVUC liegen, verändern ihre Konzentration beim Erstarren so, daß sie schließlich dem Punkt U entspricht. Bei der Temperatur, die der Liquidusfläche im Punkt U zugeordnet ist, liegt das Übergangsgleichgewicht

$$L_U + A \leftrightharpoons C + V \qquad (5.18)$$

vor, wobei L_U die Schmelze der Konzentration des Punktes U ist. Dabei entspricht die Bruttokonzentration des Gemenges aus L_U und A dem Punkt f. Auch das Teilgefüge C + V hat in diesem Gleichgewicht die Bruttozusammensetzung f. Bei Wärmeentzug reagiert L_U mit A unter Bildung von C + V. Bei Ausgangskonzentrationen aus dem Bereich des Dreiecks ACV verschwindet dabei zuerst L_U. Die Erstarrung läuft damit bei der Temperatur T_U, die dem Vierphasengleichgewicht in U entspricht, zu Ende. Als Resultat der Übergangsreaktion treten die festen Phasen A, C und V auf.

Bei Ausgangsschmelzen mit Konzentrationen des Teildreiecks BCV läuft die Übergangsreaktion in U jedoch nicht zu Ende. In diesem Falle verschwindet zuerst die feste Phase A. Es verbleibt ein Gemenge aus L, C und V. Das entspricht einem univarianten Gleichgewicht. Die Temperatur kann weiter sinken, und zwar längs der Rinne U–E der binären eutektischen Kristallisation von C + V. Schließlich wird das ternäre Eutektikum E erreicht, bei dem die Kristallisation durch gleichzeitige Ausscheidung von B, C und V zu Ende läuft. Entsprechend der Definition eines ternären eutektischen Gleichgewichts liegt die Konzentration der mit den festen Phasen koexistierenden Schmelze, L_E, im Dreieck, das aus den bei der gleichzeitigen Kristallisation entstehenden Phasen B, C und V konstruiert werden kann.

Die Übergangsreaktion kann bei üblichen Abkühlungsgeschwindigkeiten nicht ungestört ablaufen. Ähnlich wie bei peritektischen Reaktionen in Zweistoffsystemen bildet sich nur ein lokales Gleichgewicht an den Phasengrenzen aus.

5.24 Isothermer Schnitt und Temperatur – Konzentration-Schnitt durch ein ternäres System mit einer binären Verbindung ohne quasibinären Schnitt

Für eine Temperatur, die unterhalb der Temperatur der binären Eutektika e_1, e_3 und e_4 (vgl. Bild 5.30) und oberhalb der Temperatur des binären Eutektikums e_2 liegt, ist in Bild 5.31 a ein isothermer Schnitt schematisch dargestellt. Es liegen neben dem Einphasenbereich der Schmelze L vier Zweiphasenbereiche (L + A, L + B, L + C und L + V) vor. Ferner sind die drei Gebiete univarianter Gleichgewichte zu erkennen (L + A + V, L + B + V und L + A + C).

Bei der Temperatur T_U, die der Übergangsreaktion Gl. (5.18) entspricht, die abläuft, wenn die Schmelze die Konzentration U erreicht hat, sind die Gleichgewichtsverhältnisse in Bild 5.31 b wiedergegeben. Das in Bild 5.31 a noch vorhandene Zustandsfeld L + A ist zur Geraden A – U zusammengeschrumpft.

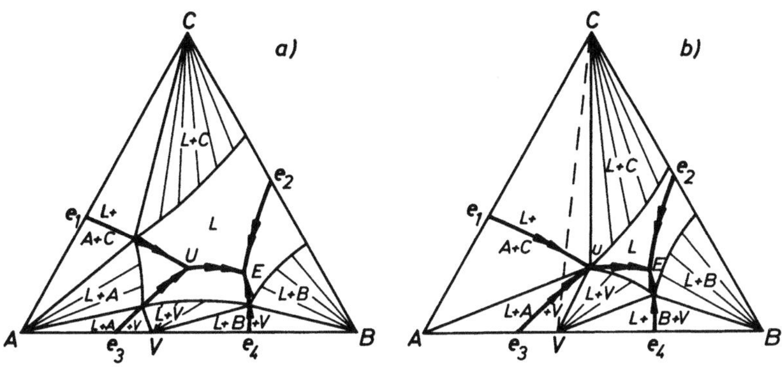

Bild 5.31 Isotherme Schnitte durch ein ternäres System mit einer binären Verbindung V ohne quasibinären Schnitt. a) für eine Temperatur oberhalb T_{e_2} und unterhalb der Temperaturen der anderen Eutektika der binären Randsysteme; b) für die Temperatur des peritektischen Punktes U

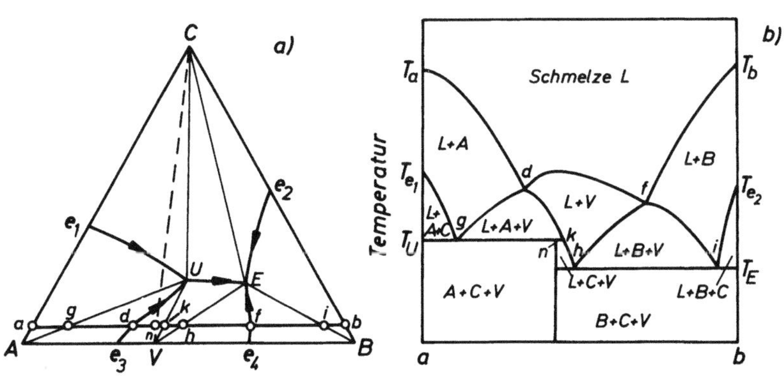

Bild 5.32 Temperatur – Konzentration-Schnitt durch ein ternäres System mit einer binären Verbindung V ohne quasibinären Schnitt. a) Schmelzflächenprojektion und Hilfslinien zur Erschließung des Schnittes a – b; b) Temperatur – Konzentration-Schnitt a – b

Einen Temperatur-Konzentration-Schnitt parallel zum Randsystem A–B gibt Bild 5.32b wieder. Im Konzentrationsbereich zwischen a und d kristallisiert primär A, zwischen d und f die Verbindung V und zwischen f und b die Komponente B. Es können sich dann binäre eutektische Reaktionen, die nonvariante Übergangsreaktion und die ternäre eutektische Kristallisation anschließen. Bei Ausgangskonzentrationen zwischen a und k resultiert als Endpunkt der Erstarrung ein Gefüge aus A, C und V, bei Ausgangskonzentrationen zwischen k und b liegt nach völliger Erstarrung ein Gemenge aus B, C und V vor.

5.25 Ternäres System mit zwei binären Verbindungen

Ein ternäres System, in dem in zwei binären Randsystemen je eine Verbindung vorkommt und in dem das dritte Randsystem durch einfache eutektische Schmelzgleichgewichte ausgezeichnet ist, kann in drei ternäre Teilsysteme aufgeteilt werden. Diese Einteilung ist indessen nicht von vornherein eindeutig durchführbar, wie Bild 5.33 zeigt. Die Aufteilung kann entweder zu den Teildreiecken V_1CV_2, V_1BV_2 und V_1BA oder zu den Teildreiecken V_1CV_2, V_1AV_2 und ABV_2 führen. Voraussetzung ist zudem noch, daß die Schnitte V_1V_2 einerseits und AV_2 bzw. BV_1 andererseits quasibinäre Schnitte sind.

Um eine rasche Entscheidung über die Aufteilung in drei Teilsysteme zu gewinnen, wird das Klärkreuzverfahren nach W. Guertler angewandt. Ein Gemisch des Kreuzungspunktes Q der Schnitte AV_2 und BV_1 wird untersucht. Liegt im festen Zustand V_1 neben B vor, so ist die Einteilung in die Teildreiecke V_1CV_2, V_1BV_2 und V_1BA zutreffend. Zweckmäßigerweise werden ferner auf dem Schnitt BV_1 einige weitere Gemische untersucht, um sicherzustellen, daß dies ein quasibinärer Schnitt ist. Stellt sich bei der Untersuchung des Gemisches Q heraus, daß im festen Zustand V_2 neben A vorliegt, so ist eine Aufteilung in die Teildreiecke V_1CV_2, V_1AV_2 und AV_2B richtig.

Das Klärkreuzverfahren ermöglicht eine rasche Übersicht über die Grundzüge möglicher Phasengleichgewichte in einfachen Systemen mit zwei

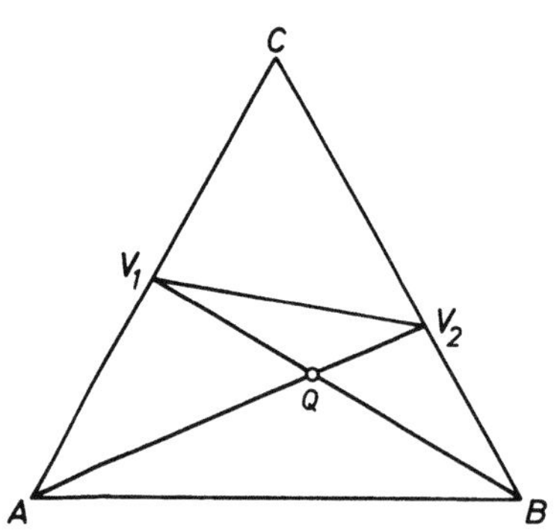

Bild 5.33 Zum Klärkreuzverfahren nach W. Guertler

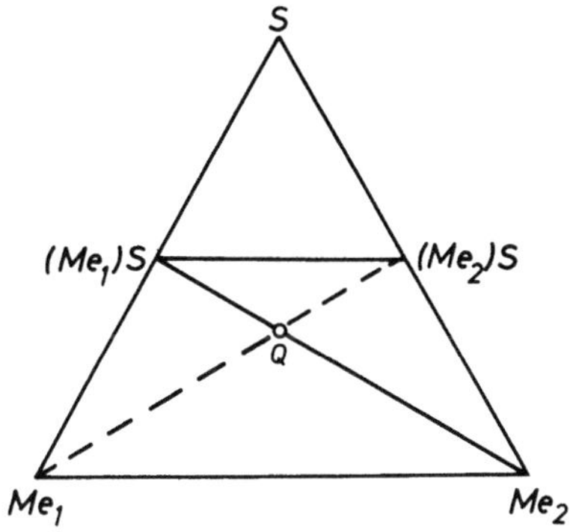

Bild 5.34 Zur Erschließung der relativen thermodynamischen Stabilität von Sulfiden der Metalle Me_1 und Me_2 nach dem Klärkreuzverfahren von W. Guertler

binären Verbindungen. Es ist allerdings nicht anwendbar, wenn im Konzentrationsbereich ABV_2V_1 nicht nur eutektische, sondern auch noch ternäre Übergangsgleichgewichte auftreten. Die Schnitte BV_1 oder AV_2 sind dann keine quasibinären Schnitte. Zudem laufen Übergangsgleichgewichte praktisch nicht vollständig zu Ende und liefern daher nicht in einfacher Weise eindeutige Resultate bei Strukturuntersuchungen.

Anhand des Verfahrens von W. Guertler kann verschiedentlich die für die Metallurgie wichtige Frage geklärt werden, welches von zwei Sulfiden unterschiedlicher Metalle Me_1 und Me_2 bei vorgegebenen äußeren Bedingungen die größere freie Bildungsenthalpie aufweist, welches von diesen zwei Sulfiden $(Me_1)S$ und $(Me_2)S$ also thermodynamisch weniger stabil ist und daher von dem Metall, das das stabilere Sulfid bildet, reduziert werden kann.

Bild 5.34 gibt schematisch das ternäre System Schwefel–Metall Me_1–Metall Me_2 wieder. Erweist die Untersuchung des Gemisches Q, daß Me_2–$(Me_1)S$ ein quasibinärer Schnitt ist, in der Mischung Q also $(Me_2)S$ und Me_1 nicht im Gleichgewicht existieren, so ist die thermodynamische Stabilität von $(Me_1)S$ größer als die von $(Me_2)S$. Ein Gemisch aus $(Me_2)S$ und Me_1, das der Bruttokonzentration Q entspricht, setzt sich um zu $(Me_1)S + Me_2$ der gleichen Bruttokonzentration Q. Das ist das Prinzip der sog. „Niederschlagsarbeit". Auf dieser Basis wurde früher Blei durch Umsetzung von Bleiglanz mit Eisen gewonnen:

$$PbS + Fe \rightarrow Pb + FeS. \tag{5.19}$$

Auch die Beseitigung des Schwefels aus Roheisen erfolgt auf dieser Grundlage durch Manganzusatz:

$$FeS + Mn \rightarrow Fe + MnS. \tag{5.20}$$

5.26 Ternäre Verbindungen mit Schmelzpunktsmaximum

Tritt in einem ternären System eine ternäre Verbindung V mit Schmelzpunktsmaximum auf, so liegen bei vernachlässigbar kleiner Löslichkeit im festen Zustand Schmelzgleichgewichte vor, deren grundsätzliche Konturen aus Bild 5.35 zu erkennen sind. Die sich über V wölbende Kuppel der

Liquidusfläche primärer Ausscheidung der Verbindung wird von den Liquidusflächen geschnitten, die von den reinen Komponenten A, B und C ausgehen. Die Schnittlinien sind $E_1 a_1 E_3$, $E_3 a_3 E_2$ und $E_2 a_2 E_1$. e_1 ist das binäre Eutektikum im Randsystem A–C, e_2 das in B–C und e_3 in A–B. Es treten drei ternäre Eutektika auf: E_1, E_2 und E_3. Bild 5.35 stellt den Fall dar, in dem A–V, B–V und C–V quasibinäre Schnitte sind. Das Konzentrationsdreieck ABC kann daher aufgeteilt werden in drei Teildreiecke AVB, BVC und CVA. In jedem dieser Teildreiecke befindet sich ein ternärer eutektischer Punkt. Der Punkt a_1 entspricht einem Temperaturmaximum (Sattelpunkt) der eutektischen Rinne $E_1 - E_3$. Analoges gilt für a_2 und a_3.

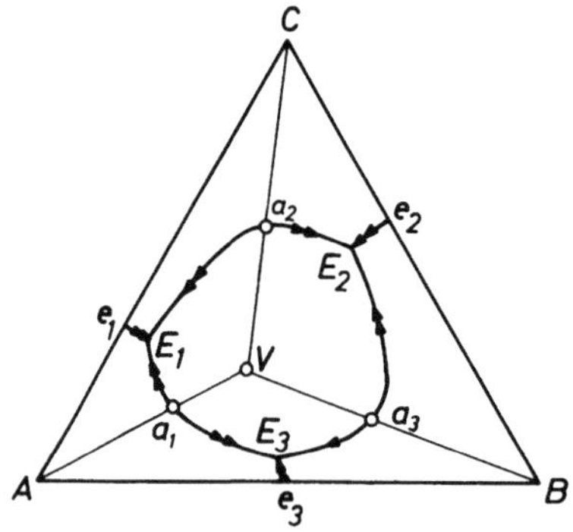

Bild 5.35 Schmelzflächenprojektion für ein Dreistoffsystem mit einer kongruent schmelzenden ternären Verbindung V

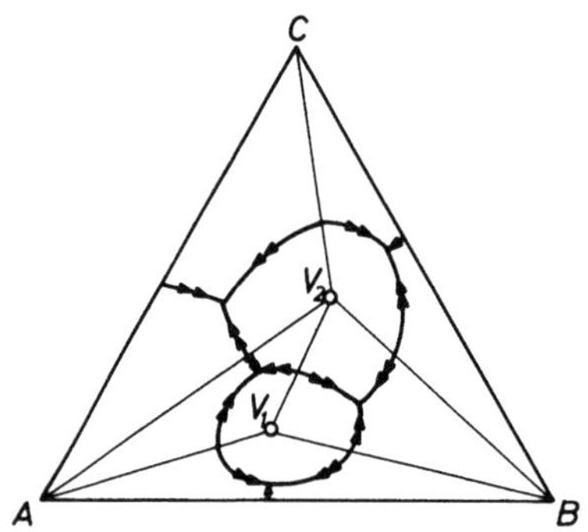

Bild 5.36 Schmelzflächenprojektion für ein Dreistoffsystem mit zwei kongruent schmelzenden ternären Verbindungen V_1 und V_2

Treten mehrere ternäre Verbindungen mit Schmelzpunktsmaxima auf, so ist eine entsprechende Aufteilung des Konzentrationsdreiecks in Teildreiecke möglich. Für den Fall zweier ternärer Verbindungen ist dies in Bild 5.36 wiedergegeben.

5.27 Ternäres Realsystem mit binären und ternären Verbindungen

Dreistoffsysteme, die ternäre Verbindungen enthalten, deren binäre Randsysteme jedoch nur einfache eutektische Schmelzgleichgewichte aufweisen, kommen praktisch nicht vor. Wenn ein Dreistoffsystem eine so starke Tendenz zur Verbindungsbildung aufweist, daß ternäre kongruent schmelzende Verbindungen auftreten, dann liegt auch mindestens in einem binären Randsystem eine starke Neigung zur Bildung von Verbindungen vor.

Im Falle metallischer Systeme zeigt die Erfahrung, daß bei Zusatz einer dritten Komponente zu einem Zweistoffsystem nur in relativ wenigen Fällen ternäre intermetallische Verbindungen gebildet werden, die völlig eigenständig sind, die also keine Mischkristalle binärer intermetallischer Verbindungen der Randsysteme darstellen. Beim Übergang zu quarternären Systemen nimmt die Anzahl der neu hinzukommenden Verbindungen weiter ab. Eine intermetallische Verbindung mit fünf Komponenten ist nicht bekannt.

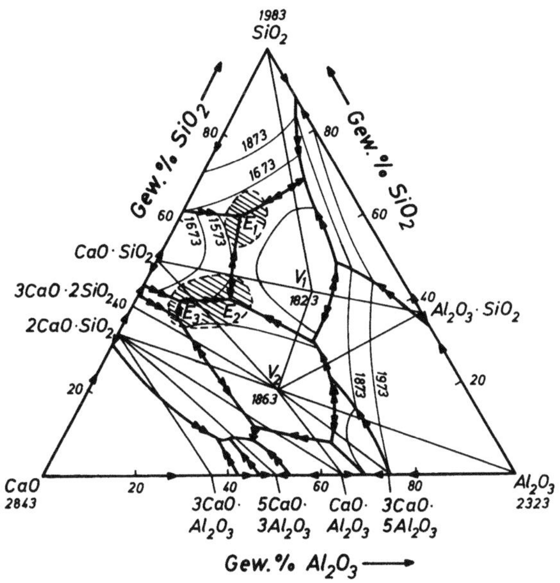

Bild 5.37 Das System $CaO-SiO_2-Al_2O_3$ nach R. Vogel[3])

Auch bei nichtmetallischen Systemen treten in der Regel nur dann ternäre Verbindungen auf, wenn schon in den binären Randsystemen Verbindungen vorliegen. Das ist beispielsweise aus dem ternären System $CaO-Al_2O_3-SiO_2$ zu erkennen, das von erheblicher technischer Bedeutung ist. Die Konturen der wesentlichen Gleichgewichtslinien sind in Bild 5.37 dargestellt.

Das binäre Randsystem $CaO-Al_2O_3$ weist vier Verbindungen auf, nämlich $3\,CaO \cdot Al_2O_3$, $5\,CaO \cdot 3\,Al_2O_3$, $CaO \cdot Al_2O_3$ und $3\,CaO \cdot 5\,Al_2O_3$. Im Randsystem $Al_2O_3-SiO_2$ kommt als Verbindung $Al_2O_3 \cdot SiO_2$ vor. Im binären Randsystem $CaO-SiO_2$ treten schließlich drei Verbindungen auf: $2\,CaO \cdot SiO_2$, $3\,CaO \cdot 2\,SiO_2$ und $CaO \cdot SiO_2$ (Wollastonit). Hinzu kommen die ternären Verbindungen Kalkfeldspat ($CaO \cdot Al_2O_3 \cdot 2\,SiO_2$, V_1) und der Gehlenit ($2\,CaO \cdot Al_2O_3 \cdot SiO_2$, V_2). Die Aufteilung des gesamten Konzentrationsdreiecks in Teilbereiche ist aus Bild 5.37 unmittelbar ersichtlich.

Die Rinnen univarianter Dreiphasengleichgewichte sind ebenfalls eingezeichnet, ebenso die Punkte der nonvarianten Vierphasengleichgewichte. Die

Schmelzpunktserniedrigung der Komponenten sowohl in den binären Randsystemen als auch im Ternären ist erheblich. Über den Punkten V_1 und V_2 erhebt sich je eine Kuppel der Liquidusfläche primärer Kristallisation der betreffenden kongruent schmelzenden Verbindungen.

Schlacken bei zahlreichen metallurgischen Prozessen stellen Gemische dieses Systems dar. Zur Erzielung möglichst niedriger Schmelztemperaturen werden als Schlacken $CaO-Al_2O_3-SiO_2$-Gemische mit Konzentrationen gewählt, die annähernd den ternären Eutektika E_1, E_2 und E_3 entsprechen. Die Schlacken haben bei metallurgischen Prozessen die Aufgabe, das gewonnene flüssige Metall vor Luftzutritt zu schützen und Stoffe aufzunehmen, die im eingesetzten Erz vorhanden sind und die Eigenschaften des herzustellenden Metalls verschlechtern. Die Fähigkeit einer Schlacke zur Aufnahme von Schadstoffen (z. B. von FeS aus flüssigem Roheisen) hängt wesentlich von ihrer Basizität ab. Als saure Schlacken werden SiO_2-reiche Gemische aus dem Bereich des ternären Eutektikums E_1 eingesetzt, während Gemische um E_2 und E_3 basische Schlacken darstellen. Die Temperatur des ternären eutektischen Punktes E_1 beträgt $T = 1443$ K und die des Punktes E_2 $T = 1538$ K. Die Schlacken, die bei der Eisenerzeugung verwendet werden, haben einerseits Konzentrationen des um E_1 und andererseits des um E_2 und E_3 schraffierten Bereiches.

5.28 Ternäres System mit zwei eutektischen Randsystemen bei begrenzter Löslichkeit im Festen sowie lückenloser Mischkristallbildung im dritten Randsystem

Sofern in zwei Randsystemen eine Mischungslücke im festen Zustand auftritt und das dritte binäre Randsystem eine unbegrenzte Mischkristallbildung aufweist, liegen im einfachsten Falle Phasengleichgewichte vor, deren Konturen aus Bild 5.38 zu erkennen sind. Eine ternäre eutektische Reaktion ist in diesem System nicht möglich. Es können maximal zwei feste Phasen auftreten (α und β). In einem ternären eutektischen Gleichgewicht koexistieren indessen drei feste Phasen mit der Schmelze. Es kann lediglich eine binäre eutektische Reaktion ablaufen, und zwar im einfachsten Falle längs der Rinne $e_1 - e_2$. Es kann prinzipiell auch ein Schmelzpunktsmaximum oder Schmelzpunktsminimum im Ternären auftreten.

Eine Schmelze aus den Konzentrationsbereichen ACab (z. B. dem Punkt Q_1 entsprechend) und cdB erstarrt beim Durchlaufen des Zweiphasenbereiches fest–flüssig zu einem Mischkristall. Sofern bei sehr geringen Abkühlungsgeschwindigkeiten Seigerung vermieden wird, hat der am Schluß vorliegende homogene Mischkristall naturgemäß die gleiche Zusammensetzung wie die Ausgangsschmelze. Bei der Kristallisation von Schmelzen des Bereichs abdc erfolgt indessen nach Erreichen der Liquidusfläche durch Ausscheidung des Mischkristalls α (wenn die Ausgangskonzentration im Bereich bae_1e_2 lag) oder des Mischkristalls β (wenn die Anfangskonzentration der Schmelze im Bereich e_1e_2dc lag) eine solche Änderung der Zusammenset-

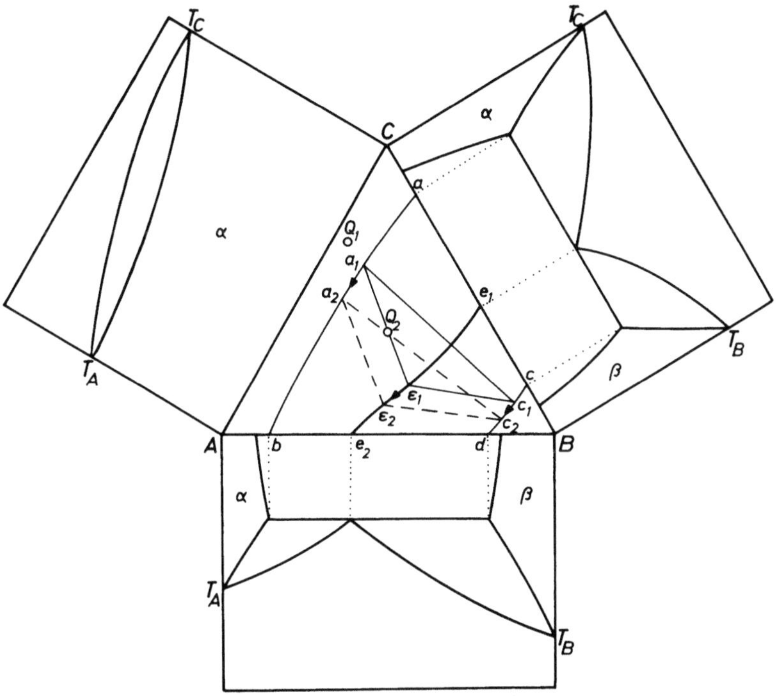

Bild 5.38 Ternäres System mit zwei eutektischen Randsystemen und einem Randsystem mit lückenloser Mischkristallbildung

zung der Schmelze, daß schließlich die Rinne $e_1 - e_2$ der binären eutektischen Kristallisation getroffen wird. Wenn die Temperaturabhängigkeit der Ausdehnung der Existenzbereiche der α- und β-Mischkristalle vereinfachend außer acht gelassen wird, stehen nun α-Phase der Konzentration α_1, β-Phase der Konzentration c_1 und Schmelze der Zusammensetzung ε_1 im Gleichgewicht. In der jetzt für eine Legierung der dem Punkt Q_2 entsprechenden Gesamtzusammensetzung beginnenden univarianten Reaktion entsteht gleichzeitig α- und β-Mischkristall. Die Konzentration der Schmelze folgt dabei der Rinne $e_1 - e_2$, die Konzentration von α- und β-Mischkristall den Linien a–b bzw. c–d. Ist schließlich die durch das Dreieck $a_2 \varepsilon_2 c_2$ dargestellte Situation erreicht, bei der die Konode $a_2 - c_2$ durch die Ausgangskonzentration der Schmelze (Punkt Q_2) geht, dann ist die flüssige Phase völlig verbraucht. Die Erstarrung ist beendet. Es liegen als Endprodukte des Erstarrungsvorgangs die Phasen α mit der Konzentration a_2 und β mit der Zusammensetzung c_2 vor.

Als Beispiel für ein Realdiagramm ist in Bild 5.39 der wesentliche Teil einer Schmelzflächenprojektion des für die Halbleitertechnik interessanten Systems Silicium–Germanium–Gold wiedergegeben. Die Randsysteme Silicium–Gold und Germanium–Gold haben jeweils ein Eutektikum, das System Germanium–Silicium weist lückenlose Mischkristallbildung auf. Die Rinne der binären eutektischen Erstarrung, die von einem binären eutektischen Punkt e_1 zum anderen, e_2, reicht, durchläuft ein Temperaturminimum. Ergebnisse thermodynamischer Untersuchungen deuten darauf hin, daß im Konzentrationsbereich, in dem sich dieses Minimum befindet, eine gegenüber benachbarten Konzentrationsbereichen verstärkte Wechselwirkung zwischen ungleichartigen Atomen auftritt. Da diese Erscheinung im festen Zustand nicht in so ausgeprägtem Maße vorliegt, resultiert ein Schmelzpunktsminimum. Das ist völlig analog den Ursachen für ein Schmelzpunktsminimum in einem binären System mit unbegrenzter Mischkristallbildung.

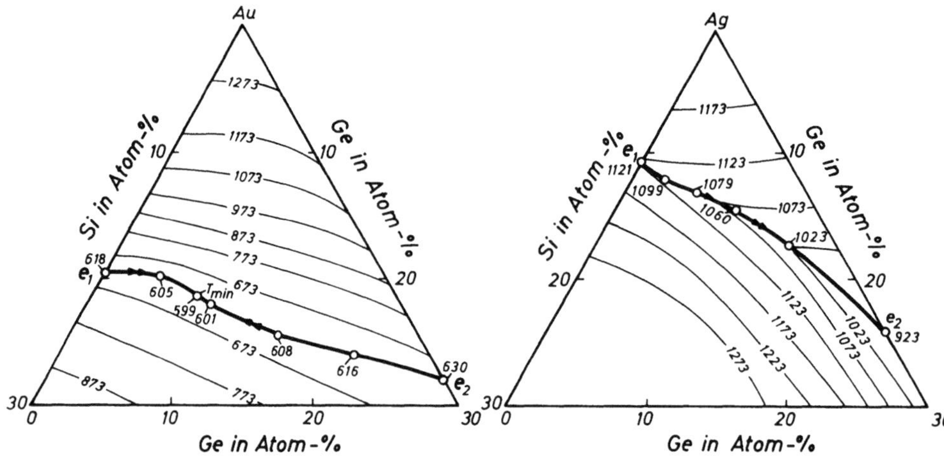

Bild 5.39 Schmelzflächenprojektion für die goldreiche bzw. silberreiche Ecke der Systeme Silicium–Germanium–Gold bzw. Silicium–Germanium–Silber nach [16])

Im homologen System Silicium–Germanium–Silber ist die Wechselwirkung zwischen ungleichartigen Atomsorten nicht so stark ausgeprägt. Die Rinne der binären eutektischen Kristallisation fällt gleichmäßig von e_1 (im Randsystem Ag–Si) nach e_2 (im Randsystem Ag–Ge) ab.

5.29 Ternäres System mit zwei peritektischen Randsystemen sowie lückenloser Mischkristallbildung im dritten Randsystem

Tritt in zwei Randsystemen eine begrenzte Löslichkeit auf, wobei jeweils einer der Mischkristalle in binärer peritektischer Reaktion gebildet werden kann, und weist das dritte Randsystem eine lückenlose Bildung des in den beiden anderen Randsystemen peritektisch entstehenden Mischkristalls auf, so ergeben sich Gleichgewichtsverhältnisse, wie sie in Bild 5.40 angedeutet sind. Sie sind den in Bild 5.38 dargestellten ähnlich. Es treten maximal zwei feste Phasen auf. Die Mischungslücken der Randsysteme A–B und B–C gehen im Ternären ineinander über. Ihre Grenzkonzentrationen im Verlaufe der peritektischen Erstarrung sind durch die Linien a–b und c–d angedeutet. Die Linie p_1–p_2 stellt schematisch die Spur des auf die peritektische

Reaktion zurückzuführenden Knicks in der Liquidusfläche dar. Da maximal nur zwei feste Phasen auftreten können, besteht keine Möglichkeit einer ternären eutektischen oder einer ternären peritektischen Reaktion.

Die Erstarrung von Schmelzen des Bereichs ACp_1p_2 und Bcd führt, sofern keine Ungleichgewichte durch Schichtkristallbildung auftreten, zu einphasigen Festkörpern.

Bei der Erstarrung flüssiger Gemische des Bereichs p_1cdp_2 (z. B. Q) erfolgt zunächst primär Kristallisation von β-Mischkristallen, wobei die

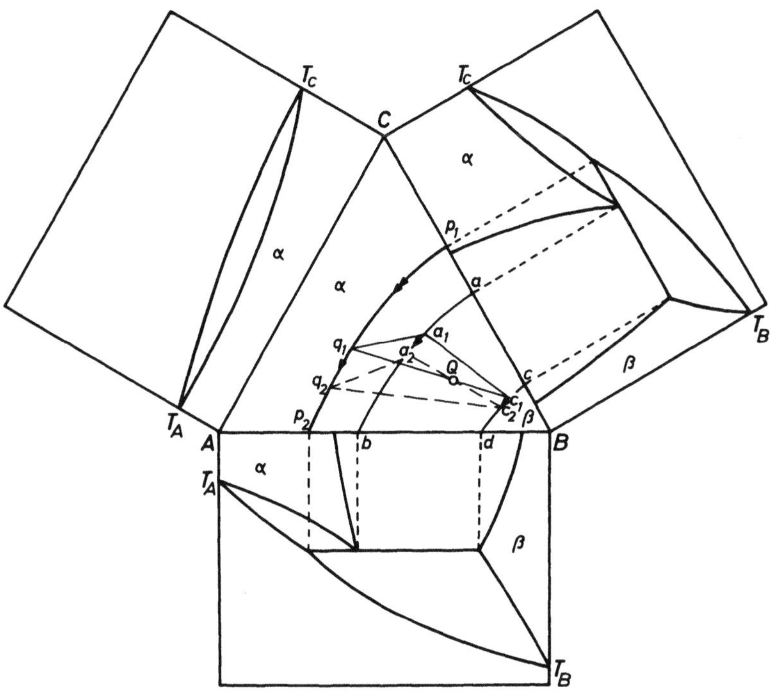

Bild 5.40 Ternäres System mit zwei peritektischen Randsystemen und einem Randsystem mit lückenloser Mischkristallbildung

Schmelze an B verarmt, bis sie einen Punkt der Linie p_1-p_2 erreicht. Nun tritt α als dritte Phase hinzu. Das Konodendreieck für den Beginn der binären univarianten peritektischen Reaktion ist $a_1c_1q_1$. Im Verlaufe der peritektischen Reaktion verschieben sich bei sinkender Temperatur die Konzentrationen der drei koexistierenden Phasen in Richtung der eingezeichneten Pfeile. Die Schmelze reagiert mit vorhandenem β-Mischkristall unter Bildung von α-Mischkristallen. Geht nach entsprechender Konzentrationsverschiebung die Konode zwischen den koexistierenden festen Phasen α und β durch den Punkt Q, der die Zusammensetzung der Ausgangsschmelze darstellt, so ist die gesamte Schmelze verbraucht. Das univariante Gleichgewicht bei eben verschwindender Schmelze ist durch $a_2c_2q_2$ gegeben.

5.30 Übergang zwischen univarianter peritektischer und univarianter eutektischer Reaktion

Ternäre Systeme, in denen neben bivarianten Ausscheidungsreaktionen nur noch univariante eutektische Gleichgewichte auftreten, und ternäre Systeme, in denen neben bivarianten Reaktionen nur noch univariante peritektische Phasengleichgewichte vorliegen können, sind weitgehend analog. Es besteht die Möglichkeit, daß die eine univariante Reaktion in die andere übergeht. Das tritt bei ternären Systemen auf, bei denen ein Randsystem einfache eutektische Gleichgewichte mit begrenzter Mischkristallbildung aufweist, das zweite durch ein Peritektikum gekennzeichnet ist und im dritten eine lückenlose Mischkristallbildung auftritt. Die Gleichgewichtsverhältnisse sind in Bild 5.41 schematisch dargestellt.

Auf der Linie p_1-e_1 geht das binäre Peritektikum kontinuierlich in ein binäres Eutektikum über. Das ist in Bild 5.42 räumlich dargestellt. Die Bezeichnungen entsprechen denen in Bild 5.41. In Bild 5.41 kreuzt die Linie p_1-e_1 die Linie a–b. Der Kreuzungspunkt ist kein Schnittpunkt, wie in Bild 5.42 angedeutet. Die Linie a–b liegt im Bereich des scheinbaren Schnittpunkts bei tieferen Temperaturen als die Linie p_1-e_1.

Für zwei Fälle eines univarianten Gleichgewichts sind in Bild 5.41 Konodendreiecke eingezeichnet. Für das univariante eutektische Gleichgewicht ist

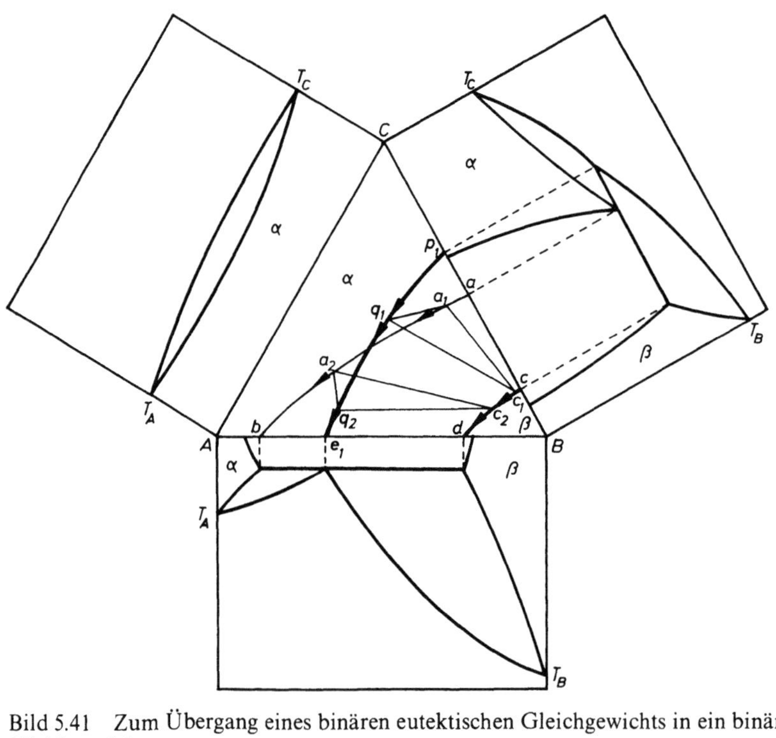

Bild 5.41 Zum Übergang eines binären eutektischen Gleichgewichts in ein binäres peritektisches Gleichgewicht

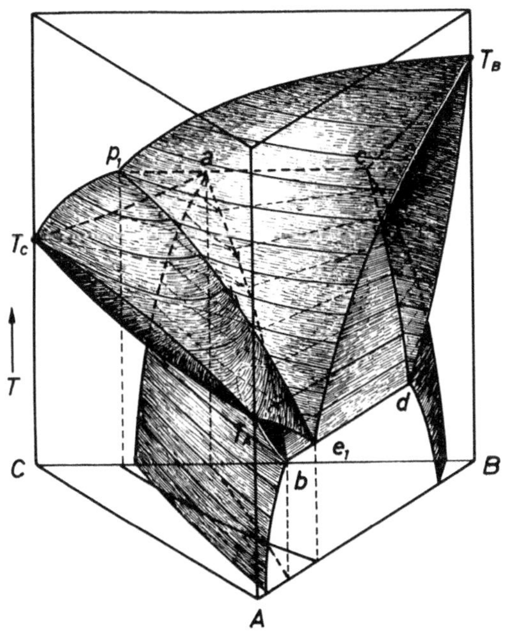

Bild 5.42 Räumliche Darstellung des Übergangs eines binären eutektischen Gleichgewichts in ein binäres peritektisches Gleichgewicht. Bezeichnungen wie in Bild 5.41; --- Linien unter den Schmelzflächen

charakteristisch, daß Schmelze unter Bildung zweier fester Phasen verbraucht wird. Alle an den Punkten des Konodendreiecks eingezeichneten Pfeile, die die Richtung der Konzentrationsänderung während der Reaktion angeben, weisen vom Dreieck fort. Bei der univarianten peritektischen Reaktion wird indessen Schmelze verbraucht und gleichzeitig die Menge einer festen Phase reduziert. Der Pfeil einer Phase weist in das Konodendreieck hinein. Welche der beiden Reaktionen vorliegt, ist durch die Lage der Phasenkonzentrationen zueinander festgelegt. Wird die allgemeine Richtung des Erstarrungsvorganges betrachtet (z. B. Bewegung des Punktes auf der Linie p_1-e_1 von p_1 nach e_1) und liegt die Konzentration der Schmelze (z. B. q_2) zwischen den Konzentrationen der koexistierenden Mischkristalle (z. B. a_2 und c_2), dann läuft eine eutektische Reaktion ab. Ist indessen die Konzentration einer festen Phase (z. B. a_1) zwischen den Zusammensetzungen von Schmelze (q_1) und anderer fester Phase (c_1) gelegen, so entspricht dies einem peritektischen Gleichgewicht.

5.31 Mischungslücke im flüssigen Zustand

Flüssige Mischungen, bei denen die Wechselwirkung zwischen ungleichartigen Atomen bzw. Molekülen wesentlich geringer ist, als dem Mittelwert aus den Wechselwirkungen zwischen den jeweils gleichartigen Teilchen ent-

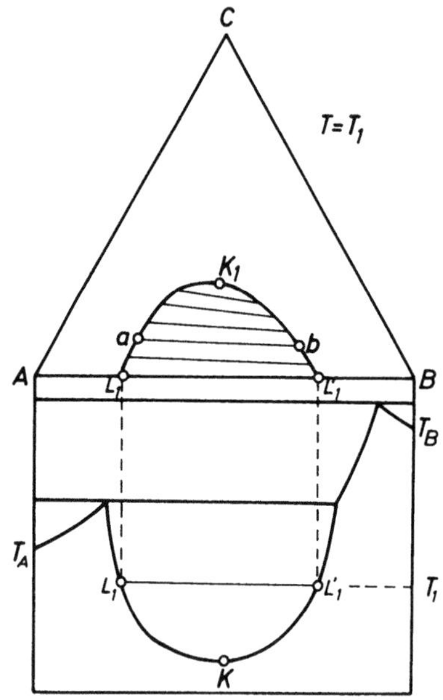

Bild 5.43 Isothermer Schnitt durch ein Dreistoffsystem mit einer sich im Ternären schließenden Mischungslücke im flüssigen Zustand

spricht, neigen zur Bildung einer Mischungslücke im flüssigen Zustand. Die in binären Gemischen dieser Art auftretenden Mischungslücken erstrecken sich bei Zusatz einer dritten in der binären Schmelze löslichen Komponente naturgemäß in das Ternäre hinein.

Der einfachste Fall liegt vor, wenn nur ein Randsystem eine Mischungslücke im flüssigen Zustand aufweist. In Bild 5.43 ist ein isothermer Schnitt dargestellt, der oberhalb der Liquidusflächen liegt und ausschließlich die Mischungslücke trifft. Analog wie im binären Randsystem A–B bei T_1 die Schmelzen L_1 und L_1' miteinander im Gleichgewicht stehen, L_1-L_1' also eine Konode darstellt, gibt es im Ternären koexistierende Schmelzen, z. B. a und b. Da die Randsysteme A–C und B–C keine Mischungslücke im Flüssigen aufweisen, schließt sich die vom Randsystem A–B ausgehende Mischungslücke notwendigerweise im Ternären. Mit steigendem Zusatz der Komponente C nähern sich die Konzentrationen der koexistierenden Schmelzen zunehmend, bis sie bei vorgegebener Temperatur (T_1) in eine Konzentration K_1 zusammenfallen. Dieser Punkt K_1 wird, analog zum Punkt K, in dem im binären Randsystem A–B die Konzentrationen der miteinander im Gleichgewicht stehenden Schmelzen bei steigender Temperatur schließlich identisch werden, ebenfalls (partieller) kritischer Punkt genannt.

Mit steigender Temperatur nimmt die Ausdehnung der Mischungslücke im Ternären in der Regel ab. Entsprechend ändert sich die Lage des kritischen Punktes. Die Gesamtheit der kritischen Punkte stellt eine Linie dar, die für eine Konzentration $x_C \to 0$ schließlich in den kritischen Punkt K des binären Systems A–B einmündet. Sie wird kritische Kurve genannt.

Weisen die beiden binären Randsysteme, in denen die Komponenten im flüssigen Zustand unbegrenzt mischbar sind, eutektische Gleichgewichte auf, so ergeben sich im einfachsten Falle Phasenumsetzungen, die in Bild 5.44

schematisch angedeutet sind. Die Linie fgh sei die Spur, längs der die Fläche der primären Kristallisation der Komponente A von der Mischungslücke geschnitten wird. Diese Schnittlinie verläuft nicht bei konstanter Temperatur. Die Fläche fghf ist keine isotherme Schnittfläche.

Eine Schmelze der Konzentration Q erreicht beim Abkühlen zunächst die Liquidusfläche von A. Durch Kristallisation von A bewegt sich die Konzentration der Schmelze auf der Verlängerung der Konode A–Q in Richtung auf die Mischungslücke zu. Diese wird schließlich bei Q_1 erreicht. Dabei tritt eine zweite flüssige Phase Q_1' auf. Für diese Situation gilt das Konodendreieck AQ_1Q_1'. Da sich in univarianter Reaktion beim weiteren Abkühlen aus dem Gemenge von Schmelze Q_1 und festem A die flüssige Phase Q_1' ausscheidet, ist dies nur unter Veränderung der Konzentration von Q_1 möglich. Dabei folgt sowohl die Konzentration von Q_1 als auch die von Q_1' der Schnittlinie fgh in Richtung auf g zu. Diese Schnittlinie ist, analog der Rinne der binären eutektischen Reaktion, der Ort aller Konzentrationen der flüssigen Phasen, die an dem univarianten Dreiphasengleichgewicht teilnehmen. Im Verlaufe dieser Reaktion gelangt durch Konzentrationsänderung der koexistierenden Schmelzen, z. B. von Q_1 nach Q_2 und von Q_1' nach Q_2', die Ausgangskonzentration Q in das Innere des Konodendreiecks (AQ_2Q_2'). Wie aus dieser Betrachtung ersichtlich, sinkt die Temperatur der Grenzkurve fgh von f nach g und von h nach g. Dabei ist der Punkt g als die niedrigste Temperatur dieser Linie angenommen. Er ist ein partieller kritischer Punkt und stellt zu tieferer Temperatur hin das Ende der kritischen Kurve dar.

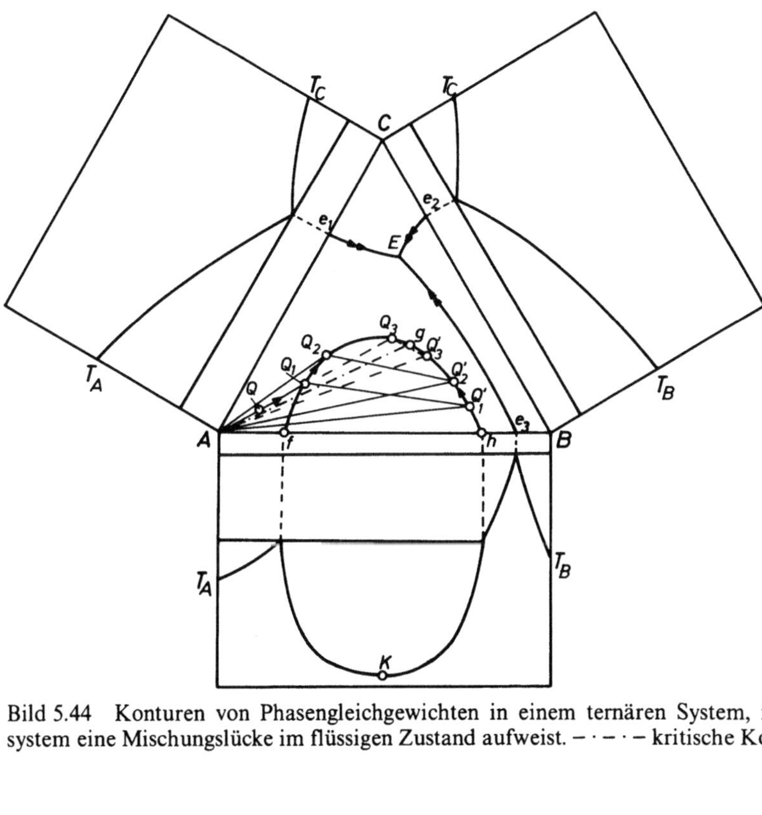

Bild 5.44 Konturen von Phasengleichgewichten in einem ternären System, in dem ein Randsystem eine Mischungslücke im flüssigen Zustand aufweist. – · – · – kritische Konode

Das Ende der univarianten Reaktion ist im vorliegenden Falle gegeben, wenn infolge der Verschiebung der Konzentration der Schmelzen der Punkt Q der Ausgangskonzentration auf der Konode $A-Q_3$ des Konodendreiecks $A\,Q_3\,Q_3'$ liegt. Die Menge der Schmelze Q_3' ist jetzt gleich null geworden. Es verbleiben noch die Phasen A und Schmelze Q_3. Die im Bereich $Q-Q_1$ begonnene primäre Kristallisation von A kann sich jetzt wieder bei fortschreitender Abkühlung in einer bivarianten Reaktion fortsetzen.

Bei anderer Lage von Q kann die zuerst gebildete Schmelze als erste aufgebraucht sein. Auch dann setzt sich die Primärkristallisation von A fort. Wenn die Ausgangskonzentration Q auf der geraden Verbindungslinie A–g liegt (kritische Konode, vgl. Bild 5.44), sind beide Schmelzen gleichzeitig verbraucht.

In Anlehnung an die Bezeichnungsweise in binären Systemen wird auch bei Dreistoffsystemen die Reaktion, an der zwei Schmelzen und eine feste Phase teilhaben, monotektische Dreiphasenreaktion genannt.

5.32 Monotektische Vierphasenreaktion

In einem binären System können zwei koexistierende Schmelzen nicht eutektisch erstarren, da bei einer solchen Reaktion vier Phasen im Gleichgewicht stehen würden. Nach dem Gibbsschen Phasengesetz ist das Maximum der koexistierenden Phasen in einem Zweistoffsystem bei konstantem Druck $\mathscr{P} = 3$ (nonvariantes Gleichgewicht). In Dreistoffsystemen gibt es indessen diese Möglichkeit, da aufgrund der um 1 höheren Anzahl der Komponenten auch die Zahl der Freiheitsgrade um 1 größer ist. Bild 5.45 gibt die Projektion solcher Gleichgewichtsverhältnisse auf die Grundfläche wieder.

Bei Abkühlung einer Schmelze Q wird zunächst die Liquidusfläche der primären Kristallisation von B getroffen. Durch die Kristallisation von B verschiebt sich die Konzentration von Q in Verlängerung der Konode B–Q, bis die Rinne e_2-a der binären eutektischen Kristallisation von B und C erreicht ist. Im weiteren Verlauf der Abkühlung läuft die Konzentration der Schmelze bei fortschreitender gleichzeitiger Ausscheidung von B und C entlang der Rinne e_2-a. Ist die Konzentration a erreicht, so tritt eine zweite flüssige

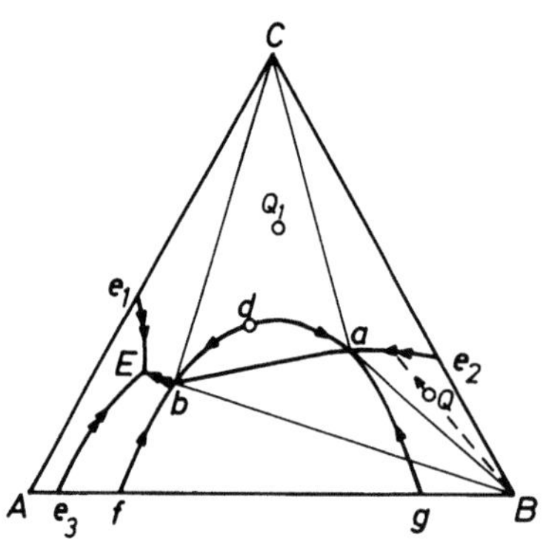

Bild 5.45 Zur monotektischen Vierphasenreaktion

Phase auf, und zwar mit der Konzentration b. Nun stehen vier Phasen im Gleichgewicht. In der bei fortschreitendem Wärmeentzug ablaufenden nonvarianten Reaktion wird Schmelze L_a zu festem B, festem C und Schmelze L_b umgesetzt:

$$L_a \rightarrow B + C + L_b. \tag{5.21}$$

Das ist eine monotektische Vierphasenreaktion. Sie ist analog der ternären eutektischen Reaktion. Die Konzentrationen der bei Wärmeentzug entstehenden drei Phasen B, C und L_b bilden ein Dreieck, in dessen Innerem die Konzentration der dabei sich verbrauchenden Schmelze L_a liegt.

Nach völliger Umsetzung der Schmelze L_a verbleiben die Phasen B, C und L_b. Das entspricht einem univarianten Gleichgewicht. Aus der Schmelze L_b kristallisiert bei Temperaturerniedrigung gleichzeitig B und C aus. Dabei durchläuft die Konzentration der Schmelze die Linie b–E, bis das ternäre Eutektikum erreicht ist, in dem bei gleichzeitiger Ausscheidung von A, B und C die Restschmelze völlig erstarrt.

Die Linien f–b und g–a stellen die Schnittlinien der Liquidusfläche von A bzw. von B mit der Mischungslücke dar. Längs dieser Linien sinkt die Temperatur in Richtung auf b bzw. a. Die Linie b–d–a ist die Schnittlinie der Mischungslücke mit der Liquidusfläche der primären Kristallisation von C. Der Punkt d stellt die maximale Temperatur der Linie b–d–a dar. Die Temperatur nimmt von d nach a und von d nach b ab. Die Punkte a und b liegen bei der niedrigsten längs der Linie fbdag auftretenden Temperatur.

Bei der Abkühlung einer Schmelze der Konzentration Q_1 kristallisiert primär C aus. Dabei verarmt die Schmelze an C, bis die Linie b–d–a erreicht ist. Es bildet sich eine zweite flüssige Phase. Mit sinkender Temperatur und sich fortsetzender Ausscheidung von C ändern sich bei diesem nun ablaufenden univarianten Dreiphasengleichgewicht die Konzentrationen der beiden Schmelzen längs der Grenzlinie b–d–a, bis die Konzentrationen a und b erreicht sind. Bei weiterem Wärmeentzug folgt, indem sich neben C auch B ausscheidet, die nonvariante monotektische Vierphasenreaktion.

Da es ein Gleichgewicht mit weniger als null Freiheitsgraden (nonvariantes Gleichgewicht) nicht geben kann, ist eine ternäre eutektische Kristallisation aus einem Gemenge zweier flüssiger Phasen nicht möglich – ähnlich wie ein binäres Eutektikum in einem Zweistoffsystem nicht in den Bereich einer Mischungslücke im flüssigen Zustand fallen kann.

5.33 Ternäre Realdiagramme mit begrenzter Mischbarkeit im flüssigen Zustand

Als Beispiel für ein Dreistoffsystem, in dem ein Randsystem eine Mischungslücke im flüssigen Zustand aufweist, während die beiden anderen Randsysteme durch einfache eutektische Schmelzgleichgewichte gekennzeichnet sind, ist in Bild 5.46 das System Blei–Zink–Zinn dargestellt.

Mischungslücken in ternären Systemen werden bei verschiedenen metallurgischen Prozessen genutzt, um eine Anreicherung und Abtrennung eines Stof-

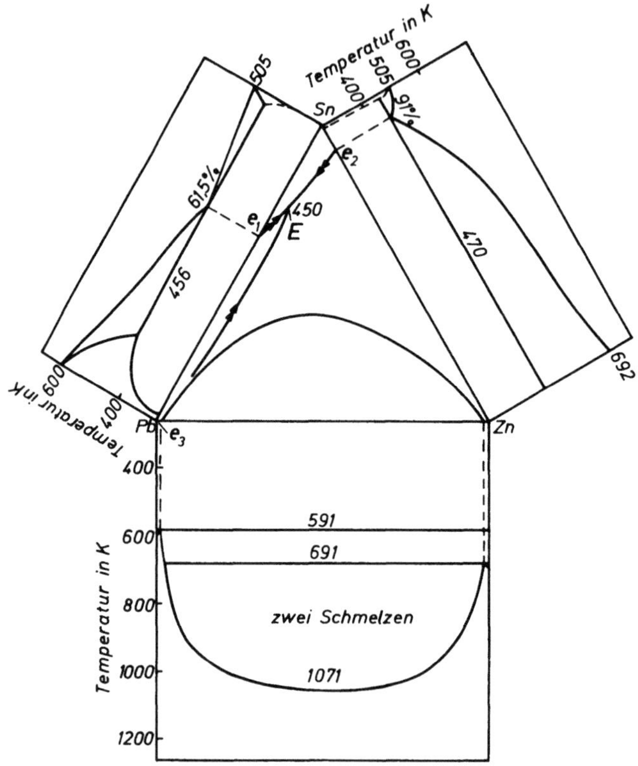

Bild 5.46 System Blei–Zink–Zinn nach W. Guertler und E. Anastasiadis[14]). Konzentrationen in Gewichts-%

fes zu erzielen. Als Beispiel für dieses Prinzip ist in Bild 5.47 die Mischungslücke im System Silber–Blei–Zink wiedergegeben. Die Konturen der übrigen Gleichgewichtslinien sind weggelassen.

Wird zu einem Blei–Silber-Gemisch mit der Konzentration a Zink zugesetzt, bis die flüssige Legierung die Konzentration b hat, so spaltet das Gemisch in zwei flüssige Phasen L_1 und L_1' auf. Der Silbergehalt in L_1 ist niedriger, der in L_1' höher als in der Ausgangslegierung. Die zinkreiche Schmelze

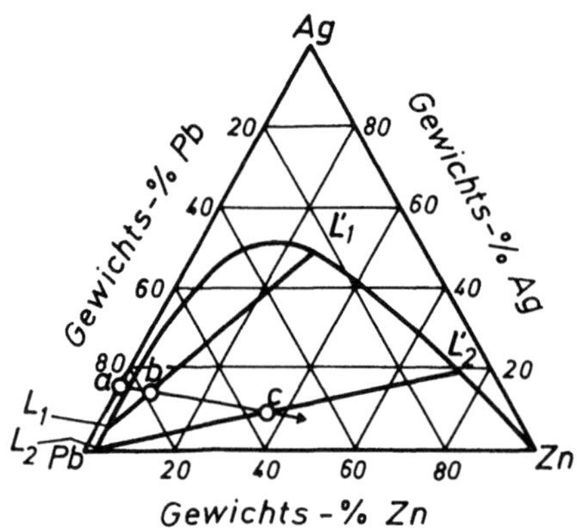

Bild 5.47 Mischungslücke im ternären System Blei–Zink–Silber nach R. Vogel[3]). Konzentrationen in Gewichts-%

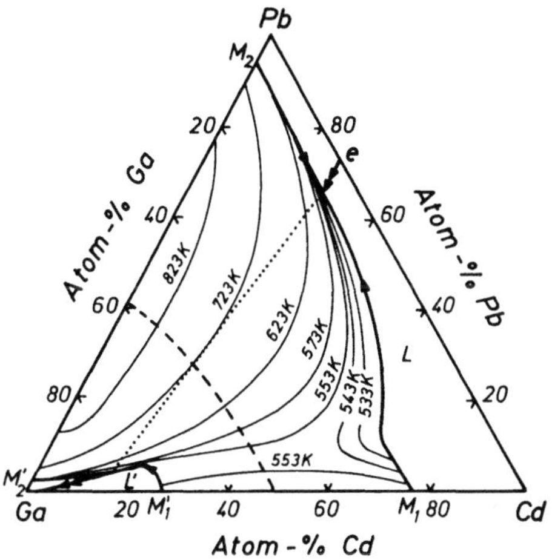

Bild 5.48 System Gallium–Blei–Cadmium nach [13]). — Isothermen der Mischungslücke; --- Projektion der kritischen Linie.

L_1' hat eine kleinere Dichte als die bleireiche Schmelze L_1 und schwimmt daher auf dieser. Die beiden Flüssigkeitsschichten lassen sich auf einfachem Wege voneinander trennen.

Wird wesentlich mehr Zink zugesetzt, so daß beispielsweise die Konzentration dem Punkte c entspricht, so ist zwar die bleireiche Schicht noch silberärmer (L_2), gemäß dem Hebelgesetz ist aber die Menge der silberreichen Schicht (L_2') größer und ihr Silbergehalt kleiner geworden. Der günstigste Zinkzusatz für eine effektive Abtrennung des Silbers vom Blei ist durch die Form der Mischungslücke und durch die Lage der Konoden festgelegt.

Als Beispiel eines Realdiagramms mit einem monotektischen Vierphasengleichgewicht sind in Bild 5.48 die wesentlichen Gleichgewichtslinien des Systems Gallium–Cadmium–Blei wiedergegeben. In den Randsystemen Gallium–Cadmium und Gallium–Blei treten Mischungslücken im flüssigen Zustand auf, die sich quer durch das gesamte ternäre System erstrecken. Im System Cadmium–Blei liegen einfache eutektische Schmelzgleichgewichte vor. Das ternäre Eutektikum liegt, ebenso wie die binären Eutektika der Systeme Gallium–Blei und Gallium–Cadmium, extrem nahe bei 100 At.-% Ga. Diese nonvarianten Gleichgewichte sind daher in Bild 5.48 nicht dargestellt. Anhand der eingezeichneten Isothermen der Mischungslücke ist ersichtlich, daß in dem vom Randsystem Ga–Pb bis zum Randsystem Ga–Cd durchgehenden Flüssig–flüssig-Zweiphasengebiet im Ternären bei Bleigehalten von etwa 10 At.-% ein Minimum der kritischen Temperatur auftritt. Gleichzeitig liegt hier eine Einschnürung des Konzentrationsbereichs der Mischungslücke vor. Das ist ein Hinweis darauf, daß in diesem Konzentrationsbereich die Wechselwirkungskräfte zwischen den ungleichartigen Atomen stärker sind als im übrigen Gebiet der Mischungslücke.

5.34 Reaktionsschema

Zur raschen Übersicht über angrenzende Phasenräume und über Reaktionsfolgen in einem ternären System hat E. Scheil die Aufstellung eines Reak-

Tabelle 5.3 Reaktionsschema nach E. Scheil für ein ternäres System mit eutektischem Vierphasengleichgewicht

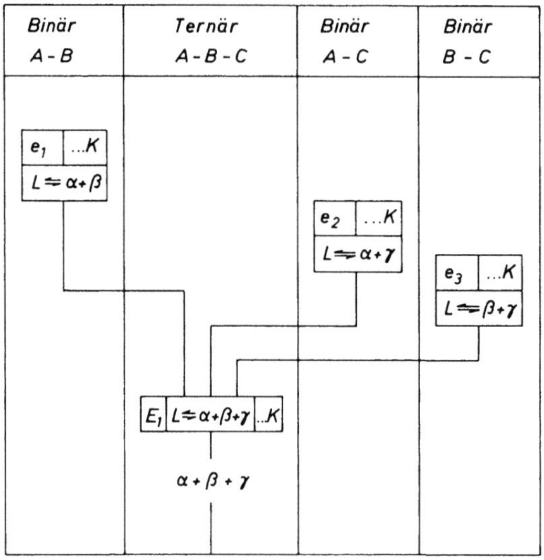

Tabelle 5.4 Reaktionsschema nach E. Scheil für ein ternäres System mit einem nonvarianten Übergangsgleichgewicht

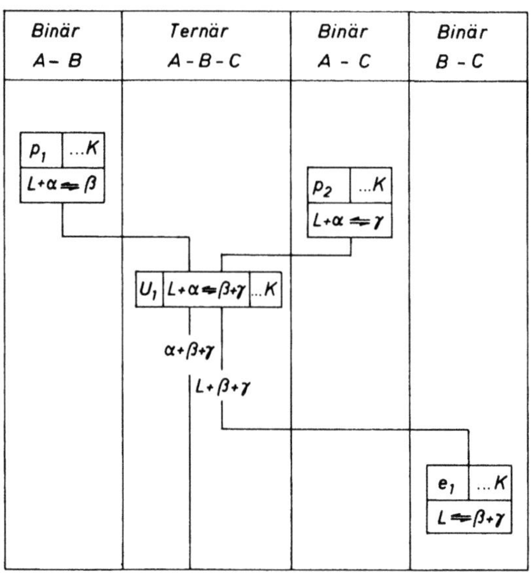

tionsschemas vorgeschlagen, in dem die Phasengleichgewichte, die bei der Erstarrung aufeinanderfolgen, in systematischer Weise verbunden werden (vgl. auch G. Petzow [17])).

Im Falle eines ternären Systems mit Eutektika in den Randsystemen und einem ternären Eutektikum treten folgende univariante Reaktionen der binären eutektischen Kristallisation auf:

$$L \rightleftarrows \alpha + \beta, \tag{5.22}$$

$$L \rightleftarrows \alpha + \gamma, \tag{5.23}$$

$$L \rightleftarrows \beta + \gamma. \tag{5.24}$$

L bedeutet die Schmelze, α, β und γ sind die Mischkristalle der Komponenten A, B und C. An diese binäre Kristallisation schließt sich die nonvariante Reaktion der ternären eutektischen Kristallisation an:

$$L \rightleftarrows \alpha + \beta + \gamma. \tag{5.25}$$

Als Endprodukt der Erstarrung verbleibt ein Gemenge der Phasen $\alpha + \beta + \gamma$.

Diese Abfolge der Reaktionen wird nach E. Scheil in der in Tabelle 5.3 wiedergegebenen Art dargestellt. Von oben nach unten nimmt die Temperatur ab. Aus dieser Darstellung ist auch unmittelbar ersichtlich, welche Zustandsräume univarianter Gleichgewichte an die Ebene des Vierphasengleichgewichts stoßen.

In analoger Weise ist in Tabelle 5.4 die Abfolge der Reaktionen im Zusammenhang mit einem Übergangsgleichgewicht wiedergegeben.

An die Ebene der Vierphasenreaktion

$$L + \alpha \rightleftarrows \beta + \gamma \tag{5.26}$$

stoßen einerseits die univarianten Reaktionen

$$L + \alpha \rightleftarrows \beta \tag{5.27}$$

und

$$L + \alpha \rightleftarrows \gamma \tag{5.28}$$

Tabelle 5.5 Reaktionsschema nach E. Scheil für ein ternäres System mit einem nonvarianten peritektischen Gleichgewicht

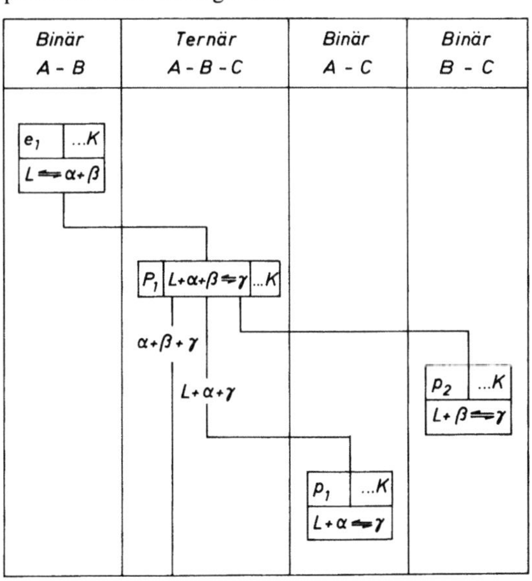

sowie andererseits die Dreiphasenräume der Endprodukte der Kristallisation, $\alpha + \beta + \gamma$, und der univarianten Reaktion

$$L \rightleftarrows \beta + \gamma. \tag{5.29}$$

Schließlich ist in Tabelle 5.5 das Reaktionsschema für ein System mit peritektischer Vierphasenreaktion dargestellt. Ebenso wie bei den in Tabelle 5.3 und Tabelle 5.4 wiedergegebenen Vierphasengleichgewichten stoßen auch in diesem Falle an die Vierphasenebene vier Räume von Dreiphasengleichgewichten.

5.35 Vierstoffsysteme

Einer Erörterung der Gleichgewichtsverhältnisse bei Vierstoffsystemen liegen naturgemäß die gleichen Prinzipien zugrunde, wie sie bei der Erläuterung der Zwei- und Dreistoffsysteme angewandt werden. Die Vielfalt der möglichen Gleichgewichte und deren Kombinationen ist indessen erheblich. Hinzu kommt die Gegebenheit, daß bei einem Vierstoffsystem zur graphischen Darstellung der Konzentration eines Gemisches drei Dimensionen erforderlich sind. Es können daher nur isotherme Schnitte unmittelbar wiedergegeben werden.

Zur graphischen Darstellung von Phasengleichgewichten quaternärer Systeme bei vorgegebener Temperatur wird zweckmäßigerweise das gleichseitige Tetraeder (Konzentrationstetraeder) verwendet (vgl. Bild 5.49). Die vier Ecken A, B, C und D entsprechen den reinen Komponenten. Die Länge der Kanten wird dem Betrag von 100 At.-% (bzw. 100 Gew.-%) A, B, C bzw. D gleichgesetzt und ist binären Gemischen zugeordnet. Die Flächen sind der Bereich der ternären Randsysteme. Im Inneren des Konzentrationstetraeders liegen die Zusammensetzungen der quaternären Gemische. Aus Bild 5.49 ist die Einzeichnung eines Konzentrationspunktes ersichtlich. Von der Ecke A wird die Konzentration an B (Strecke b auf der Kante A–B), die Konzentration an C (c auf der Kante A–C) und an D (d auf der Kante A–D) aufgetragen. Die Konstruktion eines Parallelogramms aus den Strecken b, c und d führt zur Lage des Punktes Q im Konzentrationstetraeder.

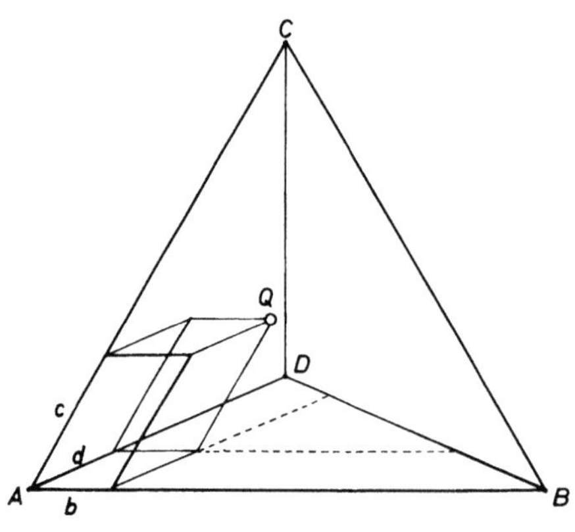

Bild 5.49 Zur Darstellung der Konzentration eines quaternären Gemisches

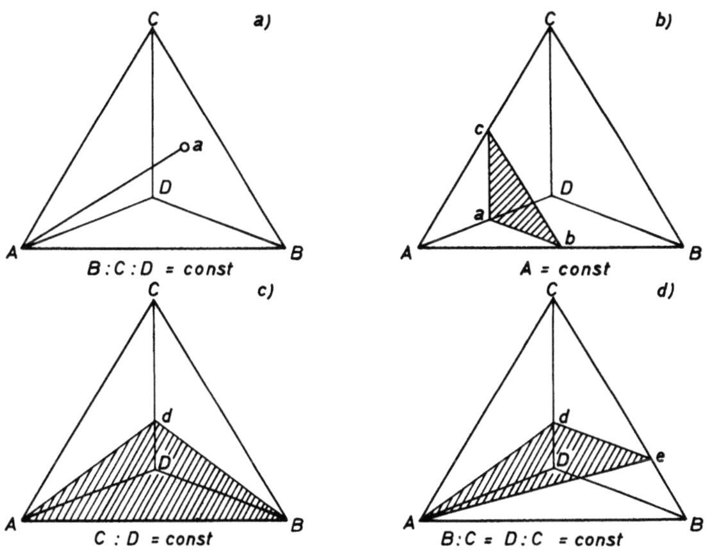

Bild 5.50 Geometrisch einfache Schnitte durch ein Konzentrationstetraeder

Durch das Konzentrationstetraeder können einige geometrisch einfache Schnitte geführt werden (vgl. Bild 5.50).

a) Gemische mit konstantem Verhältnis dreier Komponenten liegen auf einer Linie, die durch die Ecke der vierten Komponente geht. Für den in Bild 5.50a dargestellten Fall ist das Verhältnis B:C:D = const. Die Konzentration an A nimmt von a nach A zu.
b) Bild 5.50b stellt einen Schnitt für Gemische mit konstanter Konzentration an A dar. Die Fläche abc ist parallel der Tetraederfläche BCD, die der Ecke A gegenüberliegt.
c) Bild 5.50c gibt einen Schnitt wieder für den Fall, daß das Verhältnis C:D = const. ist. Die Schnittfläche wird begrenzt durch die Linie des binären Systems A–B, deren Komponenten hinsichtlich ihrer Konzentration nicht festgelegt sind. Die Linien A–d und B–d sind Schnittlinien in den ternären Randsystemen A–C–D bzw. B–C–D für konstantes Verhältnis C:D.
d) In Bild 5.50d ist ein Schnitt mit B:C = const. und C:D = const. wiedergegeben. Die Linie A–d entspricht einem konstanten Verhältnis C:D im ternären Randsystem A–D–C und für die Linie A–e ist im Randsystem A–B–C B:C = const.

5.36 Einfache Gleichgewichte in Vierstoffsystemen

Ein Zweiphasengleichgewicht L $\rightleftarrows$ α bei konstanter Temperatur ist in Bild 5.51 für ein Vierstoffsystem dargestellt. Gegenüber einem analogen Gleichgewicht im ternären System sind die Dimensionen der Zustandsbereiche und die Anzahl der Freiheitsgrade der Gleichgewichte naturgemäß um 1 größer.

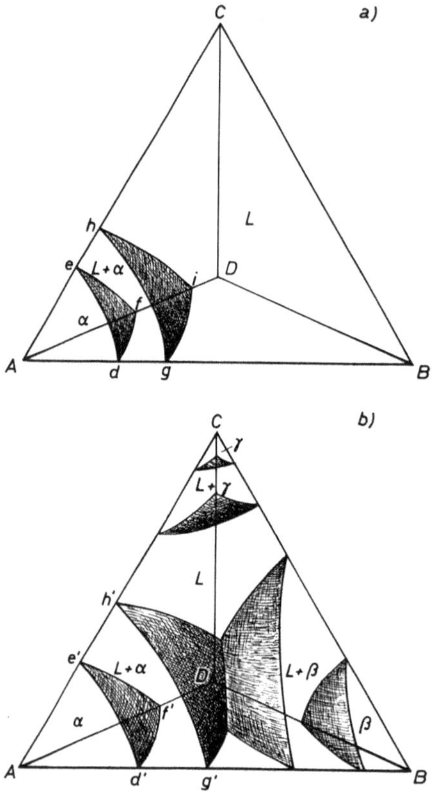

Bild 5.51 Räumliche Darstellung von Liquidus- und Solidusfläche in einem Konzentrationstetraeder

Das Zweiphasengleichgewicht ist gemäß dem Gibbsschen Phasengesetz bei konstantem Druck im quaternären System eine trivariante Reaktion. Das Zustandsgebiet der Schmelze ist ein Raum, ebenso das der Mischkristalle und des Gemenges L + α (vgl. Bild 5.51 a). Die Konoden zwischen den Flächen def und ghi liegen nicht in einer Ebene. Sie überschneiden sich naturgemäß nicht.

Mit sinkender Temperatur verschieben sich die Flächen def und ghi zu größerem Abstand von A (vgl. Bild 5.51 b). Sind alle binären Randsysteme einfache eutektische Systeme und liegen in allen ternären Randsystemen ternäre eutektische Punkte vor, so resultieren beim Aufeinandertreffen zweier trivarianter Gleichgewichte bivariante Reaktionen, bei denen sich zwei Komponenten gleichzeitig ausscheiden. Treffen zwei bivariante Reaktionen aufeinander, so führt das zu einer univarianten ternären eutektischen Erstarrung. Schließlich kann der quaternäre eutektische Punkt erreicht werden, in dem die Restschmelze bei konstanter Temperatur erstarrt:

$$L \rightleftarrows \alpha + \beta + \gamma + \delta. \tag{5.30}$$

Die graphische Darstellung solcher Gleichgewichte bereitet Schwierigkeiten. Ähnlich, wie es zweckmäßig ist, zur Erzielung einer raschen Übersicht die Linienzüge univarianter Gleichgewichte in Dreistoffsystemen auf die Ebene des Konzentrationsdreiecks zu projizieren, können auch analoge

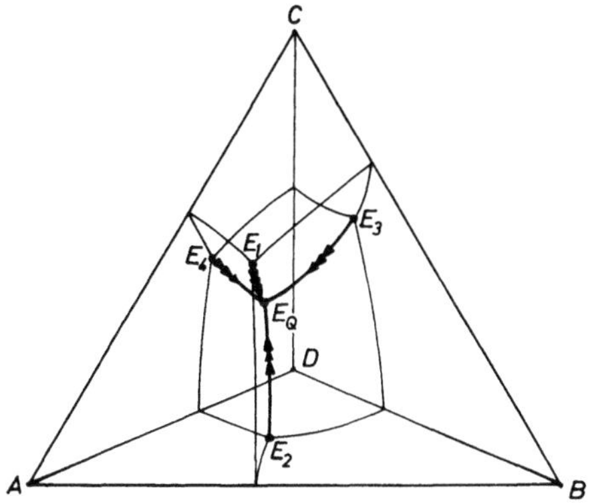

Bild 5.52 Polythermische Darstellung der eutektischen Kristallisation in einem einfachen quaternären System mit einem quaternären Eutektikum E_Q

Gleichgewichtslinien in quaternären Systemen in das Konzentrationstetraeder hineinprojiziert werden. Bei dieser „polythermischen" Darstellungsweise wird der Gang der Linien hinsichtlich der Temperatur durch Pfeile angezeigt.

Ein einfaches Beispiel für den Fall einer eutektischen Erstarrung in einem Vierstoffsystem ist in Bild 5.52 wiedergegeben. Die ternären Randsysteme haben ternäre eutektische Punkte E_1, E_2, E_3 bzw. E_4. Von diesen gehen bei sinkender Temperatur Linien univarianter, eutektischer Reaktionen ins Quaternäre hinein. Sie treffen sich im quaternären eutektischen Punkt E_Q, in dem die Restschmelze in nonvarianter Reaktion erstarrt.

5.37 Reziproke Systeme

Im allgemeinen Fall sind die Komponenten unabhängig voneinander. Das ist beispielsweise bei Legierungen aus vier metallischen Elementen (z. B. Cd–Bi–Pb–Sn) gegeben. In Systemen aus Verbindungen können indessen Umsetzungen eintreten, die zu speziellen Gegebenheiten führen. Eine doppelte Umsetzung erfolgt beispielsweise beim Zusammenschmelzen zweier Salze, deren Anionen und Kationen sich unterscheiden:

$$BaCl_2 + Mg(NO_3)_2 \leftrightharpoons Ba(NO_3)_2 + MgCl_2 \,. \tag{5.31}$$

Die Schmelze besteht aus vier Bestandteilen. Sie sind indessen nicht unabhängig voneinander, sondern aufgrund der Gl. (5.31) miteinander verknüpft. Die Anzahl der Freiheitsgrade wird gegenüber einem System mit vier unabhängigen Bestandteilen um 1 reduziert. Vier Salze, die in einer doppelten Umsetzung miteinander verknüpft sind, werden als reziproke Salzpaare bezeichnet.

In einem reziproken System AX–AY–BX–BY, in dem A, B die Kationen und X, Y die Anionen der Salze darstellen, sind zur Beschreibung der Konzentrationsverhältnisse nur drei Konzentrationsangaben erforderlich; die vierte ist durch die Reaktion

$$AX + BY \leftrightharpoons AY + BX \tag{5.32}$$

gegeben. Bei der Betrachtung der Phasengleichgewichte kann daher analog wie bei einem Dreistoffsystem verfahren werden. Die Konzentrationsdarstellung ist in einer Ebene möglich. Anstelle eines Konzentrationsdreiecks bei Dreistoffsystemen tritt indessen zweckmäßigerweise ein Konzentrationsquadrat.

In einem System AX–AY–BX–BY, dessen Komponenten durch die doppelte Umsetzung gemäß Gl. (5.32) verknüpft sind, bilden die Bestandteile die Ecken des Quadrats (vgl. Bild 5.53). Sinnvollerweise haben benachbarte Ecken eine gemeinsame Teilkomponente. Die reziproken Paare sind diagonal gegenüberstehend angeordnet. Die das Quadrat begrenzenden Seiten stellen die Gesamtheit der Konzentrationen von Zweistoffsystemen mit einer gemeinsamen Teilkomponente dar (AX–AY, AY–BY, BY–BX, BX–AX), die zu einer doppelten Umsetzung nicht fähig sind. Das Innere des Quadrats ist der Konzentrationsbereich mit doppelter Umsetzung. Der Punkt P ist in einfacher Weise durch die beiden Molenbrüche $x_X^P = 1 - x_A^P$ und x_Y^P gegeben. Zur Darstellung der Phasengleichgewichte bei konstantem Druck wird die Temperatur senkrecht zum Konzentrationsquadrat aufgetragen.

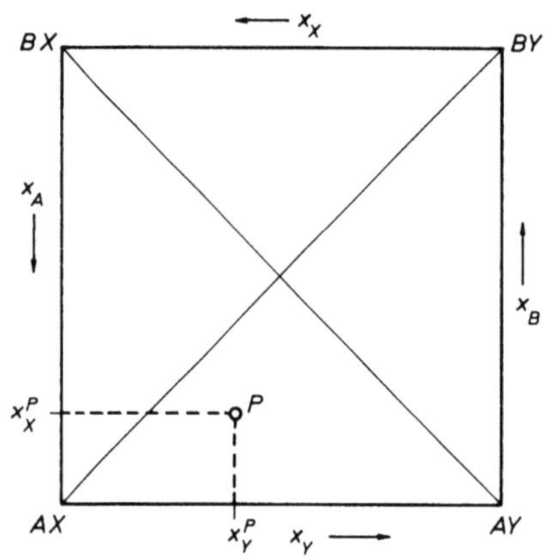

Bild 5.53 Konzentrationsquadrat für ein Vierstoffsystem AX–AY–BY–BX mit doppelter Umsetzung

Die Summe aller Molenbrüche in einer Probe ist naturgemäß gleich 1. Für den in Bild 5.53 dargestellten Punkt P, der im Dreieck AX–AY–BX liegt, ist

$$x_{AY} = 0{,}4,$$

und

$$x_{BX} = 0{,}2.$$

Der Molenbruch von AX beträgt dementsprechend $x_{AX} = 0{,}4$.

Der Punkt P liegt auch im Dreieck AX–AY–BY. Die Konzentration von P kann daher auch folgendermaßen angegeben werden:

$$x_{AX} = 0{,}6,$$

$$x_{BY} = 0{,}2,$$

$$x_{AY} = 0{,}2.$$

Die Molenbrüche der Kationen und der Anionen sind natürlich unabhängig davon, welches Dreieck für die Betrachtung zugrunde gelegt wird. Sie betragen, wie leicht zu erkennen ist, $x_A = 0{,}8$, $x_B = 0{,}2$ und $x_X = 0{,}6$, $x_y = 0{,}4$.

5.38 Löslichkeit reziproker Salzpaare in Wasser

Für die Darstellung der Konzentrationsgegebenheiten bei einer Lösung eines reziproken Salzpaares in Wasser reicht eine Ebene nicht aus. Das spezielle Fünfstoffsystem kann wie ein Vierstoffsystem behandelt werden. Bereits die isotherme Betrachtung der Löslichkeitsgleichgewichte erfordert eine räumliche Darstellung. In der Regel genügen für manche Zwecke allerdings auch geeignete Projektionen in eine Ebene.

Nach Löwenherz wird zur Betrachtung der Löslichkeit bei einer bestimmten Temperatur eine Konzentrationspyramide mit quadratischer Basisfläche genutzt (vgl. Bild 5.54). Die Ecken der Grundfläche der Pyramide stellen die reinen Salze dar ($x = 1$). Der Molenbruch dieser Salze wird von der Pyramidenspitze O aufgetragen, die als Koordinatenanfangspunkt fungiert. Wie in Bild 5.54 dargestellt, wird zur Konstruktion des Konzentrationspunktes P zunächst der Molenbruch von BX auf der Kante O–BX und der Molenbruch von AX auf der Kante O–AX abgetragen und aus den zu diesen Strecken parallelen Strecken a und b der Schnittpunkt Q gewonnen. Er stellt eine ternäre Lösung dar. Die von Q parallel zur Pyramidenkante O–BY zu ziehende Strecke Q–P entspricht dem Molenbruch x_{BY}. Da die räumliche Darstellung umständlich ist, wird häufig die Projektion auf die quadratische Grundfläche betrachtet.

Bei einer Darstellung isothermer Löslichkeitsgleichgewichte für die Lösung eines reziproken Salzpaares in Wasser werden nach Jänecke die Konzentrationen wasserfreier Salzgemische in einem Konzentrationsquadrat wie-

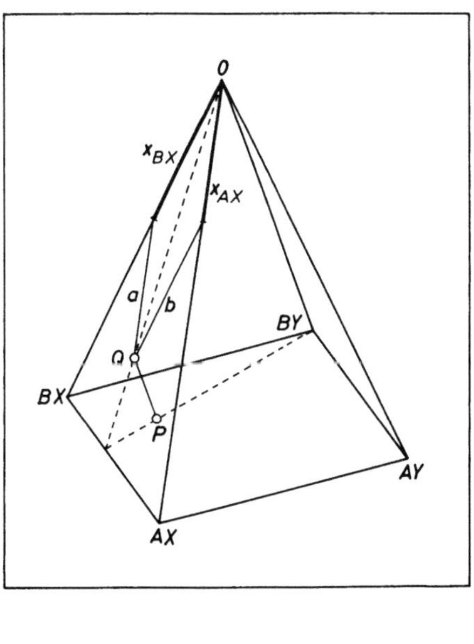

Bild 5.54 Isotherme Konzentrationspyramide für Lösungen eines reziproken Salzpaares in Wasser nach Löwenherz

dergegeben. Der Molenbruch des Wassers oder das Verhältnis der Molzahl des Wassers zur Molzahl des Salzes werden senkrecht zu dieser Basisebene aufgetragen. Die Konzentrationen der quinären Mischphasen liegen also im Inneren eines quadratischen Prismas. Die Löslichkeit eines Salzes wird durch Zusatz anderer Salze geändert. Die Flächen, die im Prismeninneren die Gesamtheit der an einem Salz gesättigten Lösungen darstellen, sind gekrümmt. Es ist üblich, den Gang dieser Krümmung in der Projektion auf die quadratische Grundfläche in Form von Isohypsen anzugeben. Desgleichen wird in einer solchen Darstellung die Lage der Projektionen der gleichzeitig an zwei Salzen gesättigten Schnittlinien zweier gewölbter Flächen einfach gesättigter Lösungen wiedergegeben. Schnittpunkte dieser Rinnen doppelt gesättigter Lösungen sind schließlich Konzentrationspunkte von Lösungen, die gleichzeitig an drei Salzen gesättigt sind.

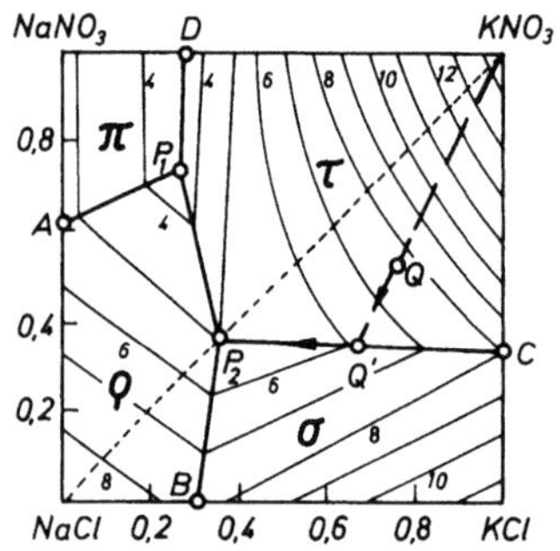

Bild 5.55 Löslichkeitsverhältnisse im reziproken Salzsystem $NaNO_3 + KCl \leftrightharpoons KNO_3 + NaCl$ (nach R. Vogel[4]))

Als Beispiel sind in Bild 5.55 die Löslichkeitsverhältnisse im reziproken Salzsystem

$$NaNO_3 + KCl \leftrightharpoons KNO_3 + NaCl \tag{5.33}$$

für 298 K (25 °C) wiedergegeben. Der Wassergehalt der gesättigten Lösungen ist in Molen Wasser pro Mol Salz angegeben. Die Zahlenwerte der so ausgedrückten Wasserkonzentration sind an den Isohypsen gleicher Konzentration vermerkt. Es sei erinnert, daß die Seiten der quadratischen Projektionsfläche Dreistoffsystemen entsprechen ($NaCl-KCl-H_2O$, $KCl-KNO_3-H_2O$, $KNO_3-NaNO_3-H_2O$ und $NaNO_3-NaCl-H_2O$). Der Punkt A entspricht einer Lösung im System $NaNO_3-NaCl-H_2O$, die gleichzeitig an $NaNO_3$ und NaCl gesättigt ist. Analoges gilt für die Punkte B, C und D. Von diesen Punkten gehen Kurvenzüge ins Innere des Basisquadrats, die Lösungen angeben, bei denen Sättigung an zwei Salzen vorliegt. Sie gliedern die Fläche des Quadrats in die Teilfächen π, ϱ, σ, τ auf, die Bereiche darstellen, in denen die Lösung an einer Salzart gesättigt ist. Im Bereich π liegt Sättigung an $NaNO_3$, im Bereich ϱ Sättigung an NaCl, im Bereich σ Sättigung an KCl und schließlich im Bereich τ Sättigung an KNO_3 vor. Die Isohypsen des Wassergehalts sind jeweils eingezeichnet. Die Punkte P_1 und P_2 stellen Lösungen dar, die an den drei Salzen gesättigt sind, welche zu den angrenzenden Bereichen einfacher Sättigung π, σ, τ bzw. ϱ, σ, τ gehören.

Die bei isothermer Verdampfung des Wassers ablaufenden Kristallisationsvorgänge können leicht erschlossen werden. Die Prinzipien sind vergleichbar mit denen bei der Kristallisation in einem Dreistoffsystem bei sinkender Temperatur. Als Beispiel sei die isotherme Verdampfung von Wasser aus einer Ausgangslösung Q betrachtet (vgl. Bild 5.55). Bei Wasserverlust kristallisiert KNO_3 aus, bis die Linie P_2-C bei Q′ erreicht ist. Nun kristallisieren im weiteren Verlauf der Wasserverdampfung gleichzeitig KNO_3 und KCl aus. Die Konzentration der Lösung gelangt dabei längs $Q'-P_2$ schließlich zur Konzentration P_2. Jetzt kristallisiert aus der Lösung KNO_3, KCl und NaCl aus, bis das gesamte Wasser beseitigt ist.

Es sei bemerkt, daß das in Gl. (5.33) dargestellte reziproke Salzpaar eine beachtliche Bedeutung zur Gewinnung von KNO_3 aus $NaNO_3$ durch Umsetzen mit KCl gewonnen hat. Die Bereiche π und σ stoßen, wie aus Bild 5.55 ersichtlich, nicht aufeinander. Längs der Linie P_1-P_2 kristallisiert bei Wasserentzug aus einer entsprechenden Lösung von $NaNO_3$ und KCl ein Gemenge von KNO_3 und NaCl aus. Bei dieser Herstellung von „Konversionssalpeter“ wird zusätzlich noch die Temperaturabhängigkeit der Löslichkeitsgleichgewichte genutzt.

5.39 Bemerkungen zum Umfang höherer polynärer Systeme

Seit dem Anfang dieses Jahrhunderts werden heterogene Gleichgewichte intensiv untersucht. Als Beispiel ist in Tabelle 5.6 eine grobe Übersicht über das im Teilbereich der metallischen Stoffe Erreichte und über den Umfang des noch Unerforschten gegeben. Dabei wird die Anzahl möglicher Kombinationen der etwa 80 metallischen Elemente zu Vielstoffsystemen mit bis zu 7 Komponenten betrachtet.

Die Menge der Vielstoffsysteme steigt mit zunehmender Anzahl der konstituierenden Bestandteile außerordentlich rasch an. Der Vergleich mit der Anzahl der untersuchten Systeme lehrt, daß nur etwa 70% der binären und etwas über 1% der ternären Systeme untersucht ist. Mit weiter steigender

Tabelle 5.6 Übersicht über die Anzahl möglicher Vielstoffsysteme und über die Anzahl erforschter Systeme bei 80 metallischen Elementen als möglichen Komponenten (nach G. Petzow und L. Lukas [18]).

Anzahl der Komponenten n	Anzahl möglicher Systeme $\binom{80}{n}$	ungefähre Anzahl untersuchter Systeme
1	80	80
2	3 160	2 000
3	82 160	1 000
4	1 581 580	100
5	24 040 016	10
6	300 500 200	–
7	3 176 716 400	–

Komponentenzahl nimmt die Anzahl der untersuchten Systeme rasch ab. Dabei ist zu bemerken, daß die als „untersucht“ gewerteten Systeme keineswegs vollständig erschlossen sind, sondern in vielen Fällen nur kleine, besonders interessante Teilbereiche solcher Systeme erforscht wurden.

Die Anzahl der möglichen n-Stoffsysteme bei vorgegebener Anzahl der Komponenten nimmt, wie Bild 5.56 zeigt, mit steigender Zahl n nicht stetig zu, sondern durchläuft ein Maximum. Bei 80 Komponenten nimmt die Zahl der möglichen Systeme mit steigendem n bis $n = 40$ zu, um dann wieder zu sinken. Naturgemäß existiert nur ein 80-Stoffsystem, in dem alle übrigen Kombinationen als Randsysteme enthalten sind. Die Anzahl der 40-Stoffsysteme liegt in der Größenordnung von 10^{23}.

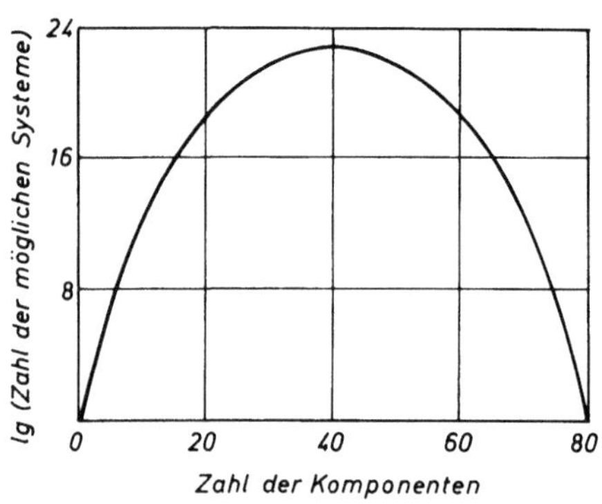

Bild 5.56 Zusammenhang zwischen der Zahl der Systemkomponenten und der Anzahl der möglichen Systeme, wenn 80 verschiedene Elemente als Komponenten verfügbar sind (nach G. Petzow und H. L. Lukas[18])

Die Vielfalt möglicher Kombinationen wird noch größer, wenn die Fülle anderer anorganischer Elemente und Verbindungen sowie die unüberschaubare Anzahl der organischen Verbindungen in Betracht gezogen wird. Ferner ist an metastabile Phasengleichgewichte zu denken, die verschiedentlich von größerer Bedeutung sind als die stabilen. Zusammenfassend ist festzustellen, daß trotz intensiver Forschungstätigkeit nur ein geringfügiger, wenn auch prinzipiell wichtiger Teil der möglichen stabilen und metastabilen heterogenen Gleichgewichte erschlossen worden ist.

Zahlreiche nicht komplex zusammengesetzte metallische und nichtmetallische Werkstoffe konnten für bestimmte Aufgaben optimal entwickelt werden. Schon geringe Beimengungen weiterer Komponenten können bekanntlich von erheblichem Einfluß auf die Eigenschaften des Materials sein. Auch im Hinblick darauf ist es sinnvoll, Untersuchungen der heterogenen Gleichgewichte an Mehrstoffsystemen durchzuführen. Mit steigender Anzahl der Komponenten nimmt indessen der zur Klärung des Systems erforderliche Umfang an Untersuchungen zu. Der Aufwand an Arbeitszeit steigt rasch an, so daß solche rein experimentellen Untersuchungen nicht mehr realisierbar sind oder zumindest als unrentabel erscheinen.

Da die Phasengleichgewichte eines Systems ein unmittelbarer Ausdruck der thermodynamischen Gegebenheiten der Gemische sind, liegt es nahe, den Zusammenhängen zwischen Phasengleichgewichten in polynären Systemen und den Wechselwirkungen zwischen den Atomen bzw. Molekülen der

Komponenten theoretisch nachzugehen. Die dafür erforderlichen umfangreichen Rechnungen können mit modernen elektronischen Rechenanlagen relativ rasch bewältigt werden. Die Problematik liegt zur Zeit in der Erstellung geeigneter Modelle für eine hinreichend sichere Erfassung der Wechselwirkungsparameter und der Atomanordnung in einzelnen Phasen und deren Auswirkung auf die Phasengleichgewichte (vgl. Kap. 7).

5.40 Literaturhinweise zu Kapitel 5

1) W. Eitel, „Die heterogenen Schmelzgleichgewichte silikatischer Mehrstoffsysteme", J. Ambrosius Barth, Leipzig (1945).
2) G. Masing, „Ternäre Systeme", 2. Auflage, Akademische Verlagsgesellschaft Geest u. Portig, Leipzig (1949).
3) R. Vogel, „Einführung in die Metallurgie", Musterschmidt-Verlag, Göttingen (1955).
4) R. Vogel, „Die heterogenen Gleichgewichte", 2. Auflage, Akademische Verlagsgesellschaft Geest u. Portig, Leipzig (1959).
5) L. S. Palatnik und A. I. Landau, „Phase Equilibria in Multicomponent Systems", Holt, Reinhart and Winston Inc., New York (1964).
6) A. Prince, „Alloy Phase Equilibria", Elsevier Publishing Comp., Amsterdam (1966).
7) R. Haase und H. Schönert, „Solid-Liquid Equilibrium" in: The International Encyclopedia of Physical Chemistry and Chemical Physics, Topic 13: „Mixtures, Solutions, Chemical and Phase Equilibria"; Herausgeber: M. L. McGlashan; Vol. I, Pergamon Press, Oxford (1969).
8) A. M. Alper (Herausgeber), „Phase Diagrams", Vol. I, Theory, Principles and Techniques of Phase Diagrams, Vol. II, The Use of Phase Diagrams in Metal, Refractory, Ceramic and Cement Technology, Vol. III, The Use of Phase Diagrams in Electronic Materials and Glass Technology. Academic Press, New York (1970).
9) J. Hansen und F. Beiner, „Heterogene Gleichgewichte", W. de Gruiter-Verlag, Berlin (1974).
10) J. Nývlt, „Solid-Liquid Phase Equilibria", Elsevier Scientific Publishing Comp., Amsterdam (1977).
11) W. Guertler, „Konstitution der ternären metallischen Systeme", M. W. Guertler, Berlin-Dahlem (1956).
12) G. Petzow, S. Steeb und G. Kiessler, Z. Metallkde., **54,** 473 (1963).
13) B. Predel, Z. Metallkde., **52,** 507 (1961).
14) W. Guertler und E. Anastasiadis, „Konstitution ternärer metallischer Systeme", Verlag Wirtschaft und Kultur, E. Jaster, Berlin (1956).
15) L. S. Palatnik und A. I. Landau, Zh. Fiz. Khim., **29,** 1748 und 2054 (1955); **30,** 2399 (1956).
16) B. Predel, H. Bankstahl und T. Gödecke, J. Less-Common Metals, **44,** 39 (1976).
17) W. Dreizler, F. Aldinger und G. Petzow, Z. Metallkde., **70,** 769 (1979).
18) G. Petzow und L. Lukas, Z. Metallkde., **61,** 877 (1970).
19) G. Petzow und F. Aldinger, Z. Metallkde., **59,** 145 (1968).
20) T. Mager, H. L. Lukas und G. Petzow, Z. Metallkde., **63,** 638 (1972).
21) E. M. Levin und H. F. McMurdie; Herausgeber: M. K. Reser, „Phase Diagrams for Ceramists", 1975 Supplement, The Amer. Ceramic Soc., Ceramic Drive, Columbus, Ohio, USA (1975).

6. Phasengleichgewichte bei Beteiligung einer Dampfphase

6.1 Dampf–Flüssigkeit-Gleichgewicht in einem Einstoffsystem

Wie bereits in Abschnitt 2.2 dargelegt, ist bei einer vorgegebenen Temperatur T ein Teil der zu einem Festkörper oder zu einer Flüssigkeit verbundenen Atome oder Moleküle in der Lage, die kondensierte Phase zu verlassen. In einem abgeschlossenen System stellt sich ein bestimmter Dampfdruck p ein, der gemäß Gl. (2.1a) von der Temperatur abhängt. Gl. (2.1a) gilt nur für den Fall, daß die Verdampfungsenthalpie ΔH^V temperaturunabhängig ist. Dies trifft nicht allgemein zu. Zur Darstellung des Dampfdrucks als Funktion der Temperatur hat sich in solchen Fällen folgender Ausdruck bewährt:

$$\log\left(\frac{p}{p_0}\right) = \frac{a}{T} + b \cdot \log\left(\frac{T}{T_0}\right) + c \cdot T + d. \tag{6.1}$$

Dabei hat die Konstante a die Dimension [K], c die Dimension $\left[\frac{1}{K}\right]$; b und d sind dimensionslos. Ferner ist $p_0 = 1$ Pa und $T_0 = 1$ K. In vielen Tabellenwerken ist die – nicht dimensionsgerechte – vereinfachte Gleichung

$$\log p = \frac{a}{T} + b \cdot \log T + c \cdot T + d \tag{6.1a}$$

zu finden.

Als Beispiel seien die Werte der Konstanten für festes NaCl, die für den Temperaturbereich zwischen Zimmertemperatur und dem Schmelzpunkt

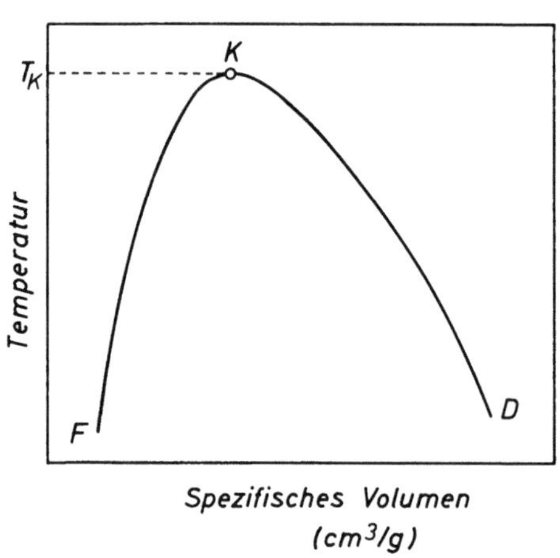

Bild 6.1 Spezifisches Volumen von Dampf und Flüssigkeit, die in der Nähe des kritischen Punktes K im Gleichgewicht stehen

gültig sind, genannt (für p in Pa):

$$a = -1{,}658 \cdot 10^6; \quad b = -120; \quad c = -61 \cdot 10^{-3}; \quad d = 1907.$$

Bei hohen Drucken und niedrigen Temperaturen treten auch in Gasen zwischenmolekulare Wechselwirkungen auf. Das ideale Gasgesetz

$$p \cdot V = R \cdot T, \tag{6.2}$$

wird nicht mehr erfüllt; V = Molvolumen. Mit steigendem Druck nimmt das Volumen realer Gase stärker ab als es Gl. (6.2) entspricht.

In Bild 6.1 ist das Volumen einer Flüssigkeit und des koexistierenden Dampfes als Funktion der Temperatur nahe dem kritischen Punkt dargestellt. Das Volumen des Dampfes nimmt mit steigender Temperatur längs der Kurve D–K ab, das Volumen der Flüssigkeit nimmt längs der Kurve F–K zu. Ist die kritische Temperatur T_K erreicht, dann werden Dampf und Flüssigkeit identisch (Punkt K). Das Verhältnis der bei einer Temperatur $T < T_K$ und vorgegebenem Gesamtvolumen vorliegenden spezifischen Volumina von Flüssigkeit und Dampf ist durch das Hebelgesetz gegeben. Bei Annäherung an den kritischen Punkt nähern sich die spezifischen Volumina der im Gleichgewicht stehenden Phasen einander. Gleichzeitig nimmt die Verdampfungsenthalpie der Flüssigkeit ab, um bei Erreichen von T_K den Wert null anzunehmen. Bei T_K endet die Dampfdruckkurve. Als Beispiel sei erwähnt, daß der kritische Punkt des Wassers bei $T_K = 638$ K und $p_K = 20{,}3 \cdot 10^6$ Pa liegt.

6.2 Phasengleichgewichte zwischen Flüssigkeit und Dampf in binären Systemen ohne Mischungslücke

In einem Zweistoffsystem A–B setzt sich der Totaldampfdruck P additiv aus den Partialdampfdrucken der Komponenten p_A, p_B zusammen:

$$P = p_A + p_B . \tag{6.3}$$

In einem System, in dem bei vorgegebener Temperatur die Dampfdrucke der reinen Komponenten gleich sind und das sich zudem ideal verhält (vgl. Abschnitt 7.5), müßte die Zusammensetzung der Dampfphase gleich der Konzentration der verdampfenden flüssigen Lösung sein. In realen Systemen ist das nicht der Fall. Die bei vorgegebener Temperatur unterschiedlichen Dampfdrucke der reinen Komponenten bedingen, daß die Zusammensetzung der Dampfphase von der der flüssigen Phase verschieden ist. In Bild 6.2 ist ein einfaches p-x-Diagramm einer binären Schmelze dargestellt. Es sind p_A^0 und p_B^0 die Dampfdrucke der reinen Komponenten A bzw. B bei der vorgegebenen Temperatur T. Im Bereich zwischen den eingezeichneten Kurven stehen Flüssigkeit und Dampf im Gleichgewicht.

Wird ein Dampf der Zusammensetzung $x_B^{D'}$ von D^0 nach D' komprimiert, so tritt beim Erreichen von p' Kondensation ein. Es entsteht eine Flüssigkeit der Zusammensetzung $x_B^{L'}$. Da $x_B^{L'} > x_B^{D'}$ ist, reichert sich die Komponente A im Dampf an. Die Zusammensetzung der Dampfphase läuft mit steigendem

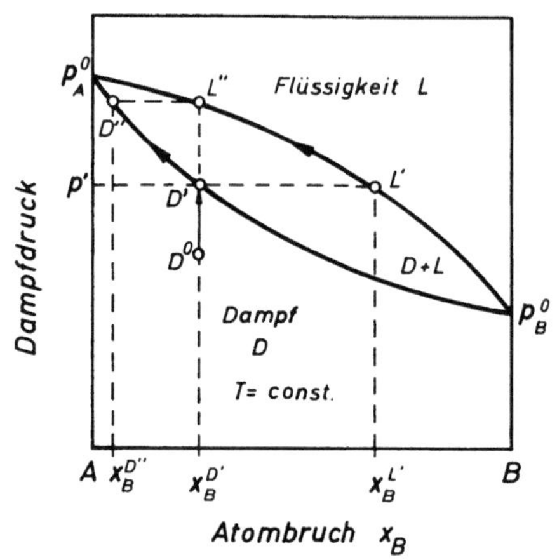

Bild 6.2 p-x-Diagramm für Dampf-Flüssigkeit-Gleichgewichte in einem einfachen binären System ohne Mischungslücke

Druck entlang der Linie D′ – D″. Die flüssige Phase wird im Laufe des fortschreitenden Kondensationsprozesses A-reicher, bis am Ende der Punkt L″ erreicht ist. Hier kondensiert die letzte Dampfmenge (D″). Es liegt nun ausschließlich Flüssigkeit vor.

Die p-x-Diagramme können formal ähnlich behandelt werden wie analoge T-x-Diagramme von Schmelzgleichgewichten. Die untere Kurve ist die Linie des Beginns, die obere ist die des Endes der Kondensation. Die Kurve des Endes der Kondensation stellt die Dampfdruckkurve der binären Lösung bei konstanter Temperatur dar. Analog wie Schmelzpunktsminima und Schmelzpunktsmaxima in T-x-Diagrammen können in p-x-Diagrammen Dampfdruckminima und Dampfdruckmaxima auftreten. In diesen Extrema berühren sich die Kurven des Beginns und des Endes der Kondensation. Dampfdruckminima sind durch starke Wechselwirkungen zwischen den Molekülen der Komponenten verursacht. Dampfdruckmaxima werden hingegen durch eine Entmischungstendenz des Systems bedingt.

Eine zweidimensionale Darstellung des Siedeverhaltens einer binären Flüssigkeit kann auch in einem T-x-Diagramm erfolgen, wenn p = const. ist. Bild 6.3 gibt schematisch ein solches Diagramm wieder, und zwar für ein

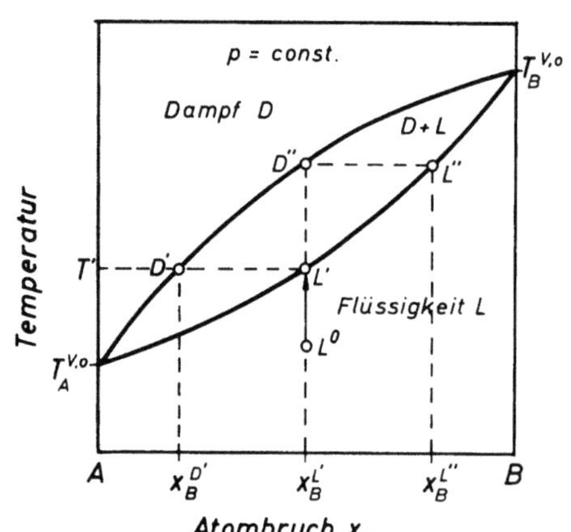

Bild 6.3 T-x-Diagramm für Dampf-Flüssigkeit-Gleichgewichte in einem binären System ohne Mischungslücke; Bild 6.2 stellt das zugehörige p-x-Diagramm dar

binäres System, für das das p-x-Diagramm in Bild 6.2 zutrifft. $T_A^{V,0}$ und $T_B^{V,0}$ sind die Siedetemperaturen der reinen Komponenten. Hohe Dampfdrucke (vgl. Bild 6.2) sind niedrigen Siedetemperaturen zugeordnet und umgekehrt (vgl. Bild 6.3). Eine Druckerhöhung bedeutet Kondensation, eine Temperaturerhöhung bewirkt Verdampfen. In Systemen, in denen ein Dampfdruckmaximum auftritt, liegt ein Minimum des Siedepunktes vor. Ein Dampfdruckminimum ist entsprechend gleichbedeutend mit dem Auftreten eines Siedepunktsmaximums. Beim Erwärmen einer Flüssigkeit L^0 (vgl. Bild 6.3) tritt beim Erreichen der Temperatur T′ Verdampfung ein. Der Dampf ist A-reicher als die koexistierende Flüssigkeit. Bei weiterer Temperatursteigerung durch Wärmezufuhr werden sowohl Dampf als auch Flüssigkeit B-reicher. Die maximale B-Konzentration, die die Flüssigkeit unmittelbar vor dem völligen Verdampfen im Gleichgewicht erreichen kann, ist $x_B^{L''}$.

Bei sehr großem Unterschied im Dampfdruck der reinen Komponenten und entsprechend großem Unterschied in den Siedetemperaturen klaffen die

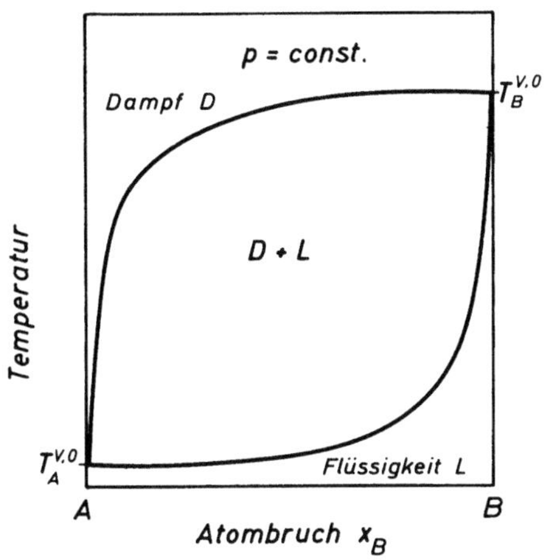

Bild 6.4 T-x-Diagramm der Verdampfung und Kondensation für ein binäres System mit Komponenten stark unterschiedlicher Siedepunkte

beiden Kurven im T-x-Diagramm weit auseinander (vgl. Bild 6.4). Das ist beispielsweise der Fall, wenn die eine Komponente bei Zimmertemperatur ein Gas, die andere eine Flüssigkeit ist. Die verschiedentlich interessierende Löslichkeit von Gasen in Flüssigkeiten kann also durch ein T-x-Diagramm beschrieben werden. Die Kurve für die Abhängigkeit der Dampfzusammensetzung von der Temperatur (Taukurve) verläuft, vom Siedepunkt der niedriger siedenden Komponente beginnend, zunächst sehr nahe an der T-Achse auf der Seite der leichtflüchtigen Komponente. Der Dampf besteht fast nur aus der leichtflüchtigen Komponente. Die Kurve der Zusammensetzung der flüssigen Phase als Funktion der Temperatur (Siedekurve) rutscht mit steigender Temperatur rasch an die T-Achse auf der Lösungsmittelseite (B-Seite) heran. Die Löslichkeit eines Gases in einer Flüssigkeit nimmt bei konstantem Druck mit steigender Temperatur ab.

Die Tatsache, daß Flüssigkeit und Dampf nicht die gleiche Zusammensetzung haben, wird in großem Umfang zur Trennung von Stoffgemischen durch fraktionierte Destillation genutzt. Bei einer Destillation wird eine Lösung aus Flüssigkeiten bei konstantem Druck erwärmt, der Dampf von der Flüssigkeitsoberfläche weggeführt und zur Kondensation gebracht. Der Dampf ist reich an der leichterflüchtigen Komponente. In der zurückbleibenden Flüssigkeit nimmt die Konzentration der schwererflüchtigen Komponente zu. Während der Destillation steigt die Temperatur. Zur Erhöhung der Effektivität wird die Destillation nach Abdampfen einer bestimmten Teilmenge abgebrochen und das Kondensat und der Rückstand einzeln erneut einer Destillation unterworfen. Dieses Vorgehen kann mehrmals wiederholt werden.

Das Prinzip einer solchen fraktionierten Destillation ist aus Bild 6.5 zu erkennen. Die flüssige Ausgangslösung habe die Zusammensetzung x_B^0. Wird sie auf die Temperatur $T^{(0)}$ erhitzt, so entsteht, wenn die Dampfphase zunächst mit der Flüssigkeit im gleichen abgeschlossenen Gefäß verbleibt, dem Hebelgesetz gemäß eine bestimmte Menge Dampf D, der A-reicher ist als die Ausgangsflüssigkeit. Der Destillationsrückstand hat eine Konzentration

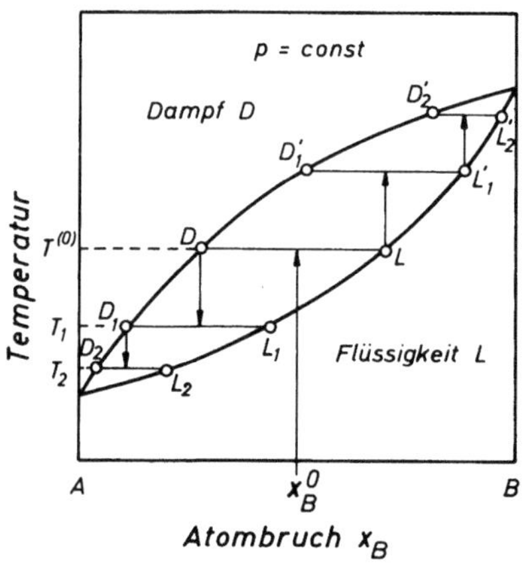

Bild 6.5 Zur Erläuterung des Prinzips der fraktionierten Destillation

angenommen, die mehr B enthält, als x_B^0 entspricht. Wird der Dampf D kondensiert und das Kondensat auf die Temperatur T_1 gebracht, dann wird wieder eine bestimmte Menge Dampf gebildet, und zwar der Zusammensetzung D_1, der A-reicher ist, als der Ausgangskonzentration des eingesetzten Kondensats entspricht. Die Kondensation von D_1 und die Gleichgewichtseinstellung dieses Kondensats bei T_2 liefert schließlich einen noch A-reicheren Dampf, usw.

Analog dieser fraktionierten Kondensation kann die Flüssigkeit L einer fraktionierten Verdampfung unterworden werden, wobei sie B-reicher wird (vgl. Gleichgewichte $D_1' - L_1'$ und $D_2' - L_2'$ in Bild 6.5).

Die Effektivität der Einzelschritte bei der fraktionierten Destillation ist um so größer, je stärker sich die Komponenten in ihrem Siedepunkt unterscheiden (vgl. T-x-Kurve in Bild 6.4).

Bei großem Unterschied der Siedetemperaturen der Komponenten erfolgt eine starke Anreicherung der leichtflüchtigen Komponente im Dampf und der schwerflüchtigen im Rückstand.

Lösungen mit einer Konzentration, die einem Siedepunktsmaximum oder Siedepunktsminimum entspricht, werden azeotrope Gemische genannt. Azeotrope Gemische können durch fraktionierte Destillation nicht in die beiden Komponenten zerlegt werden. Mit Lösungen der Konzentration, bei der ein Siedepunktsextremum auftritt, steht Dampf der gleichen Zusammensetzung im Gleichgewicht. Es kann jeweils nur eine Komponente rein gewonnen werden. Beispielsweise hat die Lösung Äthylalkohol–Wasser bei 95,6 Gew.-% Alkohol und 351,28 K ein Siedepunktsminimum. Deshalb gelingt es nicht, durch Destillation völlig wasserfreien Alkohol zu gewinnen. Es kann nur eine Wasser–Alkohol-Lösung mit maximal 95,6 Gew.-% Alkohol erreicht werden.

Das Siedediagramm eines Systems kann durch thermische Analyse ermittelt werden. Es wird dabei unter Wärmezufuhr die Temperatur der Flüssigkeit als Funktion der Zeit registriert. Es ist darauf zu achten, daß der entstehende Dampf nicht entweicht, sondern bis zum völligen Verschwinden der Flüssigkeit mit dieser im Kontakt bleibt. Aus einer Temperatur–Zeit-Erhitzungskurve kann sowohl der Beginn als auch das Ende der Verdampfung ermittelt werden. Ferner sind über eine Ermittlung der Zusammensetzung von Dampf und Lösung bei vorgegebenem Druck und vorgegebener Temperatur p-x- und T-x-Diagramme zugänglich.

6.3 Dampf–Festkörper-Gleichgewichte in einem binären System

Es sei eine Dampfphase aus zwei Komponenten A und B gegeben. Ihr Gesamtdruck P setzt sich additiv aus den Partialdampfdrucken p_A und p_B gemäß Gl. (6.3) zusammen. Die Partialdampfdrucke sind den Atombrüchen x_A^D, x_B^D der betreffenden Komponenten im Dampf proportional. Es gilt daher

$$\frac{p_A}{P} = \frac{x_A^D}{x_A^D + x_B^D}. \tag{6.4}$$

Durch Umformung und unter Beachtung, daß $x_A + x_B = 1$ ist, resultiert:

$$P = p_A \cdot \frac{1}{x_A^D}. \tag{6.5}$$

Analog gilt natürlich:

$$P = p_B \cdot \frac{1}{x_B^D}. \tag{6.6}$$

Aus Dampf, der ausschließlich die Komponente A enthält, scheiden sich bei vorgegebener Temperatur beim Erreichen des Gleichgewichtsdrucks p_A^0 Kristalle der festen Phase des Stoffes A als Reif aus. In diesem Einstoffsystem ist der Totaldampfdruck gleich dem Partialdampfdruck ($x_B^D = 0$, $p_B = 0$; $P = p_A + p_B = p_A = p_A^0$).

Auch wenn neben dampfförmigem A noch dampfförmiges B vorliegt, wenn also ein A–B-Dampf gegeben ist, scheiden sich Kristalle von A aus, wenn der Partialdruck $p_A = p_A^0$ ist. Liegt ein Atombruch der Komponente A im Dampf $x_A^D \neq 1$ vor, so muß der Totaldruck P gemäß Gl. (6.5) größer sein als p_A, damit Reifbildung eintreten kann, und zwar muß sein:

$$P^0 = p_A^0 \cdot \frac{1}{x_A^D} . \tag{6.5a}$$

Erreicht bei vorgegebener Temperatur ein binäres Dampfgemisch der Zusammensetzung x_A^D den Totaldruck P^0, so tritt im Gleichgewichtsfall (keine eventuelle Hemmung durch Keimbildungsschwierigkeiten) Ausscheidung von Kristallen des reinen Stoffes A ein, wobei das Volumen entsprechend kleiner wird.

Analoges gilt für den Stoff B (vgl. Bild 6.6). Die hyperbolischen Reifkurven der Komponente A und B schneiden sich im Punkte M. Das bedeutet, daß bei dem Druck P_M^0 und dem Atombruch $x_B^{D,M}$ der Dampf gleichzeitig an A und B gesättigt ist. In diesem Falle kristallisiert aus dem Dampf ein Gemenge von A und B aus.

Die Verlängerungen der Reiflinien zu höheren Drucken über P_M^0 hinaus (M–N und M–L) entsprechen metastabilen Zuständen. Beispielsweise kann

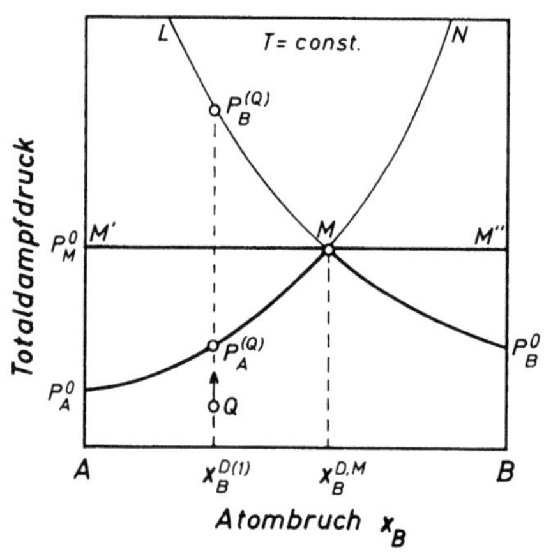

Bild 6.6 Zur Erläuterung der Gegebenheiten bei Dampf–Festkörper-Gleichgewichten in einem binären System, in dem die Komponenten im festen Zustand keine gegenseitige Löslichkeit aufweisen

beim Atombruch $x_B^{D(1)}$ durch Druckerhöhung, ausgehend vom Dampfgemisch Q, die Reifkurve der Komponente B bei $P_B^{(Q)}$ nur dann erreicht werden, wenn die Ausscheidung von Kristallen des Stoffes A beim Erreichen des viel niedrigeren Gleichgewichtsdrucks $P_A^{(Q)}$ des Stoffes A infolge Keimbildungshemmung nicht eingetreten ist. Im Gleichgewichtsfall tritt also Reifbildung nur längs des Linienzuges P_A^0–M–P_B^0 ein. Die beiden Reifkurven enden im Punkt M. Die Ausscheidung von Reif wird im Gleichgewichtsfall beim Erreichen des Druckes P_M^0 beendet. Bei Drucken $P > P_M^0$ liegen ausschließlich die festen Phasen A und B vor. Die Linie M'–M–M'' stellt die Grenze dar zwischen dem Existenzbereich des Festkörpers ($P > P_M^0$) und dem Bereich, in dem die Dampfphase auftreten kann.

Bild 6.7 gibt weitere Einzelheiten zu den Existenzbereichen der Phasen und Phasengemenge an. Es stellt schematisch ein p-x-Diagramm dar, das die Phasenübergänge bei der Sublimation und bei der Reifbildung in einem binären System ohne Mischbarkeit im festen Zustand wiedergibt. Wird beispielsweise ein Dampfgemisch vom Punkt Q ausgehend komprimiert, bis die Reifkurve

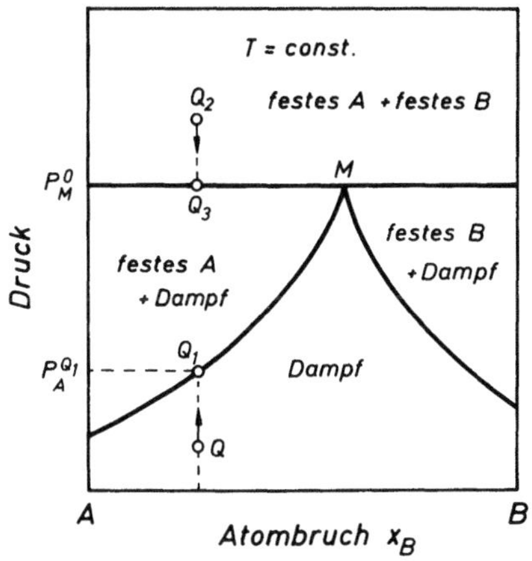

Bild 6.7 Schematisches p-x-Diagramm für Dampf–Festkörper-Gleichgewichte in einem binären System ohne Mischkristallbildung

von A bei $P_A^{Q_1}$ erreicht ist (Punkt Q_1), so kristallisiert A aus; der Dampf wird A-ärmer. Bei weiterer Drucksteigerung durchläuft die Zusammensetzung des Dampfes die Linie $Q_1 - M$. Ist M erreicht, so kristallisieren A und B gleichzeitig aus, wobei der Druck konstant bleibt (P_M^0), bis die gesamte Dampfphase in das Gemenge der festen Phasen überführt ist (nonvariantes Gleichgewicht bei T = const.). Erst wenn kein Dampf mehr vorhanden ist, läßt sich der Druck weiter erhöhen.

Analoges gilt für die Sublimation. Der auf einem Gemenge aus A und B (Punkt Q_2) lastende Druck werde erniedrigt. Ist P_M^0 (Punkt Q_3) erreicht, so sublimieren bei konstant bleibendem Druck die beiden Komponenten gleichzeitig, bis die gesamte Menge der Komponente B in Dampf überführt ist. Die verbliebene Komponente A kann dann bei weiterer Druckentlastung verdampfen, wobei die Zusammensetzung des Dampfes der Linie $M - Q_1$ folgt, bis schließlich der Druck $P_A^{Q_1}$ erreicht ist (Punkt Q_1) und nur noch die Dampfphase vorliegt.

Mit steigender Temperatur nehmen die Sublimationsdrucke in einem vorgegebenem System zu. Für eine Reihe von Temperaturen resultiert eine Schar analoger p-x-Diagramme. Daraus können T-x-Diagramme für P =

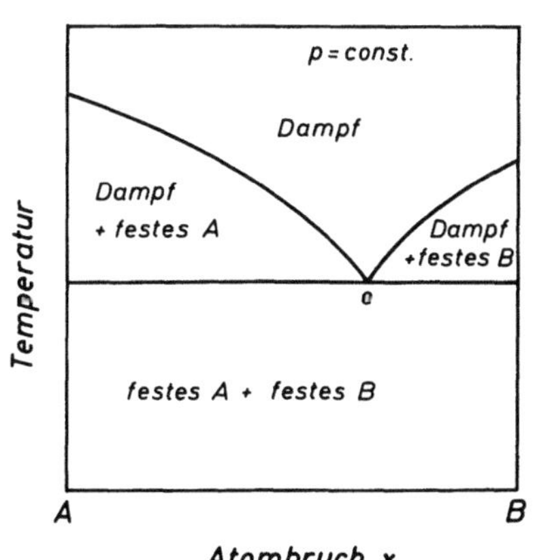

Bild 6.8 T-x-Diagramm zur Darstellung von Dampf–Festkörper-Gleichgewichten in einem binären System ohne Mischkristallbildung

const. gewonnen werden. Bild 6.8 gibt ein schematisches T-x-Diagramm wieder, das einem System zuzuordnen ist, das zu einem in Bild 6.7 dargestellten p-x-Diagramm führt. Die Phasengleichgewichte in diesem T-x-Diagramm sind analog den Schmelzgleichgewichten in einem eutektischen System. Dampf, der in ein Gemenge aus festem A und festem B überführt werden kann, wird „eutektisches Dampfgemenge“ genannt.

6.4 Phasengleichgewichte in einem binären System, in dem Festkörper, Flüssigkeit und Dampf auftreten können

In einem binären System ist bei höheren Temperaturen auch die Schmelze als kondensierte Phase zu erwarten, bei niedrigen Temperaturen sind im gesamten Konzentrationsbereich indessen nur feste Phasen existent. Die kondensierten Phasen können jeweils mit Dampf im Gleichgewicht stehen. Zwischen den Temperaturbereichen, die diese Extremfälle bedingen, können in bestimmten Druck–Temperatur–Konzentration-Bereichen entweder flüssige oder feste Phasen oder aber auch Gemenge beider Phasenarten mit Dampf im Gleichgewicht stehen. Es liegt dann ein p-x-Diagramm vor, das in wesentlichen Teilen eine Kombination des p-x-Diagramms für Gleichgewichte darstellt, in denen Dampf mit einer binären Lösung unbegrenzt mischbarer Flüssigkeiten (vgl. Bild 6.2) koexistiert, mit einem p-x-Diagramm für binäre Festkörper–Dampf-Gleichgewichte (vgl. Bild 6.7). Es kommt jedoch als entscheidende Erweiterung ein Dreiphasengleichgewicht hinzu, in dem eine feste Phase, eine flüssige Lösung und ein Dampf entsprechender

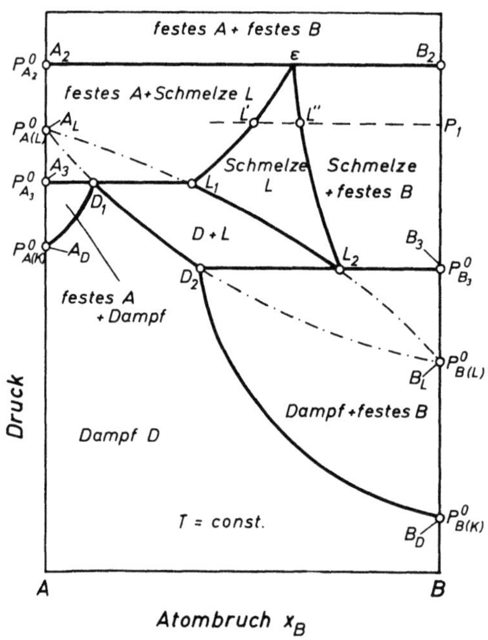

Bild 6.9 Schematisches p-x-Diagramm eines binären Systems mit Phasengleichgewichten, an denen Festkörper, Schmelze und Dampf beteiligt sind

Konzentration miteinander im Gleichgewicht stehen. Bild 6.9 gibt ein solches p-x-Diagramm schematisch wieder.

Es seien $P^0_{A(K)}$ und $p^0_{B(K)}$ die Drucke, bei denen bei vorgegebener Temperatur T die Kristalle A bzw. B mit ihren Dämpfen im Gleichgewicht stehen. Es sei zunächst das Gleichgewicht Festkörper–Dampf betrachtet, das vom reinen A (im Punkte A_D) ausgeht. Die Linie, die die Gesamtheit der P-x-Punkte darstellt, bei denen dieses Zweiphasengleichgewicht existiert, ist A_D–D_1. Analog liegt bei B_D ein Phasengleichgewicht reines festes B – reines dampfförmiges B vor. Bei Zusatz von A verschiebt sich das Gleichgewicht entlang der Kurve B_D–D_2. Bei der vorgegebenen Temperatur T ist eine flüssige Lösung in einem P-x-Bereich existent, der zu niedrigen Drucken durch die Linie L_1–L_2 begrenzt wird. Diese Schmelze L steht mit Dampf im Gleichgewicht. Die Konzentration der Schmelzen und der jeweils koexistierenden Dämpfe hängt naturgemäß vom Druck ab.

Schmelzen, deren P-x-Werte auf der Linie L_1–L_2 liegen, stehen mit Dämpfen im Gleichgewicht, deren Zusammensetzung gemäß der Linie D_1–D_2 variiert. Wäre nicht nur bei Konzentrationen, die zwischen den Punkten L_1 und L_2 liegen, sondern im gesamten Konzentrationsbereich Schmelze L als kondensierte Phase im Gleichgewicht mit Dampf, so würde das Siedediagramm durch die beiden Kurvenzüge A_L–L_1–L_2–B_L und A_L–D_1–D_2–B_L gegeben sein. Die in Bild 6.9 strichpunktiert eingezeichneten Teile des Siedediagramms, A_L–L_1, A_L–D_1 und L_2–B_L, D_2–B_L, stellen metastabile Gleichgewichte dar. Beispielsweise ist im Falle des reinen A für flüssiges A (Punkt A_L) der Gleichgewichtsdruck $P^0_{A(L)}$ größer als der Gleichgewichtsdruck $P^0_{A(K)}$ des kristallinen reinen A. Es kann geschmolzenes A in festes A unter Druckerniedrigung und damit unter Erniedrigung der freien Enthalpie des Systems in den festen Zustand übergehen (vgl. Gl. (2.4)). Nur bei Verzögerung der Keimbildung von A-Kristallen könnte der Teil A_L–L_1, A_L–D_1 des Siedediagrammes vorübergehend realisiert werden. Entsprechendes gilt für den Teil des Siedediagramms auf der B-reichen Seite des Systems.

Im Falle des stabilen Gleichgewichts kombiniert beim Druck $P^0_{A_3}$ das Zweiphasengleichgewicht festes A–Dampf mit dem Gleichgewicht Dampf–Schmelze. Es liegt hier ein Dreiphasengleichgewicht A_3–D_1–L_1 vor. Ein Dampf D_1 steht im Gleichgewicht mit einer gesättigten Lösung L_1, in der sich ein fester Bodenkörper A_3 befindet. Analoges gilt für die binären Gleichgewichte auf der B-Seite des Systems und für das bei $P^0_{B_3}$ auftretende Dreiphasengleichgewicht D_2–L_2–B_3.

Die Dreiphasengleichgewichte sind bei vorgegebener Temperatur nonvariant. Wird versucht, beispielsweise auf die koexistierenden Phasen A_3, D_1, L Druck auszuüben, dann läuft die Reaktion

$$A_3 + D_1 + L_1 \rightarrow A_3 + L_1 \tag{6.7}$$

ab. Unter Reduzierung des Dampfanteils nimmt das Volumen ab, bis der Dampf schließlich völlig verschwunden ist. Erst dann ist eine Druckerhöhung möglich. Das jetzt vorliegende Zweiphasengleichgewicht A_3–L_1 ist univariant und daher druckabhängig. Der Kurvenzug L_1–ε stellt den Gang der Konzentration der flüssigen Lösung dar, die mit reinem festem A im Gleichgewicht stehen kann. Die Kurve L_1–ε und die analoge p-x-Kurve L_2–ε sind in

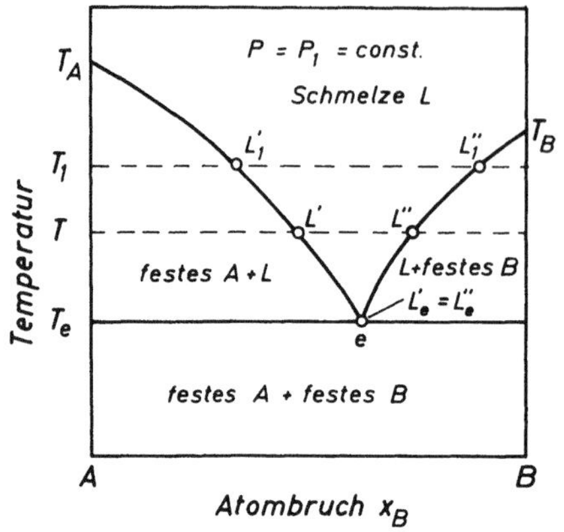

Bild 6.10 Schematische Darstellung eines T-x-Diagramms aus p-x-Diagrammen des in Bild 6.9 wiedergegebenen Typs bei verschiedenen Temperaturen für einen Druck P_1, bei dem kein Dampf als Gleichgewichtsphase existiert

Bild 6.9 hinsichtlich ihrer Neigung so eingezeichnet, daß eine Druckerhöhung einer Verminderung der Löslichkeit von A bzw. B in der Schmelze entspricht. Das Vorzeichen der Neigung der p-x-Löslichkeitslinie ist von der Volumenänderung beim Auskristallisieren von A bzw. B aus der Lösung abhängig. Nimmt das Volumen des Systems beim Auskristallisieren der betreffenden reinen Komponente ab, so nähern sich nach dem Le Chatelierschen Prinzip vom kleinsten Zwang (vgl. auch Clausius-Clapeyronsche Gleichung, Gl. (3.1)) die Löslichkeitslinien, wie in Bild 6.9 dargestellt, mit steigendem Druck, bis sie schließlich im Punkte ε zum Schnitt kommen. Es tritt ein Dreiphasengleichgewicht auf, in dem die reinen festen Komponenten (Punkte A_2 und B_2) mit Schmelze ε beim Druck P^0_{A2} koexistieren. Erst wenn bei konstantem Druck P^0_{A2} unter Volumenabnahme die flüssige Phase ε gemäß

$$A_2 + \varepsilon + B_2 \rightarrow A_2 + B_2 \tag{6.8}$$

völlig verschwunden ist, kann der Druck weiter steigen. Die Schmelze tritt oberhalb P^0_{A2}, ebenso wie der Dampf, als Gleichgewichtsphase nicht mehr auf.

Wenn in einem System das Volumen beim Auskristallisieren der Komponenten A und B aus der Lösung L zunimmt, dann divergieren die Löslichkeitslinien mit steigendem Druck. Der Zustandsbereich der Schmelze nimmt auf Kosten des Zustandsbereichs des Festkörpers zu. Es kann in einem System indessen die eine Komponente unter Volumenverminderung, die andere unter Volumenerhöhung auskristallisieren. Dann verschiebt sich der Zustandsbereich der Schmelze entsprechend mit steigendem Druck in Richtung auf hohe A- bzw. hohe B-Konzentrationen.

Die Aneinanderreihung von p-x-Schnitten bei verschiedenen Temperaturen führt zu einer räumlichen Darstellung, dem p-T-x-Diagramm. Durch dieses dreidimensionale Diagramm können Schnitte für konstante Drucke gelegt werden. Von Interesse ist ein T-x-Schnitt für einen Druck, bei dem kein Dampf mehr existiert, z. B. bei P_1 in Bild 6.9. Bei der vorgegebenen Temperatur T ist L′ die Schmelze, die mit festem A, und L″ die Schmelze, die mit festem B im Gleichgewicht steht (vgl. auch Bild 6.10). Mit steigender Temperatur nimmt die Löslichkeit in der Regel zu. Bei $T_1 > T$ hat daher die mit festem A koexistierende Schmelze L_1' einen größeren A-Gehalt als L′. Ebenso

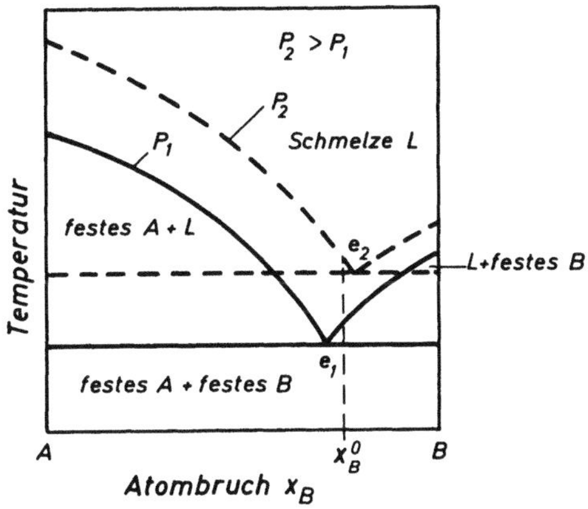

Bild 6.11 T-x-Isobaren bei zwei verschiedenen Drucken zur Verdeutlichung der Druckabhängigkeit einfacher Schmelzgleichgewichte und einer Verschiebung der eutektischen Konzentration bei Druckänderung

ist $x_B^{L_1''} > x_B^{L''}$, wobei $x_B^{L''}$ der Atombruch von B in der mit festem B im Gleichgewicht stehenden Schmelze L″ (bei T) und $x_B^{L_1''}$ der entsprechende Atombruch von L_1'' bei T_1 ist. Mit sinkender Temperatur verengt sich der Bereich der Schmelze (L′–L″), bis – bei vorgegebenem Druck P_1 – die Konzentrationen der beiden Schmelzen bei einer Temperatur $T_e < T$ gleich werden ($L_e' = L_e''$). Das ist der eutektische Punkt e, bei dem bei vorgegebenem Druck P_1 in einem nonvarianten Dreiphasengleichgewicht Schmelze e mit den festen Komponenten A und B im Gleichgewicht steht.

T-x-Zustandsdiagramme dieser Art (bei p = const. und bei Abwesenheit der Dampfphase) sind von sehr erheblicher Bedeutung. Sie wurden bereits eingehend in den Kapiteln 4 und 5 behandelt.

Das Ausmaß der Druckabhängigkeit von Löslichkeitsgleichgewichten (z.B. Liquiduslinien in Bild 6.11) ist gemäß der Clausius-Clapeyronschen Gleichung (Gl. (3.1)) mit der Änderung der Enthalpie, ΔH^F, und der Änderung des Volumens, ΔV^F, korreliert. Im Vergleich zu den Änderungen der Enthalpie und des Volumens beim Verdampfen sind die Schmelzenthalpie und das Schmelzvolumen klein. Entsprechend gering ist der Druckeinfluß auf die Schmelzgleichgewichte. Um merkliche Effekte zu erzielen, sind Drucke in der Größenordnung von $> 10^9$ Pa erforderlich. Da ΔH^F stets positiv ist – die Enthalpie nimmt beim Übergang vom festen in den flüssigen Zustand zu – entscheidet das Vorzeichen von ΔV^F über das Vorzeichen der Variation der Löslichkeitsgleichgewichte mit dem Druck. Wenn das Ausmaß der Druckabhängigkeit bei der Auflösung von A in der Schmelze anders ist als bei der Auflösung von B in der Schmelze, dann verschiebt sich notwendigerweise die eutektische Konzentration mit dem Druck. Das kann deutliche Folgen für das Kristallisationsverhalten haben, z.B. bei der Gesteinsbildung aus dem Magma. Bild 6.11 gibt den Fall wieder, bei dem die Schmelztemperatur von A stärker mit steigendem Druck zunimmt als der Schmelzpunkt von B. Die Löslichkeit von A in der Schmelze nimmt hier mit steigendem Druck stärker ab als die Löslichkeit von B. Wie aus den beiden dargestellten Isobaren ($P_2 > P_1$) ersichtlich, verschiebt sich die eutektische Konzentration durch Drucksteigerung zur B-Seite des Systems. Aus einer Schmelze mit der Konzentration x_B^0 scheiden sich bei P_1 Primärkristalle von B aus. Bei P_2 treten indessen Primärkristalle von A auf.

6.5 Phasengleichgewichte mit Beteiligung der Dampfphase bei begrenzter Mischbarkeit im flüssigen Zustand

In einem System aus zwei flüssigen Komponenten, die miteinander nicht unbegrenzt mischbar sind, kann bei vorgegebener Temperatur ein nonvariantes Dreiphasengleichgewicht Flüssigkeit L' – Flüssigkeit L'' – Dampf D auftreten. Die Konzentration des Dampfes, der in diesem Gleichgewicht mit den beiden flüssigen Phasen koexistiert, kann entweder im Bereich der Mischungslücke liegen oder Konzentrationen entsprechen, bei denen der kondensierte Körper eine einphasige Lösung ist.

Hier sei der Fall dargelegt, bei dem der Dampf eine Zusammensetzung hat, die dem Konzentrationsbereich des Zweiphasengemenges entspricht. Das p-x-Diagramm ist schematisch in Bild 6.12 dargestellt.

Auf der A-Seite des p-x-Diagramms unterhalb P_2 ist die Zusammensetzung der flüssigen einphasigen Lösungen, die mit Dampf im Gleichgewicht stehen, durch die Linie $A_{L'} - L_2'$ gegeben. Die Zusammensetzungen der Dämpfe, die mit diesen Lösungen koexistieren, gibt die Linie $A_{L'} - D_2$ wieder. Entsprechend ist der Teil des p-x-Diagramms auf der B-Seite des Systems bei Drucken unterhalb P_2 gegeben durch die Linien $B_{L''} - L_2''$ und $B_{L''} - D_2$. Im Punkte D_2 schneiden sich die Linien der Dampfzusammensetzung $A_{L'} - D_2$ und $B_{L''} - D_2$. Es liegt bei vorgegebener Temperatur ein nonvariantes Dreiphasengleichgewicht $L_2' - D_2 - L_2''$ vor.

Bei Kompression eines Dampfes F_0 tritt beim Erreichen des zu F_1 gehörenden Druckes P_1 unter Volumenverminderung Kondensation zur Flüssigkeit L_1' ein. Weitere Drucksteigerung führt zu fortlaufender Kondensation von Dampf, wobei sich die Konzentration der Flüssigkeit L' und des Dampfes D in der durch Pfeile angedeuteten Richtung längs der Linien $L_1' - L_2'$ bzw. $F_1 - D_2$ ändern. Ist schließlich der Druck P_2 erreicht, kondensiert sich der Dampf D_2 sowohl zur Flüssigkeit L_2' als auch gleichzeitig zur Flüssigkeit L_2''. Das erfolgt bei konstantem Druck P_2 so lange, bis die Dampfphase unter Volumenverminderung völlig verschwunden ist. Erst dann kann der Druck weiter gesteigert werden. Es liegen jetzt nur noch zwei Flüssigkeiten

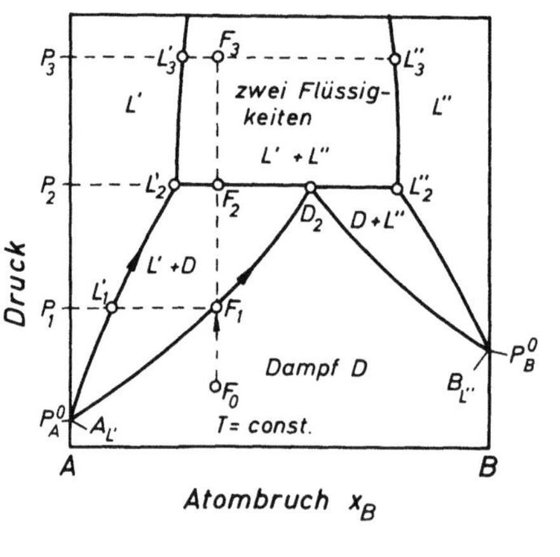

Bild 6.12 Schematisches p-x-Diagramm für Gleichgewichte zwischen Dampf und Flüssigkeit bei begrenzter Löslichkeit der Komponenten eines binären Systems. In dem dargestellten speziellen Fall liegt im Dreiphasengleichgewicht L_2'-D_2-L_2'' der Atombruch des Dampfes D_2 im Konzentrationsbereich der Mischungslücke (zwischen L_2' und L_2'')

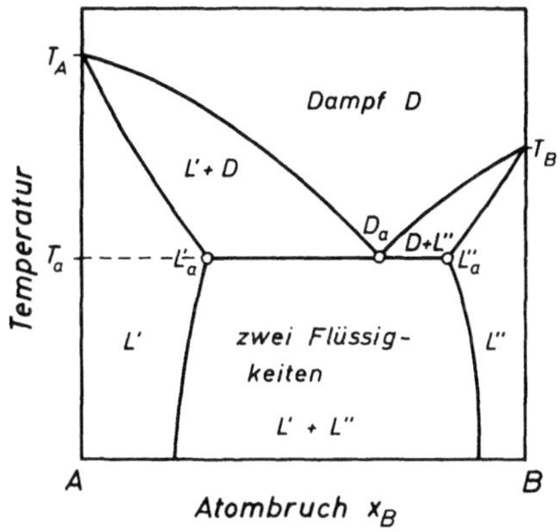

Bild 6.13 Schematisches T-x-Diagramm für Dampf–Flüssigkeit-Gleichgewichte in einem binären System mit einer Mischungslücke und mit einem p-x-Diagramm, wie es in Bild 6.12 wiedergegeben ist

(L' + L'') im Gleichgewicht vor, beispielsweise bei P_3 die Phasen L'_3 und L''_3. Die Dampfphase ist nicht mehr vorhanden. Die Linien $L'_2-L'_3$ und $L''_2-L''_3$ sowie ihre Fortsetzungen über L'_3 bzw. L''_3 zu höheren Drucken hinaus stellen die Abhängigkeit der gegenseitigen Löslichkeit der Flüssigkeiten vom Druck dar. Die Mischungslücke kann sich zu höheren Drücken hin noch im flüssigen Bereich schließen (kritischer Druck) oder an die Begrenzungslinien des Fest–flüssig-Gleichgewichts stoßen.

Ein System mit einer Mischungslücke im flüssigen Zustand, das ein in Bild 6.12 dargestelltes p-x-Diagramm besitzt, kann ein T-x-Diagramm haben, wie es Bild 6.13 schematisch wiedergibt. Bei der Destillation einer zweiphasigen Mischung nur begrenzt mischbarer Flüssigkeiten wird bei T_a Dampf D_a abgeführt. Da seine Zusammensetzung innerhalb der Mischungslücke liegt, tritt bei der Kondensation im Kühler wieder ein Zweiphasengemenge auf. Eine Trennung der Komponenten ist durch Auffangen des Dampfes bei der Destillation bei T_a nicht möglich. Die Trennung gelingt indessen, wenn in einem System mit Mischungslücke im Flüssigen die Zusammensetzung des Dampfes einer Konzentration entspricht, die außerhalb des Konzentrationsbereichs der Mischungslücke liegt. Auch im ersten Fall kann eine Trennung ermöglicht werden, allerdings nur dann, wenn bei T_a = const. so lange Dampf abgeführt wird, bis eine Phase (L'_a oder L''_a, je nach der Bruttokonzentration des zweiphasigen Ausgangsgemisches) völlig verschwunden ist. Der dann bei steigender Temperatur nachfolgende Dampf führt zu einem einphasigen Kondensat.

6.6 Dampf–Festkörper-Gleichgewichte bei Mischkristallbildung

Die Dampf–Festkörper-Gleichgewichte in einem System mit ununterbrochener Mischkristallbildung entsprechen vollständig denen zwischen Dampf und Flüssigkeit bei vollständiger Löslichkeit im flüssigen Zustand. Es können dabei auch p-x-Diagramme mit einem Dampfdruckmaximum oder Dampfdruckminimum auftreten, was einem Siedepunktsminimum bzw. Siedepunktsmaximum im T-x-Diagramm entspricht.

Liegt nur eine begrenzte gegenseitige Löslichkeit der festen Komponenten vor, dann sind analoge Gleichgewichtsverhältnisse gegeben, wie sie bei der Verdampfung begrenzt mischbarer Flüssigkeiten auftreten. Es kommt bei vorgegebener Temperatur bei einem bestimmten Druck ein Dreiphasengleichgewicht vor, bei dem zwei Mischkristalle mit der jeweiligen Sättigungskonzentration und eine Dampfphase koexistieren.

6.7 Dampf – Festkörper-Gleichgewichte in Systemen mit Verbindungen

Der Einfluß der Existenz einer Verbindung auf die Phasengleichgewichte zwischen Festkörper und Dampf soll am Beispiel von Metall – Gas-Systemen dargelegt werden, bei denen also bei vorgegebenem Druck die Siedepunkte der Komponenten extrem stark voneinander verschieden sind. Zur Vereinfachung der prinzipiellen Gegebenheiten werden Systeme mit einer einzigen Verbindung betrachtet.

In Bild 6.14 ist schematisch das p-x-Diagramm eines Systems wiedergegeben, das eine sich inkongruent zersetzende Verbindung β aufweist. Die Komponente A möge z.B. ein Metall, die Komponente B ein Gas (z.B. Wasserstoff, Sauerstoff) darstellen. Bei der vorgegebenen Temperatur T ist der Dampfdruck des reinen Metalls P_A^0. Der Dampfdruck des reinen Gases B, P_B^0, sei so hoch, daß er, wie durch den Pfeil in Bild 6.14 angedeutet, außerhalb des von dem Diagramm erfaßten Druckbereichs liegt. Im Druckbereich zwischen P_A^0 und P_3 können Zweiphasengleichgewichte auftreten. Dabei stehen Mischkristall α und Dampf D im Gleichgewicht.

Mit steigendem Druck folgt die Zusammensetzung der α-Phase der Linie $A_0-\alpha_3$, die Konzentration der Dampfphase der Linie A_0-D_3. Ausgehend vom Dampf im Punkte Q_0 setzt bei Q_1 Kondensation eines α-Mischkristalls ein. Liegt der Druck P_2 vor, dann stehen α_2 und D_2 im Gleichgewicht. Wird bei weiterer Druckerhöhung P_3 erreicht, so bildet sich in einer nonvarianten Reaktion unter Volumenverminderung und konstantem Druck aus α_3 und D_3

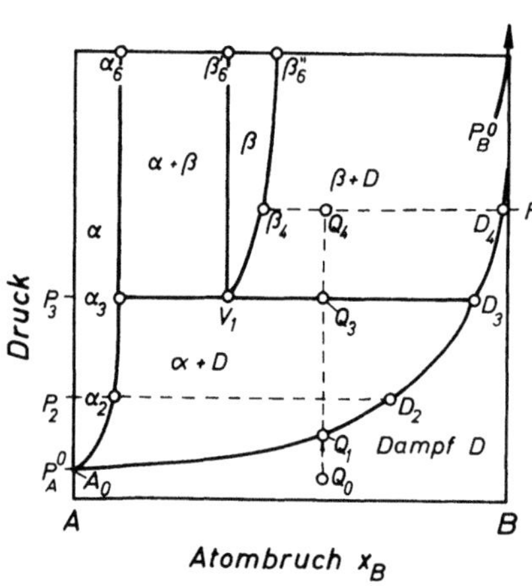

Bild 6.14 Schematisches p-x-Diagramm für ein binäres System mit einer sich inkongruent zersetzenden Verbindung β; T = const.

die β-Phase V_1. Erst wenn dabei α_3 völlig verbraucht ist, kann eine weitere Drucksteigerung eintreten. Es liegen nun Zweiphasengleichgewichte vor. Beispielsweise koexistiert bei P_4 β_4 mit D_4. Mit weiter steigendem Druck nähert sich die Linie, die die Zusammensetzung des mit der β-Phase koexistierenden Dampfes angibt, der Ordinate auf der B-Seite des Diagramms. Bei hinreichend hohen Drucken liegt außer β schließlich nur noch die praktisch reine Gasphase B vor ($p_B \gg p_A$).

Die Linie $V_1-\beta_4-\beta_6''$ gibt an, wie groß die Konzentration der Gaskomponente in der β-Phase bei vorgegebenem Gasdruck ist. Die β-Phase ist nur bei Drucken oberhalb P_3 als stabile Phase existent. P_3 wird daher Zersetzungsdruck von β genannt.

Für ein System mit einer inkongruent verdampfenden Verbindung β, für das das in Bild 6.14 dargestellte p-x-Diagramm ein Beispiel eines temperaturkonstanten Schnittes durch das vollständige, dreidimensionale p-T-x-Diagramm darstellt, ist in Bild 6.15 ein möglicher druckkonstanter Schnitt wiedergegeben. Die wesentlichen Phasengleichgewichte sollen anhand der Erhitzung einer Legierung mit dem Atombruch x_B^0 betrachtet werden.

Bei T_0 steht die β-Phase β_0 mit dem Dampf D_0 im Gleichgewicht. Beim Erhitzen auf T_1 zersetzt sich die β-Phase V_1 in den Mischkristall α_1 und Dampf D_1 in einem nonvarianten Gleichgewicht. Wenn die gesamte Menge der ursprünglich vorhandenen β-Phase zersetzt ist, kann eine Wärmezufuhr eine Temperatursteigerung über T_1 hinaus bewirken. Es koexistieren nun Mischkristall und Dampf. Beispielsweise sind bei T_2 die durch die Punkte α_2 und D_2 gekennzeichneten Phasen im Gleichgewicht. Eine weitere Erwärmung ist möglich bis T_3. Hier reagiert das Zweiphasengemenge $\alpha_3 + D_3$ in einer nonvarianten Reaktion unter Bildung einer Schmelze L_3. Wenn in dieser Reaktion α_3 vollständig aufgezehrt ist, kann die Temperatur weiter ansteigen. Es liegt ein Zweiphasengleichgewicht Schmelze + Dampf vor. Mit steigender Temperatur ändern sich die Zusammensetzungen von Schmelze und Dampf jeweils längs der Linien $L_3-T_A^0$ bzw. $D_3-D_4-D_5-T_A^0$. Ist T_5 überschritten, dann ist die Probe im Gleichgewicht völlig verdampft. T_A^0 ist die Siedetemperatur und T_A die Schmelztemperatur der Komponente A (z.B. hochschmelzendes Metall). Der Siedepunkt T_B^0 der Komponente B (Gaskompo-

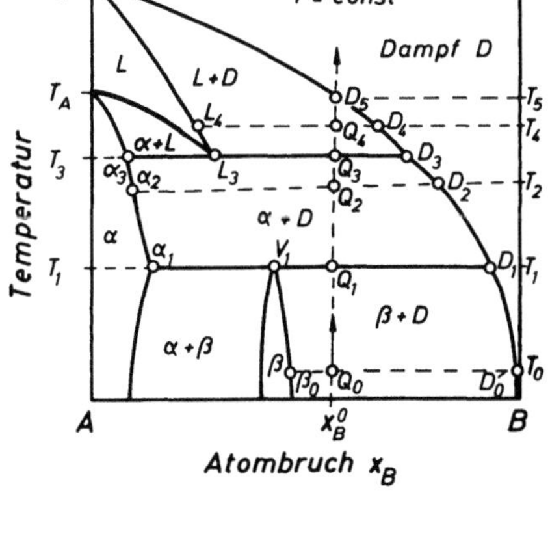

Bild 6.15 Schematisches T-x-Diagramm für Dampf–Schmelze–Festkörper-Gleichgewichte in einem binären System mit sich inkongruent zersetzender Verbindung

nente) liegt weit unterhalb der Temperatur T_0 außerhalb des Darstellungsbereichs des Diagramms in Bild 6.15. T_1 ist für den vorgegebenen Druck $P =$ const. die Zersetzungstemperatur der β-Phase. Hier zerfällt β in α-Mischkristalle und einen Dampf, der hauptsächlich die Gaskomponente B enthält.

In Bild 6.16 ist ein p-x-Diagramm für ein System wiedergegeben, das eine kongruent verdampfende Verbindung γ besitzt. In dem dargestellten Fall kann bei Druckentlastung die bei hohen Drucken existente Phase γ in einen Dampf übergehen, der die gleiche Zusammensetzung hat wie der verdampfende Festkörper.

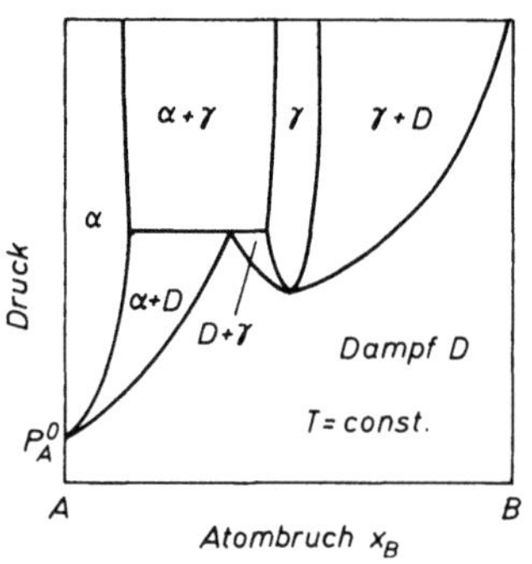

Bild 6.16 Schematisches p-x-Diagramm für ein binäres System mit einer kongruent verdampfenden Verbindung γ

Es sei bemerkt, daß der Dampf in Metall–Gas-Systemen nicht immer ausschließlich aus A-Metallatomen und B_2-Gasmolekülen besteht. Es können noch molekulare Spezies vorhanden sein, die beide Komponenten enthalten. Als Beispiel seien MoO_3 und NbO_2 genannt. Solche Moleküle können gelegentlich sogar einen wesentlichen Anteil an der Dampfphase haben. Das hat notwendigerweise Auswirkungen auf die Gestalt der Reifkurve. Die in der Dampfphase enthaltenen einzelnen Atom- bzw. Molekülspezies sind über Dissoziationsgleichgewichte verbunden. Diese Gleichgewichte in homogener Phase hängen von den Zustandsvariablen Druck, Temperatur und Konzentration ab.

6.8 Heterogene Gleichgewichte bei chemischen Transportreaktionen

In einer Vielzahl von Systemen reagieren feste oder flüssige Stoffe A mit einem Gas B unter Bildung einer gasförmigen chemischen Verbindung C:

$$a\,A + b\,B \rightarrow c\,C. \tag{6.9}$$

Dabei bedeuten a, b und c die Molzahlen der betreffenden, an der Reaktion beteiligten Stoffe. Das gasförmige Reaktionsprodukt C kann aus dem Reaktionsraum fortgeführt werden und kann unter anderen Bedingungen (p, T) in einer Rückreaktion in den Ausgangsstoff A und das Ausgangsgas B zerfallen.

Ein klassisches Beispiel ist das Mond-Langer-Verfahren zur Gewinnung von Nickel. Das aus den Erzen gewonnene Rohnickel wird bei $T_1 \approx 320$ K unter Normaldruck mit Kohlenmonoxid in Nickeltetracarbonyl $Ni(CO)_4$ überführt. Dieses kann weggeleitet und bei $T_2 \approx 470$ K in Reinnickel und CO zersetzt werden. Bei den erwähnten Temperaturen hat das Nickel noch einen extrem niedrigen Dampfdruck. Der Stofftransport erfolgt nicht durch Sublimation oder Destillation. Es handelt sich vielmehr um eine chemische Transportreaktion, bei der die bei verschiedenen Temperaturen unterschiedliche Lage eines chemischen heterogenen Gleichgewichts genutzt wird. Die Gegebenheiten können anhand des Massenwirkungsgesetzes quantitativ beschrieben werden.

Neben dem Gewinn an freier Enthalpie, der bei der Bildung des Nickeltetracarbonyls bei T_1 und der nachfolgenden Zersetzung bei T_2 eintritt und der die treibende Kraft der Transportreaktion darstellt, ist die Art des Transportmechanismus des gasförmigen Reaktionspartners von der Stelle seiner Entstehung zum Ort seiner Zersetzung für die Effektivität des Prozesses von Bedeutung. Dieser Transport kann durch einfache Gasströmung, durch Diffusion oder durch thermische Konvektion erfolgen.

Chemische Transportreaktionen werden in großer Vielfalt bei technischen Prozessen eingesetzt. Die Reinigung hochschmelzender Schwermetalle ist nach einer von van Arkel und de Boer entwickelten Methode in einfacher Weise möglich. Für den Fall des Zirconiums liegt dem Verfahren folgende Reaktionsgleichung zugrunde:

$$Zr + 2\,J_2 \rightleftarrows ZrJ_4\,. \tag{6.10}$$

Die Bildung von ZrJ_4 erfolgt bei 670 K, seine Zersetzung bei 1670 K. Dabei wird in einem Quarzkolben, der Rohzirconium enthält und mit einem Glühdraht ausgestattet ist, ein bestimmter J_2-Dampfdruck aufrechterhalten. Das Rohzirconium wird auf 670 K erhitzt. Am elektrisch geheizten Glühdraht scheidet sich reines festes Zirconium ab. Dieses Prinzip kann unter anderem auch zur Reinigung von Uran eingesetzt werden. Das Uran wird am Glühdraht flüssig abgeschieden und tropft in ein Sammelgefäß.

Bei chemischen Transportreaktionen können verschiedentlich die transportierten Substanzen in Form von Einkristallen gewonnen werden. Das kann auch bei Stoffen gelingen, die auf andere Weise nicht leicht einkristallin erhältlich sind. Auch gelingt so die Herstellung von Haarkristallen (Whisker), die wegen ihrer besonderen mechanischen Eigenschaften bei der Produktion von Verbundwerkstoffen eingesetzt werden.

6.9 Literaturhinweise zu Kapitel 6

1) H. Schäfer, „Chemische Transportreaktionen“, Verlag Chemie, Weinheim/Bergstraße (1962).
2) W. Paul und D. M. Warschauer (Herausgeber), „Solids under Pressure“, McGraw-Hill Book Comp., New York (1963).
3) R. G. Ross und D. A. Greenwood, „Liquid Metals and Vapours under Pressure“, in „Progress in Materials Science“, Vol. 14, No. 4, Herausgeber: B. Chalmers und W. Hume-Rothery, Pergamon Press, Oxford (1969).
4) E. Fromm und E. Gebhardt (Herausgeber), „Gase und Kohlenstoff in Metallen“, Springer-Verlag, Berlin (1976).

7. Energetik heterogener Gleichgewichte

7.1 Allgemeines

Die Kombination verschiedener Komponenten zu Mehrstoffsystemen führt zu einer Fülle verschiedenartiger Zustandsdiagramme. Die verwirrende Vielfalt der Phasengleichgewichte ist indessen durch das Wechselspiel von nur wenigen Faktoren bedingt. Die Erfahrung zeigt, daß bestimmte Typen von Zustandsdiagrammen in recht unterschiedlichen Stoffgruppen gefunden werden können. Einfache binäre eutektische Systeme können beispielsweise bei der Kombination zweier Metalle, zweier Salze oder zweier organischer Verbindungen vorliegen. Entscheidend für das Auftreten bestimmter Phasengleichgewichte ist nicht die Art der zwischenatomaren bzw. zwischenmolekularen Wechselwirkungen und deren absolute Stärke, sondern die Differenz zwischen den bindungsmäßigen und strukturellen Gegebenheiten in den möglichen Phasen des Systems. Diese Differenz kann durch Valenzunterschiede der Komponenten, durch Atomradiendifferenzen, durch Unterschiede in der Gitterstabilität oder natürlich auch durch ganz spezielle elektronische Gegebenheiten bedingt sein. Die Vielfalt der Phasengleichgewichte kommt durch eine empfindliche energetische Balance zustande, die in der Regel nur von wenigen Einflüssen der genannten Art wesentlich bestimmt wird.

Die atomaren Wechselwirkungen drücken sich in makroskopischen energetischen Größen aus, die empirisch bestimmt oder in einfachen Fällen aus Eigenschaften der beteiligten Atome berechnet werden können. Mit diesen Größen hängen die Phasengleichgewichte zusammen. Die Kenntnis dieser Zusammenhänge führt zum grundsätzlichen Verständnis spezieller Phasengleichgewichte in konkreten Systemen. Sie ermöglicht die Klärung von Fragen nach der Stabilität einzelner Phasen unter bestimmten Bedingungen und gestattet die rasche Errechnung von Phasengleichgewichten aus gegebenen thermodynamischen Größen des Systems. Es ist dadurch eine nützliche Kontrolle der experimentell gewonnenen Zustandsdiagramme möglich. Ebenso können experimentell nur schwer zugängliche Teile des Gleichgewichtsdiagramms überhaupt erst einfach erschlossen werden. Auch bei Drei- und höheren Mehrstoffsystemen gelingt leicht, schnell und billig eine gute rechnerische Erschließung selbst komplexer Gleichgewichtsverhältnisse, wenn zur Absicherung einige Stützpunkte des Zustandsdiagramms vorliegen. Dadurch kann der Umfang der bei höheren Mehrstoffsystemen sonst notwendigen Experimente erheblich reduziert werden. Ferner sind leicht Aussagen über

Gleichgewichtsverhältnisse bei hohen Drucken möglich. Schließlich sind umgekehrt aus gesicherten Phasengleichgewichten thermodynamische Größen des Systems berechenbar.

7.2 Thermodynamische Grundbegriffe und Definitionen

Durch Zufuhr oder Abfuhr von Wärme Q oder einer anderen Energie ändert sich die innere Energie U eines Systems. Die Änderung dU dieser Zustandsgröße ist unabhängig von der Art und Weise, wie die Energie übertragen wird. Sie ist allein durch die Differenz zwischen den inneren Energien im Endzustand, U_E, und im Ausgangszustand, U_A, gegeben:

$$dU = U_E - U_A. \tag{7.1}$$

Der Betrag der Erhöhung der inneren Energie ist nach dem 1. Hauptsatz der Thermodynamik gleich der Summe der zugeführten Energiemengen. Ist dQ die zugeführte Wärme und dA die einem System zugeführte mechanische Energie, so gilt bekanntlich:

$$dU = dQ + dA. \tag{7.2}$$

Wird Wärme bei konstantem Volumen zugeführt, so dient sie vollständig zur Erhöhung der inneren Energie des Systems.

Erfolgt die Wärmezufuhr bei konstantem Druck p, so wird ein Teil der zugeführten Wärme zur Expansion des Volumens V des Körpers verbraucht. Vom System abgegebene Energie wird negativ, vom System aufgenommene positiv gerechnet. Die durch das System verrichtete Expansionsarbeit hat also ein negatives Vorzeichen.

Als weitere Zustandsgröße wird die Enthalpie oder der Wärmeinhalt eines Stoffes definiert:

$$H = U + pV. \tag{7.3}$$

Beispielsweise ist die Verdampfungsenthalpie ΔH^V eines Stoffes gegeben durch:

$$\Delta H^V = H_{Dampf} - H_{Flüss.} = (U_{Dampf} + p \cdot V_{Dampf}) - (U_{Flüss.} + p \cdot V_{Flüss.}) \tag{7.4}$$

$$\Delta H^V = \Delta U + p \cdot \Delta V. \tag{7.5}$$

ΔU ist die bei der Verdampfung eintretende Änderung der inneren Energie und ΔV die Änderung des Volumens.

Bei der Verdampfung wird ein Teil der zugeführten Wärme in Volumenarbeit $p \cdot \Delta V$ umgesetzt, die gegen den Außendruck p zu verrichten ist. Beim Schmelzen, bei Modifikationsänderungen, beim Vermischen flüssiger oder fester Stoffe sowie bei der Reaktion von Komponenten zu einer Verbindung ist die Volumenänderung wesentlich kleiner als bei der Verdampfung. Die Differenz zwischen der Enthalpieänderung und der Änderung der inneren

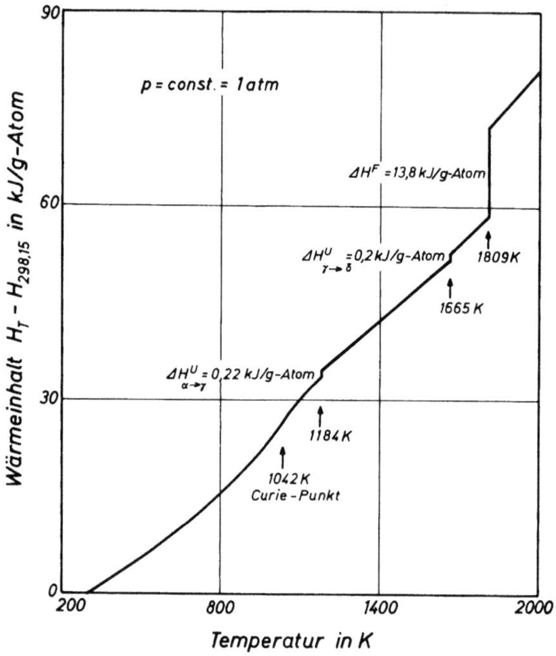

Bild 7.1 Wärmeinhalt des Eisens nach R. Hultgren und Mitarb. [10])

Energie ist in diesen Fällen nicht erheblich, zumal wenn die Umsetzung, wie das in der Regel geschieht, bei relativ niedrigem Druck ($p_0 = 1$ atm) durchgeführt wird.

Die Enthalpie eines Stoffes wird, ebenso wie die innere Energie, als Differenz gegenüber einem Standardzustand gemessen und angegeben. Der Standardzustand ist im allgemeinen durch die Temperatur von 298,15 K (25 °C), den Druck $p_0 = 1$ atm $= 10^5$ Pa und die bei dieser Temperatur und diesem Druck stabile Modifikation des Stoffes festgelegt. Die folgenden Betrachtungen gelten für den konstanten Druck p_0.

Die experimentelle Bestimmung des Wärmeinhalts bei einer Temperatur T kann dadurch erfolgen, daß der Stoff von dieser Temperatur in ein Kalorimeter von 298,15 K geworfen wird. Die von 1 Mol des Stoffes an das Kalorimeter abgegebene Wärmemenge ist die Enthalpie, bezogen auf den Standardzustand ($H_T - H_{298,15}$). Bild 7.1 gibt die Wärmeinhaltskurve des Eisens wieder. Der Wärmeinhalt nimmt naturgemäß mit steigender Temperatur zu. Modifikationsänderungen ($\alpha \to \gamma$ und $\gamma \to \delta$) machen sich in einem Sprung der Wärmeinhaltskurve bei der Umwandlungstemperatur bemerkbar. Die Differenz der Wärmeinhalte der jeweils betroffenen Modifikationen am Umwandlungspunkt ist die Umwandlungsenthalpie. Analoges gilt für den Schmelzpunkt und für den Siedepunkt. Auch die mit dem Übergang vom ferromagnetischen zum paramagnetischen Zustand verbundene Änderung der Gitterenergie macht sich in der Wärmeinhaltskurve durch eine charakteristische Krümmung deutlich bemerkbar.

Die Molwärme bei konstantem Druck ist definiert als die Steigung der H–T-Kurve:

$$C_p = \left(\frac{\partial H}{\partial T}\right)_p. \tag{7.6}$$

Für die Molwärme bei konstantem Volumen gilt:

$$C_V = \left(\frac{\partial U}{\partial T}\right)_V. \tag{7.7}$$

Eine Kugel, die die Möglichkeit hat, sich in einer Schale zu bewegen (vgl. Bild 1.4), ist dann im stabilen mechanischen Gleichgewicht, wenn sie sich am tiefsten Punkt des Behälters befindet, d. h., wenn sie die kleinste potentielle Energie besitzt. In gewisser Weise analog zu diesem mechanischen Modell wird die freie Enthalpie G definiert, die mit der Enthalpie H und der Entropie S gemäß der Helmholtz-Gibbsschen Gleichung zusammenhängt:

$$G = H - T\,S. \tag{7.8}$$

G und S sind, ebenso wie H, Zustandsfunktionen.

Ein System ist bei konstant gehaltenem p und T im Gleichgewicht, wenn es eine minimale freie Enthalpie besitzt. Mit dieser Aussage ist gleichbedeutend, daß sich im Gleichgewicht die freie Enthalpie des Systems nicht ändert:

$$dG = 0. \tag{7.9}$$

7.3 Integrale Mischungsgrößen

Innere Energie, Enthalpie und Entropie hängen als Zustandsgrößen von den Zustandsvariablen Druck p, Temperatur T und Konzentration x ab. Bei der Betrachtung flüssiger und fester Lösungen, wie sie bei Phasengleichgewichten in Mehrstoffsystemen auftreten, ist die Abhängigkeit der Zustandsgrößen von der Konzentration von Interesse.

In Bild 7.2 ist für ein Zweistoffsystem A–B die freie Enthalpie G als Funktion des Atombruchs x dargestellt (T = const.; p = const.). G_A und G_B sind die freien Enthalpien der Komponenten. Wenn die Komponenten unvermischt als heterogenes Gemenge vorliegen, dann haben solche Gemenge – je nach ihrem Gehalt an A und B – freie Enthalpien, die auf der geraden Verbindungslinie zwischen G_A und G_B liegen (Mischungsregel). Eine Lösung aus A und B kann nur dann gebildet werden, wenn dabei die freie Enthalpie des Systems erniedrigt wird. Bei der Bildung von 1 Mol Lösung ist der Betrag dieser Erniedrigung in unkomplizierten Fällen bei kleinen Konzentrationen an A oder an B geringer als im mittleren Konzentrationsbereich. Für die freie Enthalpie als Funktion des Atombruchs resultiert eine gegenüber der Geraden der Mischungsregel durchhängende Kurve. Sie mündet bei G_A und G_B mit der Steigung unendlich in die Ordinaten ein. Die Differenz zwischen

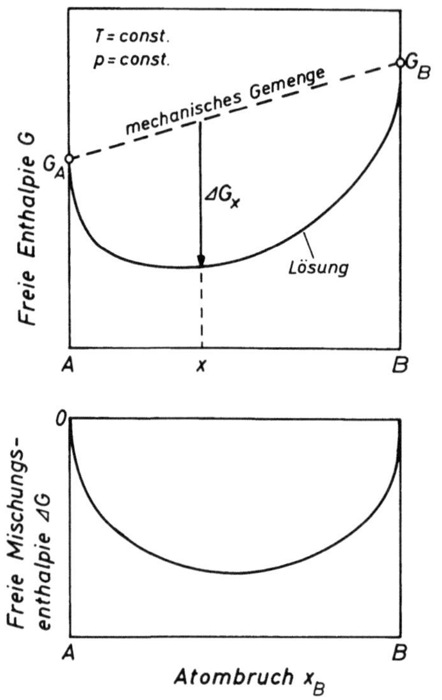

Bild 7.2 Freie Enthalpie G und freie Mischungsenthalpie ΔG als Funktion des Atombruchs

der freien Enthalpie eines mechanischen Gemenges und der freien Enthalpie der Lösung gleicher Konzentration wird freie Mischungsenthalpie ΔG genannt. Ihre Dimension ist J/g-Atom. Für Phasen, die sich aus den Komponenten spontan bilden, hat sie notwendigerweise stets ein negatives Vorzeichen.

Analog ist die Mischungsenthalpie ΔH definiert als die Differenz zwischen der Enthalpie der Lösung und der Enthalpie des mechanischen Gemenges gleicher Konzentration (vgl. Bild 7.3; H_A und H_B sind die Enthalpien der reinen Komponenten A und B). Diese Größe ΔH kann unmittelbar kalorimetrisch ermittelt werden, sofern der Lösungsbildung keine kinetischen Hemmungen entgegenstehen. Dazu sind beispielsweise die beiden flüssigen Komponenten im Kalorimeter zu vermischen. Die auftretende Wärmetönung ist ΔH. Die Mischungsenthalpien fester Mischphasen werden in der Regel nach indirekten Methoden bestimmt.

Die Mischungsenthalpie kann, anders als die freie Mischungsenthalpie, positiv oder negativ sein. Sie ist positiv, wenn bei der Vermischungsreaktion die Stärke der zwischenatomaren Wechselwirkung reduziert wird, und sie ist negativ, wenn eine Verstärkung der Wechselwirkung bei der Reaktion einsetzt. Bei kleinen Lösungskonzentrationen ist ΔH annähernd proportional der Konzentration der Minoritätskomponente. Die ΔH-x-Kurve mündet daher in den Nullpunkt des Mischungsenthalpie-Atombruch-Diagramms unter einem endlichen Winkel ein.

Die Mischungsentropie ΔS ist in ähnlicher Weise definiert:

$$\Delta S = S - (x_A \cdot S_A + x_B \cdot S_B). \qquad (7.10)$$

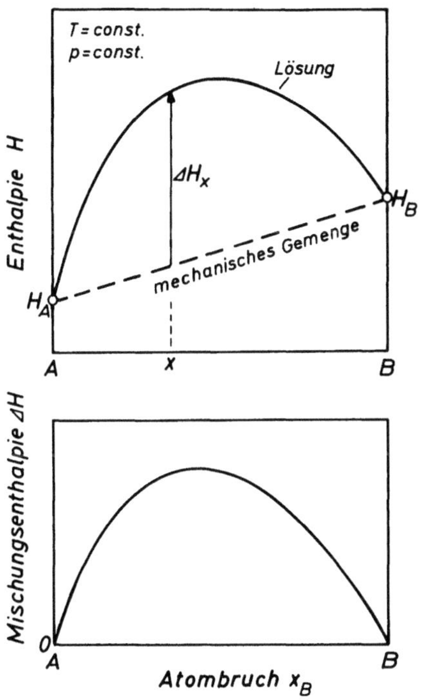

Bild 7.3 Enthalpie H (bezogen auf $H_{298,15}$) und Mischungsenthalpie ΔH als Funktion des Atombruchs

Dabei bedeuten S_A und S_B die Entropien der reinen Komponenten und S die Entropie der Mischphase.

Im Extremfall vernachlässigbar kleiner Änderungen der zwischenatomaren Wechselwirkungen bei der Lösungsbildung aus den Komponenten ist die Änderung der Entropie allein dadurch gegeben, daß die vor der Reaktion vorhandene Ordnung – die Atome der jeweiligen Komponenten sind streng geordnet nach ihrer Art – in eine Lösung mit völlig statistischer Atomverteilung übergeht. Für diesen Fall ist die Mischungsentropie aufgrund statistischer Betrachtungen durch folgenden Ausdruck gegeben:

$$\Delta S_i = -R[x_A \cdot \ln x_A + x_B \cdot \ln x_B]. \tag{7.11}$$

R bedeutet die allgemeine Gaskonstante.

In Bild 7.4 ist diese sog. ideale Mischungsentropie als Funktion des Atombruchs dargestellt. Die ΔS_i-x-Kurve nähert sich mit steigender Verdünnung der Lösung den Ordinaten des Diagramms mit unendlicher Steigung. Das ist der Grund für das analoge Verhalten der ΔG-x-Kurve bei $x_A \to 0$ und $x_B \to 0$.

Auch für die Mischungsgrößen gilt naturgemäß die Helmholtz-Gibbssche Gleichung (vgl. Gl. (7.8)):

$$\Delta G_x = \Delta H_x - T\,\Delta S_x. \tag{7.12}$$

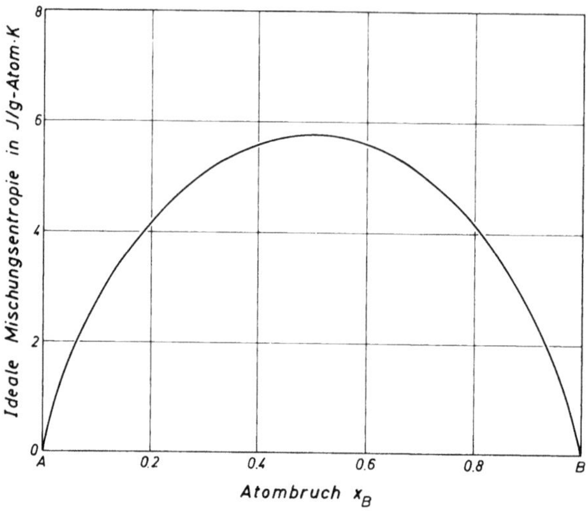

Bild 7.4 Ideale Mischungsentropie als Funktion des Atombruchs

Der Index x bedeutet, daß sich die Größen auf die vorgegebene Konzentration x beziehen.

ΔG, ΔH und ΔS werden als integrale Größen bezeichnet.

7.4 Partielle Mischungsgrößen

Um den Einfluß der einzelnen Komponenten auf die thermodynamischen Eigenschaften eines Systems zu verfolgen, werden partielle Größen der Zustandsfunktionen eingeführt. Anschaulich können sie folgendermaßen beschrieben werden. Sie stellen die Änderung der betrachteten integralen Zustandsgröße für den Fall dar, daß bei konstantem Druck und konstanter Temperatur eine Bildung der Lösung erfolgt, ohne daß die Lösungskonzentration geändert wird. Das ist im Gedankenexperiment realisierbar, wenn 1 Mol einer Komponente zu einer unendlich großen Menge einer Lösung vorgegebener Konzentration x hinzugefügt wird. Der Zusammenhang zwischen partiellen und integralen Größen ist anhand von Bild 7.5 am Beispiel des Molvolumens ersichtlich.

V_A und V_B sind die Molvolumina der Komponenten des betrachteten Zweistoffsystems A–B. V_x stellt das Molvolumen der Lösung der Konzentration x dar. Die partiellen Volumina der Komponenten werden mit $\bar{V}_A$ und $\bar{V}_B$ bezeichnet. Es ist:

$$V_x = \bar{V}_A + y = \bar{V}_A + (\bar{V}_B - \bar{V}_A) \cdot x_B = \bar{V}_A \cdot (1 - x_B) + \bar{V}_B \cdot x_B \tag{7.13}$$

$$V_x = x_A \cdot \bar{V}_A + x_B \cdot \bar{V}_B. \tag{7.14}$$

Die partiellen Größen können aus den integralen rechnerisch oder durch Tangentenkonstruktion gemäß Bild 7.5 gewonnen werden.

Eine Beziehung zwischen den beiden partiellen Größen eines binären Systems ergibt sich folgendermaßen. Gemäß Bild 7.5 ist:

$$V_x = \bar{V}_A + y = \bar{V}_A + x_B \cdot \operatorname{tg} \alpha = \bar{V}_A + x_B \cdot \frac{\partial V_x}{\partial x_B}. \tag{7.15}$$

Aus

$$x_A + x_B = 1 \tag{7.16}$$

folgt

$$\begin{aligned} d\,(x_A + x_B) &= 0, \\ d\,x_A &= -\,d\,x_B. \end{aligned} \tag{7.17}$$

Damit ergibt sich aus Gl. (7.15):

$$\bar{V}_A = V_x - x_B \cdot \frac{\partial V_x}{\partial x_B} = V_x + (1 - x_A) \cdot \frac{\partial V_x}{\partial x_A}. \tag{7.18}$$

Für die zweite Komponente gilt analog:

$$\bar{V}_B = V_x + (1 - x_B) \cdot \frac{\partial V_x}{\partial x_B} = V_x - x_A \cdot \frac{\partial V_x}{\partial x_A}. \tag{7.19}$$

Differentiation von $\bar{V}_A$ und $\bar{V}_B$ nach x_A liefert:

$$\frac{\partial \bar{V}_A}{\partial x_A} = (1 - x_A) \cdot \frac{\partial^2 V_x}{\partial x_A^2}, \tag{7.20}$$

$$\frac{\partial \bar{V}_B}{\partial x_A} = -\,x_A \cdot \frac{\partial^2 V_x}{\partial x_A^2}. \tag{7.21}$$

Division von Gl. (7.20) durch Gl. (7.21) und Umformung ergeben:

$$x_A \cdot \frac{\partial \bar{V}_A}{\partial x_A} + x_B \cdot \frac{\partial \bar{V}_B}{\partial x_A} = 0 \tag{7.22}$$

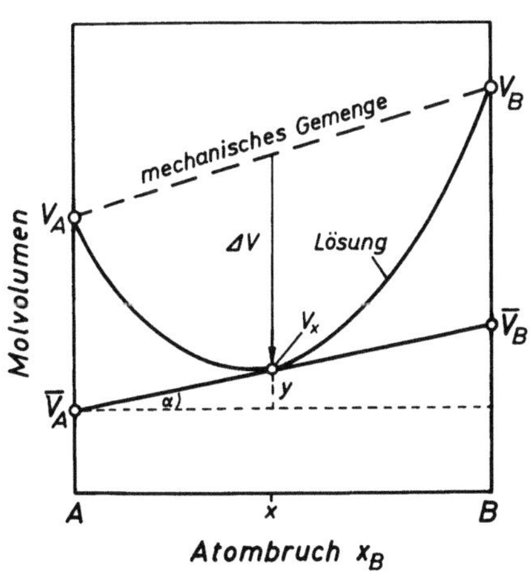

Bild 7.5 Zur Darstellung des Zusammenhangs zwischen integralen und partiellen Größen am Beispiel des Molvolumens. ΔV = Mischungsvolumen (Änderung des Molvolumens beim Vermischen der Komponenten)

oder

$$x_A \cdot d\bar{V}_A + x_B \cdot d\bar{V}_B = 0. \tag{7.22a}$$

Das ist die Gibbs-Duhem-Gleichung. Mit ihrer Hilfe kann aus der einen partiellen Größe die zugehörige andere berechnet werden. Ist beispielsweise $\bar{V}_B$ bekannt und soll daraus $\bar{V}_A$ ermittelt werden, so ist in den Grenzen zwischen $x_B = 0$ und einem beliebigen Wert x_B zu integrieren. Es resultiert:

$$\bar{V}_A = -\int_{\bar{V}_B \text{ bei } x_B = 0}^{\bar{V}_B \text{ bei } x_B = x_B} \frac{x_B}{x_A} \, d\bar{V}_B . \tag{7.23}$$

Analoges gilt für die partiellen freien Enthalpien, für die Enthalpien und für die Entropien, ebenso auch für die partiellen Mischungsgrößen $\overline{\Delta G}$, $\overline{\Delta H}$, $\overline{\Delta S}$ und $\overline{\Delta V}$.

7.5 Ideale Lösung

Tritt bei der Vermischung zweier Komponenten keine Änderung der zwischenatomaren Wechselwirkung ein, dann ist $\Delta H = 0$ und die Änderung des Molvolumens beim Vermischen der Komponenten (Mischungsvolumen) $\Delta V = 0$. Die Änderung der freien Enthalpie bei der Bildungsreaktion der Lösung ist in diesem Falle allein durch die Änderung der Entropie festgelegt:

$$\Delta G_i = -T \Delta S_i . \tag{7.24}$$

Bei Fehlen jeglicher Änderung der Bindungsverhältnisse tritt eine völlig statistische Atomverteilung ein. Die Entropieänderung ist durch die ideale Mischungsentropie gegeben (Gl. (7.11)). Lösungen dieser Art werden ideale Lösungen genannt. Sie sind nur in wenigen Fällen annähernd realisiert.

7.6 Das Modell der regulären Lösung

Bei der Bildung der meisten realen flüssigen oder festen Lösungen tritt eine positive oder negative Änderung der Enthalpie und des Volumens ein. ΔH und ΔV sind oft in individueller Weise von der Konzentration abhängig. J. H. Hildebrand hat ein Modell entwickelt, das auf der Basis eines einfachen Zusammenhangs zwischen den atomaren Wechselwirkungskräften und den Mischungsgrößen die Möglichkeit einer Beschreibung der thermodynamischen Eigenschaften eines Systems ermöglicht, die in der Regel die Realitäten wesentlich besser trifft als das Modell der idealen Lösung. Für eine sog.

reguläre Lösung wird vorausgesetzt, daß die Atomsorten, auch wenn $\Delta H \neq 0$ ist, in der Mischphase völlig regellos verteilt sind. Die Mischungsentropie soll also allein durch die ideale Mischungsentropie festgelegt sein.

Ferner wird vorausgesetzt, daß nur Paarwechselwirkungen vorliegen (quasichemische Näherung). In einem binären System A–B sollen nur Wechselwirkungen zwischen nächsten Nachbarn von Bedeutung sein. Die Wechselwirkungsenergie eines A–A-Paares, eines B–B-Paares und eines A–B-Atompaares sei w_{AA}, w_{BB} bzw. w_{AB}. Da die hier betrachteten Wechselwirkungsenergien stets den Charakter einer Bindungsenergie haben, sind sie immer negative Größen. Ferner wird angenommen, daß die atomare Wechselwirkung konzentrationsunabhängig ist.

Die Abzählung der verschiedenen Arten von Paarbindungen bei statistischer Atomverteilung und die Bilanz der gesamten Änderung der Bindungsverhältnisse – bei der Vermischung werden A–B-Bindungen mit w_{AB} auf Kosten von A–A- und B–B-Bindungen in den unvermischten Ausgangsstoffen gebildet – führt zu folgendem Ausdruck für die integrale molare Mischungsenthalpie:

$$\Delta H = K \cdot x_A \cdot x_B\,. \tag{7.25}$$

Die Größe K, die für ein vorgegebenes System eine Konstante darstellt, enthält die Loschmidtsche Zahl, die Koordinationszahl und die Wechselwirkungsparameter w_{AA}, w_{BB} und w_{AB}.

Nach diesem Modell der regulären Lösung ist die ΔH-x-Kurve eine Parabel zweiten Grades, symmetrisch zu $x = 0{,}5$. Das stellt für eine Reihe binärer Systeme eine gute Näherung dar. Als Beispiel ist in Bild 7.6 die ΔH-x-Kurve flüssiger Aluminium–Zink-Legierungen wiedergegeben.

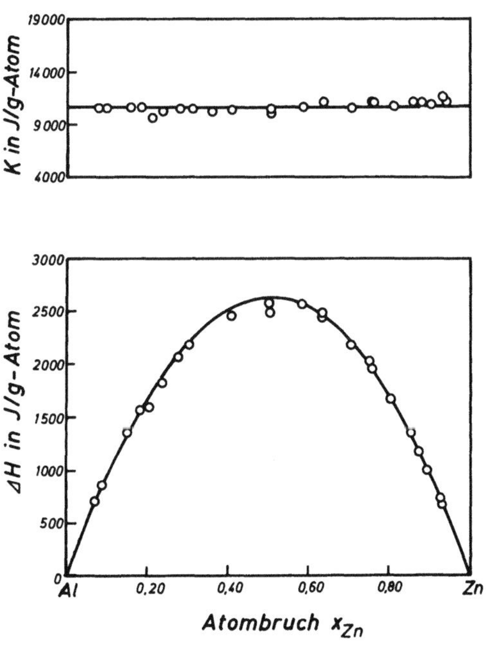

Bild 7.6 Mischungsenthalpie ΔH und Größe K flüssiger Aluminium–Zink-Legierungen als Funktion des Atombruchs bei T = 1226 K nach F. E. Wittig und G. Keil[22])

Besonders empfindlich läßt sich die Regularität einer Lösung anhand der Konzentrationsabhängigkeit der Mischungsenthalpie nachweisen, wenn die Größe

$$K = \frac{\Delta H}{x_A \cdot x_B} \tag{7.26}$$

als Funktion des Molenbruchs aufgetragen wird. Wie aus Bild 7.6 ersichtlich, hat für flüssige Legierungen des Systems Aluminium–Zink die Größe K in der Tat innerhalb der experimentellen Streubreite der Meßpunkte einen konstanten Wert.

Eine Betrachtung des Zusammenhangs zwischen integralen und partiellen Mischungsenthalpien, wie sie anhand von Bild 7.5 erfolgt ist, führt in einfacher Weise zu folgenden Ausdrücken für die partiellen Mischungsenthalpien einer regulären Lösung:

$$\overline{\Delta H_A} = K \cdot (1 - x_A)^2, \tag{7.27}$$

$$\overline{\Delta H_B} = K \cdot (1 - x_B)^2. \tag{7.28}$$

Für den Zusammenhang zwischen ΔH, $\overline{\Delta H_A}$ und $\overline{\Delta H_B}$ gilt analog zu Gl. (7.14):

$$\Delta H = x_A \cdot \overline{\Delta H_A} + x_B \cdot \overline{\Delta H_B} \; . \tag{7.29}$$

Entsprechende Beziehungen gelten naturgemäß auch für die anderen Mischungsfunktionen.

Das Modell der regulären Lösung ist im allgemeinen dann eine gute Näherung, wenn die Mischungsenthalpien klein sind. Letzteres ist ein Zeichen für schwache Änderungen der zwischenatomaren Wechselwirkungen bei der Legierungsbildung, wodurch gewährleistet ist, daß die Annahme völlig statistischer Verteilung der Atomsorten weitgehend zutrifft.

7.7 Reale Lösungen und Überschußfunktionen

In realen Lösungen kann die Konzentrationsabhängigkeit der Mischungsenthalpie erheblich von der durch das reguläre Modell postulierten abweichen. Desgleichen weicht die Mischungsentropie oft beträchtlich von der idealen Mischungsentropie ab. Das ist nicht auf eine Störung der völlig regellosen Atomverteilung allein, sondern auch auf Änderungen der Schwingungsfrequenzen der Atome bei der Lösungsbildung zurückzuführen. Die Schwingungsfrequenz der Atome in einem Stoff hängt unmittelbar mit seiner Molwärme und seiner Entropie zusammen. Tritt bei der Bildung einer Mischphase eine Änderung der Molwärme um ΔC_p ein, so ist die damit verbundene Änderung der Entropie, wenn ein verschiedentlich noch vorhandener elektronischer und magnetischer Beitrag vernachlässigt wird, gegeben durch:

$$\Delta S_v = \int_0^T \frac{\Delta C_p}{T} \, dT. \tag{7.30}$$

ΔS_V ist der Vibrationsanteil an der gesamten Mischungsentropie.

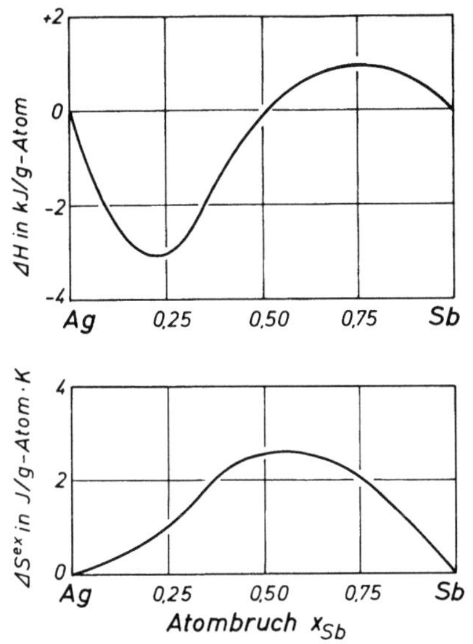

Bild 7.7 Mischungsenthalpie ΔH und Überschußentropie ΔS^{ex} flüssiger Silber–Antimon-Legierungen nach R. Hultgren und Mitarb. [11])

Es ist üblich, die Mischungsentropie ΔS einer realen Lösung aufzuteilen in einen Anteil, der durch die ideale Mischungsentropie bestimmt ist und in einen Restanteil, die sog. Überschußentropie (Exzeßentropie ΔS^{ex}), der auf individuelle Gegebenheiten das System zurückzuführen ist:

$$\Delta S = \Delta S_i + \Delta S^{ex}. \tag{7.31}$$

Als Beispiel sind in Bild 7.7 die Mischungsenthalpien und Überschußentropien flüssiger Silber–Antimon-Legierungen als Funktion der Zusammensetzung wiedergegeben. Wie ersichtlich, liegen hier erhebliche Abweichungen vom Verhalten einer regulären Lösung vor. Die ΔH-x-Kurve hat keine Ähnlichkeit mit einer Parabel. Zudem haben Mischungsenthalpien silberreicher Lösungen ein negatives Vorzeichen, wohingegen dasjenige antimonreicher Mischungen positiv ist. Ferner liegen erhebliche Überschußentropien vor. Bei Gültigkeit des Modells regulärer Lösungen sollte $\Delta S^{ex} = 0$ sein.

Analog wie die Mischungsentropie wird auch die freie Mischungsenthalpie aufgegliedert in einen idealen Anteil, ΔG_i, der durch Gl. (7.24) gegeben ist, und in ΔG^{ex}, die freie Überschußenthalpie (freie Exzeßenthalpie):

$$\Delta G = \Delta G_i + \Delta G^{ex}. \tag{7.32}$$

Allgemein sind Überschußfunktionen definiert als die Differenz zwischen der realen Mischungsgröße und der „idealen" Mischungsgröße, wie sie bei gleicher Konzentration, gleicher Temperatur und gleichem Druck für eine ideale Lösung zu erwarten ist. Demgemäß sind die Mischungsenthalpie ΔH und die Volumenänderung bei der Legierungsbildung, ΔV, Überschußfunktionen, da für ideale Lösungen $\Delta H = 0$ und $\Delta V = 0$ ist. Die Helmholtz-Gibbssche Gleichung lautet für Überschußgrößen:

$$\Delta G^{ex} = \Delta H - T \cdot \Delta S^{ex}. \tag{7.32a}$$

Auch partielle Mischungsgrößen realer Lösungen werden in „ideale" Anteile und Überschußgrößen aufgeteilt. Für die partielle Mischungsentropie der Komponente A einer binären Lösung A–B gilt:

$$\overline{\Delta S_A} = \overline{\Delta S_i} + \overline{\Delta S_A^{ex}}. \qquad (7.33)$$

Wie alle integralen Größen ist auch die integrale Mischungsentropie ΔS additiv nach Maßgabe der Atombrüche der Komponenten aus den partiellen Größen $\overline{\Delta S_A}$ und $\overline{\Delta S_B}$ zusammengesetzt (vgl. Gl. (7.29)):

$$\Delta S = x_A \cdot \overline{\Delta S_A} + x_B \cdot \overline{\Delta S_B}\,. \qquad (7.34)$$

Gemäß Gl. (7.11) lautet der Ausdruck für die ideale integrale molare Mischungsentropie:

$$\Delta S_i = -R\,[x_A \cdot \ln x_A + x_B \cdot \ln x_B]. \qquad (7.11)$$

Ein Vergleich von Gl. (7.34) mit Gl. (7.11) zeigt, daß die idealen partiellen molaren Mischungsentropien für die Komponenten gegeben sind durch:

$$\overline{\Delta S}_{A(i)} = -R \ln x_A \quad \text{und} \quad \overline{\Delta S}_{B(i)} = -R \ln x_B\,. \qquad (7.35)$$

Die überschüssige partielle molare Mischungsentropie ist daher gemäß Gl. (7.33) und Gl. (7.35) beispielsweise für die Komponente A gegeben durch:

$$\overline{\Delta S_A^{ex}} = \overline{\Delta S_A} - \overline{\Delta S}_{A(i)} = \overline{\Delta S_A} + R \ln x_A\,. \qquad (7.36)$$

Es ist

$$\Delta S^{ex} = x_A \cdot \overline{\Delta S_A^{ex}} + x_B \cdot \overline{\Delta S_B^{ex}}. \qquad (7.37)$$

Ebenso gilt

$$\Delta G^{ex} = x_A \cdot \overline{\Delta G_A^{ex}} + x_B \cdot \overline{\Delta G_B^{ex}}. \qquad (7.38)$$

7.8 Thermodynamische Aktivität

Das Ausmaß der Abweichung einer realen Lösung vom Verhalten einer idealen Lösung wird verschiedentlich durch die thermodynamische Aktivität ausgedrückt. Allgemein gilt:

$$\overline{\Delta G_A} = \overline{\Delta H_A} - T\,\overline{\Delta S_A}\,. \qquad (7.39)$$

Für den Fall einer idealen Lösung ist $\overline{\Delta H_A} = 0$ und $\overline{\Delta S_A} = \overline{\Delta S}_{A(i)}$, woraus mit Gl. (7.35)

$$\overline{\Delta G}_{A(i)} = -T\,\overline{\Delta S}_{A(i)} = R\,T \ln x_A \qquad (7.40)$$

folgt. Formal kann die Abweichung einer realen Lösung von einer gleichkonzentrierten idealen Lösung dadurch ausgedrückt werden, daß an Stelle des Atombruchs x_A eine „aktive" Konzentration a_A der Komponente A, die sog. thermodynamische Aktivität von A, eingesetzt wird:

$$\overline{\Delta G_A} = R\,T \ln a_A\,. \qquad (7.41)$$

Wie aus einer Betrachtung des Verdampfungsgleichgewichts der reinen Komponente A und der Komponente A aus der Lösung A–B gezeigt werden kann, hängt die thermodynamische Aktivität mit dem Partialdampfdruck p_A der Komponente A über der Lösung A–B und dem Dampfdruck p_A^0 der reinen Komponente A bei derselben Temperatur folgendermaßen zusammen:

$$a_A = \frac{p_A}{p_A^0} . \tag{7.42}$$

Bei der Auftragung von a gegen x bei konstanter Temperatur ergeben sich Aktivitätsisothermen. Für die ideale Lösung ist a = x. Die Aktivitätsisotherme ist eine Gerade, die sog. Raoultsche Gerade (vgl. Bild 7.8). Bei realen

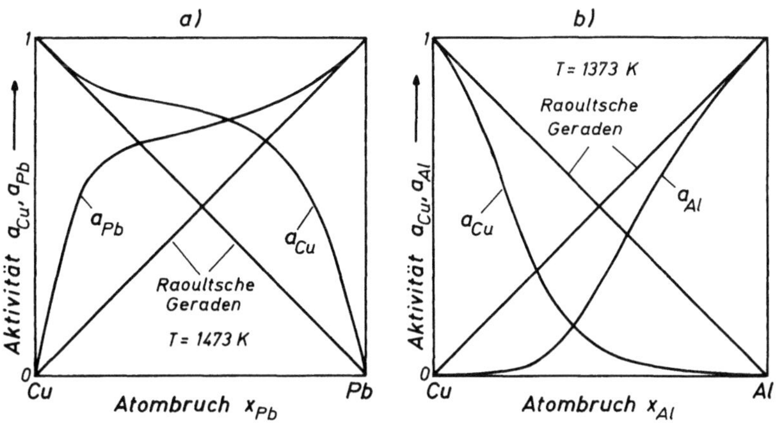

Bild 7.8 Aktivitätsisothermen für flüssige Legierungen der Systeme Kupfer–Blei (a) und Kupfer–Aluminium (b) nach R. Hultgren und Mitarb.[11])

Systemen weichen die Aktivitätsisothermen von der Raoultschen Geraden ab. Die Abweichung kann positiv (a > x) oder negativ (a < x) sein. Im Falle positiver Abweichungen ist der Partialdampfdruck p_A der Komponente A bei vorgegebener Temperatur und Konzentration größer als der Partialdampfdruck $p_{A(i)}$ einer idealen Lösung bei gleichem Wert von T und x. Die A-Atome verdampfen leichter aus der realen Lösung als aus der idealen Lösung gleicher Konzentration und Temperatur. Das bedeutet, daß die zwischenatomaren Wechselwirkungen in dieser realen Lösung schwächer sind als in einer idealen Lösung bei gleichen vorgegebenen Zustandsvariablen.

Für eine ideale Lösung, bei deren Bildung definitionsgemäß keine Änderung der Wechselwirkungsenergien eintritt und damit a = x ist, gilt:

$$w_{AB} = \frac{w_{AA} + w_{BB}}{2} . \tag{7.43}$$

Bei Vorliegen einer Lösung mit $a_A > x_A$ ist

$$|w_{AB}| < \frac{|w_{AA}| + |w_{BB}|}{2} . \tag{7.44}$$

Die Wahrscheinlichkeit, ein A–B-Atompaar in der Lösung an einem bestimmten Ort anzutreffen, ist geringer, als bei völlig statistischer Atomverteilung in einer idealen Lösung erwartet werden kann. Andererseits ist die Wahrscheinlichkeit, A–A- und B–B-Paare anzutreffen, größer als in einer idealen Lösung gleicher Konzentration. Eine solche Lösung weist also eine Tendenz zur Entmischung in die beiden Komponenten auf.

Tritt hingegen bei der Bildung der Lösung eine Verstärkung der zwischenatomaren Wechselwirkungskräfte ein, was bedeutet, daß

$$|w_{AB}| > \frac{|w_{AA}| + |w_{BB}|}{2} \tag{7.45}$$

ist, so wird die Wahrscheinlichkeit, ein A–B-Atompaar in einer solchen Lösung anzutreffen, größer sein als in einer idealen Lösung mit statistischer Atomverteilung. Es liegt eine Lösung mit Verbindungstendenz vor. Es ist $a < x$.

Bild 7.8a gibt als Beispiel eine Aktivitätsisotherme für die Komponenten flüssiger Legierungen des Systems Kupfer–Blei wieder. Die Abweichung von der Raoultschen Geraden ist positiv. In Bild 7.8b sind Aktivitätsisothermen mit negativer Abweichung von der Raoultschen Geraden wiedergegeben, und zwar für flüssige Legierungen des Systems Kupfer–Aluminium.

Bei diesen Systemen ist die Tendenz zur Entmischung bzw. zur Verbindungsbildung anhand der Zustandsdiagramme unmittelbar nachweisbar. Im System Kupfer–Blei tritt unterhalb von 1253 K eine Mischungslücke im flüssigen Zustand auf. Hingegen liegen im System Kupfer–Aluminium im festen Zustand intermetallische Verbindungen vor. Es sei betont, daß in der Schmelze anhand thermodynamischer Aktivitäten feststellbare Entmischungstendenzen oder Verbindungstendenzen des Systems nicht immer zu einer Mischungslücke bzw. zur Bildung von Verbindungen im festen Zustand führen. Für diese Gegebenheit sind neben den in der Schmelze deutlich werdenden Tendenzen noch andere Faktoren von Bedeutung.

Die Konzentrationsabhängigkeit der thermodynamischen Aktivitäten wird für $x_A \to 0$ und $x_A \to 1$ durch Grenzgesetze bestimmt. Für $x_A \to 1$ schmiegt sich a_A, wie leicht gezeigt werden kann und aus Bild 7.8 unmittelbar ersichtlich ist, der Geraden des Raoultschen Gesetzes an. Für Lösungen mit unendlicher Verdünnung an B (gelöster Stoff) gilt für A (Lösungsmittel) das Raoultsche Gesetz:

$$a_A = x_A. \tag{7.46}$$

Für $x_A \to 0$ gilt für die Komponente A das Henrysche Gesetz:

$$a_A = C \cdot x_A. \tag{7.47}$$

C ist eine Konstante, deren Wert von der Änderung der zwischenatomaren Wechselwirkungen bei der Lösungsbildung abhängt. Bei kleinem Atombruch des Lösungsmittels A ändert sich a_A linear mit dem Atombruch. Für eine ideale Lösung wird $C = 1$. Das Henrysche und das Raoultsche Gesetz sind in diesem Fall identisch.

Als Aktivitätskoeffizient f_A der Komponente A einer Lösung A–B wird definiert:

$$f_A = \frac{a_A}{x_A}. \tag{7.48}$$

Für ideale Lösungen ist naturgemäß $f_A = 1$. Der Aktivitätskoeffizient ist ein Maß für die Abweichung einer realen Lösung vom idealen Verhalten. Er ist mit der partiellen freien Mischungsenthalpie folgendermaßen verknüpft (vgl. Gl. (7.40) und Gl. (7.41)):

$$\begin{aligned}\overline{\Delta G_A} &= RT \ln a_A = RT \ln \cdot (x_A \cdot f_A) \\ &= RT \cdot \ln x_A + RT \cdot \ln f_A \\ &= \overline{\Delta G}_{A(i)} + \overline{\Delta G}{}_A^{ex} \end{aligned} \tag{7.49}$$

$$\overline{\Delta G}{}_A^{ex} = RT \cdot \ln f_A . \tag{7.50}$$

Die Aktivitätskoeffizienten der beiden Komponenten einer binären Lösung hängen über die Duhem-Margules-Gleichung zusammen. Sie lautet für diesen Fall:

$$\ln f_A = - \int\limits_{\ln f_B \text{ bei } x_B = 0}^{\ln f_B \text{ bei } x_B = x_B} \frac{x_B}{x_A} \cdot d \ln f_B . \tag{7.51}$$

Die freie Enthalpie G eines Stoffes ist temperaturabhängig, und zwar gilt, wenn S die Entropie des Stoffes ist:

$$\frac{\partial G}{\partial T} = - S. \tag{7.52}$$

Analoges gilt für die partielle freie Mischungsenthalpie, z. B.:

$$\frac{\partial \overline{\Delta G_A}}{\partial T} = - \overline{\Delta S_A} . \tag{7.53}$$

Unter Berücksichtigung von Gl. (7.39) kann daraus folgender Zusammenhang gewonnen werden:

$$\frac{\overline{\Delta H_A}}{R} = \frac{\partial \ln a_A}{\partial \left(\frac{1}{T}\right)} . \tag{7.54}$$

Eine Auftragung von $\ln a_A$ gegen $1/T$ bei konstanter Konzentration liefert im einfachsten Falle eine Gerade, aus deren Anstiegswinkel die partielle Mischungsenthalpie der betrachteten Komponente erhältlich ist. Bild 7.9 gibt ein $\ln a_A$-$1/T$-Diagramm für thermodynamische Aktivitäten des Galliums flüssiger Gallium–Cadmium-Legierungen wieder. In der Tat resultieren für Lösungen des gesamten Konzentrationsbereichs Geraden. Wenn sich, wie dies in realen Lösungen verschiedentlich der Fall ist, mit steigender Temperatur die Natur der Bindungen zwischen den Atomen der Lösung ändert, können Abweichungen von Gl. (7.54) auftreten. Das hat eine Krümmung der $\ln a_A$-$1/T$-Kurven zur Folge. ΔH ist dann temperaturabhängig.

Wie aus Bild 7.9 zu schließen und aus Bild 7.10 unmittelbar ersichtlich, nähern sich die Aktivitätsisothermen mit steigender Temperatur der Geraden des Raoultschen Gesetzes. Mit steigender Temperatur nehmen die Atomabstände in der Lösung zu, und die Stärke der zwischenatomaren Wechselwir-

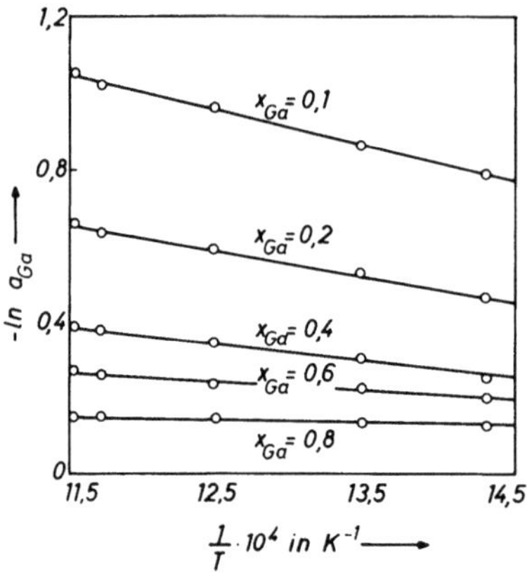

Bild 7.9 Zur Temperaturabhängigkeit thermodynamischer Aktivitäten des Galliums flüssiger Gallium-Cadmium-Legierungen, nach[23])

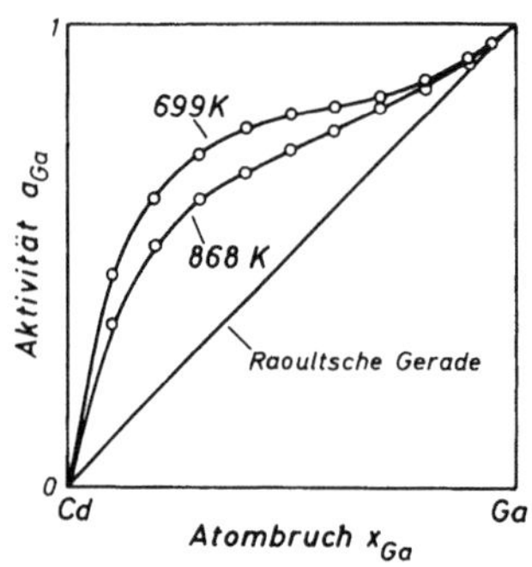

Bild 7.10 Thermodynamische Aktivitäten des Galliums flüssiger Gallium-Cadmium-Legierungen als Funktion des Atombruchs bei unterschiedlichen Temperaturen, nach[23])

kungen wird geringer. Individuelle Bindungseffekte zwischen den ungleichartigen Atomen werden abgebaut. Die Lösung nähert sich dem idealen Verhalten.

7.9 Allgemeines über experimentelle Methoden zur Bestimmung thermodynamischer Mischungsgrößen

Thermodynamische Mischungsgrößen hängen unmittelbar mit den zwischenatomaren Wechselwirkungen und der Anordnung der Atome in einer Lösung zusammen. Sie können daher nützliche Informationen über die Bindungsverhältnisse und den atomaren Aufbau von Mischphasen liefern. Zudem legen sie die Phasengleichgewichte fest. Eine allgemeine Methode zu ihrer experimentellen Erschließung gibt es nicht. Um für die Berechnung von Phasengleichgewichten hinreichend genaue Grunddaten zu gewinnen, sind – je nach den individuellen Besonderheiten des betrachteten Systems – spezielle Untersuchungsverfahren anzuwenden.

Zur Ermittlung der Änderung der Zustandsgrößen bei der Lösungsbildung müssen Anfangs- und Endzustand dieser Reaktion eindeutig festgelegt und erreichbar sein. Die Einstellung der Gleichgewichtszustände ist an die kinetischen Möglichkeiten gebunden. Sie erfolgt bei Systemen mit hochschmelzenden Komponenten (Silicate, Salze, Metalle usw.) erst bei Temperaturen weit oberhalb Zimmertemperatur mit einer für die durchzuführenden Experimente hinreichend hohen Geschwindigkeit. Zur Ermittlung der thermodynamischen Mischungsgrößen solcher Systeme sind Methoden entwickelt worden, die bei Temperaturen um 1000 K und darüber eingesetzt werden können. Zur Erstellung der Versuchsanordnung steht in diesem Fall nur eine begrenzte Auswahl von Konstruktionsmaterialien zur Verfügung.

7.10 Hochtemperaturkalorimeter

Die Ermittlung von Mischungsenthalpien kann direkt kalorimetrisch erfolgen. In Bild 7.11 ist der wesentliche Teil eines isothermen Hochtemperaturkalorimeters wiedergegeben, das zur unmittelbaren Bestimmung von Mischungsenthalpien flüssiger Mischphasen genutzt werden kann. Die beiden Metallblöcke 1 und 2 befinden sich in einem passenden Ofen. Sie enthalten zwei übereinandergestellte Tiegel 3 und 4, die zunächst die zu vermischenden flüssigen Komponenten enthalten. Durch Anheben des Stopfens 5 wird die Öffnung im Boden des oberen Tiegels 4 freigegeben. Die Schmelze aus Tiegel 4 fließt in den Tiegel 3. Mit einem Rührer 6 wird für eine gute Durchmischung gesorgt.

Zur Ermittlung der Wärmetönung beim Vermischungsvorgang wird die Temperaturdifferenz ΔT zwischen der Schmelze des Tiegels 3 und dem Metallblock mit Hilfe der Thermoelemente 7 und 8 als Funktion der Zeit regi-

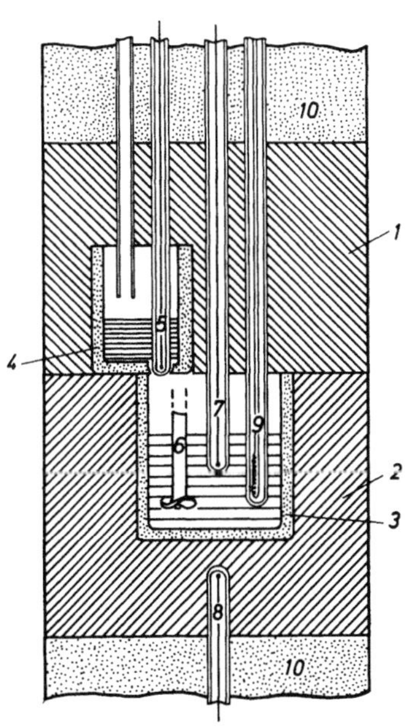

Bild 7.11 Aufbau eines isothermen Hochtemperaturkalorimeters zur direkten Bestimmung von Mischungsenthalpien. 1, 2 massive Metallblöcke; 3, 4 Tiegel; 5 Thermoelement, dessen Schutzrohr als Stöpsel dient; 6 Rührer; 7, 8 Thermoelemente; 9 Heizwicklung zur Eichung; 10 Wärmeisolation

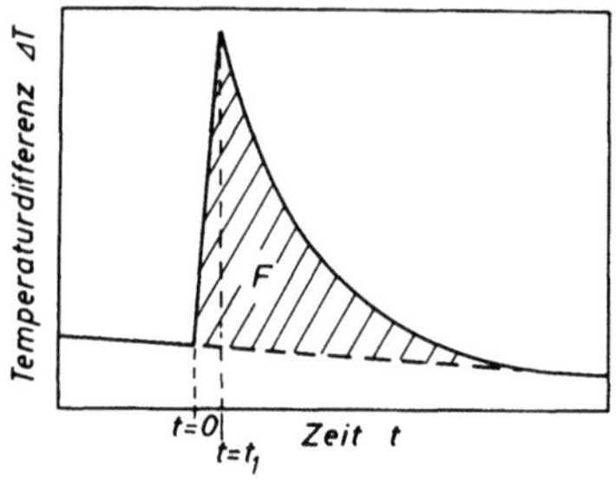

Bild 7.12 Temperatur–Zeit-Diagramm eines Vermischungsvorgangs in einem isothermen Kalorimeter

striert. Es resultiert eine ΔT-Zeit-Kurve, wie sie schematisch in Bild 7.12 wiedergegeben ist. Bei $t = 0$ beginnt der Vermischungsvorgang, bei $t = t_1$ ist er zu Ende.

Die Temperaturdifferenz weicht in ihrem zeitlichen Verlauf während des Vermischungsvorgangs von der Basislinie ab und kehrt nach der Reaktion ($t > t_1$) gemäß dem Newtonschen Temperaturausgleichsgesetz wieder zu ihr zurück. Die Fläche F zwischen der realen ΔT-Zeit-Kurve und der (interpolierten) Basislinie ist ein Maß für die Enthalpieänderung bei der Bildung der Lösung. Die Eichung des Kalorimeters erfolgt durch Nachahmung eines solchen thermischen Effekts mit genau festgelegter Joulescher Wärme, die durch eine Heizwendel 9 in der Probe erzeugt wird. Ein im Stopfen 5 angebrachtes Thermoelement, ebenso wie das Thermoelement 7, dienen zur Kontrolle der Temperatur der Schmelzen vor dem Vermischen. Die Auswertung der Meßergebnisse ist naturgemäß besonders einfach, wenn die Komponenten vor der Vermischung die gleiche Temperatur haben.

Auch die Mischungsenthalpie fester Lösungen kann durch Messung der Wärmetönung beim unmittelbaren Vermischen der Komponenten ermittelt werden. Dazu werden die festen Komponenten fein pulverisiert, gemischt und zu einer Tablette zusammengepreßt. Der Preßling wird im Kalorimeter erhitzt. Ist schließlich die Temperatur für eine merkliche Diffusion erreicht, dann kann sich der Mischkristall innerhalb kurzer Zeit bilden, in der die damit verbundene Änderung der Enthalpie des Systems erfolgt. Sie wird vom Kalorimeter erfaßt.

Bewährt haben sich ferner indirekte Methoden zur Ermittlung von Mischungsenthalpien bzw. Bildungsenthalpien. Dazu gehört die sog. Lösungskalorimetrie. Dabei wird die feste Mischphase in ein Kalorimeter geworfen, das ein flüssiges Lösungsmittel enthält, in dem sich die zu untersuchende Probe rasch löst. In einem zweiten Versuch wird der Lösungsvorgang unter sonst gleichen Bedingungen mit den unvermischten Komponenten wiederholt. Die Differenz der beiden Lösungsenthalpien stellt die Bildungsenthalpie der festen Mischphase dar.

7.11 Partialdampfdruckmessungen

Partielle freie Mischungsenthalpien können gemäß Gl. (7.41) und Gl. (7.42) über die Messung von Partialdampfdrucken gewonnen werden. Es ist eine Fülle an Methoden zur Bestimmung von Dampfdrucken entwickelt worden.

Zwei Beispiele zur Bestimmung sehr kleiner Partialdampfdrucke bei hohen Temperaturen seien genannt.

Bild 7.13 gibt schematisch die Versuchsanordnung bei der sog. Taupunktsmethode wieder. Eine Mischphase A–B ist bei 1 in einem evakuierten, durchsichtigen Rohr eingeschmolzen. Die Komponente A habe einen deutlich höheren Partialdampfdruck als B. Bei einer Temperatur T_1 verdampfe praktisch nur A. Wird die Temperatur des Rohrendes 2 kontinuierlich gesenkt, so tritt schließlich Kondensation von A-Dampf ein, wenn der Dampfdruck p_A^0 des reinen Stoffes A bei T_2 gleich ist dem Partialdampfdruck p_A über der Legierung A–B bei T_1. Bei Kenntnis der p_A^0-T-Kurve ist durch Messung der Temperaturen T_1 und T_2 die thermodynamische Aktivität der leichter flüchtigen Komponente A zugänglich.

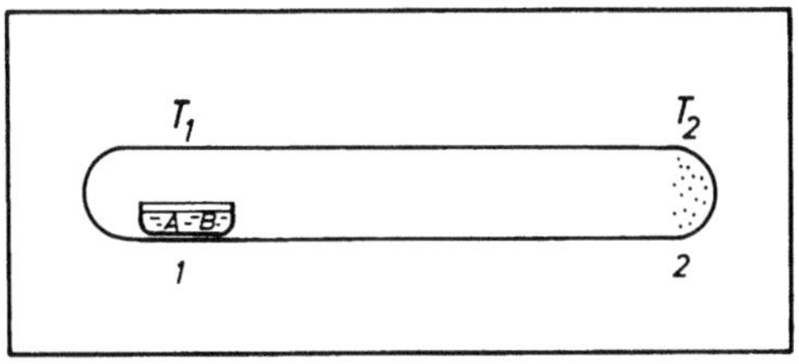

Bild 7.13 Taupunktsmethode zur Ermittlung thermodynamischer Aktivitäten

Das Prinzip der Taupunktsmethode wurde von H. Lescoeur (1889) vorgeschlagen. Inzwischen sind zahlreiche Varianten dieses Verfahrens bekannt.

Bei der von M. Knudsen (1909) entwickelten Effusionsmethode befindet sich ein Stoff L in einem Gefäß, das eine kleine Öffnung mit extrem dünnem Rand hat (vgl. Bild 7.14). Das Gefäß ist im Vakuum untergebracht. Ist die Oberfläche der Probe L groß im Vergleich zur Lochfläche F, so stellt sich bei vorgegebener Temperatur in dem Gefäß der Gleichgewichtsdampfdruck der zu untersuchenden Substanz ein. Der Dampf effundiert durch die Öffnung. Die Anzahl der Mole Δn, die in einer vorgegebenen Zeit Δt durch die Öffnung geht, ergibt sich aufgrund der kinetischen Gastheorie zu:

$$\Delta n = \frac{P \cdot F \cdot \Delta t}{\sqrt{\frac{2\pi R T}{M}}} . \qquad (7.55)$$

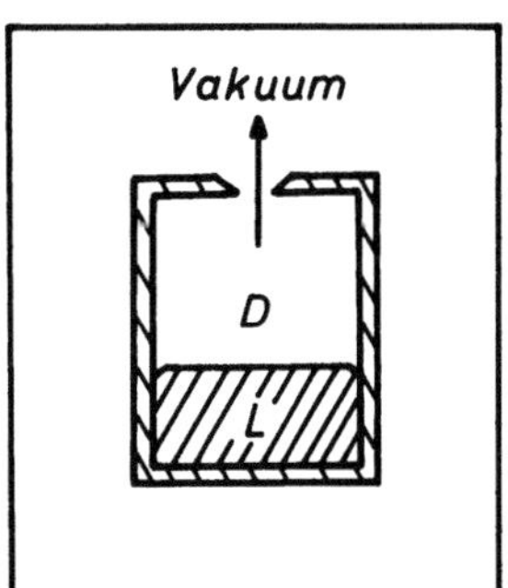

Bild 7.14 Knudsenzelle zur Ermittlung von Dampfdrucken nach der Effusionsmethode. L = Schmelze; D = Dampf

Es bedeuten P den totalen Dampfdruck über der Probe und M das Molekulargewicht der Teilchen im Dampf.

Die zur Ermittlung des Dampfdrucks P erforderliche Kenntnis der in der Zeit Δt effundierenden Anzahl der Mole Δn an Dampf kann nach unterschiedlichen Methoden erfolgen. Im einfachsten Falle wird das Gefäß vor und nach dem Versuch gewogen und aus der Gewichtsdifferenz der Betrag von Δn ermittelt. Genauer ist eine Kondensation des Effusats auf einer kalten Platte vor der Effusionsöffnung. Markierung der Substanz mit radioaktiven Indikatoren, chemisch-analytische Bestimmung der Anteile der effundierten Komponenten oder massenspektrographische Ermittlung der je Zeiteinheit effundierenden Gesamtmasse und der Anteile der Komponenten ermöglichen neben einer Bestimmung des Totaldampfdrucks noch die Erschließung der Partialdampfdrucke. Insbesondere die Verwendung eines Massenspektrographen ist von Vorteil, da eine unmittelbare Kontrolle der Art der Spezies im Dampf möglich ist. In manchen Fällen treten Assoziationen in der Dampfphase auf, was sich auf M in Gl. (7.55) auswirkt und entsprechend berücksichtigt werden muß.

Die Knudsensche Effusionsmethode hat sich insbesondere bei der genauen Bestimmung kleiner Dampfdrucke bewährt.

7.12 Aktivitätsbestimmung aus der EMK galvanischer Zellen

In einer galvanischen Zelle

$$(-)\ |A|A^{z+}\text{-Lösung}|\text{Legierung } A-B|\ (+), \tag{7.56}$$

deren Elektroden aus einer Legierung A–B bzw. aus der unedleren Komponente A bestehen und deren Elektrolyt Ionen der unedleren Komponente enthält, ist die elektromotorische Kraft (EMK) E unmittelbar mit der partiellen freien Mischungsenthalpie der Komponente A der Legierung A–B verknüpft. Bei der isothermen und reversiblen Überführung von 1 Mol A von der Elektrode |A| zur Elektrode |A–B| wird, wenn dabei praktisch keine Änderung der Konzentration der Legierungselektrode erfolgt, die partielle freie Mischungsenthalpie $\overline{\Delta G}_A$ bei der Konzentration der Legierung |A–B| gewonnen. Die Bedingung der Konzentrationskonstanz bei der Überführung ist gewährleistet, da E praktisch bei Stromlosigkeit der Zelle gemessen wird, was bedeutet, daß kein merklicher Umsatz erfolgt. Es ist:

$$\overline{\Delta G}_A = -z \cdot \Phi \cdot E. \tag{7.57}$$

Φ ist die Faraday-Konstante und z die Wertigkeit der A-Ionen im Elektrolyt.

Bild 7.15 gibt schematisch eine einfache, häufig verwendete Anordnung von Elektroden und Elektrolyt wieder. Als Elektrolyte werden in erster Linie geschmolzene Salze eingesetzt. Dabei genügt es, ein niedrigschmelzendes Grundgemisch inerter Salze, z. B. KCl + LiCl, zu verwenden, dem wenige Prozent eines Salzes der unedleren Komponente der zu untersuchenden Legierung zugesetzt sind.

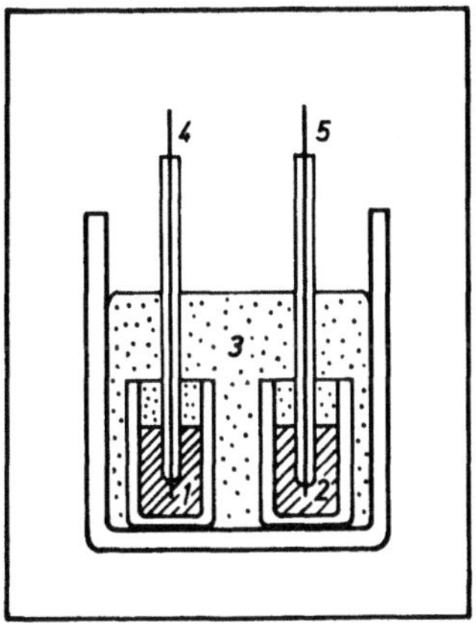

Bild 7.15 Versuchsanordnung zur Ermittlung thermodynamischer Aktivitäten nach der EMK-Methode (schematisch). 1, 2 Elektroden; 3 Elektrolyt; 4, 5 Elektrodenzuleitungen

Insbesondere bei der Untersuchung fester Mischphasen werden mit großem Erfolg sauerstoffionenleitende Elektrolyte verwendet, beispielsweise Mischkristalle aus ThO_2 und Y_2O_3 oder aus ZrO_2 und CaO.

Über Gl. (7.41) und Gl. (7.57) ist aus der EMK die thermodynamische Aktivität der unedleren Komponente des Systems zugänglich. Auch bei den meisten Dampfdruckverfahren resultiert lediglich die Aktivität einer Komponente. Die Aktivität der anderen Komponente kann über die Duhem-Margules-Gleichung gewonnen werden. Anhand der Beziehung

$$\Delta G = x_A \overline{\Delta G_A} + x_B \overline{\Delta G_B} \tag{7.58}$$

ist auch die integrale freie Mischungsenthalpie zugänglich.

Aus der Temperaturabhängigkeit der Aktivitäten sind zunächst die partiellen Mischungsenthalpien gemäß Gl. (7.54) erhältlich, die mit Gl. (7.29) die integrale Größe ΔH liefern. Mit Hilfe der Helmholtz-Gibbsschen Gleichung, Gl. (7.12), ergibt sich schließlich die integrale Mischungsentropie ΔS. Bei Kenntnis thermodynamischer Aktivitäten als Funktion der Konzentration und der Temperatur sind also alle zur thermodynamischen Beschreibung eines Systems erforderlichen Größen zugänglich.

Der Wert der experimentell ermittelten Temperaturabhängigkeit der Aktivität, da_A/dT, ist naturgemäß mit einem größeren relativen Fehler behaftet als der Betrag der Aktivität selbst. In der Regel ist daher die größte Genauigkeit der integralen Mischungsfunktionen zu erwarten, wenn ΔH direkt kalorimetrisch, ΔG über Aktivitätsmessungen und wenn aus diesen beiden die Mischungsentropie ΔS ermittelt wird.

7.13 Schmelzgleichgewicht in einem Einstoffsystem

Von zwei mögliche Phasen, in denen ein Stoff auftreten kann, ist bei vorgegebenen Zustandsvariablen stets diejenige thermodynamisch stabil, die die niedrigste freie Enthalpie aufweist. Beide Phasen können nur dann nebeneinander existieren, wenn ihre freien Enthalpien gleich sind. Für den Fall des Schmelzgleichgewichts bedeutet das, daß die freie Enthalpie G^S des Festkörpers bei der Schmelztemperatur T^F gleich der freien Enthalpie G^L der Schmelze ist:

$$G^S = G^L. \tag{7.59}$$

Im Gleichgewichtspunkt tritt beim Übergang der Phasen keine Änderung der freien Enthalpie des Systems ein ($dG = 0$, vgl. Gl. (7.9)). Das gilt grundsätzlich für ein Zweiphasengleichgewicht in einem Einstoffsystem.

Ist der Druck p konstant, so nimmt die freie Enthalpie eines Stoffes mit steigender Temperatur ab. Das gilt für alle möglichen Phasen. In Bild 7.16 ist die freie Enthalpie der festen und der flüssigen Phase als Funktion der Temperatur schematisch dargestellt. Bei $T < T^F$ ist $G^S < G^L$ und bei $T > T^F$ ist $G^S > G^L$. Für T^F gilt Gl. (7.59).

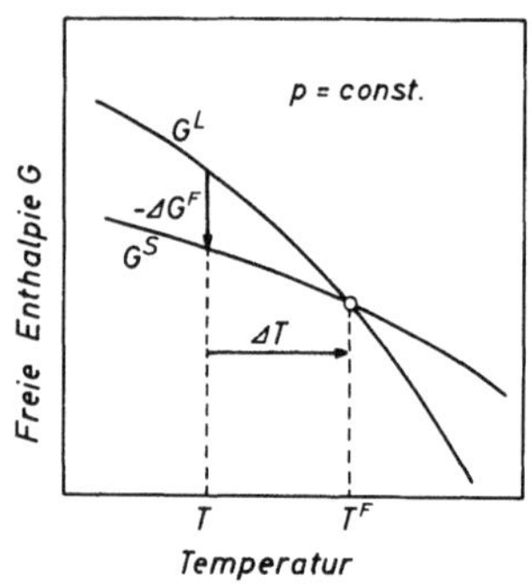

Bild 7.16 Freie Enthalpie G^L der flüssigen und freie Enthalpie G^S der festen Phase eines Stoffes als Funktion der Temperatur (schematisch). T^F = Schmelztemperatur

Die Temperaturabhängigkeit der freien Enthalpie der beiden Phasen ist nach Gl. (7.52) gegeben durch:

$$\frac{\partial G^S}{\partial T} = - S^S, \tag{7.60}$$

$$\frac{\partial G^L}{\partial T} = - S^L. \tag{7.61}$$

Die Entropie S^S der festen Phase ist für eine Temperatur T durch ihre Molwärme C_p^S festgelegt zu:

$$S_{(T)}^S = \int_0^T \frac{C_p^S}{T} dT. \tag{7.62}$$

Bei der Schmelztemperatur ist mit dem Übergang der festen in die flüssige Phase eine Erhöhung der Enthalpie des Systems verbunden, und zwar um die latente Schmelzenthalpie ΔH^F. Das ist durch den Unterschied der Bindungs- und Strukturverhältnisse zwischen den beiden koexistierenden Phasen bedingt. Analog tritt auch eine Entropiezunahme des Systems beim Schmelzen ein. Die Schmelzentropie ΔS^F ist gegeben durch:

$$\Delta S^F = \frac{\Delta H^F}{T^F}. \tag{7.63}$$

Als Entropie der flüssigen Phase eines Stoffes bei der Temperatur T resultiert daher:

$$S^L_{(T)} = \int_0^{T^F} \frac{C^S_p}{T} dT + \Delta S^F + \int_{T^F}^{T} \frac{C^L_p}{T} dT. \tag{7.64}$$

Wie aus dem Vergleich von Gl. (7.62) und Gl. (7.64) ersichtlich, gilt:

$$S^L > S^S. \tag{7.65}$$

Die Steigung der G^L-T-Kurve am Schmelzpunkt ist daher grundsätzlich größer als die der G^S-T-Kurve.

Bei einer Unterkühlung der Schmelze um den Betrag ΔT unter die Schmelztemperatur T^F ist $G^L > G^S$. Die Schmelze ist thermodynamisch nicht stabil. Wenn keine kinetischen Hemmnisse vorliegen, geht sie spontan in den Festkörper über. Dabei wird die freie Enthalpie des Systems um den Betrag $\Delta G^F = G^L - G^S$ erniedrigt. ΔG^F wird als freie Schmelzenthalpie bezeichnet. Sie ist die treibende Energie der Kristallisation. Da beim Gleichgewichtspunkt $\Delta G^F = 0$ ist, läuft hier die Kristallisation unendlich langsam ab. Erst bei endlicher Unterkühlung kann eine endliche Kristallisationsgeschwindigkeit erzielt werden, deren Betrag noch durch weitere Faktoren festgelegt ist.

Analoge Verhältnisse liegen bei Einstoffsystemen auch für den Fall von Fest–fest-Zweiphasengleichgewichten vor.

7.14 Schmelzgleichgewichte im binären System

Für Zweistoffsysteme gilt die Gleichgewichtsbedingung Gl. (7.59) nur in Sonderfällen, bei denen die im Gleichgewicht stehende flüssige und feste Mischphase die gleiche Konzentration haben. Das ist beispielsweise der Fall im Schmelzpunktsmaximum einer kongruent schmelzenden Verbindung oder im Schmelzpunktsmaximum oder Schmelzpunktsminimum von Mischkristallen.

Allgemein gilt für das Schmelzgleichgewicht in einem Zweistoffsystem die sog. Tangentenbedingung:

$$\left(\frac{dG^L}{dx_B}\right)_{x^L_B} = \left(\frac{dG^S}{dx_B}\right)_{x^S_B}. \tag{7.66}$$

Sie drückt die Bedingung für die minimale freie Enthalpie eines Gemenges aus zwei Phasen bei variabler Phasenkonzentration aus.

Zur Erläuterung von Gl. (7.66) wird in einem binären System mit lückenloser Mischkristallbildung das Gleichgewicht zwischen Schmelze und Mischkristall bei einer Temperatur $T_A > T_1 > T_B$ betrachtet (vgl. Bild 7.17). Da $T_A > T_1$ ist, muß $G^L_A > G^S_A$ sein. Für die Komponente B gilt, da $T_B < T_1$ ist, hingegen $G^L_B < G^S_B$. Die von den Werten G^L_A und G^L_B ausgehende G^L-x-Kurve und die von G^S_A und G^S_B ausgehende G^S-x-Kurve schneiden sich in Q. Dieser Punkt, für den $x^S_{B(Q)} = x^L_{B(Q)}$ und $G^L_Q = G^S_Q$ ist, hat keine Be-

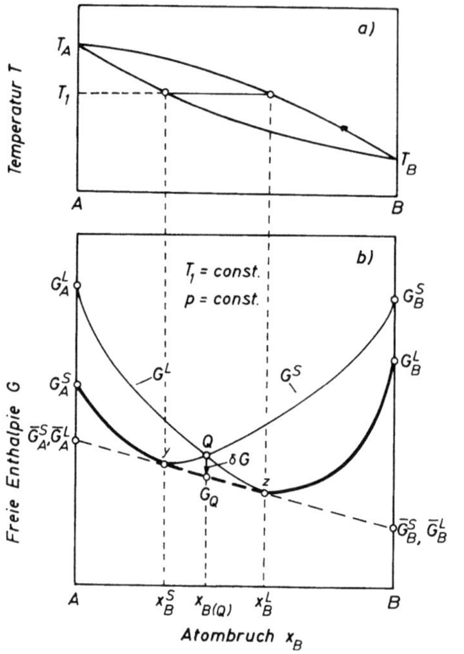

Bild 7.17 Zur Erläuterung der Tangentenbedingung. a) Zustandsdiagramm mit lückenloser Mischkristallbildung; b) Freie Enthalpie der flüssigen und festen Mischphase als Funktion des Atombruchs

deutung. Die freie Enthalpie des Gemenges dieser Phasen mit $x_{B(Q)}^S$ und $x_{B(Q)}^L$ kann noch um den Betrag δG auf G_Q erniedrigt werden, indem die Konzentration der festen Phase bis x_B^S und die der flüssigen Phase bis x_B^L verschoben wird. Die zu diesen Konzentrationen gehörenden Punkte y bzw. z der G^S-x- bzw. G^L-x-Kurve entsprechen den Berührungspunkten einer gemeinsamen Tangente. Die ersten Ableitungen der Funktionen G^L und G^S nach der Konzentration müssen für die den Berührungspunkten entsprechenden Mischphasengehalte gleich sein (vgl. Gl. (7.66)). Das Mengenverhältnis der beiden Phasen in der Mischung mit der Bruttozusammensetzung $x_{B(Q)}$ ist durch das Hebelgesetz festgelegt. Die Konzentrationen x_B^S und x_B^L sind die Solidus- bzw. Liquiduskonzentration bei T_1 (vgl. Bild 7.17a).

Mischphasen mit $x_B < x_B^S$ sind fest, da für sie $G^L > G^S$ gilt (vgl. Bild 7.17b). Ebenso sind Mischphasen mit $x_B > x_B^L$ bei T_1 einphasig, und zwar flüssig, da $G^L < G^S$ ist. Im Bereich $x_B^S < x_B < x_B^L$ haben Gemenge aus festen und flüssigen Phasen kleinere freie Enthalpien als eine feste Phase gleicher Konzentration oder eine flüssige Phase gleicher Konzentration allein. Hier liegen Fest–flüssig-Gleichgewichte vor (vgl. Bild 7.17a). Die freien Enthalpien aller sich bei T_1 im Gleichgewicht befindlichen A–B-Legierungen liegen also auf dem Kurvenzug G_A^S–y–z–G_B^L (in Bild 7.17b) dick gezeichnet).

Die gemeinsame Tangente als Bedingung für das Gleichgewicht in einem Zweistoffsystem ist, wie aus Bild 7.17b unmittelbar ersichtlich, naturgemäß gleichbedeutend mit der Forderung, daß die partiellen freien Enthalpien der Komponenten jeweils im festen und flüssigen Zustand gleich sind:

$$\bar{G}^S_{A\,(\text{bei } x_B = x_B^S)} = \bar{G}^L_{A\,(\text{bei } x_B = x_B^L)},$$
$$\bar{G}^S_{B\,(\text{bei } x_B = x_B^S)} = \bar{G}^L_{B\,(\text{bei } x_B = x_B^L)}. \tag{7.67}$$

Analog gilt dies für alle Zweiphasenbereiche in Zweistoffsystemen. Im Konzentrationsbereich des Zweiphasengebietes ist die G-x-Kurve durch die Mischungsregel gegeben.

Die Lage der G^L-x-Kurve zur G^S-x-Kurve ändert sich mit der Temperatur. Für eine Temperatur T_2, für die $T_A > T_2 > T_1$ gilt, ist der relative Abstand von G_A^S und G_A^L kleiner (bei T_A ist $G_A^S = G_A^L$). Dadurch verschiebt sich beim Übergang von T_1 zur höheren Temperatur T_2 der Konzentrationsbereich des Zweiphasengebietes zu kleineren x_B-Werten. aus G^L-x- und G^S-x-Kurven für eine Reihe von Temperaturen kann prinzipiell das gesamte Schmelzdiagramm konstruiert werden.

Bild 7.18 gibt G-x-Diagramme für ein System mit lückenloser Mischkristallbildung und einem Schmelzpunktsminimum wieder. Im Schmelzpunktsminimum fallen die bei T_1 noch zu zwei Zweiphasengleichgewichten gehörenden Punkte a, b, c und d des Bildes 7.18a bei T_2 in einem Punkt m zusammen. Ebenso vereinigen sich die zu zwei Doppeltangenten gehörenden vier Berührungspunkte a′, b′, c′ und d′ (vgl. Bild 7.18b) zu einem einzigen Berührungspunkt m′ zwischen der G^L-x- und der G^S-x-Kurve (Bild 7.18c). Ein solcher Berührungspunkt m′ ist bei unkomplizierter Gestalt der beiden Kurven dann zu erwarten, wenn G^L stärker von der Mischungsregel abweicht als G^S. Das kann bei Systemen auftreten, bei denen sich die Atomradien der Komponenten erheblich unterscheiden. Bei der Bildung der Mischkristalle tritt dann ein wesentlich geringerer Gewinn an freier Enthalpie auf als bei

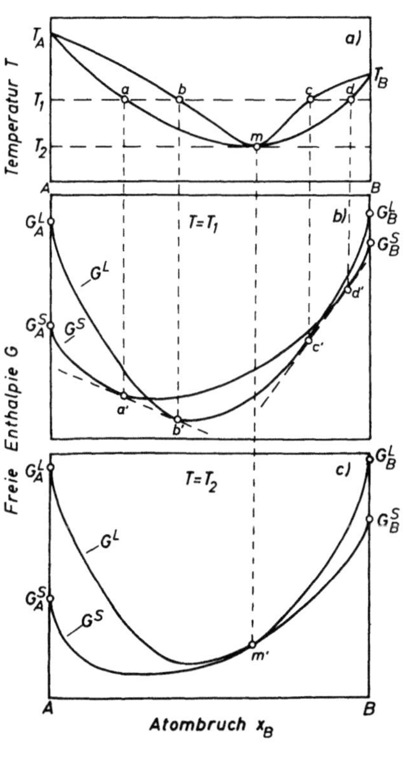

Bild 7.18 Energetik der Phasengleichgewichte in einem binären System mit ununterbrochener Mischkristallbildung und Schmelzpunktsminimum

der Bildung der flüssigen Mischphase, so daß durchweg bei vorgegebener Konzentration und Temperatur $|\Delta G^S| < |\Delta G^L|$ ist.

In einem einfachen eutektischen System, in dem das Ausmaß der Mischkristallbildung vernachlässigbar klein ist, tritt als feste Phase stets ein Gemenge aus den praktisch reinen Komponenten auf. Die freien Enthalpien dieser Gemenge setzen sich gemäß der Mischungsregel aus den freien Enthalpien der reinen Komponenten, G_A^S und G_B^S, zusammen (vgl. Bild 7.19b). Bei einer Temperatur $T = T_1$ (vgl. Bild 7.19a), für die $T_A > T_1 > T_B$ gilt, sind die G-x-Kurven in Bild 7.19b schematisch dargestellt. Da $T_A > T_1$ und $T_B < T_1$ ist, gilt $G_A^L > G_A^S$ und $G_B^L < G_B^S$. Die feste Komponente B kann bei dieser Temperatur nicht auftreten. Vom Wert G_A^S wird eine Tangente an die G^L-x-Kurve gelegt. Die Konzentration des Berührungspunktes a′ stellt die Konzentration der Schmelze dar, die bei T_1 mit der reinen festen Komponente A im Gleichgewicht steht.

Bei der Temperatur T_2, für die $T_A > T_B > T_2$ ist, kann auch festes B als Partner in einem Schmelzgleichgewicht auftreten. Es liegen zwei Bereiche des Fest–flüssig-Gleichgewichts vor (vgl. Bild 7.19c).

Bei der eutektischen Temperatur ist die Gerade G_A^S–G_B^S selbst die Tangente. Sie berührt die G^L-x-Kurve in einem Punkt, dessen Konzentration derjenigen des Eutektikums entspricht. Es stehen die durch die Tangente verbundenen Phasen im Gleichgewicht: festes A, Schmelze der Konzentration c′

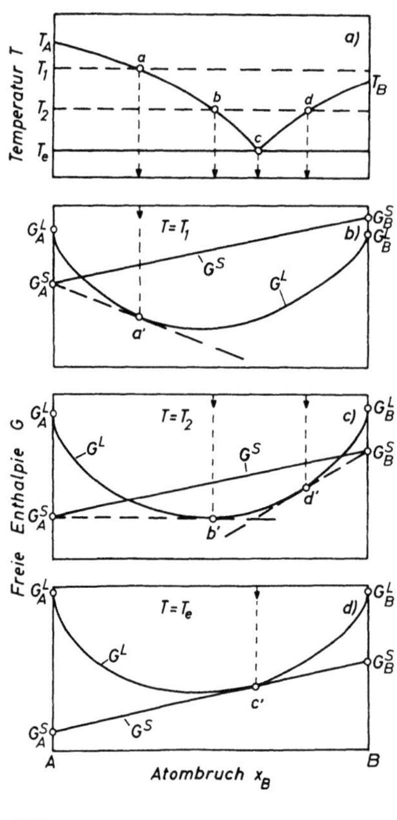

Bild 7.19 Energetik der Phasengleichgewichte in einem einfachen binären eutektischen System mit vernachlässigbar kleiner gegenseitiger Löslichkeit der Komponenten im festen Zustand

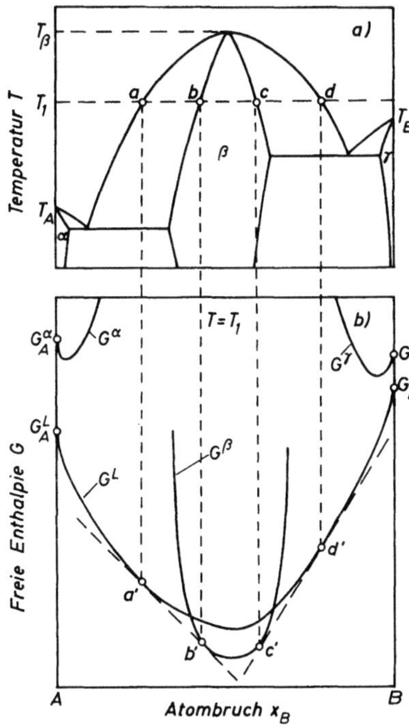

Bild 7.20 Energetik der Phasengleichgewichte in einem binären System mit einer kongruent schmelzenden Verbindung und merklicher Mischkristallbildung

und festes B. Unterhalb der eutektischen Temperatur liegen alle Punkte der Geraden G_A^S–G_B^S unterhalb der G^L-x-Kurve. Es kann keine flüssige Mischphase auftreten. Lediglich mechanisches Gemenge aus A und B ist im gesamten Konzentrationsbereich thermodynamisch stabil.

Bild 7.20 gibt die Schmelzgleichgewichte und die zugehörigen energetischen Zusammenhänge für ein System mit kongruent schmelzender Verbindung wieder. Im festen Zustand sei merkliche Mischkristallbildung vorhanden. Bei der Temperatur $T_\beta > T_1 > T_B > T$ treten keine α- und γ-Mischkristalle auf. Die G^α-x- und die G^γ-x-Kurve liegen oberhalb der G^L-x-Kurve. Indessen verläuft bei T_1 im mittleren Konzentrationsbereich die Kurve für die freie Enthalpie G^β der kongruent schmelzenden Verbindung β unterhalb der G^L-x-Kurve. Hier erscheint zwischen b und c (entsprechend b′ und c′) das Einphasengebiet der Verbindung. Bei der Temperatur, die dem Schmelzpunktsmaximum T_β entspricht, berührt die G^β-x-Kurve die G^L-x-Kurve.

Bei Verbindungen, die nur bei einer scharfen stöchiometrischen Zusammensetzung existent sind, liegen analoge Verhältnisse vor, wie bei einer Komponente ohne merkliche Mischkristallbildung (vgl. Bild 7.19 für den Fall eines einfachen eutektischen Systems). Die freie Enthalpie bei T_2 (vgl. Bild 7.21) ist $G^V(T_2)$. Die beiden Äste der zugehörigen ΔG^V-x-Kurve entarten zu einem senkrechten Strich. Um die Konzentration der Schmelzen festzustellen, die mit der Verbindung V bei T_2 im Gleichgewicht stehen, sind in Bild 7.21 b vom Wert $G^V(T_2)$ Tangenten an die G^L-x-Kurve zu legen. Die Berührungspunkte a′ und b′ entsprechen den Liquiduspunkten a und b in Bild 7.21 a.

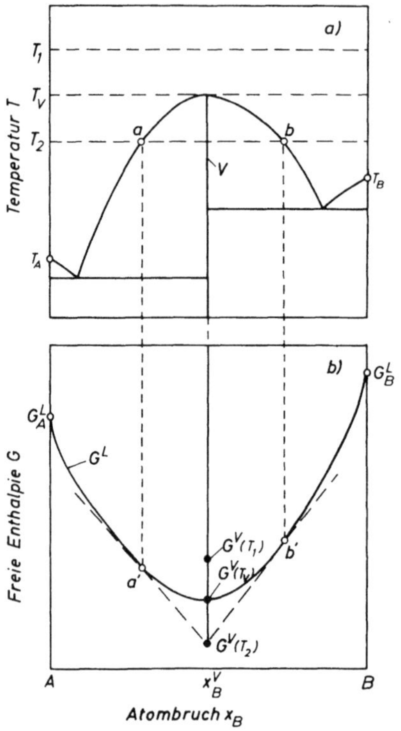

Bild 7.21 Energetik der Phasengleichgewichte in einem binären System mit einer kongruent schmelzenden Verbindung und vernachlässigbar kleiner Löslichkeit im festen Zustand

Bei der Schmelztemperatur T_V der Verbindung liegt $G^V(T_V)$ auf der G^L-x-Kurve. Bei höherer Temperatur ($T_1 > T_V$) ist naturgemäß $G^V(T_1)$ höher als G^L für die gleiche Konzentration. Bei x_B^V tritt trivialerweise nur die Schmelze auf.

7.15 Gleichgewicht zwischen binärer Schmelze und dem Kristall einer Komponente im idealen System

Zur rechnerischen Erschließung der Phasengleichgewichte aus thermodynamischen Größen wird zunächst vereinfachend ideales Verhalten der auftretenden Mischphasen vorausgesetzt.

Die freie Enthalpie G einer idealen Lösung des Molenbruches x setzt sich aus den partiellen freien Enthalpien der Komponenten folgendermaßen zusammen:

$$G = x_A \cdot \bar{G}_A + x_B \cdot \bar{G}_B . \tag{7.68}$$

Ferner gilt für eine ideale Lösung:

$$G = x_A \cdot G_A + x_B \cdot G_B - T\Delta S_i . \tag{7.69}$$

Dabei sind G_A und G_B die freien Enthalpien der Komponenten. Mit Gl. (7.11) folgt aus Gl. (7.69):

$$G = x_A \cdot G_A + x_B \cdot G_B + x_A \cdot RT \cdot \ln x_A + x_B \cdot RT \cdot \ln x_B. \qquad (7.70)$$

Ein Vergleich von Gl. (7.68) mit Gl. (7.70) zeigt, daß die partiellen freien Enthalpien der Komponenten gegeben sind durch:

$$\begin{aligned} \bar{G}_{A(i)} &= G_A + RT \cdot \ln x_A, \\ \bar{G}_{B(i)} &= G_B + RT \cdot \ln x_B. \end{aligned} \qquad (7.71)$$

Im folgenden sei das Schmelzgleichgewicht am Beispiel der Komponente A betrachtet. Es gilt allgemein gemäß Gl. (7.67):

$$\bar{G}_A^L = \bar{G}_A^S. \qquad (7.67)$$

Koexistiert im Gleichgewicht eine feste und eine flüssige Mischphase, so können deren partielle freie Enthalpien der Komponente A folgendermaßen ausgedrückt werden:

$$\bar{G}_A^L = G_A^L + RT \cdot \ln x_A^L \qquad (7.72)$$

und

$$\bar{G}_A^S = G_A^S + RT \cdot \ln x_A^S. \qquad (7.73)$$

Für den einfachsten Fall eines Schmelzgleichgewichts sei angenommen, daß als feste Phase die praktisch reine Komponente A auftritt. Es ist dann $x_A^S = 1$ und damit $RT \cdot \ln x_A^S = 0$. Für diesen speziellen Fall ist $\bar{G}_A^S = G_A^S$. Damit folgt aus Gl. (7.67) und Gl. (7.72):

$$G_A^L + RT \cdot \ln x_A^L = G_A^S. \qquad (7.74)$$

Umgeformt:

$$RT \cdot \ln x_A^L = G_A^S - G_A^L = -\Delta G_A^F. \qquad (7.74\,a)$$

Die linke Seite der Gl. (7.74a) enthält die Zustandsvariablen x_A^L und T, die zur Darstellung der Liquiduslinie erforderlich sind. Die rechte Seite stellt die freie Erstarrungsenthalpie der Komponente A, $-\Delta G_A^F$, dar (vgl. Bild 7.16). Für sie gilt:

$$\Delta G_A^F = \Delta H_A^F - T \cdot \Delta S_A^F. \qquad (7.75)$$

Mit der auf die Komponente A angewandten Gl. (7.63)

$$\Delta S_A^F = \frac{\Delta H_A^F}{T_A} \qquad (7.63)$$

folgt

$$\Delta G_A^F = \Delta T \cdot \Delta S_A^F \qquad (7.76)$$

mit

$$\Delta T = T_A - T. \qquad (7.77)$$

Aus Gl. (7.74a), Gl. (7.63) und Gl. (7.76) ergibt sich:

$$RT \cdot \ln x_A^L = -\frac{\Delta H_A^F}{T_A} \cdot (T_A - T). \qquad (7.78)$$

Für Schmelzen, die nur wenig B gelöst enthalten, gilt näherungsweise:

$$\ln x_A^L = \ln(1 - x_B^L) \approx - x_B^L. \tag{7.79}$$

Gl. (7.79) kann daher für den Fall unendlicher Verdünnung vereinfacht werden zu:

$$x_B^L = \frac{\Delta H_A^F \cdot (T_A - T)}{R \cdot T_A \cdot T}. \tag{7.80}$$

Das ist das für verdünnte ideale Lösungen gültige Raoultsche Gesetz für die Gefrierpunktserniedrigung.

Für die Komponente B gilt eine der Gl. (7.78) analoge Beziehung:

$$R T \cdot \ln x_B^L = - \frac{\Delta H_B^F}{T_B} \cdot (T_B - T). \tag{7.81}$$

Sind die Schmelzenthalpien ΔH_A^F und ΔH_B^F sowie die Schmelzpunkte T_A und T_B bekannt, so können die Liquiduslinien berechnet werden, sofern die Voraussetzungen erfüllt sind, daß die Lösung sich ideal verhält, die Schmelzenthalpie nicht von der Temperatur abhängt und die Mischkristallbildung vernachlässigbar klein ist.

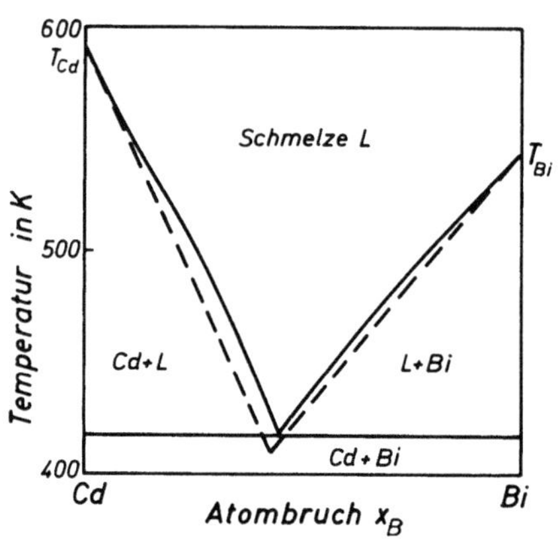

Bild 7.22 Zustandsdiagramm Cadmium–Wismut. —— experimentell, nach M. Hansen und K. Anderko[24]); – – – berechnet nach Gl. (7.78)

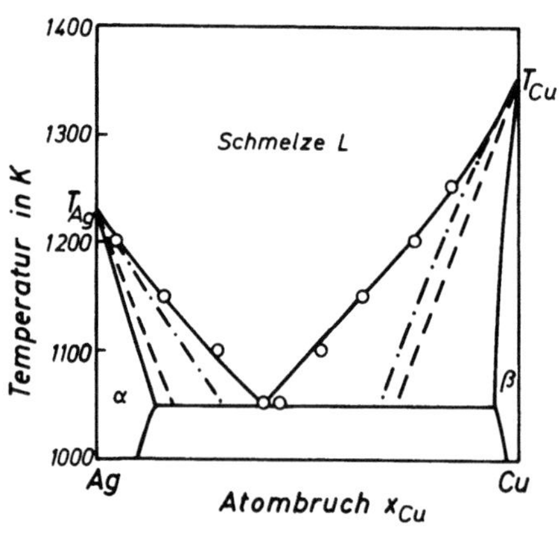

Bild 7.23 Zustandsdiagramm Silber-Kupfer. —— experimentell, nach M. Hansen und K. Anderko[24]); – – – Liquiduslinien berechnet nach Gl. (7.78); –·–· Liquiduslinien berechnet nach Gl. (7.83); ○ Liquiduspunkte berechnet nach Gl. (7.83), aber unter Verwendung von thermodynamischen Aktivitäten anstelle von Atombrüchen

Als Beispiel ist in Bild 7.22 das Zustandsdiagramm Cadmium–Wismut dargestellt. Die berechneten Liquiduspunkte weichen nicht erheblich von den experimentell ermittelten Liquiduslinien ab.

Nicht so gut sind die Voraussetzungen für die Anwendung der Gl. (7.78) bzw. Gl. (7.81) im System Silber–Kupfer erfüllt. Wie aus Bild 7.23 ersichtlich, werden durch die Rechnung viel zu niedrige Liquidustemperaturen erhalten. Die eutektische Temperatur ergibt sich aus den berechneten Liquiduslinien in der Größenordnung von 775 K, während sie experimentell bei 1052 K gefunden wird. Unter anderem dürfte die Diskrepanz auch bedingt sein durch die Vernachlässigung der Mischkristallbildung, die in diesem System von merklichem Ausmaß ist.

7.16 Gleichgewicht zwischen binärer Schmelze und Mischkristall im idealen System

Aus den Beziehungen Gl. (7.67), Gl. (7.72) und Gl. (7.73) ergibt sich für das Gleichgewicht zwischen einer flüssigen und einer festen Mischphase:

$$G_A^L + RT \cdot \ln x_A^L = G_A^S + RT \cdot \ln x_A^S . \tag{7.82}$$

Mit Gl. (7.63) und Gl. (7.76) folgt daraus weiter:

$$RT \cdot \ln\left(\frac{x_A^L}{x_A^S}\right) = -\frac{\Delta H_A^F}{T_A} \cdot (T_A - T) . \tag{7.83}$$

Mit dieser Beziehung allein ist eine unmittelbare Berechnung des Zustandsdiagramms nicht möglich. Im Unterschied zu Gl. (7.78) liegt hier eine Gleichung mit drei Unbekannten, x_A^L, x_A^S und T vor. Prinzipiell ist nach Gl. (7.83) sowohl eine Gefrierpunktserniedrigung ($x_A^L < x_A^S$) als auch eine Gefrierpunktserhöhung ($x_A^L > x_A^S$) möglich. Bei Kenntnis der Soliduskonzentrationen ist Gl. (7.83) eine bessere Näherung als Gl. (7.78). Das ist aus Bild 7.23 zu erkennen. Indessen verbleiben trotz der Berücksichtigung der Löslichkeit im festen Zustand noch beträchtliche Diskrepanzen gegenüber den wahren Liquiduslinien. Das ist in erster Linie auf die Annahme eines idealen Verhaltens fester und flüssiger Silber–Kupfer-Lösungen zurückzuführen. Werden in Gl. (7.83) anstelle der Atombrüche (x_A^L, x_A^S) die entsprechenden thermodynamischen Aktivitäten (a_A^L, a_A^S) eingesetzt, dann resultiert eine ausgezeichnete Übereinstimmung mit den experimentell ermittelten Gleichgewichtslinien (vgl. Bild 7.23).

Analog zu Gl. (7.83) gilt für die Komponente B:

$$RT \cdot \ln\left(\frac{x_B^L}{x_B^S}\right) = -\frac{\Delta H_B^F}{T_B} \cdot (T_B - T) . \tag{7.84}$$

Für ein System mit lückenloser Mischkristallbildung muß Gl. (7.83) und Gl. (7.84) bei vorgegebener Temperatur T gleichzeitig erfüllt sein. Es ist daher möglich, unter Anwendung beider Gleichungen die Liquidus- und Soli-

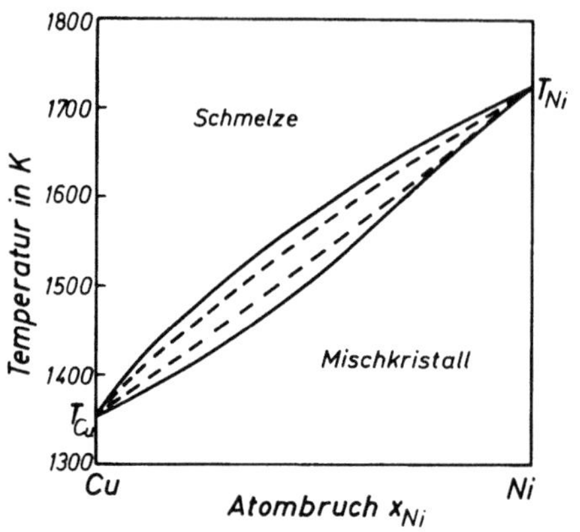

Bild 7.24 Zustandsdiagramm Kupfer–Nickel. —— experimentell, nach M. Hansen und K. Anderko[24]; --- berechnet nach Gl. (7.83) und G. (7.84)

duskonzentration für eine festgelegte Temperatur T zu berechnen. Als Beispiel ist in Bild 7.24 das Schmelzdiagramm des Systems Kupfer–Nickel wiedergegeben. Die Abweichungen von den wahren Schmelzgleichgewichten sind in diesem System relativ gering.

In einem binären System mit lückenloser Mischkristallbildung ist die Gestalt des linsenförmigen Zweiphasengebietes des Schmelzdiagramms durch x_A^L und das Verhältnis x_A^L/x_B^S als Funktion der Temperatur gegeben. Wie aus Gl. (7.83) und Gl. (7.84) ersichtlich, sind dafür maßgebend die Schmelzenthalpien ΔH^F und die Schmelztemperaturen T^F. Je größer der Unterschied $1/T_A - 1/T_B$ ist, um so größer ist die maximale Temperaturdifferenz zwischen Solidus- und Liquiduslinie.

7.17 Schmelzgleichgewicht im regulären System

Ein Schmelzpunktsminimum oder Schmelzpunktsmaximum kann in einem System, dessen feste und flüssige Lösungen sich ideal verhalten, nicht auftreten. Desgleichen sind Mischungslücken im flüssigen und festen Zustand nicht möglich. Bei Anwendung des Modells der regulären Lösung können diese Gleichgewichte indessen beschrieben werden. Dabei wird für ΔS ebenso wie bei idealen Systemen die ideale Mischungsentropie ΔS_i eingesetzt. Als wesentliche Größe kommt jedoch die Mischungsenthalpie hinzu. Das bedingt für viele Systeme eine entscheidende Annäherung an die Realität, auch wenn die Konzentrationsabhängigkeit von ΔH verschiedentlich merklich von derjenigen in realen Systemen abweicht.

Die partielle freie Enthalpie der Komponente A einer realen flüssigen Lösung der Konzentration x ist gegeben durch:

$$\begin{aligned}\bar{G}_A^L &= G_A^L + \overline{\Delta G}_A^L \\ &= G_A^L + RT \cdot \ln a_A^L \\ &= G_A^L + \overline{\Delta H}_A^L - T \cdot \overline{\Delta S}_A^L. \qquad (7.85)\end{aligned}$$

Für eine reguläre Lösung kann $\overline{\Delta H}_A^L$ gemäß Gl. (7.27) und $\overline{\Delta S}_A^L$ gemäß Gl. (7.35) ausgedrückt werden. Gl. (7.85) lautet dann:

$$\bar{G}_A^L = G_A^L + K^L \cdot (1 - x_A^L)^2 + RT \cdot \ln x_A^L . \tag{7.86}$$

Entsprechendes gilt für die feste Phase.

Aufgrund der Gleichgewichtsbedingung für das Schmelzen in einem Zweistoffsystem:

$$\bar{G}_A^L = \bar{G}_A^S \tag{7.67}$$

folgt:

$$G_A^S + K^S \cdot (1 - x_A^S)^2 + RT \cdot \ln x_A^S = G_A^L + K^L \cdot (1 - x_A^L)^2 + RT \cdot \ln x_A^L . \tag{7.87}$$

Mit

$$G_A^S - G_A^L = -\frac{\Delta H_A^F}{T_A} \cdot (T_A - T) \tag{7.88}$$

(vgl. Gln. (7.76), (7.63) und (7.74 a)) ergibt sich durch Umformung von Gl. (7.87):

$$\frac{\Delta H_A^F}{R} \cdot \left(\frac{1}{T} - \frac{1}{T_A}\right) = \frac{K^S}{RT} \cdot (1 - x_A^S)^2 - \frac{K^L}{RT} \cdot (1 - x_A^L)^2 + \ln\left(\frac{x_A^S}{x_A^L}\right) . \tag{7.89}$$

Für die Komponente B gilt analog:

$$\frac{\Delta H_B^F}{R} \cdot \left(\frac{1}{T} - \frac{1}{T_B}\right) = \frac{K^S}{RT} \cdot (1 - x_B^S)^2 - \frac{K^L}{RT} \cdot (1 - x_B^L)^2 + \ln\left(\frac{x_B^S}{x_B^L}\right) . \tag{7.90}$$

K^S und K^L sind Konstanten, in denen u. a. die Wechselwirkungsparameter enthalten sind. Sind außer den Werten für ΔH^F und T^F Werte für K^S und K^L gegeben, so kann das Zustandsdiagramm mit Hilfe der Gl. (7.89) und Gl. (7.90) berechnet werden.

Das Modell der regulären Lösung wird häufig bei der Berechnung von Phasengleichgewichten, aber auch umgekehrt bei der Erschließung thermodynamischer Eigenschaften der Lösungen durch Auswertung bekannter Schmelzdiagramme eingesetzt. Sein Vorteil besteht darin, daß die Konzentrationsabhängigkeit der partiellen Mischungsenthalpien durch einen einfachen analytischen Ansatz gemäß Gl. (7.27) ausgedrückt wird. Gl. (7.27) stellt für viele einfache Fälle eine gute Näherung dar. Ferner ist in unkomplizierten Systemen auch die Vereinfachung $\overline{\Delta S}_A = \overline{\Delta S}_{A(i)}$ eine hinreichende Näherung. Die Berücksichtigung der in manchen Systemen auftretenden beträchtlichen Abweichungen von angewandten Näherungen führt oft zu komplizierten Ansätzen, was die Rechenoperationen erheblich erschweren kann.

7.18 Schmelzgleichgewicht im realen System

Für das Schmelzgleichgewicht in einem realen Zweistoffsystem folgt aus Gl. (7.67), Gl. (7.85) und einer der Gl. (7.85) analogen Beziehung für den festen Zustand:

$$G_A^L - G_A^S = \overline{\Delta H}_A^S - T\overline{\Delta S}_A^S - (\overline{\Delta H}_A^L - T\overline{\Delta S}_A^L) . \tag{7.91}$$

Die reale partielle Mischungsentropie kann als Summe der partiellen idealen Mischungsentropie und der partiellen Überschußentropie ausgedrückt werden. Wird ferner Gl. (7.88) berücksichtigt, so ergibt sich aus Gl. (7.91):

$$\frac{\Delta H_A^F}{T_A} \cdot (T_A - T) = \overline{\Delta H}_A^S + RT \cdot \ln x_A^S - T \cdot \overline{\Delta S}_A^{S,ex} - \overline{\Delta H}_A^L - \\ - RT \cdot \ln x_A^L + T \cdot \overline{\Delta S}_A^{L,ex}. \tag{7.92}$$

Für die Komponente B gilt analog:

$$\frac{\Delta H_B^F}{T_B} \cdot (T_B - T) = \overline{\Delta H}_B^S + RT \cdot \ln x_B^S - T \overline{\Delta S}_B^{S,ex} - \overline{\Delta H}_B^L - \\ - RT \cdot \ln x_B^L + T \cdot \overline{\Delta S}_B^{L,ex}. \tag{7.93}$$

Bei Kenntnis der Schmelzenthalpien und Schmelztemperaturen der Komponenten sowie der partiellen Mischungsenthalpien und partiellen Mischungsentropien als Funktion der Konzentration können die Liquidus- und die Soliduskurve eines realen Systems berechnet werden.

Es ist noch zu beachten, daß Gl. (7.88) die freie Erstarrungsenthalpie $G^S - G^L$ nur dann richtig wiedergibt, wenn die Molwärmen der betreffenden Komponente im festen und im flüssigen Zustand in dem betrachteten Temperaturbereich gleich sind, also

$$\Delta C_p = C_p^S - C_p^L \tag{7.94}$$

gleich null ist. Ist dies nicht der Fall, so kann Gl. (7.88) für kleine Abweichungen $(T_A - T)$ von der Gleichgewichtstemperatur T_A noch eine hinreichende Näherung sein. Für große ΔC_p-Werte und merkliche Beträge von $(T_A - T)$ ist die Temperaturabhängigkeit der Schmelzenthalpie und der Schmelzentropie zu berücksichtigen. Für eine vorgegebene Temperatur T ist dann die Differenz der freien Enthalpien im festen und flüssigen Zustand gegeben durch:

$$G_A^S - G_A^L = -\frac{\Delta H_A^F}{T_A} \cdot (T_A - T) + \int_T^{T_A} \Delta C_p \cdot dT - T \int_T^{T_A} \frac{\Delta C_p}{T} \cdot dT. \tag{7.95}$$

7.19 Schmelzpunktsminimum

In einem realen System mit lückenloser Mischkristallbildung kann ein Schmelzpunktsminimum oder Schmelzpunktsmaximum auftreten. Th. Heumann[20]) hat die energetischen Bedingungen erschlossen, unter denen dies möglich ist.

Umformung von Gl. (7.92) liefert:

$$RT \ln \frac{x_A^S}{x_A^L} = \frac{\Delta H_A^F}{T_A} \cdot (T_A - T) - (\overline{\Delta H}_A^S - \overline{\Delta H}_A^L) + \\ + T (\overline{\Delta S}_A^{S,ex} - \overline{\Delta S}_A^{L,ex}). \tag{7.96}$$

In vielen Fällen sind die Beträge der partiellen Überschußentropien gering. Zudem ist $\overline{\Delta S}_A^{S,ex} \approx \overline{\Delta S}_A^{L,ex}$, so daß die Differenz $\overline{\Delta S}_A^{S,ex} - \overline{\Delta S}_A^{L,ex} \approx 0$

ist und daher vereinfachend bei den folgenden Betrachtungen vernachlässigt werden kann.

Würden sich die festen und flüssigen Mischphasen wie eine ideale Lösung verhalten, so wäre auch $\overline{\Delta H}{}_A^S - \overline{\Delta H}{}_A^L = 0$. Es könnte kein Schmelzpunktsextremum auftreten. Es wäre immer $x_A^S > x_A^L$.

Ein Schmelzpunktsminimum kann bei vernachlässigbarem Entropieeinfluß auftreten, wenn

$$\overline{\Delta H}{}_A^S > \overline{\Delta H}{}_A^L \quad \text{bei endothermer Mischungsenthalpie}$$

oder

$$\overline{\Delta H}{}_A^L > \overline{\Delta H}{}_A^S \quad \text{bei exothermer Mischungsenthalpie}$$

ist.

Im Schmelzpunktsextremum weisen die koexistierenden Phasen keine Differenz ihrer Konzentrationen auf. Außer der für Zweistoffsysteme gültigen allgemeinen Gleichgewichtsbedingung Gl. (7.67) gilt auch die für den Schmelzpunkt reiner Stoffe zutreffende Bedingung, daß die freie Enthalpie der festen und flüssigen Phase gleich ist:

$$G^L = G^S. \tag{7.59}$$

Es ist:

$$G^L = x_A^L \cdot G_A^L + (1 - x_A^L) \cdot G_B^L + \Delta G^L \tag{7.97}$$

und

$$G^S = x_A^S \cdot G_A^S + (1 - x_A^S) \cdot G_B^S + \Delta G^S \tag{7.98}$$

(vgl. auch Bild 7.2).

$$\Delta G^L = \Delta H^L - T\,\Delta S^L \tag{7.99}$$

und

$$\Delta G^S = \Delta H^S - T\,\Delta S^S \tag{7.100}$$

sind die freien Mischungsenthalpien der flüssigen bzw. festen Phase beim Schmelzpunktsextremum. Mit Gl. (7.88) folgt aus Gl. (7.59), Gl. (7.97), Gl. (7.98), Gl. (7.99) und Gl. (7.100) sowie unter Berücksichtigung, daß $x_A^S = x_A^L = x_A$ ist,

$$x_A \cdot \frac{\Delta H_A^F}{T_A} \cdot (T_A - T) + (1 - x_A) \cdot \frac{\Delta H_B^F}{T_B} \cdot (T_B - T) = \\ = (\Delta H^S - \Delta H^L) - T\,(\Delta S^{S,ex} - \Delta S^{L,ex}). \tag{7.101}$$

Auch auf der Basis der allgemeinen Gleichgewichtsbedingung für Zweistoffsysteme, Gl. (7.67), kann man naturgemäß zu dieser Beziehung kommen. Sie kann, wie Th. Heumann gezeigt hat, mit Erfolg zur Ermittlung der Differenz zwischen den integralen Mischungsenthalpien der im Schmelzpunktsminimum koexistierenden festen und flüssigen Mischphasen genutzt werden. Dabei wird der in der Regel geringe Einfluß der Überschußentropien vernachlässigt.

Die Schmelzpunktsminima bei lückenloser Mischkristallbildung liegen meistens in Systemen vor, deren Komponenten beträchtliche Atomradiendifferenzen aufweisen. Der Einbau eines zu großen oder zu kleinen Atoms in eine vorgegebene Grundmatrix bedingt eine Gitterverzerrung, die mit einem Aufwand an Enthalpie bei der Bildung der Lösung verbunden ist. Naturgemäß ist dieser Aufwand bei vorgegebener Atomradiendifferenz und vorgegebener Lösungskonzentration für die Bildung des Mischkristalls größer als für die Bildung der flüssigen Lösung: $\Delta H^S - \Delta H^L > 0$. Th. Heumann[20]) hat eine Methode zur Berechnung der Verzerrungsenthalpien von Mischkristallen entwickelt. Als wesentliche Faktoren, die das Ausmaß der Verzerrungsenthalpie bestimmen, gehen ein die Kompressibilitäten, die thermischen Ausdehnungskoeffizienten und die Differenz der Atomvolumina der den Mischkristall bildenden Komponenten.

In Tabelle 7.1 sind einige Systeme mit Schmelzpunktsminimum und die zugehörigen energetischen Größen aufgeführt.

Tabelle 7.1 Einige metallische Systeme mit Schmelzpunktsminimum und zugehörigen Mischungsenthalpien (nach Th. Heumann[20]) und R. Hultgren und Mitarb.[11]))

System	ΔV in cm^3/g-Atom	ΔH^S in J/g-Atom	$\Delta H^S - \Delta H^L$ in J/g-Atom
Cs–K	25,5	644	535
K–Rb	10,7	314	209
Ni–Au	3,8	6870	4803
Cu–Mn	0,3	1930	(1700)

7.20 Phasengleichgewicht bei der Entmischung

In einem binären System liegen im Bereich einer Mischungslücke zwei Phasen (1) und (2) derselben Modifikation im Gleichgewicht vor. Es gilt die allgemeine Gleichgewichtsbedingung:

$$\bar{G}_A^{(1)} = \bar{G}_A^{(2)}. \qquad (7.67)$$

Die partiellen freien Mischungsenthalpien der Phase (1) und (2) können als Summe der freien Enthalpien der reinen Komponente, G_A und der partiellen freien Mischungsenthalpie $\overline{\Delta G}_A$ in der jeweiligen Phase ausgedrückt werden:

$$\bar{G}_A^{(1)} = G_A + \overline{\Delta G}_A^{(1)} \qquad (7.102)$$

und

$$\bar{G}_A^{(2)} = G_A + \overline{\Delta G}_A^{(2)}. \qquad (7.103)$$

Die freie Enthalpie G_A ist in beiden Phasen naturgemäß gleich. Die in der Mischungslücke koexistierenden Phasen sind entweder beide flüssig oder es liegen beide in der gleichen Kristallstruktur vor. Aus Gl. (7.67) folgt daher mit Gl. (7.102) und Gl. (7.103):

$$\overline{\Delta G}_A^{(1)} = \overline{\Delta G}_A^{(2)}. \qquad (7.104)$$

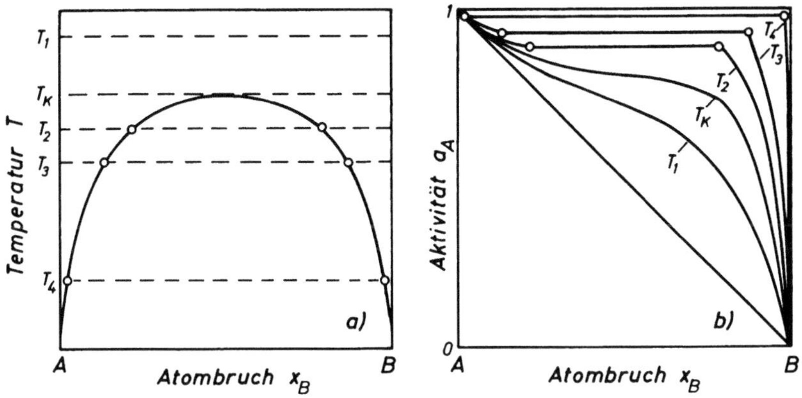

Bild 7.25 Mischungslücke (a) und zugehörige Aktivitätsisothermen (b)

Mit Gl. (7.41) ergibt sich daraus:

$$RT \cdot \ln a_A^{(1)} = RT \cdot \ln a_A^{(2)} \tag{7.105}$$

$$a_A^{(1)} = a_A^{(2)}. \tag{7.105a}$$

Die in einer Mischungslücke koexistierenden Phasen haben für die betrachtete Komponente A gleiche partielle freie Mischungsenthalpien und damit auch gleiche thermodynamische Aktivitäten. Analoges gilt für die Komponente B. Der Bereich der Mischungslücke ist in der Aktivitätsisotherme durch ein Gebiet konstanter Aktivität gekennzeichnet (vgl. Bild 7.25, Isothermen für T_2, T_3 und T_4).

Für den Fall einer Mischungslücke reduziert sich also die energetische Betrachtung gemäß Gl. (7.104) auf die Erörterung der freien Mischungsenthalpie. Dabei ist naturgemäß nur eine einzige ΔG-x-Kurve zu betrachten. Die in Gl. (7.104) gegebene Bedingung für die Koexistenz zweier Schmelzen oder zweier fester Phasen in einem Entmischungsgebiet kann nur dann erfüllt werden, wenn die ΔG-x-Kurve eine Falte aufweist, die die Konstruktion einer Doppeltangente mit zwei Berührungspunkten ermöglicht. Eine solche Faltenbildung kann für bestimmte Temperaturen eintreten, wenn die Mischungsenthalpien positiv sind. Das kann in einfacher Weise unter Zugrundelegung des Modells der regulären Lösung gezeigt werden (siehe auch Abschn. 9.3.3).

7.21 Berechnung der Mischungslücke anhand des Modells der regulären Lösung

Die freie Mischungsenthalpie einer regulären Lösung ist nach Gl. (7.11) und Gl. (7.25) gegeben durch:

$$\Delta G = K \cdot x_A \cdot x_B + RT \cdot [x_A \cdot \ln x_A + x_B \cdot \ln x_B]. \tag{7.106}$$

Bei vorgegebenem Wert für die Konstante K ist ΔG als Funktion der Konzentration und der Temperatur zugänglich.

Als Beispiel sind in Bild 7.26 unter Zugrundelegung eines Wertes von K = 12000 J/g-Atom einige ΔG-Isothermen wiedergegeben. In den Isothermen für 400 K, 500 K und 600 K ist eine Falte deutlich ausgeprägt. Die an die 600 K-Isotherme angelegte Doppeltangente zeigt in den Berührungspunkten die Konzentrationen der bei dieser Temperatur koexistierenden beiden Phasen an. Im kritischen Punkt $T_K = 722$ K fallen die Minima und die Wendepunkte, die bei tiefen Temperaturen in den ΔG-x-Kurven auftreten, zusammen, und zwar bei x = 0,5. Oberhalb T_K weisen die ΔG-Isothermen keinen Wendepunkt auf. Bei diesen Temperaturen können nur einphasige Zustände existent sein.

Mit sinkender Temperatur nimmt der Einfluß der Mischungsentropie ab, da er durch das Produkt $T \cdot \Delta S_i$ gegeben ist. Damit sinkt auch die gegenseitige Löslichkeit der Komponenten. Am absoluten Nullpunkt ist der Entropieterm der Gl. (7.106) null. Die freie Mischungsenthalpie ist hier allein durch die Mischungsenthalpie bestimmt. Da ΔH positiv ist, kann prinzipiell bei T = 0 K im Gleichgewicht keine gegenseitige Löslichkeit der Komponenten vorliegen.

Die Mischungslücke kann graphisch aus den ΔG-x-Kurven durch Konstruktion von Doppeltangenten gewonnen werden. Die zu Bild 7.26 gehörende Mischungslücke ist in Bild 7.27 wiedergegeben. Es ist indessen für den Fall der Gültigkeit des Modells der regulären Lösung in einfacher Weise

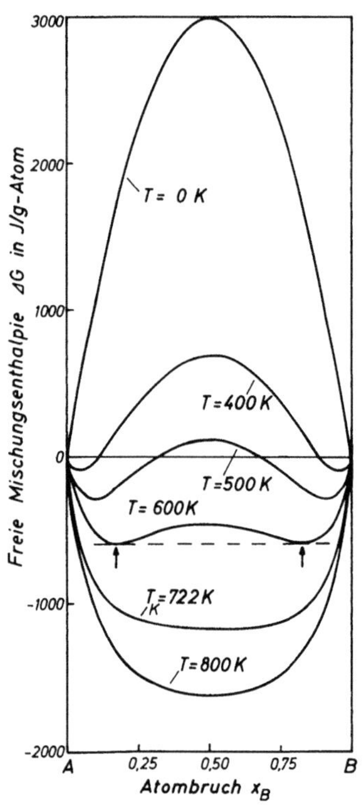

Bild 7.26 ΔG-x-Isothermen in einem regulären System mit K = 12 000 J/g-Atom

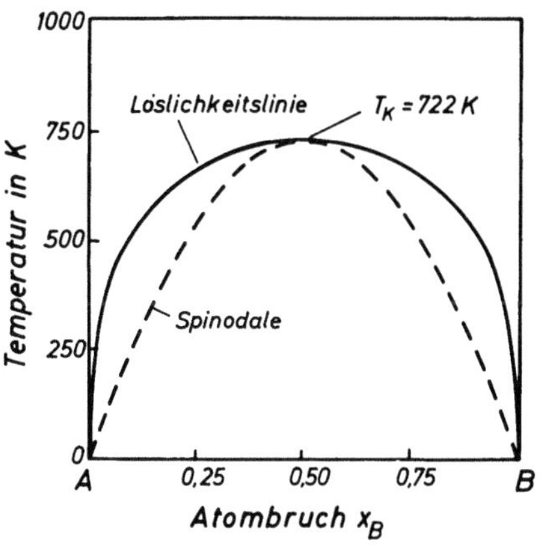

Bild 7.27 Mischungslücke und Spinodale in einem regulären System mit K = 12 000 J/g-Atom

möglich, die Löslichkeitslinie durch einen analytischen Ausdruck darzustellen.

In einem regulären System sind die ΔS-x-Kurve und die ΔH-x-Kurve symmetrisch zu x = 0,5. Notwendigerweise sind auch die ΔG-x-Kurven und die Mischungslücke völlig symmetrisch. Der kritische Punkt liegt bei x = 0,5. Desgleichen haben die Berührungspunkte der Doppeltangente gleichen Abstand von der äquiatomaren Zusammensetzung. Ferner hat die Doppeltangente die Steigung null. Ihre Achsenabschnitte bei $x_A = 1$ und $x_A = 0$ sind gleich. Das bedeutet, daß in diesem Falle auch die partiellen freien Mischungsenthalpien der beiden Komponenten gleich sein müssen:

$$\overline{\Delta G}_A^{(1)} = \overline{\Delta G}_B^{(1)} = \overline{\Delta G}_A^{(2)} = \overline{\Delta G}_B^{(2)}. \tag{7.107}$$

Unter Fortlassung der Kennzeichnung für die Art der Phase folgt daraus für die Mischungslücke in einem regulären System:

$$\overline{\Delta G}_A = \overline{\Delta G}_B. \tag{7.108}$$

Mit der Helmholtz-Gibbsschen Beziehung ergibt sich:

$$\overline{\Delta H}_A - T\,\overline{\Delta S}_A = \overline{\Delta H}_B - T\,\overline{\Delta S}_B, \tag{7.109}$$

was gemäß Gl. (7.27) bzw. Gl. (7.28) und mit Gl. (7.35) zu

$$K \cdot x_B^2 + R\,T \cdot \ln(1 - x_B) = K \cdot (1 - x_B)^2 + R\,T \cdot \ln x_B \tag{7.110}$$

führt. Eine Umformung von Gl. (7.110) liefert folgenden Ausdruck für die Gestalt der Mischungslücke in einem regulären System:

$$R\,T \ln \frac{1 - x_B}{x_B} = K \cdot (1 - 2\,x_B). \tag{7.111}$$

Die Temperaturabhängigkeit der Löslichkeitslinie ist bei Gültigkeit des Modells der regulären Lösung allein durch den Wert der Konstante K festgelegt.

Gl. (7.111) ist im kritischen Punkt unbestimmt. Um eine Korrelation zwischen der Konstanten K und der kritischen Temperatur T_K der Mischungslücke zu erhalten, kann das Faktum genutzt werden, daß im kritischen Punkt die bei $T < T_K$ in den ΔG-x-Kurven vorhandenen Minima und Wendepunkte zusammenfallen. Bei der kritischen Temperatur haben sowohl die Doppeltangente an die Minima als auch die Wendetangenten der ΔG-x-Kurve die Steigung null. Es ist

$$\frac{d\Delta G}{dx} = 0 \tag{7.112}$$

und

$$\frac{d^2\Delta G}{dx^2} = 0. \tag{7.113}$$

Die integrale freie Mischungsenthalpie einer regulären Lösung ist gegeben durch:

$$\Delta G = K \cdot (1 - x_A)^2 \cdot x_A + K \cdot (1 - x_B)^2 \cdot x_B + + RT \cdot [x_A \cdot \ln x_A + x_B \cdot \ln x_B]. \tag{7.114}$$

Die zweite Ableitung nach x_B lautet:

$$\frac{d^2\Delta G}{dx^2} = -2K + RT\left(\frac{1}{x_B} + \frac{1}{1 - x_B}\right). \tag{7.115}$$

Für den kritischen Punkt gilt Gl. (7.113). Wird ferner beachtet, daß die kritische Konzentration $x_K = 0{,}5$ beträgt, so ergibt sich folgender Ausdruck für die kritische Temperatur:

$$T_K = \frac{K}{2R}. \tag{7.116}$$

Werden R, K und ΔH nicht in J/g-Atom, sondern in cal/g-Atom eingesetzt, so ergibt sich aus Gl. (7.116) eine einfache Merkregel. Es ist $R = 1{,}986$

Tabelle 7.2 Experimentell ermittelte kritische Entmischungstemperaturen, maximale Mischungsenthalpien und maximale Überschußentropien sowie nach Gl. (7.142) berechnete kritische Entmischungstemperaturen.

a) Mischungslücken im festen Zustand

System	T_K, in K exp.	ΔH_{max} in cal/g-Atom	ΔS^{ex}_{max} in cal/g-Atom · K	T_K in K, berechnet nach Gl. (7.142)
Al–Zn	625	840	0,15	735
Au–Ni	1093	1800	0,71	1057
Cr–Mo	1130	1725	0,478	1173
Au–Pt	1525	(1400)	–	–

b) Mischungslücken im flüssigen Zustand

System	T_K, in K exp.	ΔH_{max} in cal/g-Atom	ΔS^{ex}_{max} in cal/g-Atom · K	T_K in K, berechnet nach Gl. (7.142)
Ga–Cd	568	640	0	644
Al–In	1125	1400	0,40	1005
Cu–Tl	1520	2050	0,50	1373
Cu–Pb	1253	1600	0,22	1322

cal/g-Atom $\approx$ 2 cal/g-Atom. Daraus folgt nach Gl. (7.116) $T_K \approx K/4$. Für $x_K = 0{,}5$ liegt die maximale Mischungsenthalpie vor, nämlich gemäß Gl. (7.25) $\Delta H_{max} = K/4$.

Es ist daher die absolute kritische Temperatur zahlenmäßig annähernd gleich der maximalen Mischungsenthalpie ΔH_{max} in cal/g-Atom. In Tabelle 7.2 sind maximale Mischungsenthalpien mit kritischen Temperaturen von Mischungslücken im festen und flüssigen Zustand verglichen. Noch vorhandene, zum Teil erhebliche Diskrepanzen sind, abgesehen von experimentellen Fehlern in den vorliegenden Daten, auf den Einfluß der Überschußentropie zurückzuführen, die hier außer acht gelassen wurde. Ferner ist die oft erhebliche Asymmetrie der Mischungslücken nicht beachtet worden, die durch individuelle Bindungsverhältnisse bedingt ist.

7.22 Auswertung von Löslichkeitsgleichgewichten

Ebenso wie eine Berechnung der Mischungslücke bei Kenntnis geeigneter thermodynamischer Daten möglich ist, können aus vorliegenden Löslichkeitsdaten thermodynamische Mischungsfunktionen der Lösung berechnet werden. Dabei ist nicht die Kenntnis der gesamten Mischungslücke bis zum kritischen Punkt erforderlich. Sogar besonders häufig tritt der Fall relativ geringer Löslichkeiten auf, die zudem nur in einem engen Temperaturbereich bekannt sind. Bei der Auswertung können dann Vereinfachungen vorgenommen werden, die eine Erschließung der thermodynamischen Mischungsgrößen erleichtern.

In der in Bild 7.25a dargestellten Mischungslücke ist bei der Temperatur T_4 die Löslichkeit auf beiden Seiten gering. Die Konzentration der A-reichen Phase (1) ist $x_A^{(1)} \approx 1$. Hier gilt in guter Näherung das Raoultsche Gesetz:

$$a_A^{(1)} \approx x_A^{(1)}. \tag{7.117}$$

Daraus folgt $a_A^{(1)} \approx 1$ und

$$RT \cdot \ln a_A^{(1)} \approx 0. \tag{7.118}$$

Der Molenbruch von A der mit der Phase (1) bei T_4 koexistierenden B-reichen Phase (2) ist sehr gering. Es kann daher angenommen werden, daß hier das Modell der regulären Lösung in guter Näherung anwendbar ist. Für die partielle Mischungsentropie der Komponente A kann gesetzt werden:

$$\overline{\Delta S_A} = -R \cdot \ln x_A^{(2)}. \tag{7.119}$$

Aus Gl. (7.105a), Gl. (7.118) und Gl. (7.119) folgt unter Berücksichtigung der Helmholtz-Gibbsschen Gleichung:

$$\overline{\Delta G_A} = \overline{\Delta H_A} + RT \cdot \ln x_A^{(2)} = 0. \tag{7.120}$$

Eine Umformung liefert:

$$\ln x_A^{(2)} = -\frac{\overline{\Delta H_A}}{RT} \tag{7.121}$$

oder

$$x_A^{(2)} = \exp\left(-\frac{\overline{\Delta H_A}}{RT}\right). \tag{7.122}$$

Gl. (7.122) beschreibt den Verlauf der Löslichkeitslinie unter den oben genannten, für geringe Löslichkeiten gerechtfertigten vereinfachenden Annahmen.

Eine weniger weitgehende Vereinfachung, die bei merklichen Löslichkeiten angebracht ist, kann darin bestehen, daß anstelle von $RT \cdot \ln x_A^{(1)} = 0$ angenommen wird, daß $a_A^{(1)} \approx x_A^{(1)}$ ist. Dabei wird der Zahlenwert von $x_A^{(1)}$ im Ansatz für das Phasengleichgewicht eingesetzt:

$$RT \cdot \ln x_A^{(1)} = RT \cdot \ln a_A^{(2)}. \tag{7.123}$$

Gleichzeitig kann – vor allem bei nicht sehr stark verdünnten Lösungen – die Annahme regulären Verhaltens bei der Konzentration der Phase (2) aufgegeben werden. Gegenüber der Näherung Gl. (7.119) ist dann noch die partielle Überschußentropie zu beachten. Aus Gl. (7.123) folgt:

$$RT \cdot \ln x_A^{(1)} = \overline{\Delta H_A} + RT \cdot \ln x_A^{(2)} - T \cdot \overline{\Delta S_A^{ex}}. \tag{7.124}$$

Eine Umformung liefert:

$$R \cdot \ln \frac{x_A^{(1)}}{x_A^{(2)}} = \frac{\overline{\Delta H_A}}{T} - \overline{\Delta S_A^{ex}} \tag{7.125}$$

oder

$$\frac{x_A^{(1)}}{x_A^{(2)}} = \exp\left(\frac{\overline{\Delta H_A}}{RT}\right) \cdot \exp\left(-\frac{\overline{\Delta S_A^{ex}}}{R}\right). \tag{7.126}$$

Gl. (7.126) gibt den Gang der Löslichkeitslinie in einer realen Lösung bei mäßiger Verdünnung wieder.

Die partiellen Größen $\overline{\Delta H_A}$ und $\overline{\Delta S_A^{ex}}$ sind von der Konzentration abhängig. Zur Vereinfachung der Auswertung werden zweckmäßigerweise passende Ansätze für die Konzentrationsabhängigkeit eingeführt. Ausreichend sind oft symmetrische Ansätze, die dem Modell der regulären Lösung entsprechen oder sich formal an dieses anlehnen:

$$\overline{\Delta H_A} = K \cdot (1 - x_A)^2, \tag{7.127}$$

$$\overline{\Delta S_A^{ex}} = L \cdot (1 - x_A)^2. \tag{7.128}$$

K und L sind Konstanten.

Damit folgt aus Gl. (7.125):

$$R \ln \frac{x_A^{(1)}}{x_A^{(2)}} = \frac{K \cdot (1 - x_A^{(2)})^2}{T} - L \cdot (1 - x_A^{(2)})^2 \tag{7.129}$$

oder

$$\frac{R \cdot \ln\left(\frac{x_A^{(1)}}{x_A^{(2)}}\right)}{(1 - x_A^{(2)})^2} = \frac{K}{T} - L. \tag{7.129a}$$

Vereinfacht kann geschrieben werden:

$$\Lambda = \frac{K}{T} - L, \tag{7.130}$$

wobei

$$\Lambda = \frac{R \cdot \ln\left(\frac{x_A^{(1)}}{x_A^{(2)}}\right)}{(1 - x_A^{(2)})^2} \tag{7.131}$$

ist. Ferner ist gemäß dem Modell der regulären Lösung

$$K = 4\,\Delta H_{max} = \overline{\Delta H}_A^{\infty}. \tag{7.132}$$

$\overline{\Delta H}_A^{\infty}$ ist die partielle Mischungsenthalpie der Komponente A bei unendlicher Verdünnung ($x_A \to 0$).

7.23 Auswertung eines Schmelzgleichgewichtes bei geringen Liquiduskonzentrationen

Liquiduslinien sind ebenfalls Löslichkeitslinien. Ein Liquiduspunkt entspricht einer Schmelze, die an der Komponente, die den Hauptbestandteil des entsprechenden Festkörpers darstellt, gesättigt ist. Im Bereich sehr geringer Konzentrationen an Lösungsmittel A liegende Liquiduslinien können daher einer analogen Auswertung unterzogen werden wie Löslichkeitslinien einer einfachen Mischungslücke bei geringen Löslichkeiten.

Die für das Schmelzgleichgewicht eines Zweistoffsystems geltende Beziehung:

$$\bar{G}_A^L = \bar{G}_A^S, \tag{7.67}$$

$$G_A^L + \overline{\Delta G}_A^L = G_A^S + \overline{\Delta G}_A^S \tag{7.133}$$

kann mit

$$\overline{\Delta G}_A^L = \overline{\Delta H}_A^L - T\,\overline{\Delta S}_A^L, \tag{7.134}$$

$$\overline{\Delta S}_A^L = -R \ln x_A^L + \overline{\Delta S}_A^{L,ex}, \tag{7.135}$$

und

$$\bar{G}_A^S = R\,T \ln a_A^S \tag{7.136}$$

wie folgt ausgedrückt werden:

$$G_A^L + \overline{\Delta H}_A^L + R\,T \ln x_A^L - T\,\overline{\Delta S}_A^{L,ex} = G_A^S + R\,T \ln a_A^S. \tag{7.137}$$

Mit Gl. (7.17) und Gl. (7.128) folgt daraus:

$$-\Lambda = \frac{R \ln x_A^L - \frac{G_A^S - G_A^L}{T} - R \ln a_A^S}{(1 - x_A^L)^2} = -\frac{K}{T} + L. \tag{7.138}$$

$G_A^S - G_A^L$ kann gemäß (7.88) ausgedrückt werden.

Für den Fall einer einfachen Mischungslücke ist $G_A^S - G_A^L = 0$. Gl. (7.138) geht dann in den Typus der Gl. (7.129a) über.

Sofern die angewandten Näherungen im Einzelfall zutreffend sind, resultiert bei der Auftragung von Λ gegen $1/T$ eine Gerade. In Bild 7.28 sind als Beispiel drei Zustandsdiagramme mit einer bei der monotektischen Temperatur ausgedehnten Mischungslücke dargestellt. Unterhalb der monotektischen Temperatur stehen längs der Liquiduslinie Kristalle der höherschmelzenden Komponente (Al bzw. Zn) mit Schmelzen (L_2) im Gleichgewicht, die sehr reich an der niedriger schmelzenden Komponente sind. Bild 7.29 gibt die Auftragung von Λ gegen $1/T$ für die Fest–flüssig-Gleichgewichte (gemäß Gl. (7.138)) und für die Flüssig–flüssig-Zweiphasengleichgewichte gemäß Gl. (7.130) wieder. Es resultiert in allen Fällen eine Gerade, die sowohl für die Fest–flüssig- als auch für die Flüssig–flüssig-Gleichgewichte gleichzeitig zutrifft. Aus dem Anstieg der Geraden sind Werte der Konstante K und aus den Ordinatenabschnitten Werte für L erhältlich. Aus diesen Größen können partielle Mischungsenthalpien und partielle Überschußentropien über Konzentrationsbereiche gewonnen werden, für die die Ansätze gemäß Gl. (7.127) und Gl. (7.128) hinreichende Näherungen darstellen. Desgleichen sind aus K und L integrale Mischungsenthalpien und Überschußentropien erhältlich.

Der Siedepunkt des Cadmiums liegt bei 1040 K. Die monotektische Temperatur im System Aluminium–Cadmium wird bei 922 K gefunden. Die Mischungslücke würde sich in diesem System erst weit oberhalb des Siedepunktes von Cadmium schließen. Eine direkte experimentelle Bestimmung

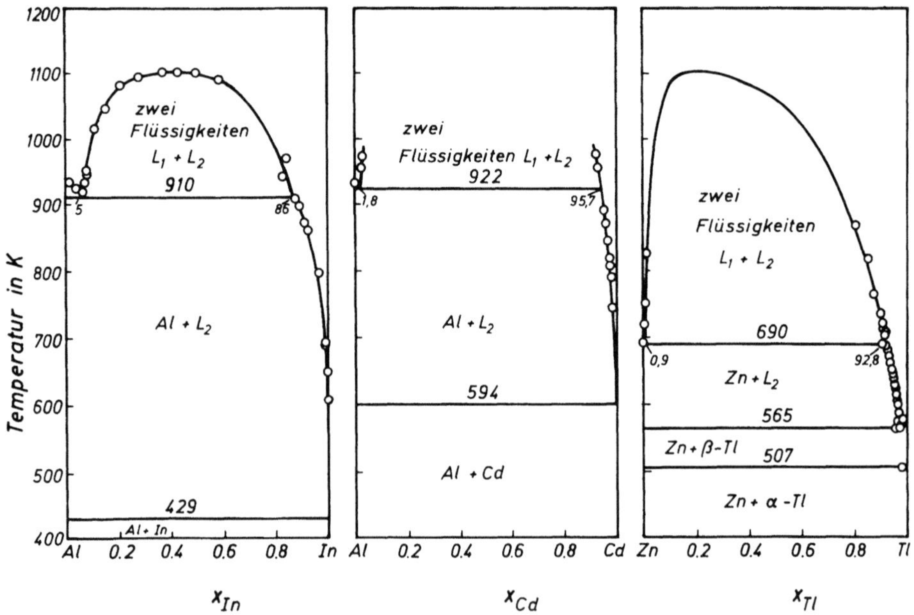

Bild 7.28 Beispiele von Mischungslücken im flüssigen Zustand mit geringer gegenseitiger Löslichkeit der Komponenten bei der monotektischen Temperatur, nach[25])

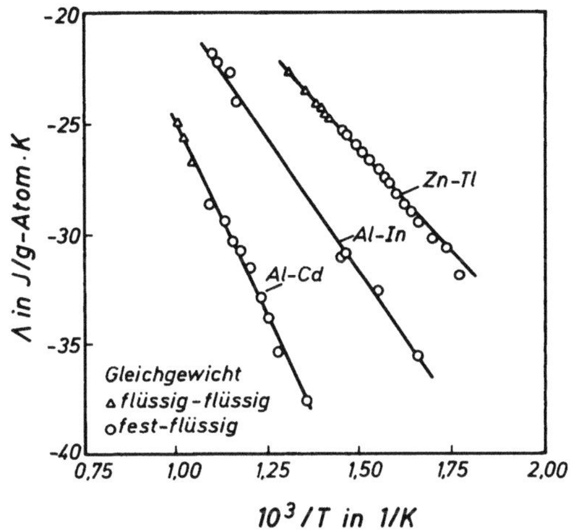

Bild 7.29 Auswertung von Löslichkeitsdaten der Systeme Aluminium–Indium, Aluminium–Cadmium und Zink–Thallium gemäß Gl. (7.129a) bzw. Gl. (7.138), nach[25])

der Mischungsenthalpien und eine unmittelbare experimentelle Erschließung der freien Mischungsenthalpien flüssiger Aluminium–Cadmium-Legierungen ist daher kaum durchführbar. Durch Auswertung von Löslichkeitsdaten sind indessen Informationen über die energetischen Verhältnisse des Systems möglich. Auch in vielen anderen Fällen, in denen direkte Experimente problematisch sind – was aus sehr verschiedenartigen Gründen der Fall sein kann – oder allgemein zur Kontrolle von auf andere Weise gewonnenen thermodynamischen Daten ist eine Auswertung von Löslichkeitsgleichgewichten nützlich.

7.24 Kritische Entmischungstemperatur in realen Lösungen

Die Gestalt der Mischungslücke in realen Systemen weist in der Regel keine ausgeprägte Symmetrie zu $x = 0{,}5$ auf (vgl. z.B. Bild 7.28, System Zn–Tl). Das zeigt Abweichungen des Systems vom regulären Verhalten an. Wie bereits erwähnt, kann daher Gl. (7.116), die die kritische Temperatur T_K einer Mischungslücke mit der maximalen integralen Mischungsenthalpie verknüpft, nicht sehr weitgehend zutreffen. Eine bessere Näherung ergibt sich, wenn zwar an der Symmetrie der ΔH-x- und der ΔS-x-Kurven sowie an der kritischen Konzentration $x_K = 0{,}5$ festgehalten wird, aber ein Einfluß der Überschußentropie berücksichtigt wird. Dabei wird für die Konzentrationsabhängigkeit von ΔS^{ex} folgender Ansatz als hinreichende Näherung angenommen:

$$\Delta S^{ex} = L \cdot x_A \cdot (1 - x_A). \tag{7.139}$$

Für die Konzentrationsabhängigkeit der integralen Mischungsenthalpie wird analog angenommen (vgl. Gl. (7.25)):

$$\Delta H = K \cdot x_A \cdot (1 - x_A). \tag{7.25}$$

Die integrale freie Mischungsenthalpie der Lösung ist dann gegeben durch:

$$\Delta G = K \cdot x_A (1 - x_A) + RT \cdot [x_A \ln x_A + (1 - x_A) \cdot \ln (1 - x_A)] - \\ - T \cdot L \cdot x_A (1 - x_A). \qquad (7.140)$$

Umformung und Bildung der zweiten Ableitung nach x_A liefert:

$$\frac{d^2 \Delta G}{dx_A^2} = -2K + RT \cdot \left[\frac{1}{x_A} + \frac{1}{(1 - x_A)}\right] + 2T \cdot L. \qquad (7.141)$$

Für den kritischen Punkt einer Mischungslücke ist:

$$\frac{d^2 \Delta G}{dx_A^2} = 0. \qquad (7.113)$$

Aus Gl. (7.113) und Gl. (7.141) folgt schließlich:

$$T_K = \frac{2 \Delta H_{max}}{R + 2 \Delta S_{max}^{ex}}. \qquad (7.142)$$

Für den Fall der Gültigkeit des regulären Modells ($\Delta S_{max}^{ex} = 0$) kann eine Mischungslücke nach Gl. (7.116) nur bei positiven Mischungsenthalpien auftreten. In realen Systemen können auch bei negativen ΔH-Werten positive T_K-Werte resultieren, und zwar dann, wenn ΔS_{max}^{ex} negativ ist und einen hinreichend hohen Betrag aufweist. Eine nähere modellmäßige Behandlung von Mischungslücken in Systemen mit negativer Mischungsenthalpie soll weiter unten erfolgen (vgl. Kap. 9.3).

Daß Gl. (7.142) eine bessere Näherung darstellt als die grobe Faustregel Gl. (7.116), lehrt schließlich ein Blick auf die Tabelle 7.2. Die nach Gl. (7.142) berechneten T_K-Werte stimmen wesentlich besser mit den experimentellen kritischen Temperaturen überein, als dies für die gemäß Gl. (7.116) geschätzten T_K-Werte der Fall ist.

7.25 Die Spinodale

Als Spinodale wird die Linie im Konzentrationsbereich einer Mischungslücke bezeichnet, die die Gesamtheit aller T-x-Punkte darstellt, für die

$$\frac{d^2 \Delta G}{dx^2} = 0 \qquad (7.113)$$

ist. Die Spinodale ist also die Linie, auf der in einer T-x-Darstellung die Wendepunkte der ΔG-x-Kurven eines Systems liegen.

Für Systeme, für die das Modell der regulären Lösung gilt, folgt damit aus Gl. (7.115) allgemein (nicht nur für den speziellen Fall der kritischen Temperatur T_K):

$$-2K + RT \cdot \left[\frac{1}{x} + \frac{1}{1 - x}\right] = 0. \qquad (7.143)$$

Eine Umformung liefert:

$$x \cdot (1 - x) = \frac{RT}{2K}. \qquad (7.144)$$

Das ist ein Ausdruck für die Gestalt der Spinodale (vgl. Bild 7.27).

Die Spinodale ist für die Keimbildung bei Ausscheidungsreaktionen in Mischkristallen bedeutsam.

7.26 Berechnung einer einfachen Ordnungseinstellung in Mischkristallen

Überstrukturen treten in Mischkristallbereichen auf, wenn der Betrag der Bindungsenergie zwischen den ungleichartigen Atomen größer ist als der Betrag des Mittelwerts aus den Bindungsenergien zwischen den gleichartigen Atomsorten. Das entspricht einer Verbindungstendenz des Systems. Die Wahrscheinlichkeit, in einem Mischkristallgitter ein A–B-Paar anzutreffen, ist dann größer als bei statistischer Verteilung der Atomsorten auf die verfügbaren Gitterplätze. Die Einstellung einer geordneten Atomverteilung wirkt sich sowohl auf den Betrag der Mischungsenthalpie ΔH als auch auf die Mischungsentropie ΔS aus. Führt dies zu einer Erniedrigung der freien Enthalpie des Systems, so kann sich die Ordnung spontan einstellen.

Bei Vorliegen einer Verbindungstendenz umgibt sich jedes A-Atom mit möglichst vielen B-Atomen und umgekehrt. Dabei ist die Mischungsentropie geringer als bei statistischer Atomverteilung. Für den Fall völlig geordneter Atomverteilung ist sie null. Hingegen weist dann die negative Mischungsenthalpie einen maximalen Betrag auf. Die für die Einstellung des geordneten Zustands maßgebliche Änderung der freien Enthalpie hängt gemäß der Helmholtz-Gibbsschen Gleichung von der Temperatur ab:

$$\Delta G_{0 \to u} = \Delta H_{0 \to u} - T \Delta S_{0 \to u}. \qquad (7.145)$$

$\Delta H_{0 \to u}$ ist die beim Übergang von einer geordneten Atomverteilung in eine statistische Atomverteilung auftretende Enthalpieänderung. Da eine Verbindungstendenz des Systems Voraussetzung für eine Ordnungseinstellung ist (bevorzugte Ausbildung von A–B-Paaren) hat $\Delta H_{0 \to u}$ ein positives Vorzeichen. $\Delta S_{0 \to u}$ ist die Änderung der Entropie beim Übergang einer Überstruktur in einen ungeordneten Mischkristall. Bei diesem Übergang nimmt die Entropie des Systems zu. $\Delta S_{0 \to u}$ (Entordnungsentropie) hat also ein positives Vorzeichen. Bei niedrigen Temperaturen T wird der Term $T \cdot \Delta S_{0 \to u}$ bedeutungslos. Das Vorzeichen von $\Delta G_{0 \to u}$ wird dann durch das Vorzeichen von $\Delta H_{0 \to u}$ bestimmt. Es ist positiv. Eine Entordnung der Überstrukturphase tritt nicht ein. Bei tiefen Temperaturen ist der geordnete Zustand stabil. Bei vorgegebenem Wert von $\Delta H_{0 \to u}$ und hinreichend hohen Temperaturen ist indessen gemäß Gl. (7.145) $\Delta G_{0 \to u}$ negativ. Die Überstruktur geht spontan in einen Mischkristall mit ungeordneter Atomverteilung über. Bei hohen Temperaturen ist der ungeordnete Zustand stabil.

Die quantitative Beschreibung der Ordnungseinstellung in Mischkristallen soll am Beispiel des β'-Messings erfolgen. Die Überstruktur des β'-Messings (CuZn) ist vom CsCl-Typ (vgl. Bild 7.30). In der Überstrukturphase seien die Plätze der A-Atome mit α und die der B-Atome mit β bezeichnet. Da in einem fehlerfrei geordneten Mischkristall alle A-Atome auf α-Plätzen und alle B-Atome auf β-Plätzen sitzen, ist die Wahrscheinlichkeit, ein Atom auf seinem „richtigen" Platz anzutreffen, $p = 1$. Bei völlig regelloser Atomverteilung ist die Hälfte aller α-Plätze von A, die andere Hälfte von B-Atomen besetzt. Der Bruchteil der auf α-Plätzen sitzenden A-Atome von der Gesamtzahl aller A-Atome ist in diesem Falle $p = 1/2$.

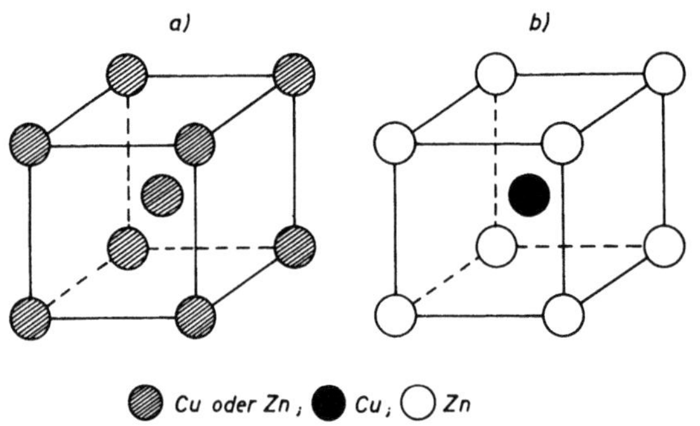

Bild 7.30 Elementarzelle einer festen Kupfer–Zink-Legierung mit $x = 0{,}5$. a) statistische Atomverteilung; β-Messing; b) vollständig geordnete Atomverteilung; Überstruktur vom CsCl-Typ; β'-Messing

Außer den Extremfällen der statistischen Atomverteilung und der komplett geordneten Atomverteilung können auch Zwischenstadien auftreten. Die Wahrscheinlichkeit, hierbei ein A-Atom auf einem α-Platz zu finden, sei p. Das ist gleichzeitig der Bruchteil aller A-Atome, die auf ihren „richtigen" Plätzen (α-Plätzen) sitzen. Der Bruchteil aller A-Atome, die auf β-Plätzen anzutreffen sind, ist $(1 - p)$. Analoges gilt für die B-Atome.

Bei vorgegebener Temperatur stellt sich ein Ordnungsgrad p ein, der ein Minimum der freien Enthalpie des Systems bedingt. Im folgenden wird die Auswirkung des Ordnungsgrades auf die Mischungsenthalpie und auf die Mischungsentropie betrachtet. Dabei wird lediglich der Einfluß der Konfiguration berücksichtigt. Ferner wird dabei der geringe Unterschied zwischen der Mischungsenthalpie und der Änderung der inneren Energie bei der Bildung der Mischphase vernachlässigt.

Nach dem einfachen Modell von Gorsky sowie von Bragg und Williams werden lediglich Wechselwirkungen zwischen nächsten Nachbarn berücksichtigt. Diese zwischen A–A-, B–B- und A–B-Atompaaren vorhandenen Wechselwirkungen werden als unabhängig von ihrer Umgebung betrachtet. Es seien:

w_{AA}, w_{BB}, w_{AB}	die Wechselwirkungsenergie der Paare,
N_{AA}, N_{BB}, N_{AB}	die Anzahl der einzelnen Paar-Bindungen.

Die Konfigurationsenthalpie ist die Summe aller Wechselwirkungsenergien:

$$H = N_{AA} \cdot w_{AA} + N_{BB} \cdot w_{BB} + N_{AB} \cdot w_{AB}. \tag{7.146}$$

Wenn N die Gesamtzahl der Atome des Kristalls ist, dann sind im Falle der hier betrachteten Stöchiometrie AB der Überstruktur N/2 A-Atome und N/2 B-Atome vorhanden. Es liegen vor:

$\frac{N}{2} p$	A-Atome auf α-Plätzen
$\frac{N}{2}(1-p)$	A-Atome auf β-Plätzen
$\frac{N}{2} p$	B-Atome auf β-Plätzen
$\frac{N}{2}(1-p)$	B-Atome auf α-Plätzen

Die Koordinationszahl im CsCl-Gitter ist $z = 8$. Bei kompletter Ordnungseinstellung sind alle 8 nächsten Nachbarn eines A-Atoms β-Plätze. Wenn keine vollständige Ordnung vorliegt, ist ein Teil dieser β-Plätze mit A-Atomen besetzt, und zwar ist der Bruchteil der hier auf β-Plätzen sitzenden A-Atome $(1-p)$. Die Anzahl der A-Nachbarn, die jedes A-Atom hat, ist $8 \cdot (1-p)$. Die Anzahl der A–A-Paarbindungen ist daher allgemein:

$$N_{AA} = \frac{N \cdot z}{2} \cdot p\,(1-p). \tag{7.147}$$

Dabei ist angenommen, daß der Bruchteil der nicht ordnungsgemäß besetzten β-Gitterplätze im Mittel auch für die erste Koordinationssphäre eines jeden A-Atoms gilt.

Analog gilt für die Anzahl von B–B-Paaren:

$$N_{BB} = \frac{N \cdot z}{2} \cdot p\,(1-p). \tag{7.148}$$

Die Anzahl aller Paarbindungen ist $\frac{N \cdot z}{2}$. Sie muß naturgemäß der Summe der Anzahl der jeweiligen einzelnen Paarbindungen gleich sein:

$$\frac{N \cdot z}{2} = N_{AA} + N_{BB} + N_{AB}. \tag{7.149}$$

Mit Gl. (7.147) und Gl. (7.148) folgt daraus:

$$\frac{N \cdot z}{2} = \frac{N \cdot z}{2} \cdot p\,(1-p) + \frac{N \cdot z}{2} \cdot p\,(1-p) + N_{AB}. \tag{7.150}$$

Eine Umformung liefert die Anzahl der A–B-Paare:

$$N_{AB} = \frac{N \cdot z}{2} - N \cdot z \cdot p \cdot (1-p). \tag{7.151}$$

Die Konfigurationsenthalpie gemäß Gl. (7.146) kann unter Berücksichtigung der Gl. (7.147), Gl. (7.148) und Gl. (7.151) folgendermaßen ausgedrückt werden:

$$H = \frac{N \cdot z}{2} p (1-p)(w_{AA} + w_{BB}) + \frac{N \cdot z}{2} w_{AB} - N \cdot z \cdot p (1-p) \cdot w_{AB}. \tag{7.152}$$

Im Falle kompletter Ordnungseinstellung ist $p = 1$, und Gl. (7.152) vereinfacht sich zu:

$$H_0 = \frac{N \cdot z}{2} \cdot w_{AB}. \tag{7.153}$$

Es sei der Übergang eines völlig geordneten Mischkristalls (Anfangszustand mit H_0) in einen durch den Parameter p charakterisierten (Endzustand mit H) betrachtet. Durch Subtraktion der Gl. (7.153) von Gl. (7.152) ergibt sich die Entordnungsenthalpie:

$$\Delta H = H - H_0 = -N \cdot z \cdot p (1-p) \cdot \left[w_{AB} - \frac{w_{AA} + w_{BB}}{2} \right]. \tag{7.154}$$

Mit

$$D = \left[w_{AB} - \frac{w_{AA} + w_{BB}}{2} \right] \tag{7.155}$$

folgt

$$\Delta H = -N \cdot z \cdot D \cdot p (1-p). \tag{7.156}$$

Die Wechselwirkungsenergien w_{AA}, w_{BB} und w_{AB} haben ein negatives Vorzeichen. Daher hat auch D bei Verbindungstendenz einen negativen Wert. Den maximalen Betrag erreicht die Entordnungsenthalpie, wenn ein völlig geordneter Mischkristall in eine statistische Atomverteilung mit $p = 0{,}5$ übergeht. Es ist dann:

$$\Delta H_{max} = -\frac{N \cdot z \cdot D}{4}. \tag{7.157}$$

Die Ermittlung der Entropieänderung bei der Entordnung eines geordneten Mischkristalls kann durch einfache statistische Betrachtungen erfolgen, wie sie der Errechnung der idealen Mischungsentropie zugrunde liegt. Bei vorgegebenem Ordnungsgrad kann das System als eine Lösung bestehend aus richtigplazierten und fehlplazierten Atomen aufgefaßt werden. Analog der idealen Mischungsentropie (vgl. Gl. (7.11))

$$\Delta S_i = -N_L \cdot k \cdot [x_A \cdot \ln x_A + (1 - x_A) \cdot \ln (1 - x_A)] \tag{7.158 a}$$

kann geschrieben werden:

$$\Delta S = -N \cdot k \cdot [p \cdot \ln p + (1-p) \cdot \ln (1-p)]. \tag{7.158 b}$$

$R = N_L \cdot k$ ist die allgemeine Gaskonstante, wobei N_L die Loschmidtsche Zahl und k die Boltzmannkonstante ist.

Bei der Bildung eines total geordneten Zustands ist die Mischungsentropie null. Allgemein gilt:

$$S = R \cdot \ln W, \tag{7.159}$$

wobei W die Anzahl der möglichen Anordnungen der Atomsorten bei vorgegebenem Ordnungsgrad ist. Wir betrachten als Beispiel eine flächenhafte Mischung der Atomsorten A und B mit der Stöchiometrie AB. Bei völliger Ordnung gibt es zwei Möglichkeiten:

ABABA BABAB
BABAB ABABA
ABABA BABAB
BABAB ABABA
ABABA BABAB.

Die beiden Anordnungen sind identisch. Es ist $W = W_0 = 1$ und damit $S = S_0 = R \cdot \ln W_0 = 0$.

Es sei der Übergang des komplett geordneten Mischkristalls in einen Mischkristall mit nicht vollständiger Ordnungseinstellung betrachtet. Die damit verbundene Entropieänderung ist:

$$\varDelta S = S - S_0 = R \ln W - R \ln W_0 = R \ln W. \tag{7.160}$$

Es bedeuten S die Entropie des Mischkristalls bei nicht vollständig geordneter Atomverteilung und S_0 bei kompletter Ordnung. Bei vollständiger Ordnung ist $W_0 = 1$. Der Ausdruck $\varDelta S = R \ln W$ entspricht demjenigen in Gl. (7.158 b). $\varDelta S = S - S_0$ ist die Entordnungsentropie.

Die mit der Entordnung verbundene Änderung der freien Enthalpie ist gegeben durch:

$$\varDelta G = G - G_0. \tag{7.161}$$

Dabei ist G die freie Enthalpie des Mischkristalls mit unvollständiger Ordnungseinstellung und G_0 die freie Enthalpie bei geordneter Atomverteilung. Mit den Gl. (7.154) und Gl. (7.158 b) folgt aus Gl. (7.161) unter Anwendung der Helmholtz-Gibbsschen Gleichung (Gl. (7.12)):

$$\varDelta G = \varDelta H - T \varDelta S \tag{7.12}$$

$$\varDelta G = - N \cdot z \cdot p \cdot (1 - p) \cdot \left[w_{AB} - \frac{w_{AA} + w_{BB}}{2} \right] + \\ + N \cdot k \cdot T \cdot [p \cdot \ln p + (1 - p) \cdot \ln (1 - p)], \tag{7.162}$$

oder, unter Berücksichtigung der Vereinfachung nach Gl. (7.155):

$$\varDelta G = - N \cdot z \cdot D \cdot p \cdot (1 - p) + N \cdot k \cdot T \cdot \\ \cdot [p \cdot \ln p + (1 - p) \cdot \ln (1 - p)]. \tag{7.163}$$

Diese Gleichung gleicht formal der Gl. (7.106) für die freie Mischungsenthalpie einer regulären Lösung:

$$\varDelta G = K \cdot x_A \cdot (1 - x_A) + R T \cdot [x_A \cdot \ln x_A + (1 - x_A) \cdot \ln (1 - x_A)]. \tag{7.106}$$

In Analogie zur Ermittlung der kritischen Entmischungstemperatur bei einer Mischungslücke wird zur Bestimmung der kritischen Ordnungstemperatur T_K die 2. Ableitung von $\varDelta G$ nach p gleich null gesetzt. Aus Gl. (7.163) folgt nach zweimaliger Differentiation:

$$2 N z D + N k T_K \cdot \frac{1}{p (1 - p)} = 0. \tag{7.164}$$

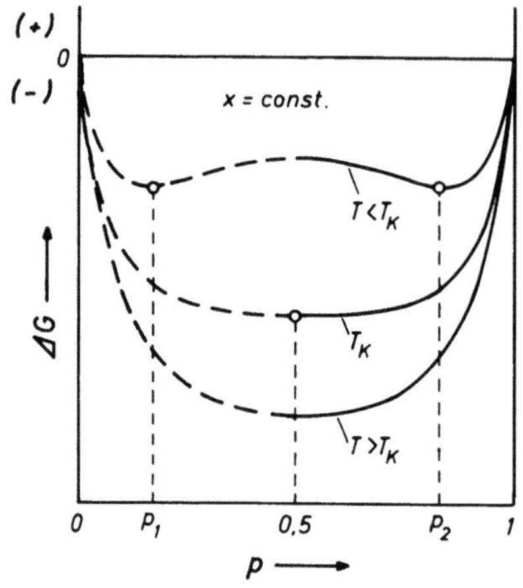

Bild 7.31 Abhängigkeit der freien Entordnungsenthalpie ΔG vom Ordnungsgrad p

Am kritischen Punkt wird gerade p = 0,5. Es ist dann:

$$T_K = -\frac{z\,D}{2\,k}. \tag{7.165}$$

Nach Erweiterung mit der Loschmidtschen Zahl N_L und unter Berücksichtigung von Gl. (7.157) folgt:

$$T_K = \frac{2\,\Delta H_{max}}{R}. \tag{7.166}$$

Wird der Wert von ΔH_{max} in cal/g-Atom und R in cal/g-Atom · K eingesetzt, so resultiert zahlenmäßig $T_K \approx \Delta H_{max}$, da $R = 1{,}986 \approx 2$ cal/g-Atom · K ist. ΔH ist positiv. Beim Übergang Ordnung → Unordnung wird vom System Enthalpie aufgenommen.

Die kritische Temperatur für das β-Messing (CuZn) beträgt $T_K = 733$ K. Mit x = 0,5 folgt gemäß Gl. (7.166) $\Delta H_{max} = 730$ cal/g-Atom. Von Sykes und Wilson wird experimentell $\Delta H_{max} = 630$ cal/g-Atom gefunden, was größenordnungsmäßig mit dem aus T_K berechneten ΔH_{max}-Wert übereinstimmt.

Die Analogie von Gl. (7.163) und Gl. (7.106) erlaubt eine formal gleichartige Betrachtung von Entmischung und Überstrukturbildung. Anstelle des ΔG-x-Diagramms (vgl. Bild 7.26) tritt jetzt das ΔG-p-Diagramm (vgl. Bild 7.31), das die gleiche Gestalt hat wie das ΔG-x-Diagramm. Die ΔG-p-Linie bei $T > T_K$ hat keinen Wendepunkt. Die ΔG-p-Kurve bei $T < T_K$ weist eine Falte auf. Es hat im Bild 7.31 nur die eine Hälfte des Diagramms einen physikalischen Sinn, nämlich die von p = 0,5 bis p = 1.

Für Punkte mit p < 0,5 wären – im Unterschied zur statistischen Atomverteilung, die durch p = 0,5 gekennzeichnet ist – überwiegend α-Plätze durch B-Atome besetzt und umgekehrt. Bei p = 0 wären alle B-Atome auf α-Plätzen und alle A-Atome auf β-Plätzen untergebracht. Die Hälfte des ΔG-p-Diagramms von p = 0 bis p = 0,5 ist also formal identisch mit dem Bereich von p = 0,5 bis p = 1. Punkte, die links und rechts von p = 0,5 liegen, entsprechen dem gleichen Zustand. Deshalb ist auch eine Doppeltangente ohne physikalischen Sinn. Die Minima haben indessen einen physikalischen Sinn: Sie geben den Ordnungsgrad an, für den bei vorgegebener Temperatur ΔG minimal ist. Dieser Ordnungsgrad stellt sich im Mischkristall ein. Mit steigender Temperatur nähern sich die Minima dem Wert $p=0{,}5$. Ist $p=0{,}5$, dann liegt eine statistische Atomverteilung vor. Jetzt fallen die beiden Minima mit den beiden dazwischenliegenden Wendepunkten zusammen. Es gilt $d\Delta G/dp=0$ und $d^2\Delta G/dp^2=0$. Aufgrund der letzteren Bedingung hat sich in Gl. (7.165) die kritische Ordnungstemperatur T_K ergeben.

7.27 Ordnungsgrad eines Mischkristalls als Funktion der Temperatur

Der Ordnungsgrad (p-Wert des Minimums der ΔG-p-Kurve) als Funktion der Temperatur wird üblicherweise nicht in einem p-T-Diagramm dargestellt, wie dies analog in einem x-T-Diagramm bei der Entmischung der Fall ist, sondern durch Auftragung eines Ordnungsparameters s als Funktion der reduzierten Temperatur T/T_K.

Bei der Stöchiometrie AB wird der Ordnungsparameter definiert zu:

$$s = 2\,p - 1 \qquad (x = 0{,}5). \tag{7.167}$$

Bei statistischer Atomverteilung ($p = 0{,}5$) ist demnach $s = 0$, und bei kompletter Ordnung ($p = 1$) wird $s = 1$.

Für beliebige Stöchiometrien der Überstruktur ($x \neq 0{,}5$) gilt:

$$s = \frac{p_A - x_A}{1 - x_A} = \frac{p_B - x_B}{1 - x_B}\,. \tag{7.168}$$

p_A und p_B ist der Anteil der von A besetzten α-Plätze bzw. der von B besetzten β-Plätze.

Für den Fall AB mit CsCl-Struktur resultiert aus Gl. (7.163) bei steigender Temperatur ein kontinuierlicher Übergang von kompletter Ordnung zu statistischer Atomverteilung (vgl. Bild 7.32a). Die s-(T/T_K)-Kurve wird mit sinkendem Ordnungsparameter s steiler. Solange die Ordnung wenig gestört ist,

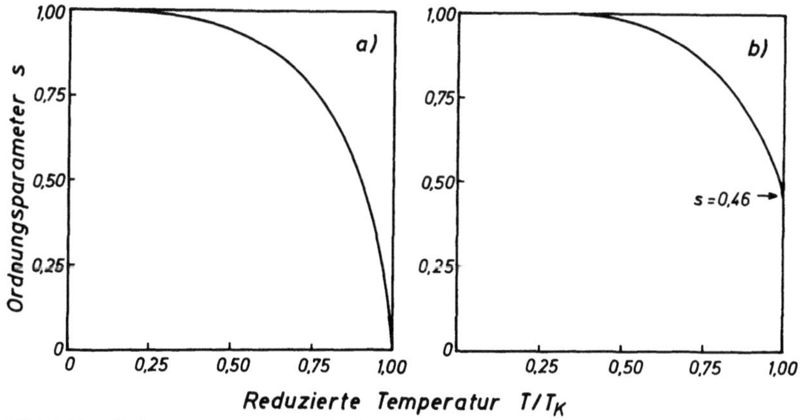

Bild 7.32 Ordnungsparameter s als Funktion der reduzierten Temperatur T/T_K nach Bragg und Williams. a) für die Stöchiometrie AB; b) für die Stöchiometrie AB_3

ist viel Energie aufzuwenden, um ein Atom auf einen falschen Platz zu bringen. Mit sinkendem Ordnungsgrad nimmt der zur weiteren Zerstörung der Ordnung erforderliche Energieaufwand ab.

Für andere Stöchiometrien als AB kann in ähnlicher Weise s als Funktion von T berechnet werden. Für die Stöchiometrie AB_3 ergibt sich für die kritische Temperatur:

$$T_K = -0{,}137 \cdot \frac{z \cdot D}{2 \cdot k}. \tag{7.169}$$

Die kritische Temperatur ist bei gleichem D-Wert für die Ordnungsphase AB_3 also geringer als für die Überstruktur AB. Allerdings ist auch noch die unterschiedliche Koordinationszahl z zu beachten. In einem System, in dem AB- und AB_3-Überstrukturen auftreten, hat die AB-Überstruktur häufig die höhere kritische Temperatur (vgl. Bild 4.50).

Unterschiedlich ist auch die Gestalt der s-(T/T_K)-Kurve. Die Entordnung läuft bei AB_3-Überstrukturphasen zunächst mit steigender Temperatur kontinuierlich ab, bis bei T_K ein Wert von $s = 0{,}46$ erreicht ist. Hier erfolgt ein diskontinuierlicher Übergang von der Ordnungsphase mit $s = 0{,}46$ zur Phase mit statistischer Atomverteilung ($s = 0$).

Der Art der s-(T/T_K)-Kurve entsprechend ist zu erwarten, daß die Entordnungsreaktion von AB-Überstrukturphasen keine Phasenumwandlung I. Ordnung ist. Es tritt kein Umwandlungspunkt, sondern ein sog. Λ-Punkt auf, analog dem Curie-Punkt beim Übergang eines ferromagnetischen Zustands in einen paramagnetischen.

Bei AB_3-Überstrukturphasen ist indessen eine Phasenumwandlung I. Ordnung zu erwarten, bei der die Wärmeinhaltskurve im Umwandlungspunkt einen Sprung aufweist, der die latente Umwandlungsenthalpie darstellt. Bei T_K stehen zwei Phasen im Gleichgewicht. Oberhalb der kritischen Temperatur kann noch eine gewisse restliche Ordnung vorliegen (sog. Nahordnung). Es stehen dann bei T_K zwei teilgeordnete Phasen miteinander im Gleichgewicht. Der Nahordnungsparameter der Mischkristalle oberhalb T_K kann durch Röntgen-Kleinwinkelstreuung ermittelt werden.

Die Art der Umwandlung läßt sich prinzipiell dadurch erschließen, daß Eigenschaften, die vom Ordnungsgrad abhängen (z.B. elektrischer Wider-

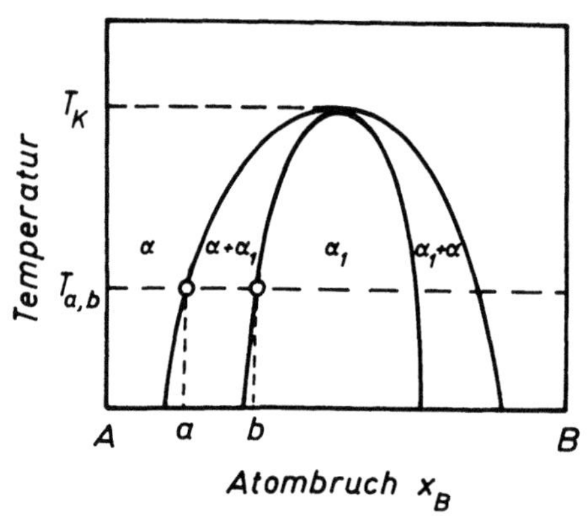

Bild 7.33 Schematische Darstellung der Zustandsgebiete bei Ordnung–Unordnung–Umwandlungen, die als Phasenumwandlungen I. Ordnung ablaufen

stand), im Umwandlungsbereich als Funktion der Temperatur verfolgt werden. Das kann indessen mit erheblichen Schwierigkeiten verbunden sein. Eine eindeutige Entscheidung über das Vorliegen einer Phasenumwandlung I. Ordnung ist möglich, wenn die beiden koexistierenden Phasen unmittelbar nachgewiesen werden können (z. B. lichtmikroskopisch oder elektronenmikroskopisch). Das muß nicht notwendigerweise bei der kritischen Temperatur T_K erfolgen, bei der die im Gleichgewicht stehenden beiden Phasen die gleiche Konzentration haben. Das ist aus Bild 7.33 ersichtlich, in dem die Phasengleichgewichte für Ordnung–Unordnung-Umwandlungen schematisch dargestellt sind, die gemäß einer Phasenumwandlung I. Ordnung ablaufen (vgl. z. B. das System Au–Cu in Bild 4.50). Experimentell einfacher als bei T_K gestaltet sich der Nachweis zweier im Gleichgewicht befindlicher Phasen α und α_1 mit den Konzentrationen a bzw. b bei $T_{a,b}$.

Auch bei einer Stöchiometrie AB kann die Ordnung–Unordnung-Umwandlung eine Phasenumwandlung I. Ordnung sein. In diesen Fällen reicht die Beschreibung der Energetik nach Bragg und Williams nicht aus. Es sind weitergehende Modelle entwickelt worden (z. B. von Bethe und von Kirkwood), die indessen einen größeren mathematischen Aufwand erfordern.

7.28 Zum Charakter von Phasenumwandlungen

Umwandlungen, die einen Übergang von einem Aggregatzustand in einen anderen oder einen Übergang von einer eindeutigen kristallographischen Modifikation eines Stoffes in eine andere darstellen, werden Umwandlungen I. Ordnung genannt. Es stehen am Umwandlungspunkt zwei Phasen miteinander im Gleichgewicht. Die Enthalpie–Temperatur-Kurve hat bei der Umwandlungstemperatur einen Sprung (vgl. Bild 7.1). Der Sprung stellt die Umwandlungsenthalpie dar. Die Molwärme $C_p = (\partial H/\partial T)_p$ weist am Umwandlungspunkt eine Unstetigkeitsstelle auf.

Bei den Betrachtungen zur Ordnung–Unordnung-Umwandlung für den Fall des β-Messings ergab sich indessen ein kontinuierlicher Übergang des Ordnungsparameters von der völlig geordneten Überstruktur zum Mischkristall mit statistischer Atomverteilung (vgl. Bild 7.32a). In der H-T-Kurve tritt bei der kritischen Ordnungstemperatur T_K kein Sprung auf: Diese Funktion ist auch bei T_K stetig. Allerdings tritt hier in der C_p-T-Kurve eine Diskontinuität auf. Da erst in der zweiten Ableitung der Enthalpie nach der Temperatur eine Unstetigkeit auftritt, werden solche Vorgänge als Umwandlungen II. Ordnung bezeichnet.

Bild 7.34 gibt die Molwärme von β-Messing als Funktion der Temperatur wieder. In der Umgebung der kritischen Temperatur T_K hat die C_p-T-Kurve die Gestalt des großen griechischen Buchstaben Lambda. Ein solcher Umwandlungspunkt wird daher als Λ-Punkt bezeichnet. Mit steigender Temperatur wird in Annäherung an T_K zunehmend mehr Enthalpie benötigt, um die geordnete Atomverteilung zu beseitigen. Wenig oberhalb von T_K ist, wie aus Bild 7.34 ersichtlich, die Molwärme nicht gleich derjenigen, die aufgrund

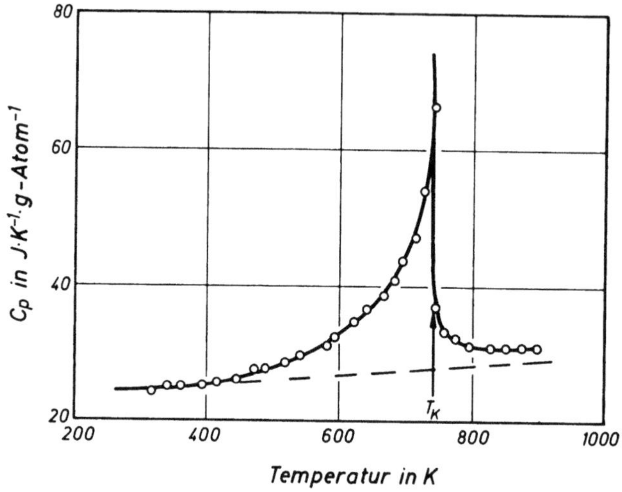

Bild 7.34 Molwärme C_p von β-Messing als Funktion der Temperatur nach H. Moser[28])

einer Extrapolation aus dem Temperaturbereich weit unterhalb T_K zu erwarten ist. Die Überhöhung über diesen extrapolierten Wert ist darauf zurückzuführen, daß wenig oberhalb von T_K noch eine atomare Nahordnung verbleibt, die erst mit weiter steigender Temperatur allmählich abgebaut wird.

Zu den Umwandlungen II. Ordnung gehören u.a. auch magnetische Umwandlungen (ferromagnetischer Zustand → paramagnetischer Zustand). Die kritische Temperatur wird in diesem Falle üblicherweise Curie-Temperatur genannt. Eisen weist eine solche Umwandlung mit einem Curie-Punkt von $T_C = 1042$ K auf. Bei der kritischen Temperatur solcher Umwandlungen stehen nicht zwei Phasen in einem heterogenen Gleichgewicht. Hier ist nur eine einzige Phase existent.

7.29 Thermodynamische Eigenschaften ternärer Legierungen

Die für binäre Mischphasen geltenden Zusammenhänge können analog auf ternäre Lösungen übertragen werden. Verschiedentlich wird zur näherungsweisen Beschreibung der thermodynamischen Eigenschaften polynärer Lösungen das Modell der regulären Lösung angewandt[19]). Es sei erinnert, daß dabei eine statistische Atomverteilung vorausgesetzt und lediglich die Wechselwirkung zwischen jeweils zwei nächsten Nachbarn betrachtet wird. In einer ternären Lösung aus den Komponenten A, B und C werden demgemäß die Bindungsenergien zwischen den Paaren A–A, B–B, C–C, A–B, A–C und B–C berücksichtigt. Aus einer Abzählung dieser Paarsorten bei regelloser Atomverteilung in einer Lösung vorgegebenen Molenbruchs x_A, x_B und x_C resultiert für die integrale Mischungsenthalpie:

$$\Delta H = K_{AB} \cdot x_A \cdot x_B + K_{AC} \cdot x_A \cdot x_C + K_{BC} \cdot x_B \cdot x_C\,. \qquad (7.170)$$

Die Konstanten K_{AB}, K_{AC} und K_{BC} enthalten Beträge von Differenzen der Wechselwirkungsenergien zwischen Atompaaren, die Koordinationszahl z und die Loschmidtsche Zahl N_L. Im einzelnen ist:

$$K_{AB} = N_L \cdot \frac{z}{2} \cdot (2\,w_{AB} - w_{AA} - w_{BB}), \tag{7.171}$$

$$K_{AC} = N_L \cdot \frac{z}{2} \cdot (2\,w_{AC} - w_{AA} - w_{CC}), \tag{7.172}$$

$$K_{BC} = N_L \cdot \frac{z}{2} \cdot (2\,w_{BC} - w_{BB} - w_{CC}). \tag{7.173}$$

Allgemein gilt für ein System mit n Komponenten:

$$\Delta H = \sum K_{ij} \cdot x_i \cdot x_j; \qquad (i, j = 1, \ldots n; \quad i \neq j). \tag{7.174}$$

mit

$$K_{ij} = \frac{N_L \cdot z}{2} \cdot (2\,w_{ij} - w_{ii} - w_{jj}). \tag{7.175}$$

Die Mischungsentropie einer polynären Lösung mit n Komponenten und regelloser Verteilung der Atomsorten ist aufgrund statistischer Betrachtungen gegeben durch:

$$\Delta S_n = -R \cdot \sum x_i \cdot \ln x_i; \qquad (i = 1 \ldots n). \tag{7.176}$$

Für ternäre Legierungen gilt demnach:

$$\Delta S = -R \cdot [x_A \cdot \ln x_A + x_B \cdot \ln x_B + x_C \cdot \ln x_C]. \tag{7.177}$$

Entsprechend wie für binäre Systeme sind auch für ternäre Mischphasen Überschußgrößen definiert.

Die experimentelle Ermittlung thermodynamischer Mischungsfunktionen ternärer Lösungen kann naturgemäß analog erfolgen wie im Falle binärer Mischphasen. Die integralen Mischungsenthalpien können beispielsweise direkt kalorimetrisch erhalten werden. Bei Aktivitätsmessungen ergibt sich häufig die Notwendigkeit, aus den gewonnenen partiellen freien Mischungsenthalpien von nur einer Komponente die integrale freie Mischungsenthalpie zu errechnen. Diese Auswertung kann nach einem von Darken angegebenen Formalismus erfolgen. Er ist in Gl. (7.178) für den Fall der überschüssigen freien Mischungsenthalpie dargestellt[17]):

$$\begin{aligned} \Delta G^{ex} = {} & (1 - x_A) \cdot \int_1^{x_A} \frac{\overline{\Delta G}{}_A^{ex}}{(1 - x_A)^2} \cdot dx_A \Bigg|_{\left(\frac{x_B}{x_C} = \text{const.}\right)} \\ & - x_B \cdot \int_1^0 \frac{\overline{\Delta G}{}_A^{ex}}{(1 - x_A)^2} \cdot dx_A \Bigg|_{x_C = 0} \\ & - x_C \cdot \int_1^0 \frac{\overline{\Delta G}{}_A^{ex}}{(1 - x_A)^2} \cdot dx_A \Bigg|_{x_B = 0}. \end{aligned} \tag{7.178}$$

Die Integration ist naturgemäß nur dann möglich, wenn für $\overline{\Delta G}{}_A^{ex}/(1 - x_A)^2$ bei $x_A \to 0$ ein endlicher Grenzwert vorliegt, und zwar für den

Schnitt $x_B/x_C = \text{const.}$, für das binäre Randsystem A–B ($x_C = 0$) und für das binäre Randsystem A–C ($x_B = 0$). Es kann gezeigt werden, daß diese Grenzwerte tatsächlich endlich sind. Es ergibt sich aber kein endlicher Grenzwert, wenn anstelle von $\overline{\Delta G}{}_A^{ex}$ die Größen $\overline{\Delta G}_{A(i)}$ oder $\overline{\Delta G}_A$ eingesetzt werden. Auch für die Ausdrücke $\overline{\Delta H}_A/(1 - x_A)^2$ und $\overline{\Delta S}{}_A^{ex}/(1 - x_A)^2$ existieren endliche Grenzwerte.

Im Vergleich zu binären Systemen ist die Anzahl der in thermodynamischer Hinsicht eingehend untersuchten ternären Systeme relativ gering. Es liegt nahe, zu versuchen, die thermodynamischen Eigenschaften der dreikomponentigen Mischphasen aus den entsprechenden Eigenschaften der das betreffende ternäre System konstituierenden binären Systeme zu erschließen. Dazu sind verschiedene empirische Ansätze entwickelt worden.

In Gl. (7.178) enthält lediglich das erste Glied der rechten Seite Daten der ternären Mischphase, während das zweite und dritte Glied sich auf die binären Randsysteme A–B und A–C beziehen. Diese Gegebenheit wird von Kohler[14]) und von Toop[15]) als Ausgangsbasis genutzt, um die thermodynamischen Größen ternärer Lösungen durch entsprechende Größen der konstituierenden binären Systeme auszudrücken[16]).

Die von Kohler angegebene Beziehung lautet:

$$\Delta G^{ex} = (1 - x_A)^2 \cdot [\Delta G_{BC}^{ex}]_{\frac{x_B}{x_C}} + (1 - x_B)^2 \cdot [\Delta G_{AC}^{ex}]_{\frac{x_A}{x_C}} + (1 - x_C)^2 \cdot [\Delta G_{AB}^{ex}]_{\frac{x_A}{x_B}} . \qquad (7.179)$$

Bild 7.35 gibt eine Übersicht über die Lage der integralen freien Überschußenthalpien der binären Randsysteme

$$[\Delta G_{BC}^{ex}]_{\frac{x_B}{x_C}}, \; [\Delta G_{AC}^{ex}]_{\frac{x_A}{x_C}} \quad \text{und} \quad [\Delta G_{AB}^{ex}]_{\frac{x_A}{x_B}},$$

die zur Ermittlung der freien Überschußenthalpie ΔG^{ex} der ternären Lösung gemäß Gl. (7.179) erforderlich sind.

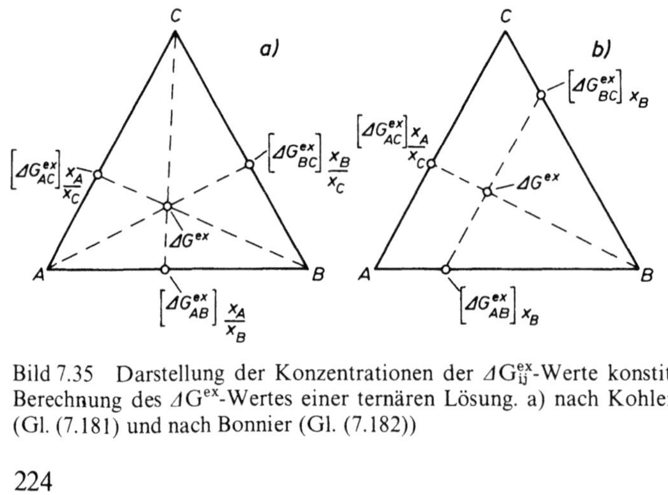

Bild 7.35 Darstellung der Konzentrationen der ΔG_{ij}^{ex}-Werte konstituierender Randsysteme zur Berechnung des ΔG^{ex}-Wertes einer ternären Lösung. a) nach Kohler, Gl. (7.179); b) nach Toop (Gl. (7.181) und nach Bonnier (Gl. (7.182))

Diese Beziehung wurde von Kehianian allgemein auf polykomponentige Systeme übertragen:

$$\Delta G^{ex} = \sum (x_i + x_j)^2 \cdot [\Delta G_{ij}^{ex}]_{\frac{x_i}{x_j}} \cdot \tag{7.180}$$

Toop schlägt folgende Beziehung vor:

$$\Delta G^{ex} = \left[\frac{x_A}{1 - x_B} \cdot \Delta G_{AB}^{ex} + \frac{x_C}{1 - x_B} \cdot \Delta G_{BC}^{ex}\right]_{x_B} + (1 - x_B)^2 \cdot [\Delta G_{AC}^{ex}]_{\frac{x_A}{x_C}} \cdot \tag{7.181}$$

Die nach dieser Gleichung zur Ermittlung des ΔG^{ex}-Wertes der ternären Mischphase erforderlichen Größen der binären Randsysteme sind in Bild 7.35 b veranschaulicht.

Die Gleichungen von Kohler und von Toop gelten streng für reguläre Lösungen. Als Näherungen sind sie indessen auch brauchbar, wenn Abweichungen vom regulären Verhalten vorliegen. Für exakt reguläre Lösungen sind Gl. (7.179) und Gl. (7.181) identisch.

Ähnlich der Toop-Gleichung ist die Beziehung, die von Bonnier[18]) aufgestellt wurde. Sie lautet:

$$\Delta G^{ex} = \left[\frac{x_A}{1 - x_B} \cdot \Delta G_{AB}^{ex} + \frac{x_C}{1 - x_B} \cdot \Delta G_{BC}^{ex}\right]_{x_B} + (1 - x_B) \cdot [\Delta G_{AC}^{ex}]_{\frac{x_A}{x_C}} \cdot \tag{7.182}$$

Der Unterschied gegenüber Gl. (7.181) besteht lediglich im Koeffizienten des letzten Gliedes. Dadurch geht ihre Kompatibilität mit dem Modell der regulären Lösung verloren.

Sowohl die Gleichung von Toop als auch diejenige von Bonnier sind gegen Vertauschung der Benennung der Komponenten nicht invariant. Darauf ist insbesondere bei solchen ternären Systemen zu achten, deren binäre Randsysteme sich sehr verschieden verhalten. Es sei darauf hingewiesen, daß sowohl die Formel von Kohler als auch die Beziehungen von Bonnier und von Toop reine Interpolationsformeln ohne Berücksichtigung etwa vorhandener ternärer Wechselwirkungen sind.

Die Margules-Gleichung enthält neben Größen aus den binären Randsystemen noch solche der ternären Mischphase:

$$\begin{aligned}\Delta G^{ex} = {} & x_A x_B \cdot [A_{AB} x_A + B_{AB} x_B] + x_A x_C \cdot [A_{AC} x_A + B_{AC} x_C] + \\ & + x_B x_C \cdot [A_{BC} x_B + B_{BC} x_C] + x_A x_B x_C \cdot C.\end{aligned} \tag{7.183}$$

Dabei bedeutet:

$$\begin{aligned}C &= A_{AB} + A_{AC} + A_{BC} - D \\ &= B_{AB} + B_{AC} + B_{BC} - D'.\end{aligned} \tag{7.184}$$

Die Koeffizienten A_{ij} und B_{ij} sind die partiellen überschüssigen freien Mischungsenthalpien der verdünnten binären Lösungen. Die Koeffizienten D und D′ müssen aus experimentellen Daten der ternären Lösung gewonnen werden. Sie berücksichtigen ternäre Wechselwirkungen. Gl. (7.183) ist geeignet zur Interpolation von Daten in ternären Systemen. Für organische Lösungen konnte gezeigt werden, daß der Term der Gl. (7.183), der die ternäre Wechselwirkung berücksichtigt ($x_A x_B x_C \cdot C$), von geringem Einfluß auf ΔG^{ex} ist.

Ebenfalls für Interpolationen im Ternären kann die Gleichung von Krupkowski genutzt werden:

$$\Delta G^{ex} = \frac{R \cdot \alpha_{AB}}{T^{(k_{AB}-1)} \cdot (m_{AB}-1)} \cdot x_B \cdot [1-(1-x_A)^{m_{AB}-1}]$$
$$+ \frac{R \cdot \alpha_{BC}}{T^{(k_{BC}-1)} \cdot (m_{BC}-1)} \cdot x_C \cdot [1-(1-x_B)^{m_{BC}-1}]$$
$$+ \frac{R \cdot \alpha_{AC}}{T^{(k_{AC}-1)} \cdot (m_{AC}-1)} \cdot x_A \cdot [1-(1-x_C)^{m_{AC}-1}]. \qquad (7.185)$$

Die Größen α_{ij}, k_{ij} und m_{ij} sind Konstanten. Sie sind aus experimentellen Daten der binären Randsysteme zugänglich. Die partielle überschüssige freie Mischungsenthalpie der Komponente i eines Zweistoffsystems ist verknüpft mit diesen Konstanten gemäß:

$$\overline{\Delta G_i^{ex}} = \frac{\alpha_{ij}}{T^{(k_{ij}-1)}} (1-x_i)^{m_{ij}}. \qquad (7.186)$$

Die etwas umständliche Krupkowski-Gleichung ist nur anwendbar, wenn alle konstituierenden binären Lösungen gleiche Vorzeichen der Abweichungen vom idealen Verhalten aufweisen.

Im Bild 7.36 sind am Beispiel zweier ternärer Systeme experimentell ermittelte ΔG^{ex}-Werte mit den nach Kohler und nach Bonnier aus entsprechenden Daten der binären Randsysteme berechneten überschüssigen freien Mischungsenthalpien verglichen. Es ist ersichtlich, daß die Rechnungen gemäß Gl. (7.179), Gl. (7.182) und auch Gl. (7.181) ΔG^{ex}-Werte ternärer Lösungen liefern, die für viele Zwecke eine hinreichende Genauigkeit aufweisen. Es ist hilfreich, zur Steigerung der Zuverlässigkeit dieser ΔG^{ex}-Werte

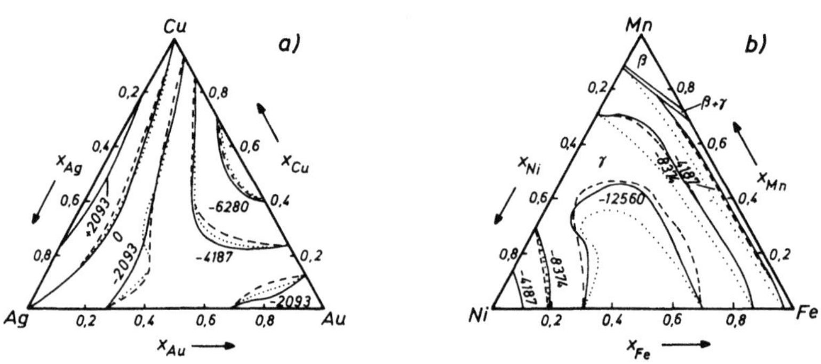

Bild 7.36 Linien konstanter ΔG^{ex}-Werte ternärer Lösungen nach P. J. Spencer, F. H. Hayes und O. Kubaschewski[16]). a) für flüssige Ag–Au–Cu-Legierungen bei 1350 K; b) für feste Ni–Fe–Mn-Legierungen bei 1232 K; —— experimentell; ···· nach Kohler, Gl. (7.179); ---- nach Bonnier, Gl. (7.182)

einige wenige Messungen der überschüssigen freien Mischungsenthalpie ternärer Lösungen durchzuführen und zu einer Anpassung zu verwenden. In diesem Falle können auch Gl. (7.183) und Gl. (7.185) von Nutzen sein.

7.30 Berechnung von Schmelzgleichgewichten im Ternären

Es ist zwar eine Vielzahl ternärer Zustandsdiagramme untersucht worden, die Kenntnis der Phasengleichgewichte ist hier indessen erheblich lückenhafter als im Falle der binären Mischphasen. Das gilt sowohl hinsichtlich der Anzahl der untersuchten ternären Kombinationen als auch bezüglich der Vollständigkeit der untersuchten Systeme. In vielen Fällen sind nur enge, speziell interessierende oder auch experimentell besonders einfach zugängliche Konzentrations- und Temperaturbereiche bearbeitet worden. Aufgrund der dazu notwendigen umfangreichen Messungen ist es nicht möglich, alle technisch interessierenden ternären Systeme in naher Zukunft experimentell zu erforschen. Noch geringer sind die Aussichten, dies für Systeme mit mehr als drei Komponenten zu erreichen. Eine Berechnung der Phasengleichgewichte liegt daher nahe.

Im folgenden wird das Fest–flüssig-Gleichgewicht für ein ternäres System betrachtet, in dem eine vollständige Mischbarkeit im festen und flüssigen Zustand vorliegt.

Ebenso wie für binäre, gilt auch für Systeme mit mehr als zwei Komponenten, daß im Gleichgewicht die partiellen freien Enthalpien der einzelnen Komponenten in den koexistierenden Phasen gleich sind. Für das ternäre System A–B–C gilt in Analogie zu Gl. (7.67):

$$\bar{G}_A^S|_{x_B^S,\, x_C^S} = \bar{G}_A^L|_{x_B^L,\, x_C^L}$$

$$\bar{G}_B^S|_{x_B^S,\, x_C^S} = \bar{G}_B^L|_{x_B^L,\, x_C^L}$$

$$\bar{G}_C^S|_{x_B^S,\, x_C^S} = \bar{G}_C^L|_{x_B^L,\, x_C^S}\,. \tag{7.187}$$

Dabei bedeuten x_B^S, x_C^S den Molenbruch der festen Phase, die mit der Schmelze der Konzentration x_B^L, x_C^L im Gleichgewicht steht.

Die partielle freie Enthalpie der Komponente A in der festen Mischphase ist allgemein gegeben durch:

$$\begin{aligned}\bar{G}_A^S &= G_A^S + \overline{\Delta G}_A^S \\ &= G_A^S + \overline{\Delta H}_A^S - T\,\overline{\Delta S}_A^S\,.\end{aligned} \tag{7.188}$$

Entsprechendes gilt für die partielle freie Enthalpie der Komponente A in der Schmelze.

Sofern die partiellen Größen für Schmelze und Mischkristall im Ternären bekannt sind, können die Phasengleichgewichte aufgrund der Gl. (7.187) und Gl. (7.188), ähnlich wie für ein binäres System, erhalten werden.

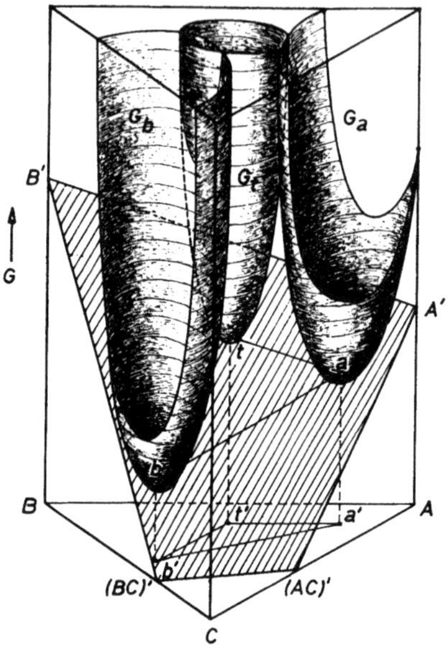

Bild 7.37 Zur Erläuterung des Gleichgewichts zwischen drei Phasen a, b und t in einem ternären System. Schraffiert: gemeinsame Tangentenebene [A'B'(BC)'(AC)']

Bild 7.37 gibt eine schematische Darstellung der Flächen der freien Enthalpien von drei Phasen a, b und t in einem ternären System wieder. Anstelle einer gemeinsamen Tangente an die G-x-Kurve im binären Fall ist hier eine gemeinsame Tangentenfläche an die G-x_B-x_C-Flächen zu legen, um die Molenbrüche der koexistierenden Phasen zu erhalten.

Liegen für ein ternäres System, dessen Phasengleichgewichte zu ermitteln sind, keine unmittelbar experimentell gewonnenen thermodynamischen Daten vor, so können zur Erreichung grob orientierender Informationen die Phasengleichgewichte unter Zugrundelegung geeigneter Lösungsmodelle berechnet werden. Im einfachsten Falle kann das Modell der regulären Lösung herangezogen werden.

Die partiellen Mischungsenthalpien der drei Komponenten einer ternären regulären Lösung können folgendermaßen als Funktion der Konzentration ausgedrückt werden:

$$\overline{\Delta H_A} = K_{AB} \cdot x_B^2 + K_{AC} \cdot x_C^2 + \Delta K \cdot x_B \cdot x_C, \tag{7.189}$$

$$\overline{\Delta H_B} = K_{AB} \cdot (1 - x_B)^2 + K_{AC} \cdot x_C^2 - \Delta K \cdot x_C \cdot (1 - x_B), \tag{7.190}$$

$$\overline{\Delta H_C} = K_{AB} \cdot x_B^2 + K_{AC} \cdot (1 - x_C)^2 - \Delta K \cdot x_B \cdot (1 - x_C). \tag{7.191}$$

Dabei ist:

$$\Delta K = K_{AB} + K_{AC} - K_{BC}. \tag{7.192}$$

Die Konstanten K_{AB}, K_{AC} und K_{BC} haben die gleiche Bedeutung wie in Gl. (7.170).

Die partiellen idealen Mischungsentropien der Komponenten sind aus Gl. (7.177) unmittelbar ersichtlich. Es sind:

$$\overline{\Delta S}_{i(A)} = - R \cdot \ln x_A, \tag{7.193}$$

$$\overline{\Delta S}_{i(B)} = -R \cdot \ln x_B, \tag{7.194}$$

$$\overline{\Delta S}_{i(C)} = -R \cdot \ln x_C. \tag{7.195}$$

Mit den Gl. (7.188), Gl. (7.189) und Gl. (7.193) resultiert für die Komponente A im Gleichgewichtsfall:

$$G_A^S + K_{AB}^S \cdot (x_B^S)^2 + K_{AC}^S \cdot (x_C^S)^2 + \Delta K^S \cdot x_B^S \cdot x_C^S + RT \ln x_A^S =$$
$$= G_A^L + K_{AB}^L \cdot (x_B^L)^2 + K_{AC}^L \cdot (x_C^L)^2 + \Delta K^L \cdot x_B^L \cdot x_C^L + RT \ln x_A^L. \tag{7.196}$$

T bedeutet die Gleichgewichtstemperatur. Analoge Gleichungen ergeben sich für die Komponenten B und C.

Schließlich kann für die Differenz der freien Enthalpien der reinen Komponenten im festen und flüssigen Zustand gemäß Gl. (7.88) gesetzt werden:

$$G_A^S - G_A^L = -\frac{\Delta H_A^F}{T_A} \cdot (T_A - T). \tag{7.88}$$

Für den Fall, daß keine nennenswerte gegenseitige Löslichkeit der Komponenten im Festen vorliegt und damit $\overline{\Delta G}_A^S$ vernachlässigbar klein ist, vereinfacht sich Gl. (7.188) zu:

$$\bar{G}_A^S = G_A^S \tag{7.197}$$

und Gl. (7.196) zu

$$G_A^S = G_A^L + K_{AB}^L (x_B^L)^2 + K_{AC}^L (x_C^L)^2 + \Delta K^L \cdot x_B^L \cdot x_C^L + RT \cdot \ln x_A^L. \tag{7.198}$$

Unter Zuhilfenahme einer zu Gl. (7.198) entsprechenden Beziehung für die Komponente B oder C und bei Berücksichtigung von Gl. (7.88) können für vorgegebene Temperaturen T Liquiduskonzentrationen in einfacher Weise berechnet werden.

Für den allgemeinen Fall einer Mischkristallbildung im Festen sind für die Schmelzgleichgewichte bei vorgegebener Temperatur vier Unbekannte zu errechnen, nämlich x_A^S, x_B^S, x_A^L und x_B^L. Es stehen indessen nur drei Grundgleichungen zur Verfügung (Gl. (7.196) und zwei analoge Beziehungen für die Komponenten B und C). Die Erschließung der Phasengleichgewichte muß

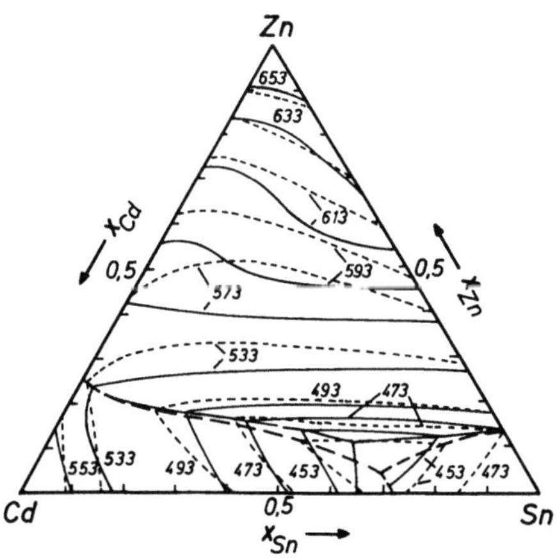

Bild 7.38 Liquidusflächen des Systems Cadmium–Zinn–Zink nach I. Ansara[21]). Temperatur in K. —— experimentell; ··· berechnet anhand der Gleichung von Kohler (Gl. (7.179)) aus thermodynamischen Größen der binären Randsysteme

jetzt über geeignete Iterationsverfahren erfolgen (vgl. L. Kaufman und H. Bernstein[7])).

Da direkt experimentell bestimmte thermodynamische Mischungsgrößen für ternäre Systeme noch weitgehend fehlen, werden zur Berechnung ternärer Schmelzgleichgewichte häufig Daten eingesetzt, die aus den thermodynamischen Eigenschaften der binären Randsysteme über empirische Beziehungen (z.B. Gl. (7.179), Gl. (7.181) oder Gl. (7.182)) erhalten worden sind. In Bild 7.38 ist die Liquidusfläche des Systems Cd–Sn–Zn nach I. Ansara[19] [21] dargestellt, wie sie auf der Basis der Gleichung von Kohler aus den thermodynamischen Mischungsgrößen der konstituierenden binären Systeme gewonnen wurde. Zum Vergleich sind die experimentell ermittelten Schmelzgleichgewichte eingezeichnet. Die Rechnung gibt die wesentlichen Konturen mit hinreichender Genauigkeit wieder.

7.31 Literaturhinweise zu Kapitel 7

1) R. Haase, „Thermodynamik der Mischphasen“, Springer-Verlag, Berlin (1956).
2) J. D. Fast, „Entropie“, Philips Technische Bibliothek, Eindhoven (1960).
3) B. L. Averbach, „Solid Solution Formation“, in „Energetics in Metallurgical Phenomena“, Vol. II, Herausgeber: W. M. Mueller, Gordon and Breach Science Publishers, New York (1965).
4) J. Lumsden, „Thermochemics of Molten Salt Mixtures“, Academic Press, London (1960).
5) A. Prince, „Alloy Phase Equilibria“, Elsevier Publishing Comp., Amsterdam (1966).
6) R. Haase und R. Schönert, „Solid-Liquid Equilibrium“, in: „The International Encyclopedia of Physical Chemistry and Chemical Physics“, Topic 13, Mixtures, Solutions, Chemical and Phase Equilibria, Vol. I, Herausgeber: M. L. McGloshan, Pergamon Press, Oxford (1969).
7) L. Kaufman und H. Bernstein, „Computer Calculations of Phase Diagrams“, Academic Press, New York (1970).
8) R. A. Swalin, „Thermodynamics of Solids“, J. Wiley and Sons, New York (1972).
9) W. Schottky, „Thermodynamik“, Springer-Verlag, Berlin (1973).
10) R. Hultgren, P. D. Desai, D. T. Hawkins, M. Gleiser, K. K. Kelley und D. D. Wagman, „Selected Values of Thermodynamic Properties of the Elements“, Amer. Soc. for Metals, Metals Park, Ohio (1973).
11) R. Hultgren, P. D. Desai, D. T. Hawkins, M. Gleiser und K. K. Kelley, „Selected Values of the Thermodynamic Properties of Binary Alloys“, Amer. Soc. for Metals, Metals Park, Ohio (1973).
12) J. Nývlt, „Solid-Liquid Phase Equilibria“, Elsevier Scientific Publishing Comp., Amsterdam (1977).
13) O. Kubaschewski und C. B. Alcock, „Metallurgical Thermochemistry“, Fifth Edition, Pergamon Press, London (1979).
14) F. Kohler, Monatshefte Chem., **91,** 738 (1960).
15) G. W. Toop, Trans. AIME, **233,** 850 (1965).
16) P. J. Spencer, F. H. Hayes und O. Kubaschewski, Rev. Chim. Minerale, **9,** 13 (1972).
17) L. S. Darken, J. Amer. Chem. Soc., **72,** 2909 (1950).
18) E. Bonnier und R. Caboz, C. R. Acad. Sci., **250,** 527 (1960).
19) I. Ansara, P. Desré und E. Bonnier, C. R. Acad. Sci., **270,** 1098 (1970).
20) T. Heumann, Z. Elektrochemie, **57,** 724 (1953).
21) I. Ansara, Proceedings of a Symposium held at Brunel University and the National Physical Laboratory, 1971, National Physical Laboratory, London, Her Majesty's Stationery Office (1972).

22) F. E. Wittig und G. Keil, Z. Metallkde., **54,** 576 (1963).
23) B. Predel, Z. Metallkde., **49,** 226 (1958).
24) M. Hansen und K. Anderko, „Constitution of Binary Alloys", McGraw-Hill Book Comp., New York (1958).
25) B. Predel, Z. Metallkde., **56,** 791 (1965).
26) H. Schmalzried und A. Navrotsky, „Festkörperthermodynamik", Verlag Chemie, Weinheim/ Bergstr. (1975).
27) C. Wagner, „Thermodynamics of Alloys", Addison-Wesley, London (1952).
28) H. Moser, Zeitschrift Physik, **37,** 737 (1936).
29) P. Dörner, L. J. Gaukler, H. Krieg, H. L. Lukas, G. Petzow und J. Weiss, Calphad, **3,** 241 (1979).

8. Keimbildung bei Phasenübergängen

8.1 Allgemeines

Beim Abkühlen einer Schmelze tritt erfahrungsgemäß nicht unverzüglich beim Erreichen der Erstarrungstemperatur T_g Kristallisation ein. Die neue Phase bildet sich erst nach einer mehr oder weniger starken Unterkühlung ΔT unter die Gleichgewichtstemperatur. Bei Umwandlungs- und Ausscheidungsreaktionen in Festkörpern ist dieses Phänomen besonders stark ausgeprägt. Es beruht darauf, daß in einem energetisch völlig unbeeinflußten Fall durch zufällige Fluktuationen des atomaren Aufbaus der Ausgangsphase in einzelnen sehr kleinen Volumenbereichen eine Atomanordnung auftritt, die derjenigen in der Endphase gleich oder zumindest weitgehend ähnlich ist. Diese als Keime der neuen Phase bezeichneten Stellen können zu makroskopischen Dimensionen wachsen. Die Art einer solchen Phasenneubildung wird als Keimbildungs-Wachstums-Prozeß bezeichnet. Erst wenn alle zu einem heterogenen Gleichgewicht gehörenden Phasen gebildet sind, können naturgemäß die Gesetzmäßigkeiten der Phasengleichgewichte gelten.

Die Keimbildung kann durch eine Reihe energetisch-struktureller Faktoren beeinflußt werden. Die allein durch Fluktuation und ohne weitere Einflüsse in einer homogenen Phase zustande kommende homogene Keimbildung stellt die Ausnahme dar. In der Regel wird die Keimbildung durch „Katalysatoren" beschleunigt. Die Kenntnis der katalytischen Wirkungen bei der sog. heterogenen Keimbildung ist für die Technik sehr bedeutsam. Bei der Erstarrung flüssiger Metalle wird im allgemeinen Wert auf leichte Keimbildung gelegt. In einem großen Schmelzvolumen kann dann die Kristallisation an vielen Stellen gleichzeitig beginnen. Aus jedem Keim bildet sich ein einzelner Kristall. Bei großer Keimzahl resultieren viele Kristalle, die bei ihrem Wachstum rasch aneinanderstoßen. Die kristallographische Orientierung der vielen kleinen Kristalle ist in der Regel statistisch. Das führt beispielsweise zu vielfach erwünschten quasiisotropen mechanischen Eigenschaften des Festkörpers.

8.2 Homogene Keimbildung ohne Konzentrationsänderung

Die Grundzüge der Vorstellung von der homogenen Keimbildung – der Bildung wachstumsfähiger Keime in homogener Phase durch Schwankungen der atomaren Struktur – sind von Volmer und Weber[6]) sowie Becker und

Döring[7]) entwickelt worden. Hier wird zunächst der Fall betrachtet, bei dem die neu auftretende Phase die gleiche Zusammensetzung hat wie die Ausgangsphase. Die treibende Kraft der Phasenumwandlung sei ausschließlich durch die Änderung des Aggregatzustandes oder die Änderung der kristallographischen Modifikation gegeben.

Mit der Bildung eines kleinen Volumenbereichs, der den atomaren Aufbau der Endphase besitzt, ist eine Erniedrigung der freien Enthalpie des Systems um ΔG_V verbunden. Gleichzeitig tritt eine Grenzfläche zwischen dem Keim und der Ausgangsphase in Erscheinung. Die Keimbildung ist dadurch mit dem Aufwand an freier Grenzflächenenthalpie, ΔG_σ, verknüpft. Die mit der Bildung von Keimen zusammenhängende gesamte Änderung der freien Enthalpie ΔG des Systems ist gegeben durch:

$$\Delta G = \Delta G_V + \Delta G_\sigma. \tag{8.1}$$

Für den einfachsten Fall kann angenommen werden, daß der Keim kugelförmig ist. Die Änderung der freien Enthalpie bei der Keimbildung hängt dann folgendermaßen mit dem Keimradius r zusammen:

$$\Delta G = \frac{4}{3}\pi r^3 \Delta G_C + 4\pi r^2 \sigma. \tag{8.2}$$

Es bedeuten ΔG_C die Änderung der freien Enthalpie pro Volumeneinheit bei der Bildung der neu entstandenen Phase und σ die spezifische Grenzflächenenergie.

Eine graphische Darstellung der Bilanz der freien Enthalpie bei der Keimbildung gibt Bild 8.1. ΔG_V hat ein negatives, ΔG_σ ein positives Vorzeichen. Die Summe beider Werte, ΔG, weist mit zunehmender Größe des Keimradius r zunächst ein positives Vorzeichen auf: Die Bildung einer in Richtung eines wachstumsfähigen Keims gehende zufällige Strukturschwankung ist zunächst mit einer Erhöhung der freien Enthalpie des Systems verbunden. Nachdem der Keim einen kritischen Radius r_K erreicht hat, ist jede weitere Addition von Atomen zur räumlichen Erweiterung des Bereichs, der den atomaren Aufbau der Endphase besitzt, mit einer Erniedrigung der freien Enthalpie verbunden. Solche Gebilde können spontan wachsen. Bei $r < r_K$ ist

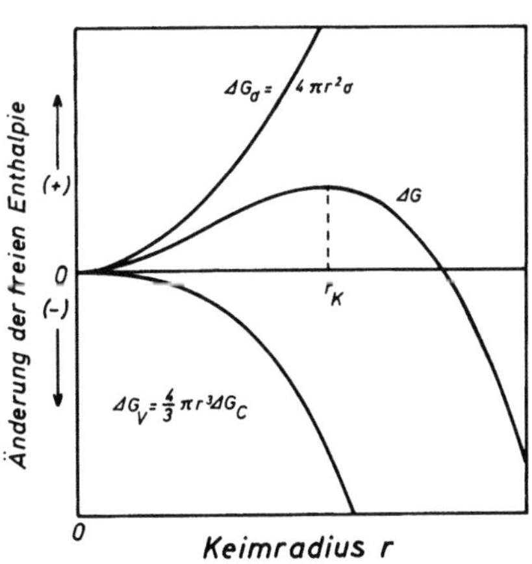

Bild 8.1 Zur Bilanz der freien Enthalpie bei der homogenen Keimbildung ohne Konzentrationsänderung

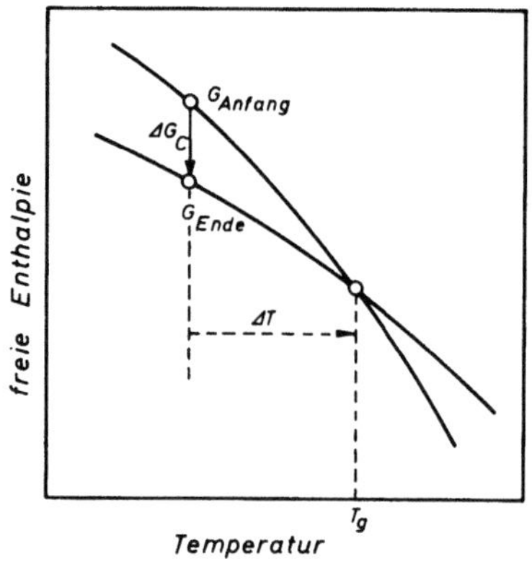

Bild 8.2 Schematische Darstellung der Abhängigkeit der Größe ΔG_C von der Unterkühlung ΔT

die Wahrscheinlichkeit zu schrumpfen größer als die zu wachsen, bei $r > r_K$ umgekehrt.

Für $r = r_K$ liegt ein Maximum der ΔG-r-Kurve vor. Hier gilt:

$$\frac{d\Delta G}{dr} = 0. \tag{8.3}$$

Mit Gl. (8.2) folgt daraus der Radius des kritischen Keims:

$$r_K = -2\frac{\sigma}{\Delta G_C}. \tag{8.4}$$

Der kritische Radius ist durch das Verhältnis von spezifischer Grenzflächenenergie und ΔG_C festgelegt. Beide Größen sind temperaturabhängig; σ ändert sich indessen in der Regel wesentlich weniger mit der Temperatur als ΔG_C. Daher kann σ als annähernd temperaturunabhängig angesehen werden. Die Abhängigkeit der Größe ΔG_C von T ist aus Bild 8.2 ersichtlich. Unterhalb der Gleichgewichtstemperatur T_g ist ΔG_C negativ. Sein Betrag steigt mit zunehmender Unterkühlung ΔT. Damit wird gemäß Gl. (8.4) der kritische Radius r_K mit zunehmendem ΔT kleiner und die Wahrscheinlichkeit, durch eine zufällige Fluktuation einen wachstumsfähigen Keim zu erhalten, größer. Bei T_g ist naturgemäß $\Delta G_C = 0$ und damit $r_K = \infty$. Bei der Gleichgewichtstemperatur ist die Keimbildungswahrscheinlichkeit null.

8.3 Heterogene Keimbildung

Die Erfahrung zeigt, daß die Bildung von Keimen in vielen Fällen nicht an beliebigen, sondern an ganz bestimmten Stellen des Volumens der Ausgangsphase erfolgt. Beim Erstarren einer Schmelze setzt die Keimbildung bevorzugt an der Grenzfläche zu den Gefäßwänden, zu Oxidteilchen oder zu anderen mit der erstarrungsfähigen Flüssigkeit in Berührung stehenden festen Stoffen ein. In polykristallinen Festkörpern wird Keimbildung bei Ausscheidungs- und Umwandlungsvorgängen häufig an Korngrenzen und anderen

Gitterbaufehlern – Versetzungen und Leerstellen – gefunden. Diese Stellen wirken als „Keimbildungskatalysatoren". Dabei werden Gitterbaufehler, die Orte erhöhten Energieinhalts in der Ausgangsphase sind, innerhalb des Keimvolumens beseitigt, oder es wird die Energie der Grenzfläche, an der der Keim entsteht, erniedrigt. Die katalytische Wirkung besteht also in einer stärkeren Erniedrigung der feien Enthalpie des Systems, als dies unter sonst gleichen Bedingungen bei homogener Keimbildung möglich wäre. Da beim Schmelzen Grenzflächen zu festen Materialien und in Festkörpern Gitterbaufehler nur schwer zu vermeiden sind, ist in der Regel heterogene Keimbildung wahrscheinlicher als homogene Keimbildung.

Eine Erniedrigung der Grenzflächenenergie zwischen der Ausgangsphase und einem Fremdkörper kann nur dann eintreten, wenn der Fremdkörper von der neu zu bildenden Phase besser benetzt wird als von der Ausgangsphase. Der Keim hat dann im einfachsten Falle keine Kugelgestalt, sondern die Form einer Kugelkalotte, wie in Bild 8.3 dargestellt. Ein Maß für die Benetzbarkeit ist der Kontaktwinkel Θ. Mit steigender Benetzbarkeit nimmt Θ ab. Der Kontaktwinkel ist durch folgende Gleichgewichtsbeziehung zwischen den wirksamen Grenzflächenenergien festgelegt:

$$\sigma_{\alpha F} = \sigma_{\beta F} + \sigma_{\alpha\beta} \cdot \cos \Theta . \qquad (8.5)$$

Es bedeuten:

$\sigma_{\alpha F}$ = spezifische Grenzflächenenergie der Grenzfläche zwischen Ausgangsmatrix α und Fremdkörper F,

$\sigma_{\beta F}$ = spezifische Grenzflächenenergie der Grenzfläche zwischen Keim β und Fremdkörper F,

$\sigma_{\alpha\beta}$ = spezifische Grenzflächenenergie der Grenzfläche zwischen Ausgangsmatrix α und Keim β.

Wie aus Bild 8.3 ersichtlich, kann die Größe des Keims durch den Radius a der Kalottenbasis und den Kontaktwinkel Θ ausgedrückt werden. Analog wie beim kugelförmigen Keim der homogenen Keimbildung kann auch hier anhand des Volumens und der Oberfläche der Kalotte sowie anhand der Größen ΔG_C und $\sigma_{\alpha\beta}$ eine Bilanz der freien Enthalpie durchgeführt werden.

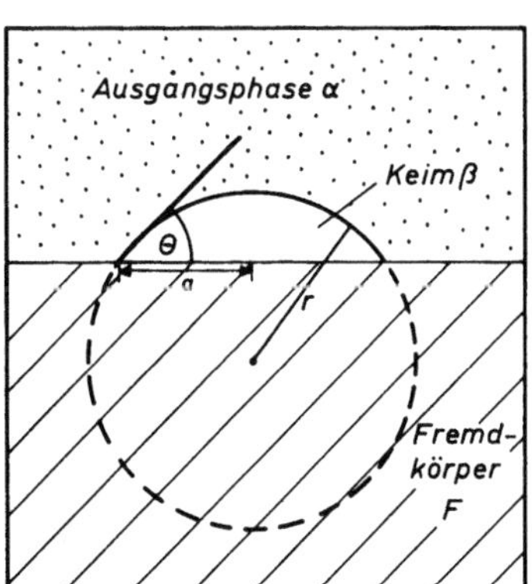

Bild 8.3 Zum Prinzip der heterogenen Keimbildung

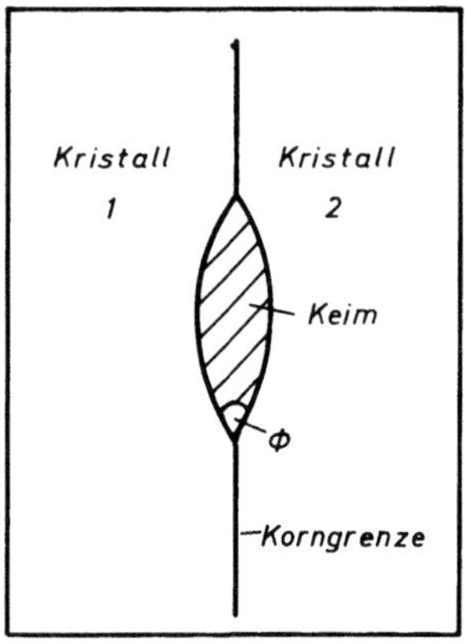

Bild 8.4 Zur Keimbildung an Korngrenzen

Sie liefert schließlich folgenden Zusammenhang:

$$a_K = r_K \cdot \sin \Theta. \tag{8.6}$$

Dabei bedeuten a_K den Radius der Kalottenbasis des kritischen Keims und r_K den zugehörigen kritischen Kugelradius. Im Falle einer homogenen Keimbildung muß als kritischer Keim eine vollständige Kugel mit dem Radius r_K gebildet werden. Bei Vorliegen eines Fremdkörpers in der Ausgangsphase kann schon ein Teil dieser Kugel einen wachstumsfähigen Keim darstellen. Die Größe dieses kalottenförmigen Kugelteils ist vom Kontaktwinkel Θ abhängig. Dieser ist durch das Verhältnis der wirksamen Grenzflächenenergien gemäß Gl. (8.5) gegeben. Bei vollständiger Benetzung des Fremdkörpers durch die neu entstehende Phase ($\Theta \to 0$) ist bereits ein extrem kleines Kalottenvolumen als wachstumsfähiger Keim wirksam. Es bedarf einer nur sehr

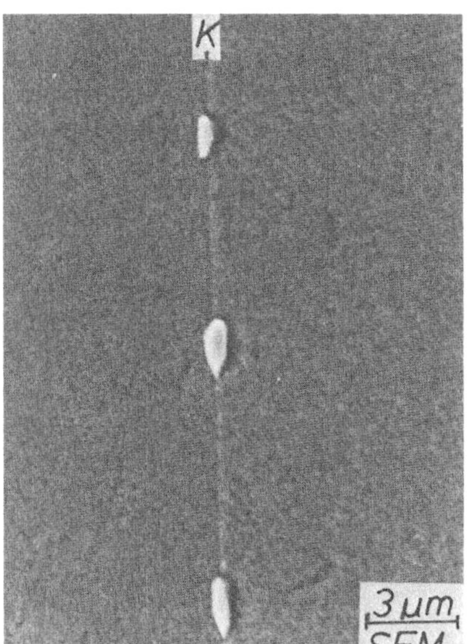

Bild 8.5 Beispiel der bevorzugten Ausscheidung einer neuen Phase an einer Korngrenze K (W. Gust und H. Kuhlmann). Ausscheidung einer intermetallischen Phase (δ) aus übersättigtem Cu–In-Mischkristall mit 7,5 At.-% In nach 43 h bei 738 K

geringen Anzahl von Atomen, um diesen Keim zu bilden. Die Keimbildungswahrscheinlichkeit ist entsprechend größer als ohne diese Grenzfläche. Unter diesem Gesichtspunkt werden Kornfeinungsmittel ausgewählt und den Schmelzen zugesetzt, um bei ihrer Erstarrung im technischen Maßstab ein feinkristallines Material zu erhalten.

Die bevorzugte Keimbildung an Korngrenzen, wie sie oft bei Umwandlungs- und Ausscheidungsreaktionen in polykristallinen Festkörpern beobachtet wird, folgt analogen Prinzipien (vgl. Bild 8.4). An der Stelle des Keims wird die Grenzfläche zwischen den Kristallen, die Korngrenze, beseitigt und die in der Korngrenze enthaltene freie Korngrenzenenthalpie freigesetzt. Sie geht in der Bilanz der freien Enthalpie bei der Keimbildung als Gewinn ein. Zwei neue Grenzflächen werden daneben unter Energieaufwand gebildet: Kristall 1 – Keim und Kristall 2 – Keim. Die Form des Keims entspricht zwei an der Basis zusammengesetzten Kugelkalotten. Der Winkel Φ der Doppelkalotte ist festgelegt durch das Zusammenwirken der Grenzflächenenergien der Grenzfläche Kristall 1 – Kristall 2, Kristall 1 – Keim und Kristall 2 – Keim. Bild 8.5 gibt als Beispiel einer bevorzugten Keimbildung an Korngrenzen Ausscheidungen einer intermetallischen Phase (δ) aus einem übersättigten Cu–In-Mischkristall (7,5 At.-% In) wieder.

Auch Gitterversetzungen sind als Orte erhöhten Energiegehalts in der Ausgangsmatrix bevorzugte Keimstellen. Bildet sich an ihnen ein Keim, dann werden in diesem Bereich die in der Versetzung enthaltenen elastischen Gitterverzerrungen beseitigt. Das liefert, prinzipiell ähnlich wie bei der Korngrenzenkeimbildung, einen Gewinn an freier Enthalpie, der einen Teil der zum Aufbau der neuen Grenzflächen Keim–Matrix erforderlichen Energie zur Verfügung stellt. Durch plastische Verformung kann die Anzahl der Gitterversetzungen in einem Material vermehrt werden. Das kann genutzt werden, um in einer umwandlungsfähigen Matrix die Keimzahl zu erhöhen.

Es ist zu beachten, daß bei der Bildung eines Keims in einer festen Ausgangsmatrix – anders als bei der Keimbildung in einer Schmelze – die mit der Phasenneubildung in der Regel verbundene merkliche Volumenänderung zu elastischen Gitterverzerrungen in der Ausgangsmatrix und im Keim führen kann. Das erhöht den Aufwand an freier Enthalpie bei der Keimbildung. Dieser Aufwand ist zudem für verschiedene Keimformen unterschiedlich. Die Kugelgestalt ist hier nicht mehr die optimale Keimgestalt, sondern in der Regel ein Ellipsoid, dessen große und kleine Achse von den elastischen Gegebenheiten des Systems abhängen. Schließlich ist die Grenzflächenenergie der Grenzfläche Keim–Ausgangsphase in einer kristallinen Matrix von der kristallographischen Orientierung der beiden aneinandergrenzenden Phasen abhängig, was zu Keimbildung und Keimwachstum in bevorzugten Richtungen Anlaß geben kann.

8.4 Homogene Keimbildung mit Konzentrationsänderung

Da bei mehrkomponentigen Systemen in einem Gleichgewicht stehende Phasen unterschiedliche Konzentrationen haben können, ist die mit der Konzentrationsänderung zusammenhängende Änderung der freien Enthalpie bei der

Keimbildung zu berücksichtigen. Daneben bleiben die Beiträge, die der Übergang vom flüssigen zum festen Zustand oder der Übergang eines Festkörpers in eine andere kristallographische Modifikation zur Energiebilanz der Keimbildung liefert, naturgemäß erhalten, wenn Erstarrung oder eine Modifikationsänderung und gleichzeitige Konzentrationsänderung bei der Entstehung der neuen Phase eintreten.

Zur Vereinfachung sollen sich die Betrachtungen zur Keimbildung in mehrkomponentigen Systemen auf Ausscheidungen im Bereich einer Mischungslücke konzentrieren. In diesem Falle hat die ausgeschiedene Phase den gleichen Aggregatzustand bzw. die gleiche Kristallstruktur wie die Ausgangsphase.

Im Bereich einer Mischungslücke weist die G-x-Kurve eine „Falte" auf. Die Gleichgewichtskonzentrationen sind naturgemäß durch die Berührungspunkte der Doppeltangente gegeben. Die Vorstellungen über die Bildung eines Keims der neuen Phase bei Unterkühlung der Ausgangsmatrix unter die durch die Mischungslücke gegebene Gleichgewichtstemperatur hat Becker [5]) entwickelt. Es seien:

N = Anzahl der Atome in dem gesamten betrachteten Volumen,
n = Anzahl der Atome im Keim,
x_0 = Konzentration in der Ausgangsphase,
α = Konzentration in der Matrix nach Bildung des Keims,
β = Konzentration des Keims,
Ω = mittleres Volumen eines Atoms,
$G(x_0)$, $G(\alpha)$, $G(\beta)$ = freie Enthalpien pro Volumeneinheit bei den entsprechenden Konzentrationen (bei vorgegebenen Zustandsvariablen Temperatur T und Druck p).

Wird aus n Atomen ein Bereich gebildet, der die Konzentration der neuen Phase, β, hat, so ist die dadurch bedingte Änderung der freien Enthalpie des Systems, ΔG_V, gegeben durch:

$$\Delta G_V = \Omega\,[n \cdot G(\beta) + (N - n) \cdot G(\alpha) - N \cdot G(x_0)]. \tag{8.7}$$

Falls $\alpha \approx x_0$ gilt, also für den Fall kleiner Übersättigung, kann Gl. (8.7) folgendermaßen geschrieben werden:

$$\Delta G_V = n \cdot \Omega \cdot \left[G(\beta) - G(x_0) - (\beta - \alpha) \cdot \left(\frac{\partial G}{\partial x}\right)_{x_0}\right]. \tag{8.8}$$

Bei der Bildung des Keims mit n Atomen wird gleichzeitig eine neue Grenzfläche (zwischen Keim und Matrix) der Größe F geschaffen. Wenn s die Anzahl der Atome pro Flächeneinheit ist, beträgt die freie Enthalpie ΔG_σ, die zum Aufbau dieser Grenzfläche erforderlich ist:

$$\Delta G_\sigma = s \cdot F \cdot z \cdot K \cdot (\beta - x_0)^2. \tag{8.9}$$

Der Gl. (8.9) liegen die Gesetzmäßigkeiten des Modells der regulären Lösung zugrunde; K ist der Wechselwirkungsparameter und z die Koordinationszahl.

Aus Gl. (8.8) und Gl. (8.9) folgt für die gesamte Änderung der freien Enthalpie bei der Keimbildung (mit $\alpha \approx x_0$):

$$\Delta G = -n \cdot \Omega \cdot \left[G(x_0) - G(\beta) + (\beta - x_0) \cdot \left(\frac{\partial G}{\partial x} \right)_{x_0} + \right.$$
$$\left. + s \cdot F \cdot z \cdot K \cdot (\beta - x_0)^2 \right]. \tag{8.10}$$

Der Gewinnanteil der freien Enthalpie pro Volumeneinheit der ausgeschiedenen Phase ist:

$$\Delta G' = -\left[G(x_0) - G(\beta) + (\beta - x_0) \cdot \left(\frac{\partial G}{\partial x} \right)_{x_0} \right]. \tag{8.11}$$

Diese Größe stellt in Bild 8.6 die Strecke $B_1 B_2$ dar.

Wenn die ausscheidungsfähige Phase bei der Abkühlung einen Punkt der Mischungslücke erreicht hat, ist $\alpha = x_0$. In diesem Falle kann die freie Enthalpie des Systems durch Bildung eines Keims β nicht erniedrigt werden: Es ist $\Delta G' = 0$; eine Keimbildung kann nicht erfolgen. Gelangt indessen bei weiterer Abkühlung die Ausgangsphase in den von der Mischungslücke umschlossenen Bereich, dann nähert sich der Wendepunkt S auf der A-Seite der G-x-Kurve, deren Faltung um so stärker ausgeprägt ist, je niedriger die Temperatur wird, mit sinkender Temperatur der Konzentration x_0. Entsprechend nimmt die Steigung der Tangente an die G-x-Kurve im Punkte x_0 zu. $\Delta G'$ ist jetzt von null verschieden. Mit zunehmender Annäherung des Wendepunktes S an x_0 nimmt der Betrag von $\Delta G'$ zu, bis er maximal ist, wenn x_0 im Wendepunkt der G-x-Kurve liegt.

Analoge Zusammenhänge gelten auch für den Fall, daß aus der Ausgangsmatrix eine Phase anderer Kristallstruktur entsteht. In Bild 8.7 sind die freien Enthalpien der bei der Perlitbildung im System Eisen–Kohlenstoff beteiligten Phasen als Funktion der Konzentration schematisch dargestellt, und zwar

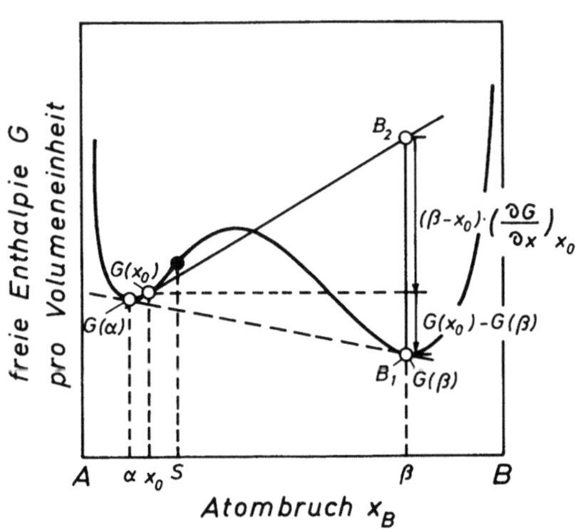

Bild 8.6 Zum Prinzip der homogenen Keimbildung mit ausschließlicher Konzentrationsänderung

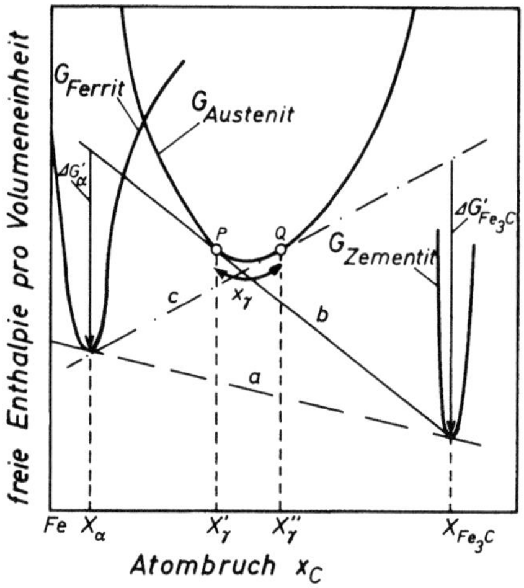

Bild 8.7 Schematische Darstellung der Änderung der freien Enthalpie bei der Keimbildung von Perlit im System Eisen–Kohlenstoff

für eine Temperatur, die unterhalb der eutektoidischen Temperatur T_e liegt. Im Gleichgewicht koexistieren die durch die Berührungspunkte der gemeinsamen Tangente a an die G-x-Kurve des Ferrits und an die G-x-Kurve des Zementits festgelegten Phasen mit den Atombrüchen x_α und x_{Fe_3C}. Wird indessen Austenit der Konzentration x'_γ auf eine Temperatur $T < T_e$ abgekühlt, so werden zunächst ausschließlich Keime des Ferrits gebildet. Die Keime entstehen an einer Korngrenze. Mit Hilfe der Tangente b an die G-x-Kurve des Austenits bei der Konzentration x'_γ (Berührungspunkt P) sind die Änderungen der freien Enthalpie bei der Bildung der Keime von Ferrit bzw. Zementit graphisch zu ermitteln. Die mit der Bildung von Ferritkeimen verbundene Erniedrigung der freien Enthalpie, $\Delta G'_\alpha$, ist beträchtlich, diejenige für die Bildung von Zementitkeimen annähernd null. Es können keine Zementitkeime entstehen. In dem Maße, in dem die Ferritausscheidungen wachsen, verarmt in ihrer Nähe die Austenitmatrix an Eisen. Mit steigendem lokalen Kohlenstoffgehalt (x'_γ geht in Richtung x''_γ) wandert der Berührungspunkt P der Tangente b an die G-x-Kurve des Austenits in Richtung auf Q. Dabei wird der Betrag von $\Delta G'_\alpha$ kleiner. Andererseits nimmt der Betrag von $\Delta G'_{Fe_3C}$ endliche Werte an und steigt kontinuierlich. Ist der Berührungspunkt der Tangente bei Q angelangt (jetzt Tangente c), so ist der Betrag von $\Delta G'_\alpha$ praktisch auf null gesunken, während der Betrag von $\Delta G'_{Fe_3C}$ einen beträchtlichen Wert erreicht hat. Nun erfolgt Keimbildung von Zementit. Beim Wachstum des Zementitkeims wird in seiner Nähe die Austenitmatrix an Eisen angereichert. Der Berührungspunkt der Tangente Q wandert in Richtung auf P usw. Auf diese Weise wechselt sich Keimbildung von Ferrit und Keimbildung von Zementit periodisch ab, was zu dem bekannten lamellaren Gefüge des Perlits führt.

8.5 Spinodale Entmischung

Beim Vorliegen bestimmter energetischer Gegebenheiten ist die Bildung einer neuen Phase aus einer anderen schon vorhandenen auch ohne Keimbildung möglich. Die Voraussetzungen dafür sind aus Bild 8.8 ersichtlich. Dargestellt ist eine G-x-Kurve mit einer Falte, wie sie für ein Entmischungssystem im Bereich der Mischungslücke typisch ist. Wird im Gedankenexperiment die einphasige Lösung der Konzentration x_B^1 in zwei Phasen überführt, die sich in ihrer Zusammensetzung nicht stark von derjenigen der Ausgangsphase unterscheiden, so muß gemäß dem Hebelgesetz die eine Phase eine höhere B-Konzentration, x_B^2, die andere eine niedrigere, x_B^3, aufweisen. Die freien Enthalpien dieser Phasen liegen naturgemäß auf der G-x-Kurve bei den zugehörigen Konzentrationen (Punkt A bzw. B). Wie aus Bild 8.8 ersichtlich, ist die freie Enthalpie dieses Zweiphasengemenges höher als die der einphasigen Ausgangslösung. Eine solche Ausscheidungsreaktion kann nicht spontan eintreten, da sie mit einem Aufwand an freier Enthalpie verknüpft ist ($\Delta G^{2,3}$ ist positiv).

Anders ist indessen die Situation, wenn von der einphasigen übersättigten (bzw. unterkühlten) Lösung der Konzentration x_B^4 ausgegangen wird. Hier ist mit der Bildung zweier Phasen der Konzentration x_B^5 und x_B^6 (Punkt C bzw. D) eine Erniedrigung der freien Enthalpie des Systems verbunden ($\Delta G^{5,6}$ ist negativ).

Die beiden hier betrachteten Bereiche unterscheiden sich durch das Vorzeichen der Krümmung der G-x-Kurve. Am Wendepunkt ändert sich der Krümmungssinn. Wie bereits in Kapitel 7 dargelegt, ist die Gesamtheit aller T-x-Wertepaare, die Wendepunkten in der G-x-Kurve entsprechen, die spinodale Linie oder die „Spinodale". Die Konzentration x_B^1 liegt außerhalb der Spinodale, die Konzentration x_B^4 innerhalb der Spinodale. Bild 8.9 gibt schematisch eine Mischungslücke (Löslichkeitslinie M′–M″) und die zugehörige Spinodale S′–S″ wieder. Einphasige Lösungen bei Temperaturen oberhalb der Mischungslücke (z.B. bei A) sind stabil, einphasige Lösungen im Bereich zwischen Mischungslücke und Spinodale sind metastabil, einphasige Lösun-

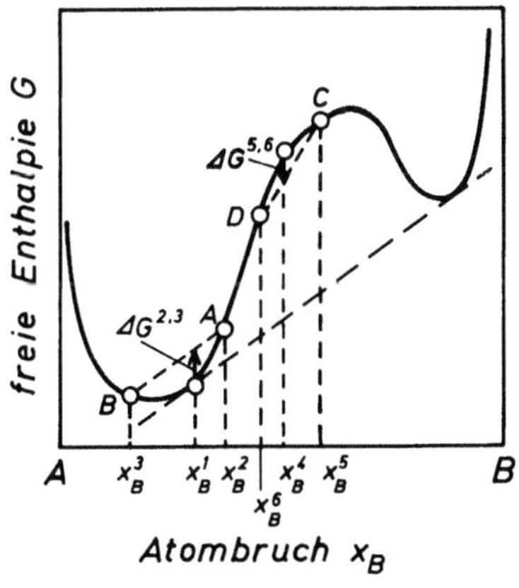

Bild 8.8 Zur Erläuterung des energetischen Prinzips der spinodalen Entmischung

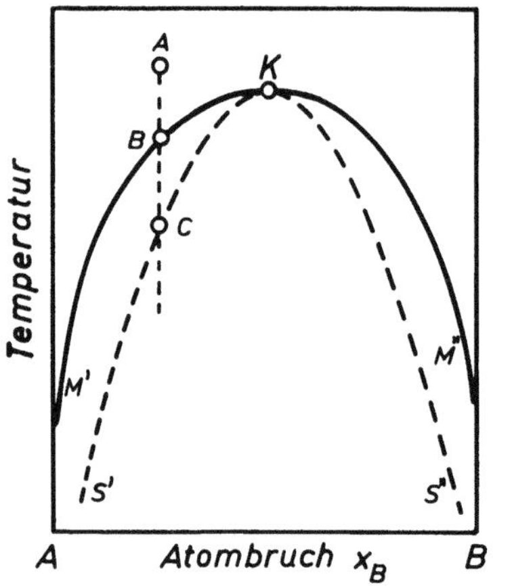

Bild 8.9 Mischungslücke M'-M'' und Spinodale S'-S'' in einem Entmischungssystem

gen innerhalb der Spinodale sind instabil. Bei Abkühlung einer einphasigen Lösung A unter den Punkt B wird diese metastabil. Es kann eine Ausscheidung der zweiten Phase über einen Keimbildungs-Wachstums-Prozeß eintreten. Bei der Keimbildung wird die freie Enthalpie des Systems zunächst erhöht, bis die Konzentration des Keims von derjenigen der Ausgangsphase sich in Richtung auf die zweite Gleichgewichtsphase so weit entfernt hat, daß schließlich bei weiterer Konzentrationsverschiebung und beim Wachstum des Keims die freie Enthalpie des Systems wieder erniedrigt wird. Der Aufwand an freier Enthalpie, der bei geringen Konzentrationsverschiebungen erforderlich ist, gibt der Ausgangsphase eine gewisse Stabilität gegen eine unverzügliche Aufspaltung in die Gleichgewichtsphasen. Auch der Aufwand an freier Enthalpie, der bei der Bildung der Grenzfläche zwischen den beiden neu entstehenden Phasen erforderlich ist, wirkt in die gleiche Richtung.

Eine einphasige Lösung innerhalb des von der Spinodale umschlossenen T-x-Bereichs (z.B. unterhalb des Punktes C) ist hingegen instabil. Thermisch bedingte Konzentrationsfluktuationen werden unverzüglich verstärkt, weil

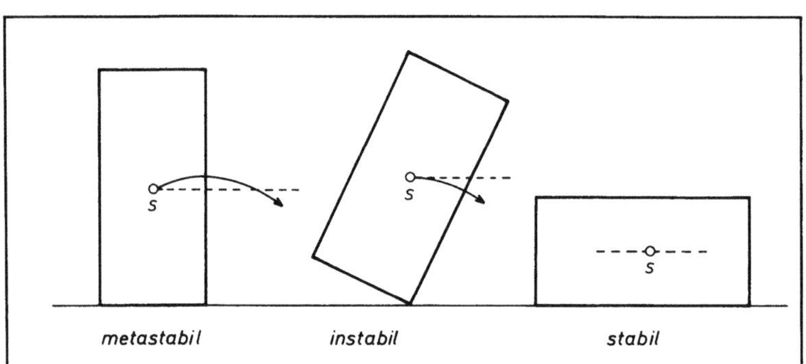

Bild 8.10 Mechanisches Analogon zur Erläuterung der Stabilitätsverhältnisse in einem ausscheidungsfähigen System. S = Schwerpunkt

dadurch die freie Enthalpie des Systems in diesem Falle erniedrigt wird. Eine Keimbildung, wie sie bei metastabilen Phasen eintritt, ist nicht erforderlich.

Die unterschiedlichen Stabilitätsverhältnisse in ausscheidungsfähigen Systemen können mit dem in Bild 8.10 dargestellten mechanischen System verglichen werden. Wird ein metastabil aufgestellter Quader durch Kippen über eine Kante der Standfläche in die stabile Lage überführt, dann ist zunächst sein Schwerpunkt zu heben. Es muß potentielle Energie aufgewandt werden, bis ein kritischer Kippwinkel erreicht ist, bei dessen Überschreitung das System spontan unter Verminderung seiner potentiellen Energie in den stabilen Zustand übergeht. Bei einer instabilen Ausgangslage bedarf es indessen nur kleinster Verkippungen, um diesen spontanen, unter unverzüglicher Erniedrigung der potentiellen Energie erfolgenden Übergang in die stabile Lage auszulösen.

Bei der spinodalen Entmischung werden zufällige Konzentrationsfluktuationen spontan verstärkt. Die Diffusion, die außerhalb des von der Spinodale umschlossenen T-x-Bereichs stets zu einem Abbau vorgegebener Konzentrationsgradienten führt, hat im spinodalen Bereich eine gegenläufige Wirkung (up-hill diffusion). Die treibende Kraft des Diffusionsvorgangs ist in jedem Fall die Reduzierung der freien Enthalpie des Systems. Innerhalb der Spinodale kann dies nur durch Verstärkung zufällig vorhandener Konzentrationsgradienten erfolgen.

Am kritischen Punkt K berühren sich Löslichkeitslinie und Spinodale (vgl. Bild 8.9). Hier kann beim Abkühlen einer flüssigen oder festen einphasigen Lösung unmittelbar das Gebiet der spinodalen Entmischung erreicht werden, ohne daß ein metastabiler Zwischenbereich durchschritten wird. Bei Mischkristallen gelingt das Eindringen in den spinodalen Bereich auch bei anderen Konzentrationen, allerdings muß die Abkühlungsgeschwindigkeit in der Regel relativ hoch sein, damit der metastabile Bereich durchschritten werden kann, ohne daß Keimbildung eintritt. Die Keimbildung ist in manchen Systemen u.a. infolge geringer Diffusionsgeschwindigkeit stark verzögert. Die spinodale Entmischung führt in der Regel zu einem außerordentlich feindispersen Ausscheidungsgefüge.

8.6 Literaturhinweise zu Kapitel 8

1) B. Chalmers, „Principles of Solidification“, J. Wiley and Sons, New York (1964).
2) W. C. Winegard, „An Introduction to the Solidification of Metals“, The Institute of Metals, London (1964).
3) M. B. Bever, „Nucleation Processes“, in: „Energetics in Metallurgical Phenomena“, Vol. I. Herausgeber: W. M. Mueller, Gordon and Breach Science Publ., New York (1965).
4) G. Matz, „Kristallisation“, Springer-Verlag, Berlin (1969).
5) R. Becker, Z. Metallkde., **29**, 245 (1937), Annalen der Physik, **32**, 128 (1938).
6) M. Volmer und A. Weber, Z. Physikal. Chem., **119**, 277 (1926).
7) R. Becker und W. Döring, Annalen der Physik, **24**, 719 (1935).
8) A. C. Zettlemoyer (Herausgeber), „Nucleation“, Marcel Dekker Inc., New York (1969).

9. Metastabile Phasen

9.1 Energetik der Keimbildung metastabiler kristalliner Phasen

Aus der Gegebenheit, daß bei der Bildung des Keims einer neuen Phase in der Bilanz der freien Enthalpie ΔG-Terme mit verschiedenem Vorzeichen auftreten, resultiert die Möglichkeit der Entstehung metastabiler Phasen. Das Prinzip soll anhand von Bild 9.1 erläutert werden.

Bei einer vorgegebenen Temperatur T seien die in Bild 9.1 dargestellten freien Enthalpien als Funktion des Atombruchs für die Ausgangsphase α und die beiden möglichen weiteren Phasen β und γ gegeben. Im Gleichgewicht liegt für die Bruttozusammensetzung der Ausgangsphase $x_B^{\alpha,0} > x_B^{\alpha(\beta)}$ ein Zweiphasengemenge von $\alpha + \beta$ vor. Die Möglichkeit einer Bildung von Keimen der Phase β ist grundsätzlich gegeben: $\Delta G'_\beta$, der Gewinn an freier Enthalpie bei der Keimbildung, ist erheblich.

Die Phase γ kann in einem stabilen Gleichgewicht mit α nicht vorliegen, da die freien Enthalpien mechanischer Gemenge, die durch die an die G-x-Kurven der α- und der γ-Phase gezogene gemeinsame Tangente b gegeben sind, höher liegen als die von α-β-Gleichgewichtsgemengen (Tangente a). Zwar ist für die Bildung von γ-Keimen eine treibende Kraft vorhanden, der dabei eintretende Gewinnterm $\Delta G'_\gamma$ der Bilanz der freien Enthalpie ist indessen erheblich kleiner als im Falle der Keimbildung von β.

Für die Wahrscheinlichkeit, einen Keim zu bilden, ist jedoch auch der mit der Bildung einer Grenzfläche verbundene Aufwand an freier Enthalpie,

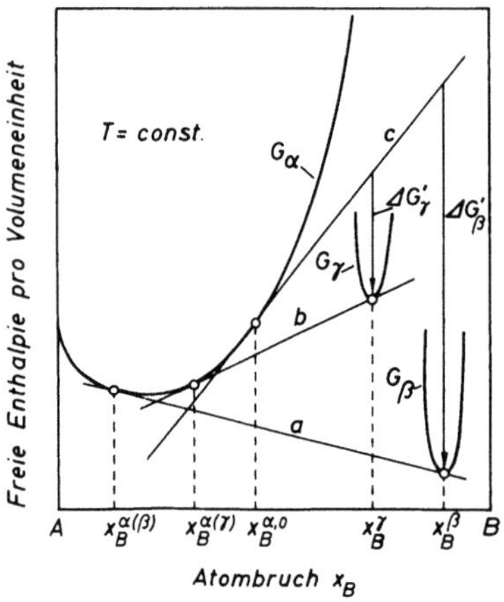

Bild 9.1 Zur Erläuterung der Energetik der Keimbildung einer metastabilen Phase. α = Ausgangsphase; β = stabile Endphase; γ = metastabile Phase

ΔG_σ, bedeutsam. Die Grenzflächenenthalpie ist von der Strukturdifferenz der aneinandergrenzenden Phasen und bei zwei festen Phasen auch von der Orientierungsdifferenz an der gemeinsamen Grenze sowie von der Lage der Phasengrenze abhängig. Ferner können mit der Keimbildung zusammenhängende Gitterverzerrungen einen beträchtlichen Aufwand an freier Enthalpie zur Folge haben. Es ist daher möglich, daß aus Gründen engerer struktureller Verwandtschaft zwischen α und γ der Aufwand an Grenzflächen- und Verzerrungsenthalpie um so viel kleiner ist, daß trotz $\Delta G'_\beta > \Delta G'_\gamma$ die Bildung von γ-Keimen rascher eintritt als die von Keimen der thermodynamisch stabilen Phase β.

Bei Temperaturen, die weit unterhalb des Schmelzpunktes liegen, bei denen die Diffusionsgeschwindigkeit also relativ gering ist, können so entstandene metastabile Phasen sehr lange existent sein, ohne daß sie in stabile Phasen übergehen. Als Beispiel sei die metastabile intermetallische Phase Fe_3C (Zementit) genannt, die bei der Erstarrung technischer Fe–C-Schmelzen mit hinreichend hohem Kohlenstoffgehalt oder bei der Ausscheidung aus übersättigtem Austenit in einer Festkörperreaktion entsteht. Erst im Verlaufe langer Lagerung bei hohen Temperaturen tritt ein Zerfall in Graphit und einen Fe–C-Mischkristall ein (vgl. Bild 4.68). Es sei bemerkt, daß auch der Martensit, der bei rascher Abkühlung von Austenit in einer diffusionslosen Phasenumwandlung entsteht, metastabil ist. Bei der Stahlhärtung durch Wärmebehandlung sind die metastabilen Phasen technisch bedeutsamer als die Gleichgewichtsphasen.

Wie ein Blick auf Bild 9.1 lehrt, können Keime der γ-Phase lediglich bei Konzentrationen $x_B > x_B^{\alpha(\gamma)}$ entstehen. Für $x_B < x_B^{\alpha(\gamma)}$ ist $\Delta G'_\gamma$ positiv. Für die Bildung von Keimen der β-Phase ist indessen noch eine treibende Kraft vorhanden; $\Delta G'_\beta$ ist für $x_B > x_B^{\alpha(\beta)}$ negativ. Legierungen mit Konzentrationen $x_B^{\alpha(\beta)} < x_B < x_B^{\alpha(\gamma)}$ müssen unmittelbar Keime der stabilen β-Phase bilden. Bei $x_B < x_B^{\alpha(\beta)}$ können naturgemäß auch keine β-Keime mehr gebildet werden. Hier ist die α-Phase allein stabil.

In einem reaktionsfähigen System können prinzipiell auch mehr metastabile Phasen als nur eine auftreten. Wie viele von ihnen bei vorgegebenen Zustandsvariablen T und x tatsächlich erscheinen können, hängt vom Ausmaß der Übersättigung ab. Je stärker sie ist, um so größer ist die Differenz zwischen der Konzentration der einphasigen Ausgangsmatrix, $x_B^{\alpha,0}$, und der Gleichgewichtskonzentration der α-Phase, $x_B^{\alpha(\beta)}$ (vgl. Bild 9.1). Mit zunehmendem Betrag dieser Konzentrationsdifferenz steigt die Anzahl möglicher metastabiler Phasen γ, δ, ε..., deren Keimbildung eine endliche Wahrscheinlichkeit hat, weil ein negativer Volumenterm $\Delta G'_\gamma$, $\Delta G'_\delta$, $\Delta G'_\varepsilon$... vorliegt. Das ist die energetische Begründung für die empirisch gefundene Regel: Mit steigender Unterkühlung unter die Gleichgewichtstemperatur der Ausgangsphase nimmt die Anzahl der möglichen metastabilen Phasen zu. Hingewiesen sei auch auf die „Ostwaldsche Stufenregel", wonach ein physikalisch-chemisches System, das in mehreren energetischen Zuständen vorkommen kann, von seinem Zustand höchster Energie im allgemeinen nicht unmittelbar in den Zustand niedrigster Energie übergeht, sondern stufenweise über Zustände mittlerer Energie.

9.2 Heterogene Gleichgewichte bei Beteiligung metastabiler Phasen

Als technisch bedeutsames Beispiel sei die Bildung metastabiler Phasen im System Aluminium–Kupfer erläutert, das die Basis des für die Luftfahrt wichtigen, neben Aluminium und Kupfer etwas Magnesium enthaltenden Duralumins darstellt. Wie aus Bild 9.2 ersichtlich, löst festes Aluminium maximal 2,5 At.-% Cu (bei 821 K). Mit sinkender Temperatur nimmt die Löslichkeit rasch ab. Unterhalb der Löslichkeitslinie steht mit dem α-Mischkristall die stabile intermetallische Phase Θ im Gleichgewicht (Löslichkeitslinie a in Bild 9.2). Je nach der Temperatur, bei der ein unter die Löslichkeitslinie a abgekühlter einphasiger aluminiumreicher Al–Cu-Mischkristall gehalten wird, können sich jedoch unterschiedliche Phasen ausscheiden. Es sind dies:

Guinier-Preston-Zonen erster Art (GPI); metastabil,
Guinier-Preston-Zonen zweiter Art (GPII); metastabil;
Θ'-Phase; metastabil,
Θ-Phase; stabil.

Guinier-Preston-Zonen erster Art sind feindisperse Ausscheidungen, die mit der Ausgangsmatrix α eine Phasengrenze mit guter atomarer Passung bilden. Derartige kohärente Grenzflächen sind durch eine sehr niedrige Grenzflächenenergie gekennzeichnet. Die Grenzfläche zwischen den Guinier-Preston-Zonen zweiter Art und der Ausgangsmatrix weist keine so gute atomare Passung auf (Teilkohärenz). Mit abnehmender Passung nimmt die

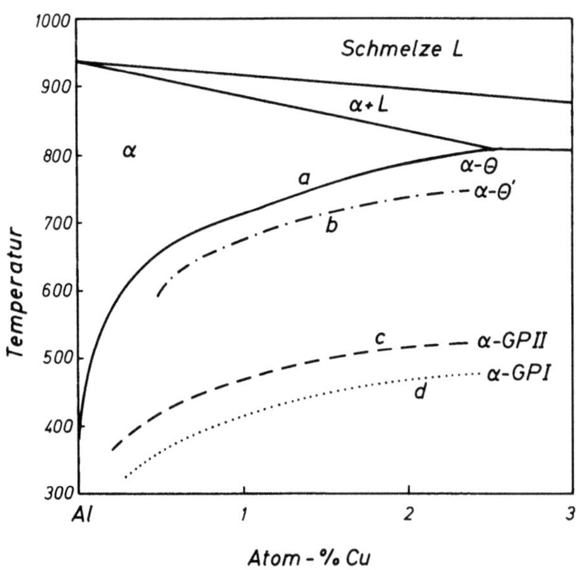

Bild 9.2 Aluminiumreiche Seite des Zustandsdiagramms Al–Cu nach[1]) mit Grenzen der Löslichkeit für die Gleichgewichte α-θ (a), für α-θ' (b), α-GP II (c) und α-GP I (d); halbschematisch

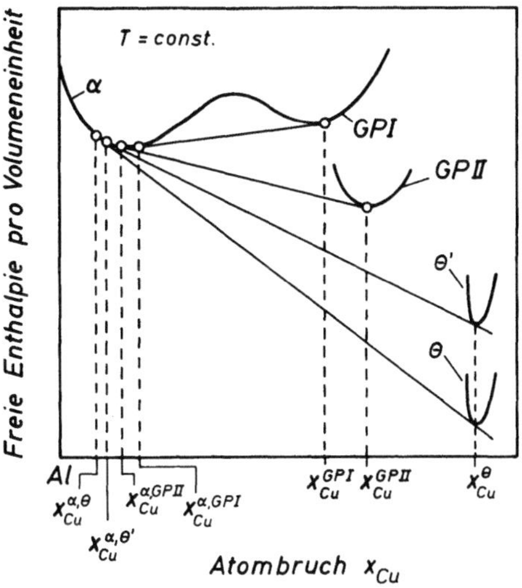

Bild 9.3 Schematische Darstellung freier Enthalpien als Funktion des Atombruchs für stabile und metastabile Phasen in aluminiumreichen Al–Cu-Legierungen bei Zimmertemperatur. α = Al–Cu-Mischkristall (kub. fz.); GP I = Guinier-Preston-Zonen erster Art (kohärent mit der Matrix); GP II = Guinier-Preston-Zonen zweiter Art (teilkohärent mit der Matrix); θ' = metastabile Phase $CuAl_2$ (teilkohärent mit der Matrix); θ = stabile Phase $CuAl_2$ (inkohärent mit der Matrix)

Grenzflächenenergie zu. Die Θ-Phase hat eine Zusammensetzung um $CuAl_2$ und besitzt ein tetragonales Kristallgitter. Bei grobdisperser Ausscheidung ist die Grenzfläche $\Theta-\alpha$ inkohärent. Die Grenzflächenenergie ist relativ groß. Bei geringer Teilchengröße kann teilweise Kohärenz vorliegen, was eine Erniedrigung der Grenzflächenenergie gegenüber derjenigen zwischen großen Θ-Kristalliten und der α-Phase bedingt.

Bild 9.3 gibt schematisch die G-x-Kurven für die verschiedenen Phasen bei Zimmertemperatur wieder. Für Kupferkonzentrationen im Ausgangsmischkristall, die kleiner sind als $x_{Cu}^{\alpha,\Theta}$, tritt keine Ausscheidung ein. Mit steigendem Kupfergehalt nimmt die Anzahl der möglichen Ausscheidungsphasen zu. Bei $x_{Cu} > x_{Cu}^{\alpha,GPI}$ können alle aufgeführten Phasen entstehen. In der Tat wird zunächst die Guinier-Preston-Zone erster Art gebildet. Später folgt dann die Bildung von GPII-Zonen. Erst nach sehr langen Zeiten erfolgt schließlich die Ausscheidung von Θ' bzw. Θ.

Die Tangentenkonstruktion zur Ermittlung der Gleichgewichtskonzentrationen für die jeweiligen metastabilen heterogenen Gleichgewichte α-GPI, α-GPII und α-Θ' sowie für das stabile Gleichgewicht α-Θ liefern Gleichgewichtszusammensetzungen des α-Mischkristalls, die voneinander verschieden sind. Es ist:

$$x_{Cu}^{\alpha,GPI} > x_{Cu}^{\alpha,GPII} > x_{Cu}^{\alpha,\Theta'} > x_{Cu}^{\alpha,\Theta} .$$

Je niedriger die freie Enthalpie der ausgeschiedenen Phase ist, um so geringer ist die Löslichkeit der zweiten Komponente im Ausgangsmischkristall. Das gilt allgcmcin.

In einem Zweistoffsystem A–B nimmt die Löslichkeit des Stoffes B in A ab, wenn die Stabilität des Gemenges der zwei koexistierenden Phasen zunimmt. Für aluminiumreiche Al–Cu-Legierungen sind in Bild 9.2 die zu den einzelnen Ausscheidungsphasen gehörenden Löslichkeitslinien eingezeichnet. Es ist unmittelbar ersichtlich, daß bei vorgegebener Temperatur und Zusammensetzung der Ausgangsmischphase die Art und die Anzahl der möglichen

Ausscheidungsphasen verschieden ist. Ferner können z. B. GPI-Ausscheidungen, die sich nach Unterschreiten der Löslichkeitslinie für GPI-Zonen gebildet haben, durch Erwärmen des Materials knapp über diese Löslichkeitslinie wieder aufgelöst werden (Rückbildung), während hier die Ausscheidung der anderen Phasen (GPII, Θ', Θ) noch möglich ist.

Da die Ausscheidung von erheblichem Einfluß auf die mechanischen Eigenschaften des Materials ist, kann durch geeignete Führung der Wärmebehandlung die Festigkeit und die Zähigkeit variiert werden. Das ist die Basis der sog. Warmaushärtung (Ausscheidung bei höherer Temperatur) und der Kaltaushärtung (Ausscheidung bei tieferer Temperatur) bei aluminiumreichen Al–Cu-Legierungen. Die Energetik und die Kinetik dieser Ausscheidungsreaktionen kann durch Zusatz geringer Mengen weiterer Komponenten beeinflußt werden, was technisch in einer Vielzahl aushärtbarer Aluminiumlegierungen genutzt wird.

9.3 Nahordnung in flüssigen Mischphasen und ihre Auswirkung auf Fest–flüssig-Gleichgewichte

9.3.1 Einige empirische Befunde zur Nahordnung in flüssigen Legierungen

In flüssigen Mischphasen können erhebliche Abweichungen von einer statistischen Verteilung der Atomsorten vorkommen. Von besonderer Bedeutung sind sie, wenn infolge starker Wechselwirkung zwischen ungleichartigen Atomen eine bevorzugte Fremdkoordination eintritt. Dies wird häufig in Konzentrationsbereichen gefunden, in denen im festen Zustand eine Verbindung mit individuellen Struktur- und Bindungsverhältnissen existent ist. In der Schmelze sind dann im allgemeinen ähnliche Atomanordnungen zu erwarten. Bei Fehlen eines Kristallgitters ist eine Fernordnung allerdings prinzipiell nicht möglich. Es kann sich daher nur eine Nahordnung ausbilden, die jeweils lediglich wenig Atome umfaßt.

Daneben können Volumenbereiche vorliegen, die eine statistische Atomverteilung oder eine zumindest nicht völlig geordnete Atomverteilung aufweisen. Der Ordnungsgrad oder der Anteil der fremdkoordinierten Bereiche an der gesamten Mischphase ist maximal bei Konzentrationen, bei denen die bindungsmäßigen Voraussetzungen für die Bildung einer Verbindung optimal sind. Diese Konzentration entspricht häufig der Stöchiometrie einer im festen Zustand existierenden Verbindung. Die Korrelation ist indessen nicht zwingend, da bei Vorhandensein einer gegebenen Bindungstendenz die Ausbildung bestimmter Atomanordnungen in der Schmelze und im kristallinen Zustand unterschiedlichen energetischen und geometrischen Faktoren unterliegt. Die Auswirkungen einer ausgeprägten Fremdkoordination in flüssigen Mischphasen seien am Beispiel metallischer Systeme dargelegt.

Die Existenz fremdkoordinierter Bereiche in Legierungsschmelzen macht sich in strukturempfindlichen Eigenschaften bemerkbar. In Bild 9.4a ist die Viskosität flüssiger Indium–Zinn-Legierungen für verschiedene Temperaturen als Funktion der Konzentration dargestellt. Bild 9.4b gibt das Zustandsdiagramm Indium–Zinn wieder. Es treten zwei intermetallische Verbindun-

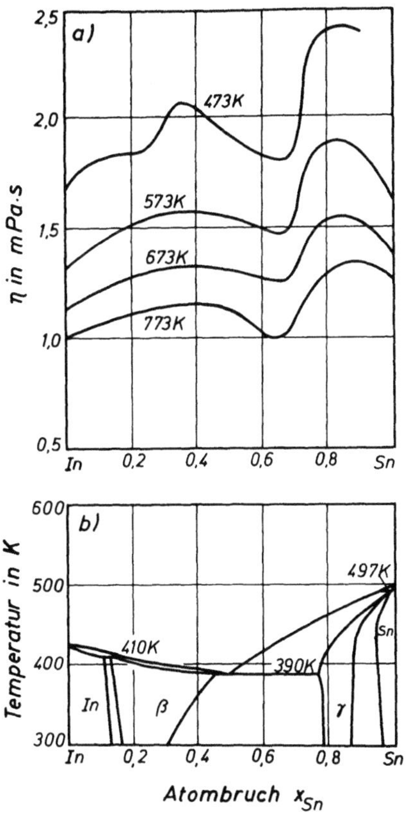

Bild 9.4 Viskosität flüssiger Indium–Zinn-Legierungen als Funktion des Atombruchs und der Temperatur [8]) (a) sowie Zustandsdiagrammen Indium–Zinn nach [7]) (b)

gen auf (β und γ). In dem Konzentrationsbereich, in dem diese intermetallischen Phasen existent sind, werden Überhöhungen über den normalen Gang der Viskosität mit dem Atombruch beobachtet. Bei tiefen Temperaturen sind diese Maxima der Viskosität stark, bei hohen Temperaturen schwach ausgeprägt. Mit steigender Temperatur verlieren die Bindungs- und Strukturbesonderheiten in den Konzentrationsbereichen, in denen im festen Zustand die β- bzw. γ-Phase vorliegt, an Einfluß. Die Nahordnung nimmt mit sinkender Temperatur zu.

Auch in den thermodynamischen Größen macht sich die Abweichung von einer statistischen Atomverteilung in der Schmelze bemerkbar. In Bild 9.5 sind die Molwärmen flüssiger Cadmium–Antimon-Legierungen für verschiedene Temperaturen als Funktion des Atombruchs wiedergegeben. Bei hohen Temperaturen ist die Neumann-Koppsche Regel von der Additivität der Molwärmen erfüllt. Die Molwärmen weisen einen annähernd linearen Gang mit dem Atombruch auf. Bei Temperaturen oberhalb 803 K wird indessen bei Atombrüchen um $x_{Cd} \approx 0{,}6$ eine Überhöhung über diesen linearen Verlauf erkennbar, der sich mit sinkender Temperatur immer stärker ausprägt. Aus der C_p-Isotherme für 693 K ist ersichtlich, daß das Maximum bei der Stöchiometrie Cd_4Sb_3 liegt. Bemerkenswert ist, daß bei langsamem Abkühlen von Cadmium–Antimon-Schmelzen mittlerer Zusammensetzung eine metastabile

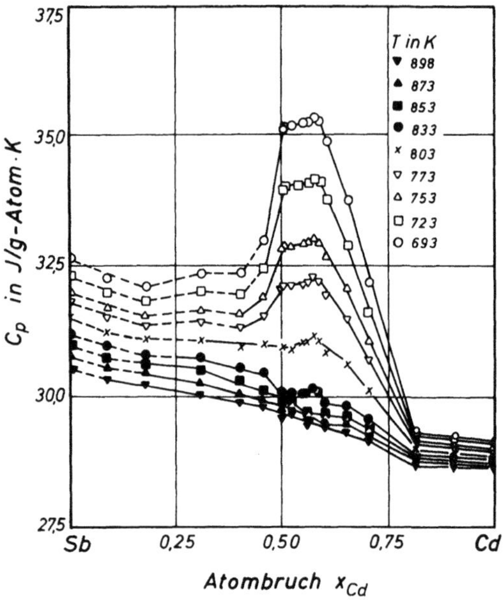

Bild 9.5 Molwärme flüssiger Cadmium–Antimon-Legierungen als Funktion der Zusammensetzung und der Temperatur nach [9])

intermetallische Phase genau dieser Konzentration auskristallisiert. Die Kristallisation führt nicht unmittelbar zu der stabilen Phase CdSb. Die Schmelze enthält offenbar Nahordnungsbereiche, in denen die Atome zumindest ähnlich angeordnet sind wie in der metastabilen Phase Cd_4Sb_3. Mit steigender Temperatur nimmt der Nahordnungsgrad ab. Der Abbau dieser Nahordnung bei steigender Temperatur ist mit einem Enthalpieaufwand verbunden. Das gibt wesentlich Anlaß zu der Überhöhung der Molwärme über die nach der Neumann-Koppschen Regel zu erwartenden Werte. Erst nachdem durch Temperaturerhöhung bis etwa 840 K der Anteil der bevorzugt fremdkoordinierten Bereiche an der Gesamtschmelze verschwindend gering geworden ist, wird die Neumann-Koppsche Regel erfüllt.

Schließlich zeigen auch Röntgen- und Neutronenbeugungsexperimente an Schmelzen mit Verbindungstendenz, daß eine Nahordnung mit bevorzugter Fremdkoordination vorliegt. Ferner sei noch erwähnt, daß sich die Existenz einer ausgeprägten Nahordnung in bestimmten Konzentrationsbereichen flüssiger Legierungen in der Konzentrationsabhängigkeit der partiellen und integralen Mischungsfunktionen dokumentiert. Als Beispiel sei die Mischungsenthalpie betrachtet.

In den nahgeordneten Bereichen ist die Wechselwirkung zwischen den ungleichartigen Atomen stärker als in den Bereichen mit statistischer Atomverteilung. Die aus beiden Bereichen stammenden Anteile zur Mischungsenthalpie, $\Delta H_{Stat.}$ und $\Delta H_{Ord.}$, liefern zusammen die experimentell meßbare Größe:

$$\Delta H = \Delta H_{Stat.} + \Delta H_{Ord.} \qquad (9.1)$$

In den Konzentrationsbereichen, in denen ein hoher Nahordnungsgrad vorliegt, weicht die ΔH-x-Kurve von der Form einer Mischungsenthalpie-Atombruch-Kurve ab, wie sie bei völlig statistischer Atomverteilung zu erwarten ist (Modell der regulären Lösung). Aus dieser Abweichung kann auf das Vorliegen nahgeordneter Flüssigkeitsbereiche und auf das Ausmaß der Nahordnung geschlossen werden.

Der Einfluß einer Nahordnung auf die thermodynamischen Mischungsgrößen wirkt sich naturgemäß auch auf die Schmelzgleichgewichte aus. In Bild 9.6 ist das Zustandsdiagramm Gold–Silicium wiedergegeben. Es ist durch einfache Erstarrungsgleichgewichte gekennzeichnet. Beim Abkühlen scheidet sich praktisch reines Gold bzw. praktisch reines Silicium aus. Der eutektische Punkt liegt weit unterhalb des Schmelzpunkts der tiefstschmelzenden Komponente (Gold). Stabile intermetallische Verbindungen treten nicht auf, obwohl dies aufgrund der Regel von Hume-Rothery erwartet werden könnte. Bei Zulegieren des vierwertigen Siliciums zum einwertigen Gold könnten Hume-Rothery-Phasen bei Konzentrationen vermutet werden, bei denen die Valenzelektronenkonzentration 1,5 (β-Phase), 1,66 (γ-Phase) bzw. 1,75 (ε-Phase) beträgt. Das Ausbleiben stabiler Hume-Rothery-Phasen ist in diesem Falle auf die Kristallstruktur des Siliciums und die relativ geringe Bildungsenthalpie von Elektronenverbindungen aus den reinen Elementen zurückzuführen. Die Bildungsenthalpie der β-Hume-Rothery-Phase im System Au–Zn beträgt beispielsweise $\Delta H^{\beta} = -26$ kJ/g-Atom. Das höherwertige Element hat im Ausgangszustand der Bildungsreaktion eine hexagonal dichteste Kugelpackung. Ein ähnlicher Betrag wäre bei der Bildung der β-Hume-Rothery-Phase im System Gold–Silicium zu vermuten, wenn das Silicium in einer dichtest gepackten metallischen Modifikation vorliegen würde. Da bei der Bildungsreaktion indessen von der stabilen Siliciummodifikation (Diamantstruktur) ausgegangen wird, geht in die Enthalpiebilanz der Gesamtreaktion die Umwandlungsenthalpie für die Überführung des

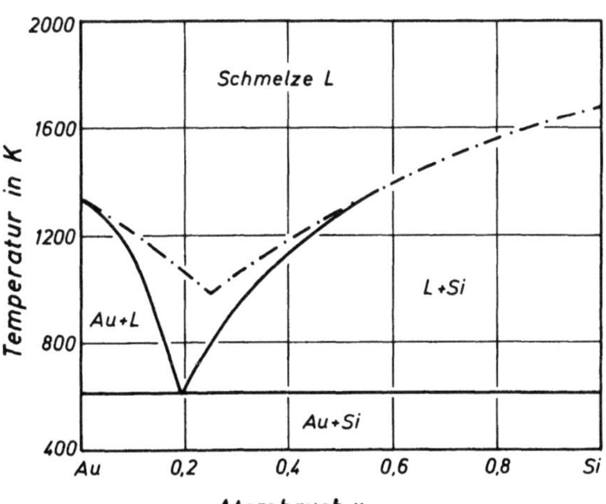

Bild 9.6 Zustandsdiagramm Gold–Silicium nach [10] [11]). —— reale Liquiduslinie; – · – · – Liquiduslinie berechnet bei Annahme einer statistischen Atomverteilung in der Schmelze

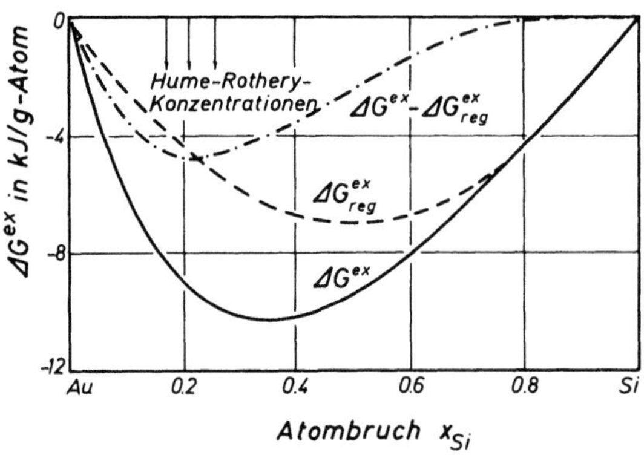

Bild 9.7 Aus den Liquiduslinien des Systems Gold–Silicium ermittelte integrale überschüssige freie Mischungsenthalpien ΔG^{ex}. ΔG^{ex}_{reg} stellt die bei statistischer Atomverteilung zu erwartende integrale überschüssige freie Mischungsenthalpie dar

Siliciums mit Diamantstruktur in eine hypothetische Siliciummodifikation mit dichtester Kugelpackung ein. Diese Umwandlungsenthalpie beträgt $\Delta H^U > +60$ kJ/g-Atom und führt dazu, daß die Hume-Rothery-Phasen weniger stabil sind als ein Gemenge aus Goldmischkristallen und Siliciummischkristallen (bei sehr geringer Konzentration der Minoritätskomponente in den Mischkristallen).

In der Schmelze weist Silicium indessen eine dichtere Packung auf als im Diamantgitter. Die Koordinationszahl von flüssigem Silicium ist wesentlich größer als 4. Bei Vorliegen der erforderlichen Valenzelektronenkonzentration kann eine Ordnung in Gold–Silicium-Schmelzen zustande kommen, die Koordinationsverhältnisse aufweist, die denjenigen in Hume-Rothery-Phasen entsprechen, ohne daß natürlich die im Gitter mögliche Fernordnung eintritt. Das zeigt eine thermodynamische Analyse der Liquiduslinien des Zustandsdiagramms.

In Bild 9.7 ist die ΔG^{ex}-x-Kurve dargestellt, wie sie sich durch Auswertung der Liquiduslinien ergibt. Eingezeichnet sind ferner die Konzentrationen, bei denen die elektronischen Bedingungen für die Bildung von Hume-Rothery-Phasen optimal sind. Hier kann ein maximaler Ordnungsgrad erwartet werden. Er ist bei vorgegebener Temperatur um so kleiner, je mehr sich die Lösungskonzentration von derjenigen des Hume-Rothery-Konzentrationsbereichs unterscheidet. Bei geringen Goldgehalten ist der nahgeordnete Anteil der Lösung gewiß vernachlässigbar klein. Hier dürfte eine weitgehend statistische Atomverteilung vorliegen und das Modell der regulären Lösung gültig sein. Eine gemäß Gl. (7.25) ($\Delta H_{reg} = \Delta G^{ex}_{reg} = K \cdot x_A \cdot x_B$) an die ΔG^{ex}-x-Kurve bei $x_{Au} \to 0$ angepaßte Parabel gibt Werte der freien überschüssigen Mischungsenthalpie ΔG^{ex}_{reg} wieder, wie sie bei Abwesenheit jeglicher Nahordnung in der Au–Si-Schmelze vorliegen würden. Die Differenz $\Delta G^{ex} - \Delta G^{ex}_{reg} = \Delta G^{ex}_{Ord.}$ ist somit auf die Existenz einer Nahordnung zurückzuführen. Das Maximum des Ordnungseinflusses ist in der Tat in dem Konzentrationsbereich zu finden, in dem die Bedingungen für die Bildung von Hume-Rothery-Phasen erfüllt sind.

Für den hypothetischen Fall, daß – bei sonst gleichen Bedingungen – keine Abweichung von der statistischen Atomverteilung vorliegt, können aus der ΔG^{ex}_{reg}-x-Kurve die Liquiduslinien berechnet werden. Das Ergebnis ist in Bild 9.6 dargestellt. Die Liquiduspunkte liegen im Bereich um $x_{Si} \approx 0{,}2$ wesentlich höher als im realen System. Die eutektische Temperatur beträgt jetzt 980 K, während sie in Wirklichkeit bei etwa 610 K gefunden wird. Das tief einschneidende Eutektikum im System Gold–Silicium ist offensichtlich auf die Existenz einer starken Nahordnung in der Schmelze zurückzuführen. Tief einschneidende Eutektika können allgemein als ein Hinweis für in der Schmelze vorhandene geordnete Atomverteilungen gelten. Der Existenzbereich der Schmelze wird auf Kosten der festen Phasen zu tiefen Temperaturen hin erweitert. Auch bei Systemen mit stabilen intermetallischen Verbindungen können sich Abweichungen von der statistischen Atomverteilung naturgemäß sehr erheblich auf die Schmelzgleichgewichte auswirken. Das soll anhand einer modellmäßigen quantitativen Beschreibung der Nahordnung in flüssigen Mischphasen näher dargelegt werden.

9.3.2 Das Modell homogener Gleichgewichte zur quantitativen Beschreibung der Nahordnung in flüssigen Legierungen

Eine Reihe experimenteller Resultate deutet darauf hin, daß die Nahordnung in Legierungsschmelzen mit starken zwischenatomaren Wechselwirkungen zwischen ungleichartigen Atomsorten (A, B) in einer „Molekelbildung" besteht. Diese molekelartigen Teilchen einer bestimmten Stöchiometrie $A_i B_j$ stehen mit monoatomaren Spezies A_1 und B_1 in einem dynamischen Gleichgewicht:

$$i\,A_1 + j\,B_1 \rightleftharpoons A_i\,B_j\,. \tag{9.1}$$

Dafür gilt das Massenwirkungsgesetz. Werden dabei vereinfachend Konzentrationen anstatt von Aktivitäten betrachtet, so ist:

$$\frac{n_{A_i B_j}\,[1-(i+j-1)\cdot n_{A_i B_j}]^{(i+j-1)}}{(1-n_B-i\cdot n_{A_i B_j})^i\cdot(n_B-j\cdot n_{A_i B_j})^j} = K_{A_i B_j}\,. \tag{9.2}$$

$K_{A_i B_j}$ = Massenwirkungskonstante. Es bedeuten n_{A_1}, n_{B_1}, $n_{A_i B_j}$ die Anzahl der Mole der betreffenden Spezies, n ist die Gesamtmolzahl der flüssigen Legierung und n_B bezeichnet die Gesamtmolzahl der Komponente B.

Der Anteil der A_iB_j-Teilchen an der Gesamtzahl der die Schmelze bildenden Teilchen ist von der Bruttokonzentration und von der Temperatur abhängig. Das wirkt sich naturgemäß auf die thermodynamischen Eigenschaften flüssiger Legierungen aus. Es sind zunächst die Wechselwirkungen zwischen den drei Teilchenarten (A_1, B_1 und $A_i\,B_j$) zu betrachten. Wird vereinfachend angenommen, daß diese Teilchen statistisch verteilt sind, so liefern die drei verschiedenen Wechselwirkungen zwischen jeweils ungleichartigen Spezies gemäß dem Modell der regulären Lösung folgende Anteile zur integralen

Mischungsenthalpie ΔH:

$\frac{n_{A_1} n_{B_1}}{n} \cdot C^{Reg}_{A_1, B_1}$ Wechselwirkung zwischen A_1 und B_1,

$\frac{n_{A_1} n_{A_i B_j}}{n} \cdot C^{Reg}_{A_1, A_i B_j}$ Wechselwirkung zwischen A_1 und $A_i B_j$,

$\frac{n_{B_1} n_{A_i B_j}}{n} \cdot C^{Reg}_{B_1, A_i B_j}$ Wechselwirkung zwischen B_1 und $A_i B_j$.

Schließlich ist noch der Beitrag zum Wert von ΔH zu berücksichtigen, der von der Wechselwirkung zwischen den Atomen in der molekelartigen Spezies $A_i B_j$ herrührt. Er ist proportional der Molzahl $n_{A_i B_j}$ der $A_i B_j$-„Moleküle":

$n_{A_i B_j} \cdot C^{Mol}_{A_i B_j}$ Wechselwirkung zwischen A- und B-Atomen in $A_i B_j$.

$C^{Reg}_{A_1, B_1}$, $C^{Reg}_{A_1, A_i B_j}$, $C^{Reg}_{B_1, A_i B_j}$ sind Wechselwirkungskonstanten. $C^{Mol}_{A_i B_j}$ ist die molare Bildungsenthalpie der Schmelze aus den reinen flüssigen Komponenten, wenn diese Schmelze ausschließlich aus $A_i B_j$-Spezies besteht (molare Bildungsenthalpie der molekularen Spezies).

Bei Existenz von nur einer Art von „Molekeln" in der Schmelze ergibt sich als Ausdruck für die integrale Mischungsenthalpie der flüssigen Mischphasen:

$$\Delta H = \frac{n_{A_1} n_{B_1}}{n} \cdot C^{Reg}_{A_1, B_1} + \frac{n_{A_1} n_{A_i B_j}}{n} \cdot C^{Reg}_{A_1, A_i B_j} + \frac{n_{B_1} n_{A_i B_j}}{n} \cdot C^{Reg}_{B_1, A_i B_j} + n_{A_i B_j} \cdot C^{Mol}_{A_i B_j}. \tag{9.3}$$

Analog, wie in manchen Systemen mehr als eine intermetallische Verbindung auftreten kann, sind auch mehrere molekelartige Spezies, jeweils mit individuell definierter Stöchiometrie, möglich. Es sind dann entsprechend mehr Terme für die Beschreibung der Konzentrationsabhängigkeit der integralen Mischungsenthalpie erforderlich. Je nach den besonderen Gegebenheiten des Systems können indessen die einzelnen Terme von unterschiedlich starkem Einfluß auf ΔH sein. Beispielsweise kann im System Pd–Si die Konzentrationsabhängigkeit der Mischungsenthalpie der flüssigen Legierungen bei 1600 K – wie Bild 9.8 zeigt – durch folgende Gleichung hinreichend genau ausgedrückt werden [12]):

$$\Delta H = \frac{n_{Pd_1} n_{Pd_2 Si}}{n} \cdot C^{Reg}_{Pd_1, Pd_2 Si} + n_{Pd_2 Si} \cdot C^{Mol}_{Pd_2 Si}. \tag{9.4}$$

Es sei noch erwähnt, daß in vielen Systemen nur zwei Terme der Gl. (9.3) von entscheidender Bedeutung sind, nämlich der erste und der letzte Term.

Im hier genannten Beispiel flüssiger Pd–Si-Legierungen tritt praktisch nur eine einzige molekelartige Spezies, nämlich Pd_2Si auf, obwohl im festen Zustand mehrere intermetallische Verbindungen zu finden sind. Ferner sind die zwischen Si_1 und Pd_2Si sowie zwischen Si_1 und Pd_1 auftretenden Wechselwirkungen so gering, daß sie ohne merklichen Einfluß bleiben. Für dieses

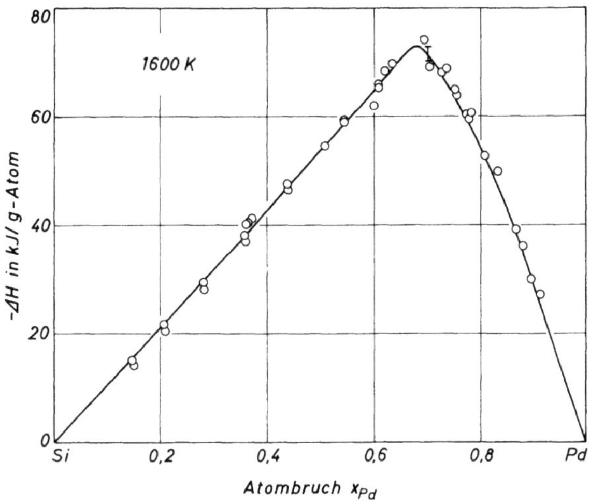

Bild 9.8 Mischungsenthalpie flüssiger Palladium-Silicium-Legierungen bei 1600 K nach [12]). ○ experimentell, I = Fehlergrenze; —— nach Gl. (9.4) berechnet.

Beispiel haben die Konstanten folgende Zahlenwerte [12]):

$$C^{Reg}_{Pd_1,\,Pd_2Si} = -75 \text{ kJ/g-Atom},$$

$$C^{Mol}_{Pd_2Si} = -221 \text{ kJ/g-Atom},$$

$$K_{Pd_2Si} = 1364.$$

Der Anteil der in den Pd_2Si-Spezies gebundenen Atome ist naturgemäß maximal, wenn die Schmelze die Zusammensetzung Pd_2Si hat. Er liegt in der Größenordnung von 90%.

Die Mischungsentropie einer binären flüssigen Mischphase, die A_iB_j-Spezies enthält, ist gegeben durch:

$$\Delta S = -R\,[n_{A_1}\ln x_{A_1} + n_{B_1}\ln x_{B_1} + n_{A_iB_j}\ln x_{A_iB_j}] + n_{A_iB_j}\cdot S_{A_iB_j}\,. \qquad (9.5)$$

$S_{A_iB_j}$ ist die molare Bildungsentropie einer ausschließlich aus A_iB_j-Teilchen bestehenden Schmelze. Über Gl. (9.3) und Gl. (9.5) ist in bekannter Weise ΔG zugänglich und damit der Einfluß der in der Schmelze vorliegenden homogenen Gleichgewichte auf die Schmelzgleichgewichte prinzipiell faßbar. Die dargelegten Zusammenhänge sind anhand einer großen Zahl binärer metallischer Systeme geprüft worden. Sie treffen die Konzentrations- und Temperaturabhängigkeit der thermodynamischen Mischungsfunktionen richtig.

9.3.3 Auswirkung homogener Gleichgewichte auf Schmelzgleichgewichte

Molekelartige Spezies aus verschiedenen Atomsorten (A_iB_j) werden auch als Assoziate oder Assoziationen bezeichnet. Die Auswirkung von Assoziationen in der Schmelze auf einfache Schmelzgleichgewichte ist am Beispiel eines tief einschneidenden Eutektikums bereits angedeutet worden (vgl. Bild 9.6). Zwei weitere Fälle sollen hier betrachtet werden.

9.3.3.1 Liquiduslinien in der Nähe des Schmelzpunktes einer kongruent schmelzenden Verbindung

In binären Systemen, die eine intermetallische Verbindung A_iB_j hoher Stabilität aufweisen, treten in der Schmelze in der Regel Assoziate derselben Stöchiometrie auf. Betrachtet sei ein System, in dem diese Verbindung einen eigenständigen Schmelzpunkt hat (kongruent schmelzende Verbindung). Die Liquiduslinien, die von diesem Schmelzpunkt ausgehen, sind in ihrer Form unter anderem durch den Assoziatanteil in der Schmelze festgelegt, oder, anders betrachtet, durch das Ausmaß der Dissoziation, die beim Übergang dieser Verbindung vom festen in den flüssigen Zustand eintritt. Das Verhältnis der Anzahl der in den Assoziaten gebundenen Atome zur Gesamtzahl der Atome der Legierungsschmelze wird als Assoziatanteil bezeichnet. Bei bekannter Schmelzenthalpie ΔH^F und Schmelztemperatur T^F der Verbindung A_iB_j kann die Liquiduslinie in der Nähe des Schmelzpunktes der Verbindung bei vorgegebenem Assoziatanteil berechnet werden. Es gilt [13]):

$$\frac{\Delta H^F}{T^F} \cdot \Delta T = \pm \int \Delta x_B \frac{\partial\,(\overline{\Delta G}{}^L_A - \overline{\Delta G}{}^L_B)}{\partial x_B} \cdot dx_B \,. \tag{9.6}$$

Δx_B bedeutet die Abweichung der Bruttokonzentration x_B der Legierung von der Zusammensetzung der intermetallischen Phase, $x_B^V = \frac{j}{i+j}$. Die partiellen freien Mischungsenthalpien in Gl. (9.6) können in guter Näherung explizit als Funktion von Δx_B und dem Assoziatanteil ausgedrückt werden [13]).

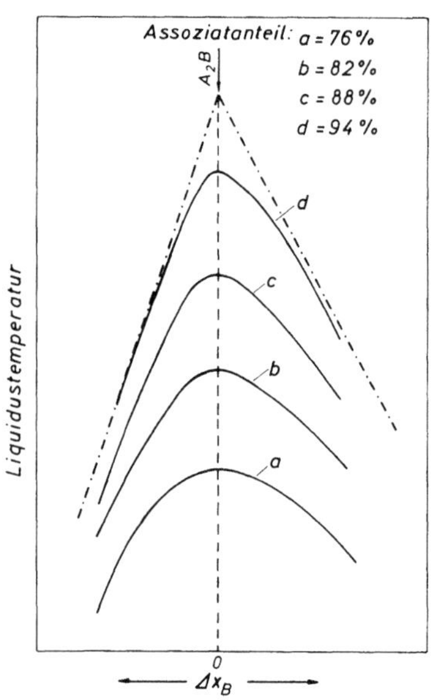

Bild 9.9 Konzentrationsabhängigkeit der Liquidustemperatur in der Nähe des Schmelzpunkts einer kongruent schmelzenden Verbindung A_2B als Funktion des A_2B-Assoziatanteils in der Schmelze nach [13]). Δx_B = Differenz zwischen dem Atombruch der Komponente B in der Schmelze bei vorgegebener Liquidustemperatur und dem Atombruch x_B der Assoziate A_2B. – · – · – · – Asymptoten für den Fall vollständiger Assoziation (100%).

In Bild 9.9 ist als Beispiel der Verlauf der Liquiduslinie in der Umgebung des Schmelzpunktes einer intermetallischen Verbindung der Zusammensetzung A_2B in Abhängigkeit von einem angenommenen Assoziatanteil in der Schmelze dargestellt. Die Kurven wurden mit Gl. (9.6) bei Vorgabe von Schmelzenthalpie, Schmelztemperatur und Assoziatanteil berechnet. Sie besitzen einen hyperbolischen Verlauf, wobei sich die Kurvenäste bei starker Assoziation an die beiden Asymptoten annähern. Geht der Dissoziationsgrad der Verbindung beim Übergang in den flüssigen Zustand gegen null, d. h. der Assoziatanteil in der Schmelze gegen 100%, dann verschwindet die waagerechte Tangente am Schmelzpunkt. Die Liquiduslinien treffen sich nun unter endlichem Winkel im Schmelzpunkt. Dieser Fall ist allerdings nicht völlig erreichbar, denn dann müßte, wie man leicht anhand des Massenwirkungsgesetzes Gl. (9.2) sieht, die Assoziationskonstante $K_{A_i B_j}$ gegen ∞ gehen und damit die freie Reaktionsenthalpie $\Delta G_{A_i B_j}$ gegen $-\infty$. Falls ΔH^F und T^F der Verbindung bekannt sind, kann man naturgemäß auch umgekehrt aus der Konzentrationsabhängigkeit der Liquidustemperatur den Assoziatanteil in der Legierungsschmelze berechnen.

9.3.3.2 Mischungslücke in einer binären flüssigen Legierung mit starker Verbindungstendenz

Nach dem Modell der regulären Lösung kann eine Mischungslücke prinzipiell nur dann auftreten, wenn die Mischungsenthalpie der Mischphase ein positives Vorzeichen aufweist (Entmischungstendenz der Lösung). Eine Reihe binärer Legierungen, die im festen Zustand hochschmelzende intermetallische Phasen besitzen und deren Mischungsenthalpien im flüssigen Zustand hohe negative Werte aufweisen, können jedoch ebenfalls eine Mischungslücke im flüssigen Zustand haben (z. B. Ag–Te, Ga–Te, Fe–S usw.). Dieses auf den ersten Blick erstaunliche Verhalten, daß in einem System mit starker Verbindungstendenz eine Mischungslücke auftritt, läßt sich anhand des Assoziatmodells erklären.

In solchen Systemen liegt eine nahezu vollständige Assoziation der Atome vor. Die Assoziate besitzen einen stark ionischen Bindungscharakter. Bei vollständiger Assoziation ist – sofern keine Wechselwirkungen zwischen den Spezies auftreten – eine lineare Abhängigkeit der Mischungsenthalpie vom Atombruch zu erwarten. In Gl. (9.3) wäre dann der vierte Term allein bedeutsam. Auffallend ist indessen, daß bei solchen Systemen auf der Seite der mehr metallischen Komponente die Werte für die Mischungsenthalpie eine positive Abweichung von einem derartigen linearen ΔH-x-Verlauf aufweisen. Bild 9.10 gibt als Beispiel die Mischungsenthalpie des Systems Ag–Te in Abhängigkeit vom Atombruch wieder. In diesem System treten in der Schmelze Assoziate der Stöchiometrie Ag_2Te auf. Im Rahmen des Assoziatmodells kann dieser Tatbestand der positiven Abweichung der ΔH-Werte von einer linearen Konzentrationsabhängigkeit durch positive Wechselwirkungen zwischen den Assoziaten und den in diesem Konzentrationsbereich vorhandenen metallischen Überschußatomen beschrieben werden. Dieser Befund ist leicht verständlich. Die Atome in den Ag_2Te-Assoziaten sind vorwiegend ionisch gebunden. Die Ag-Überschußatome streben hingegen eine metallische Bindung an.

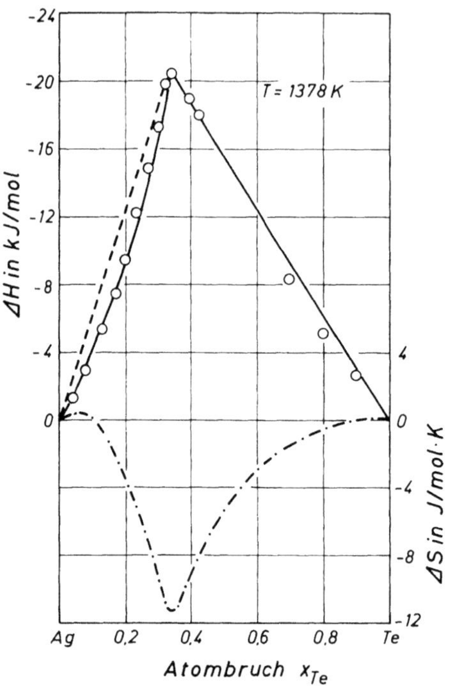

Bild 9.10 Mischungsenthalpie und Mischungsentropie flüssiger Ag–Te-Legierungen bei T = 1378 K nach F. Sommer [14]). ○ experimentelle ΔH-Werte; —— ΔH berechnet gemäß Gl. (9.7); –·–·–·– Mischungsentropie gemäß Gl. (9.5) mit $S_{Ag_2Te} = -33{,}3\ \mathrm{J \cdot mol^{-1} \cdot K^{-1}}$; ---- geradlinige ΔH-x-Abhängigkeit, wie sie bei vollständiger Assoziation und fehlender Wechselwirkung zwischen den Spezies Ag_1 und Ag_2Te zu erwarten ist.

Zur quantitativen Ermittlung der Mischungslücke kann von den oberhalb der kritischen Entmischungstemperatur bekannten ΔH- und ΔS-Werten flüssiger Legierungen ausgegangen werden. Für den Fall des Systems Ag–Te gilt bei 1378 K:

$$\Delta H = \frac{n_{Ag_1} \cdot n_{Ag_2Te}}{n} \cdot C^{Reg}_{Ag_1, Ag_2Te} + n_{Ag_2Te} \cdot C^{Mol}_{Ag_2Te} \,. \tag{9.7}$$

Die Konstanten haben nach F. Sommer [14]) folgende Werte: $C^{Reg}_{Ag_1, Ag_2Te} = 22{,}5\ \mathrm{kJ \cdot mol^{-1}}$; $C^{Mol}_{Ag_2Te} = -62\ \mathrm{kJ \cdot mol^{-1}}$, wobei das Massenwirkungsgesetz (vgl. Gl. (9.2)) mit $K_{Ag_2Te} \geqq 10^5$ die Molzahlen der angenommenen Teilchen festlegt. Ferner ist $S_{Ag_2Te} = -33{,}3\ \mathrm{J \cdot mol^{-1} \cdot K^{-1}}$ (vgl. Gl. (9.5)). Anhand von Gl. (9.5) und Gl. (9.7) ist die freie Mischungsenthalpie der flüssigen Legierung als Funktion der Konzentration zugänglich. Zur genauen Berechnung der Molzahlen und damit auch von ΔG (x, T) ist es notwendig, den Modellansatz für die freie Mischungsenthalpie in einen konsistenten Zusammenhang mit dem Massenwirkungsgesetz zu bringen, da in dem bisher behandelten Modell von einem Massenwirkungsgesetz einer ideal assoziierten Legierung ausgegangen wurde, obwohl bei dem Ansatz für ΔH (vgl. Gl. (9.7)) Wechselwirkungen der freien Silberatome mit dem Assoziat mitberücksichtigt wurden. Es müssen hierzu die Aktivitätskoeffizienten, die bisher in erster

Näherung im Massenwirkungsgesetz (vgl. Gl. (9.2)) gleich eins gesetzt wurden, mitberücksichtigt werden [14]).

Für die flüssigen Ag–Te-Legierungen ergeben sich sehr einfache Verhältnisse, da eine fast vollständige Assoziation vorliegt (sehr großer Wert von K_{Ag_2Te}). In dem interessierenden Konzentrationsbereich $0 < x_{Te} \leqq 0{,}333$ ist die Bruttomolzahl, die hier dem Bruttomolenbruch x_{Te} entspricht, gleich der Molzahl der Ag_2Te-Assoziate ($n_{Ag_2Te} = n_{Te} = x_{Te}$).

Zur Berechnung der Mischungslücke kann bekanntlich die gemeinsame Tangente an den $\Delta G(x)$-Verlauf aufgesucht werden (vgl. schematisches Bild 9.11 a). Für ΔG ergibt sich aus Gl. (9.5) und Gl. (9.7) anhand der bekannten Konstanten und mit $n_{Ag_2Te} = x_{Te}$ für $0 < x_{Te} < 0.333$:

$$\Delta G = \frac{(x_{Te} - 3\,x_{Te}^2)}{1 - 2\,x_{Te}} \cdot C^{Reg}_{Ag_1,\,Ag_2Te} + x_{Te} \cdot C^{Mol}_{Ag_2Te} + RT\left((1 - 3\,x_{Te}) \ln\frac{1 - 3\,x_{Te}}{1 - 2\,x_{Te}} + x_{Te} \ln\frac{x_{Te}}{1 - 2\,x_{Te}}\right) - x_{Te}\,T\,S_{Ag_2Te}\,. \tag{9.8}$$

Die allgemeine Bedingungsgleichung für die gemeinsame Tangente an einen $\Delta G(x)$-Verlauf in den Punkten x_α und x_ε bei $T = \text{const.}$ (vgl. Bild 9.11 a) lautet:

$$\frac{\Delta G\,(x_\varepsilon) - \Delta G\,(x_\alpha)}{x_\varepsilon - x_\alpha} = \left.\frac{\partial \Delta G}{\partial x}\right|_{x_\varepsilon} = \left.\frac{\partial \Delta G}{\partial x}\right|_{x_\alpha}. \tag{9.9}$$

Zur Festlegung des Verlaufs einer Mischungslücke ist es bei numerischer Auswertung zweckmäßiger, die Ableitung der freien Mischungsenthalpie

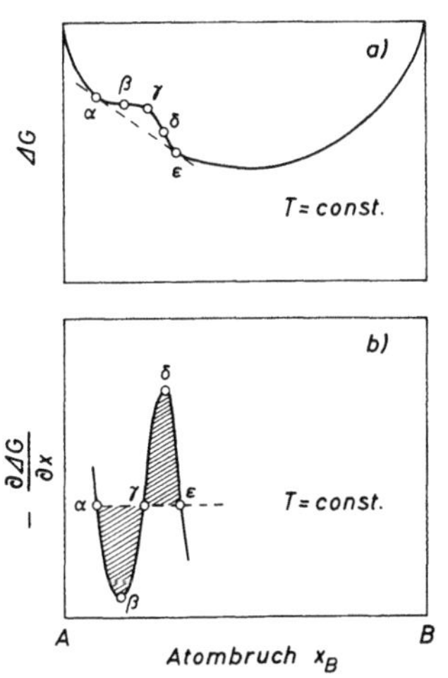

Bild 9.11 Zur Ermittlung der Lage einer Mischungslücke bei bekannter ΔG-x-Kurve.
a) ΔG-x-Kurve für flüssige Legierungen, die im Konzentrationsbereich zwischen α und ε eine Unmischbarkeit aufweisen.
b) Erste Ableitung der in a) dargestellten ΔG-x-Funktion nach der Konzentration.
(F. Sommer und R. Lück)

nach der Konzentration zu betrachten. In Bild 9.11 b ist eine $\frac{\partial \Delta G}{\partial x}$-x-Kurve wiedergegeben, die der schematischen ΔG-x-Kurve in Bild 9.11 a zugeordnet ist. Die Lage der Mischungslücke im Zustandsdiagramm – bei T = const. bedeutet das die Lage von x_α und x_ε – ist durch die Forderung festgelegt, daß in Bild 9.11 b die Flächen $\alpha\beta\gamma$ und $\gamma\delta\varepsilon$ gleich sind. Diese Forderung ist gleichbedeutend mit der Bedingung, daß die von dem Kurvenzug $\alpha\beta\gamma\delta\varepsilon\alpha$ eingeschlossene schraffierte Fläche (vgl. Bild 9.11 b) gleich null ist. Es muß daher folgende Beziehung gelten:

$$\int_{x_\alpha}^{x_\varepsilon} \left[\frac{\partial \Delta G}{\partial x} - \left. \frac{\partial \Delta G}{\partial x} \right|_{x_\alpha} \right] dx = 0. \tag{9.10}$$

Setzt man die Bedingungsgleichung für die gemeinsame Tangente Gl. (9.9) in die Gl. (9.10) ein, so zeigt sich, daß Gl. (9.10) erfüllt ist. Die Ermittlung der Mischungslücke anhand einer bekannten $\partial\Delta G/\partial x$-x-Kurve ist dem Aufsuchen einer gemeinsamen Tangente an die ΔG-x-Kurve äquivalent.

Diese Methode der Ermittlung der Löslichkeitsgleichgewichte versagt im speziellen Fall des kritischen Punktes der Mischungslücke, da dann die Punkte α, β, γ, δ und ε (vgl. Bild 9.11 a und 9.11 b) in einem Punkt zusammenfallen. Die kritische Konzentration x_K und die kritische Temperatur T_K können indessen gewonnen werden, wenn man die zweite und dritte Ableitung der freien Mischungsenthalpie nach der Konzentration gleich null setzt. Es ergeben sich die beiden folgenden Bestimmungsgleichungen:

$$RT\,(1 - 2\,x_{Te})^2 - 2\,C^{Reg}_{Ag_1,\,Ag_2Te} \cdot (x_{Te} - 3\,x^2_{Te}) = 0, \tag{9.11}$$

$$2\,RT\,(1 - 2\,x_{Te}) + C^{Reg}_{Ag_1,\,Ag_2Te}\,(1 - 6\,x_{Te}) = 0. \tag{9.12}$$

Aus Gl. (9.11) und Gl. (9.12) folgt: $x_{Te(K)} = 0{,}25$ und $T_K = 1353$ K. Bild 9.12 gibt den silberreichen Teil des Zustandsdiagramms Ag–Te wieder. Auf die

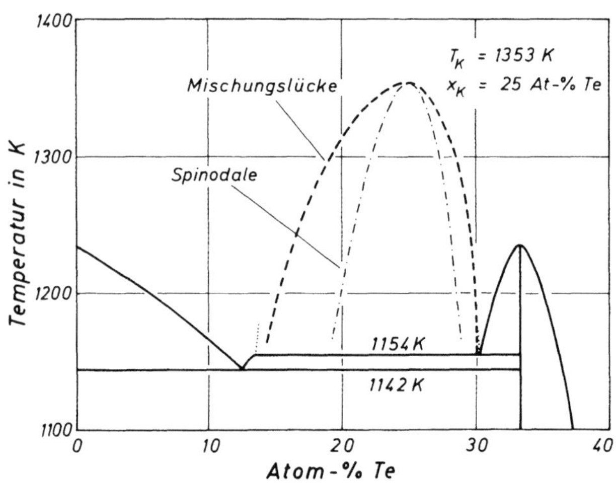

Bild 9.12 Silberreicher Teil des Zustandsdiagramms Silber–Tellur nach F. Sommer [14]). Mischungslücke (––––) und Spinodale (–·–·–) im flüssigen Zustand anhand des Assoziatmodells berechnet.

Existenz einer Mischungslücke deutete bisher nur die monotektische Reaktion bei 1148 K hin. Die mit Gl. (9.8) und Gl. (9.10) berechnete Mischungslücke sowie die durch Gl. (9.11) festgelegte Spinodale ergeben eine gute Ergänzung der bisher bekannten experimentell gewonnenen Phasengleichgewichte.

9.4 Gläser

In einer Reihe nichtmetallischer Schmelzen ist die Nahordnung des atomaren Aufbaus noch wesentlich stärker ausgeprägt als bei flüssigen metallischen Lösungen mit Verbindungstendenz. Erwähnt seien als Beispiel Schmelzen von Silicaten. Hier liegt ein dreidimensionales Netzwerk aus SiO_4-Tetraedern vor. Das bedingt eine hohe Viskosität. Sie beträgt bei Schmelzen handelsüblicher Gläser bei der Gießtemperatur etwa 10 Pa · s. Zum Vergleich sei erwähnt, daß die Viskosität von Metallschmelzen wenig oberhalb des Schmelzpunktes in der Größenordnung von 10^{-3} Pa · s liegt. Die Geschwindigkeit der Bildung von Kristallkeimen in einer hochviskosen unterkühlten Silicatschmelze ist im allgemeinen sehr klein, denn die Wahrscheinlichkeit, daß sich die Atomsorten hinreichend rasch so zu einem Keim zusammenfinden, wie es der Stöchiometrie und der Atomkonfiguration im kristallinen Körper entspricht, ist gering. Selbst bei langsamer Abkühlung solcher Silicatschmelzen, d.h. bei langer Verweilzeit im Unterkühlungsbereich, tritt praktisch keine Kristallkeimbildung ein.

Mit sinkender Temperatur steigt die Viskosität rasch an. Entsprechend nimmt hier die Wahrscheinlichkeit einer Kristallkeimbildung in der Regel weiter ab. Die Viskosität kann um viele Zehnerpotenzen zunehmen (vgl. Bild 9.13). Bei etwa 10^{12} Pa · s ist praktisch die Konsistenz eines Festkörpers erreicht. Bei Zimmertemperatur können nichtkristalline Silicate eine Viskosität von etwa 10^{18} Pa · s haben. Die für Silicate typische Temperaturabhängigkeit der Viskosität ist in Bild 9.13 am Beispiel eines Natronkalkglases dargestellt. Die Temperatur T^G, bei der die log η-T-Kurve einen Wendepunkt hat, wird Glastemperatur, Glasbildungstemperatur oder Transformationstemperatur genannt. Hier ändert sich nicht nur der Gang der Viskosität mit der Temperatur (in der Nähe von T^G ist die Viskositätsänderung maximal), sondern es tritt auch eine auffällige Änderung anderer Eigenschaften ein (Molwärme, Dichte usw.). Das erfolgt indessen nicht sprunghaft wie bei einer Umwandlung I. Ordnung, sondern in einem nicht scharf abgrenzbaren Temperaturintervall in der Umgebung von T^G. Oberhalb von T^G liegt eine unterkühlte Schmelze vor. Die bei Temperaturen unterhalb T^G existente nichtkristalline Substanz wird als Glas bezeichnet. Die Viskosität liegt bei allen Gläsern am Wendepunkt der log η-T-Kurve in der Größenordnung von 10^{12} Pa · s.

Oberhalb von T^G ist die Beweglichkeit der Bauelemente der Schmelze hinreichend groß, um bei der Abkühlung bei jeder Temperatur die für eine minimale freie Enthalpie erforderliche Atomanordnung in kurzer Zeit einzustellen. Unterhalb T^G, wo die Viskosität $\eta > 10^{12}$ Pa · s ist, besteht infolge der geringen Beweglichkeit diese Möglichkeit nicht mehr. Die bei T^G vorlie-

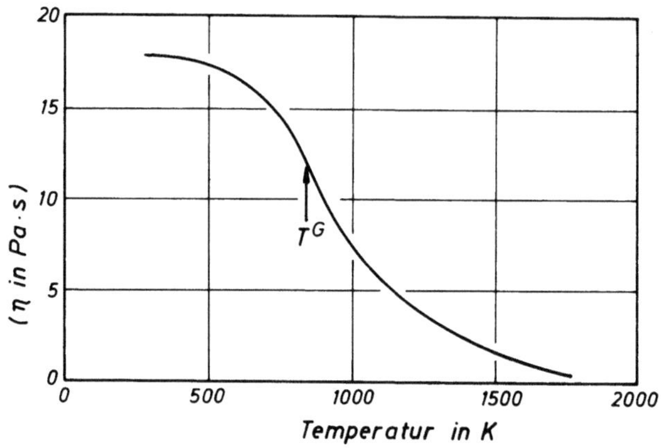

Bild 9.13 Viskosität eines Natronkalkglases als Funktion der Temperatur nach H. Scholze [15])

gende Atomanordnung der Schmelze wird eingefroren. Ein wesentlicher Grund für die Änderung der thermodynamischen Eigenschaften bei T^G besteht darin, daß unterhalb dieser Temperatur nur eine einzige Konfiguration der Atome vorliegt, oberhalb T^G die Bauelemente der Struktur der unterkühlten Schmelze jedoch eine Vielzahl verschiedener Anordnungen einnehmen können. Während sich die unterkühlte Schmelze relativ zum kristallinen Gleichgewichtsfall in einem metastabilen Zustand befindet, in dem sich ein inneres Gleichgewicht einstellen kann, liegt im Falle des Glases ein metastabiler Zustand vor, der nicht in einem inneren Gleichgewicht ist.

Die Glasbildungstemperatur T^G ist von der Abkühlungsgeschwindigkeit abhängig. Bei hohen Abkühlungsgeschwindigkeiten ist T^G höher als bei niedrigen. Es wird jeweils eine etwas andere Struktur eingefroren. Auch unterhalb T^G können noch im gewissen Umfang atomare Umlagerungen erfolgen, um die Struktur- und Bindungsverhältnisse zu optimieren (Relaxationsprozesse).

Bild 9.14 zeigt schematisch den Wärmeinhalt der Phasen eines glasbildenden Stoffes als Funktion der Temperatur. Die Wärmeinhalte des Glases sind

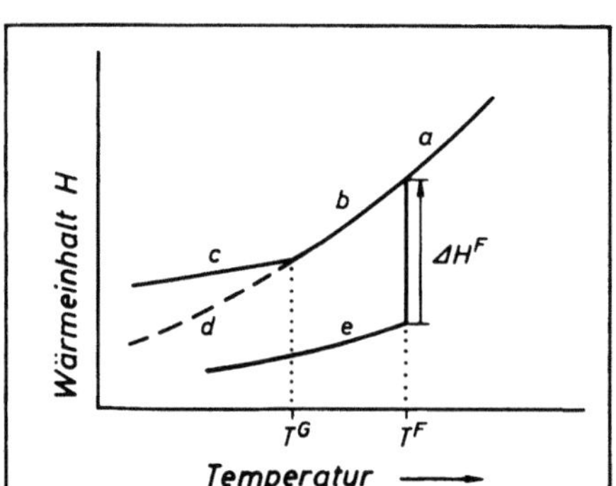

Bild 9.14 Schematische Darstellung des Wärmeinhalts eines Silicats als Funktion der Temperatur. a = stabile Schmelze; b, d = unterkühlte Schmelze; c = Glas; e = kristalliner Festkörper; ΔH^F = Schmelzenthalpie

höher als diejenigen, die sich durch Extrapolation aus dem Bereich der metastabilen Schmelze (oberhalb T^G) ergeben.

Die bei vorgegebener Abkühlungsgeschwindigkeit auftretende Glasbildungstemperatur T^G ist durch eine Reihe von Faktoren festgelegt, deren Art und Gewicht von Fall zu Fall recht unterschiedlich sein kann. Daher kann Glasbildung in sehr verschiedenen Stoffgruppen auftreten. Sie ist zudem oft auf einen engen Konzentrationsbereich eines mehrkomponentigen Mischsystems beschränkt. Erwähnt sei, daß Gläser – außer in den schon erwähnten silicatischen Systemen – auch bei Boraten und Phosphaten gebildet werden können. Auch einfache Salze wie $ZnCl_2$ können als Gläser erstarren. Im System $KNO_3 - Ca(NO_3)_2$ wird beispielsweise Glasbildung im Bereich zwischen 40 und 60 Gew.-% $Ca(NO_3)_2$ gefunden, in dem das Eutektikum dieser Mischung liegt. Ferner können viele organische Stoffe, z.B. Alkohole, Substanzen mit langkettigen Molekülen und andere mehr, Gläser bilden. Selbst in metallischen Systemen werden Gläser gefunden, worauf noch eingegangen werden soll.

Eine Gemeinsamkeit aller glasbildenden Systeme besteht in einer starken Wechselwirkung zwischen den ungleichartigen Atomen bzw. in einem sperrigen atomaren Aufbau der Schmelze. Dadurch wird eine leichte Kristallkeimbildung verhindert. Günstig für die Glasbildung ist ferner das Konzentrationsgebiet in der Nähe des Eutektikums. Hier ist die Schmelze bis zu einer relativ tiefen Temperatur stabil. Das Temperaturintervall zwischen Liquidustemperatur und T^G ist minimal und kann bei vorgegebener Abkühlgeschwindigkeit am ehesten ohne Kristallisation durchlaufen werden. Weiterhin ist hier in einem Zweistoffsystem zur Erzielung des Gleichgewichts die Bildung von zwei verschiedenen Kristallarten erforderlich, die eine Verteilung der Atomsorten auf diese beiden Kristallphasen durch Diffusion über merkliche Distanzen hinweg notwendig macht.

Im Falle der Silicatgläser zeigen Röntgenbeugungsexperimente, daß als wesentliche Bausteine der Struktur, ähnlich wie in Silicatschmelzen, SiO_4-Tetraeder auftreten. Es liegt eine Nahordnung vor in Form eines dreidimensionalen Netzwerks ohne Periodizität. Der Vernetzungsgrad der Grundstruktur wird durch Einbau von Metalloxiden wie Na_2O, K_2O oder CaO reduziert. Dabei entstehen Hohlräume, in die die großen Metalloxid-Kationen eingelagert werden können.

Die Verarbeitung des Glases erfolgt oberhalb des Transformationsbereichs. Für Glasbläserarbeiten ist eine Viskosität von 10^5 bis 10^8 Pa · s günstig. Die Steilheit der log η-T-Kurve kann für verschiedene Glassorten unterschiedlich sein. Der Viskositätsbereich von 10^5 bis 10^8 Pa · s ist dann entsprechend durch ein kleineres oder größeres Temperaturintervall festgelegt. Gläser, deren für ihre Verarbeitung optimales Viskositätsgebiet durch einen engen Temperaturbereich gegeben ist, werden „kurze" Gläser genannt. „Lange" Gläser haben demgegenüber im Verarbeitungsbereich eine weniger steile log η-T-Kurve.

9.5 Metastabile nichtkristalline metallische Phasen

Wie bereits erwähnt, können auch metallische Schmelzen in einen nichtkristallinen Festkörper überführt werden. Dazu sind indessen extrem hohe Abkühlungsgeschwindigkeiten erforderlich, denn Legierungsschmelzen haben in der Nähe ihrer Liquidustemperatur in der Regel eine niedrige Viskosität und neigen zu rascher Kristallkeimbildung.

Die Glasbildung in einem metallischen System sei anhand einer Gold–Germanium–Silicium-Legierung dargestellt. Im Bild 9.15 ist die Molwärme als Funktion der Temperatur für die in Betracht kommenden Phasen wiedergegeben. Es sind dies die Schmelze, das Gemenge von Gleichgewichtsmischkristallen und das Glas. Die Molwärme der unterkühlten Schmelze im stabilen und unterkühlten Bereich steigt mit sinkender Temperatur. Das dürfte hier im wesentlichen auf eine Zunahme des Nahordnungsgrades infolge Assoziation zu molekelartigen Spezies mit Fremdkoordination zurückzuführen sein. Wird die Schmelze so rasch unter die Glasbildungstemperatur $T^G \approx$ 295 K abgekühlt, daß die Keimbildung kristalliner Phasen ausbleibt, dann resultiert ein nichtkristalliner Festkörper (Glas), dessen Molwärme nahe bei der des Gemenges der stabilen kristallinen Phasen liegt. Eine Erwärmung dieses Glases führt zum Übergang in die unterkühlte Schmelze. Das ist mit einer starken Erhöhung der Molwärme verbunden, was aufgrund des in Abschnitt 9.4 erläuterten Glastransformationsvorgangs zu erwarten ist (vgl. auch Bild 9.14).

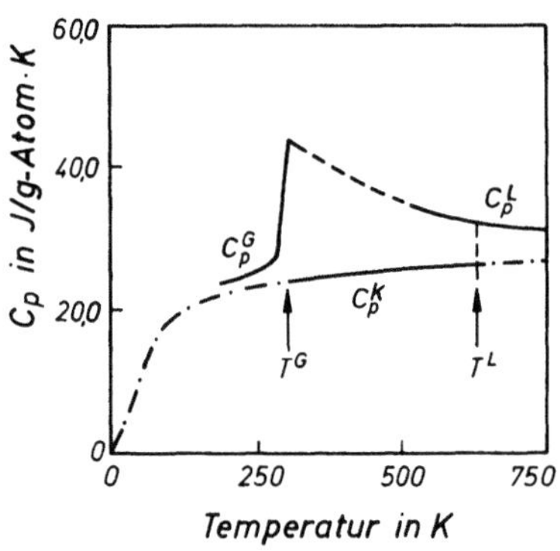

Bild 9.15 Molwärme kristalliner und nichtkristalliner Phasen als Funktion der Temperatur für eine Gold–Germanium–Silicium-Legierung mit 13,66 At.-% Ge und 9,45 At.-% Si nach [19]). C_p^K, C_p^G und C_p^L sind Molwärmen des Gemenges der kristallinen Gleichgewichtsphasen, der glasartigen Phase bzw. der flüssigen Phase; T^G = Temperatur der Glasumwandlung; T^L = Liquidustemperatur

Die Atome sind im metallischen Glas, wie auch oft in der flüssigen Legierung, in der ersten Koordinationssphäre eines Atoms ähnlich angeordnet wie in einer zugehörigen stabilen oder metastabilen kristallinen Phase. Zum Beispiel liegen nach Suzuki und Mitarb. [16]) in Metallgläsern des Systems Palladium–Silicium bei Siliciumgehalten um 20 At.-% Koordinationsverhältnisse wie in der stabilen intermetallischen Phase Pd_3Si vor.

Kemény und Mitarb. [17]) fanden, daß die lokale Ordnung in Eisen–Bor-Gläsern mit 15 bis 25 At.-% B der Atomanordnung in der metastabilen Phase Fe_3B entspricht.

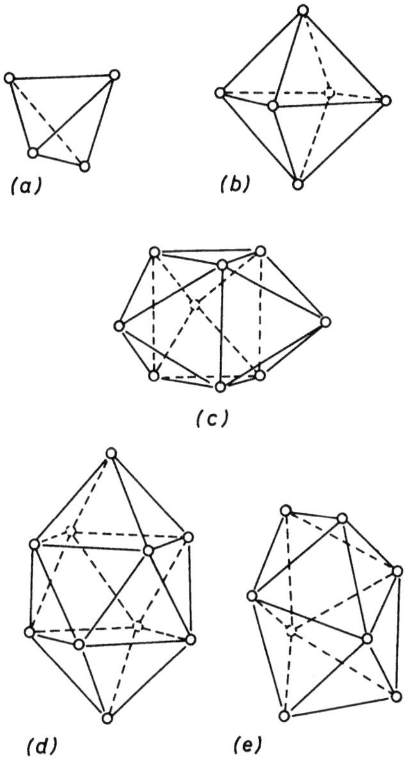

Bild 9.16 Lücken in der Bernalschen dichtesten Zufallspackung gleichgroßer starrer Kugeln. a = Tetraeder; b = Oktaeder; c = Trigonales Prisma mit drei aufgesetzten Halboktaedern; d = Archimedisches Antiprisma mit zwei aufgesetzten Halboktaedern; e = Tetragonales Dodekaeder

Es konnte gezeigt werden, daß auch in metallischen Gläsern die Glastemperatur mit steigender Wechselwirkung zwischen den ungleichartigen Atomsorten zunimmt. Mit steigendem Betrag der negativen Mischungsenthalpie der Schmelze wird der Glasbereich zu höheren Temperaturen verschoben.

Viele der bisher bekannten metallischen Gläser haben als eine Komponente ein Übergangsmetall (z. B. Fe, Ni, Pd) und als zweite Komponente ein Metalloid (z. B. Si, B, P). In diesem Falle unterscheiden sich die Atomradien der Komponenten erheblich. Nach einem Modell von Bernal kann eine Metallschmelze als dichteste Zufallspackung gleich großer starrer kugelförmiger Atome angesehen werden. Analog wie in der systematischen dichtesten Kugelpackung Gitterlücken auftreten (Oktaederlücken und Tetraederlücken), sind auch in der dichtesten Zufallspackung Lücken vorhanden. Neben Tetraeder- und Oktaederlücken treten auch Lücken mit anderer Symmetrie und größerem Rauminhalt auf (vgl. Bild 9.16). In diese Lücken, z. B. des flüssigen Eisens, können leicht Bor-Atome eingelagert werden, auch wenn der Raumbedarf der Einlagerungsatome etwas größer ist, als in den Lücken Platz geboten wird. Das führt zu einer dichten Atompackung und zu starken zwischenatomaren Wechselwirkungen. Der Anteil der Lücken und damit der Anteil der einlagerbaren Metalloidatome beträgt etwa 20% bezogen auf die Anzahl der die flüssige Grundmatrix konstituierenden Atome. In vielen Systemen wird bei Konzentrationen um 20 At.-% der Metalloidkomponente eine stark ausgeprägte Glasbildungsfähigkeit gefunden. Als Beispiele seien genannt:

$Pd_{81}Si_{19}$
$Fe_{80}B_{20}$
$$\underbrace{Fe_{32}Ni_{36}Cr_{14}}_{T_{82}}\underbrace{P_{12}B_6}_{M_{18}}$$

T = Übergangsmetall, M = Metalloid.

Offensichtlich liegt diesem Phänomen die maximale Besetzung der Lücken der Flüssigkeitsstruktur durch passende Metalloidatome zugrunde. Diese dichte Packung ungleich großer Atomsorten hat kleine Abstände und große zwischenatomare Wechselwirkungen zwischen den ungleichartigen Atomsorten zur Folge.

Zur Bildung metallischer Gläser ist dieses Einlagerungsprinzip indessen keine unabdingbare Voraussetzung. Es können auch metallische Gläser ohne Übergangsmetalle und ohne Metalloide und auch bei unwesentlicher Atomradiendifferenz der Partner gebildet werden. Als Beispiel seien Gläser der Zusammensetzung $Ca_{73}Mg_{27}$, $Mg_{81}Ga_{19}$ oder $Sr_{70}Al_{30}$ genannt. In jedem Fall ist allerdings notwendige Voraussetzung die Existenz einer bevorzugten Fremdkoordination in der Schmelze.

Metallische Gläser sind durch bemerkenswerte Eigenschaften ausgezeichnet. Sie haben eine sehr hohe mechanische Festigkeit und sind außerordentlich korrosionsbeständig. Sofern sie z.B. Eisen als Hauptkomponente enthalten, können sie ferromagnetisch sein. Von technischem Interesse ist dabei u.a., daß sie bei hoher mechanischer Festigkeit eine sehr geringe Koerzitivfeldstärke aufweisen. Die Hysteresisschleife ist extrem schmal; die Energieverluste beim Ummagnetisieren sind entsprechend gering. Als metastabile Phasen kristallisieren sie bei Erwärmung auf Temperaturen, bei denen eine hinreichend hohe Atombeweglichkeit gegeben ist. Eine Vielzahl metallischer Gläser ist bis zu Temperaturen weit über Zimmertemperatur (z.B. 600 K) über längere Zeit (Größenordnung Jahre) beständig.

9.6 Methoden zur Erzielung extrem hoher Abkühlungsgeschwindigkeiten

Um eine flüssige Legierung in den Glaszustand zu überführen, sind in der Regel extrem hohe Abkühlungsgeschwindigkeiten erforderlich. In vielen Fällen sind Abkühlungsgeschwindigkeiten von mehr als 10^6 K/s notwendig, um die Glastemperatur zu erreichen, bevor Keime einer kristallinen Phase gebildet werden. Ferner können, wenn keine Glasbildung eintritt, bei so hohen Abkühlungsgeschwindigkeiten metastabile kristalline Phasen entstehen, die durch besondere Eigenschaften ausgezeichnet sind (z.B. Halbleiter).

Um solche metastabile Materialien, insbesondere aber metallische Gläser mit technisch wertvollen Eigenschaften zu gewinnen, sind zahlreiche Methoden entwickelt worden, die Ausgangsschmelze extrem rasch abzukühlen. Die

Abführung der Wärme durch Konvektion mittels eines Kühlgases oder einer Kühlflüssigkeit (Umströmen einer Probe mit kaltem Helium oder Einwerfen kleiner Proben in Wasser) führt im günstigsten Fall zu Abkühlungsgeschwindigkeiten von 10^4 bis 10^5 K/s. Durch Wärmeleitung können wesentlich höhere Abkühlungsgeschwindigkeiten erreicht werden. Das Prinzip der meisten gebräuchlichen Methoden zur Herstellung metallischer Gläser beruht daher auf diesem letzteren Prinzip. Die Legierungsschmelze wird auf ein kaltes Substrat hoher Wärmeleitfähigkeit gebracht und rasch zu einem dünnen Film ausgebreitet.

Die bisher höchsten Abkühlungsgeschwindigkeiten (bis zu 10^{10} K/s) können mit dem von Duwez und Willens entwickelten Stoßwellenrohr erzielt werden (vgl. Bild 9.17 a). Ein Tropfen einer Legierungsschmelze befindet sich über einem kleinen Loch auf einer inerten Unterlage. Die Oberflächenspannung hindert den Flüssigkeitstropfen daran, durch das Loch zu fallen. Die Schmelze wird in der Regel induktiv erhitzt. Die Tropfenunterlage bildet den Boden eines Rohres, das in angemessenem Abstand über der Probe durch eine Plastikfolie verschlossen ist. Auf diese Plastikfolie wird ein Inertgasdruck ausgeübt, bis sie birst. Die dabei entstehende Stoßwelle drückt den Schmelztropfen mit Überschallgeschwindigkeit durch das Loch in der Unterlage. Er fällt auf ein passend gekrümmtes Substrat aus Kupferblech und wird zu einem dünnen Film ausgebreitet. Die Rutschbewegung des Tropfens auf dem gekrümmten Substrat bedingt eine Zentrifugalkraft, die die Schmelze bei ihrer Ausbreitung fest an das Kupferblech preßt.

Mit dieser Methode können nur relativ kleine Massen extrem rasch abgekühlt werden. (ca. 100 mg). Abgeschreckte Proben etwas größerer Masse können z.B. dadurch gewonnen werden, daß die Schmelze mit einer Zentrifuge stark beschleunigt und gegen ein geeignetes Substrat geschleudert wird.

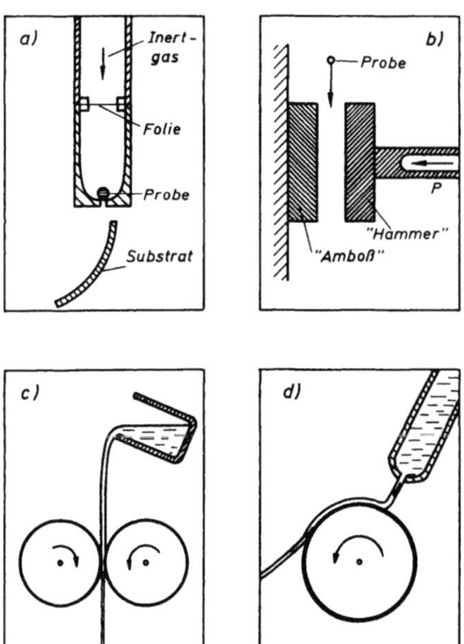

Bild 9.17 Methoden zur Erzielung einer extrem hohen Abkühlungsgeschwindigkeit von Schmelzen. a) Stoßwellenrohr nach Duwez und Willens; b) Hammer- und Amboß-Methode; c) Walzenabschreckung von Schmelzen; d) Abschreckung der Schmelze an der Peripherie eines rotierenden Metallrades. (Nach [18]).)

Eine weitere, häufig eingesetzte Methode besteht darin, einen aus einem Tiegel herabfallenden Tropfen zwischen zwei planparallelen Metallplatten zu zerquetschen (Bild 9.17 b). Um eine rasche Ausbreitung des Tropfens zu einem dünnen Film zu gewährleisten, müssen die beiden Platten mit hoher Geschwindigkeit aufeinandergestoßen werden. Das kann mit Preßluft, elektromagnetisch, mit Federkraft oder explosiv erfolgen. Darüber hinaus ist noch eine Reihe weiterer spezieller Abschreckverfahren entwickelt worden.

Für die Herstellung metallischer Gläser im technischen Maßstab sind diese Methoden nicht geeignet, da sie zu kleine Probenmassen liefern. Insbesondere zur Herstellung eisenhaltiger metallischer Gläser, zu deren Gewinnung zum Teil bereits Abkühlungsgeschwindigkeiten von etwa 10^4 bis 10^5 K/s ausreichen, sind u. a. die in den Bildern 9.17c und 9.17d schematisch dargestellten Methoden entwickelt worden. Wie in Bild 9.17c angedeutet, kann die Schmelze in einem dünnen Strahl kontinuierlich zwischen zwei schnell rotierende kalte Walzen gegossen werden. Es kann ohne große Schwierigkeiten ein etwa 10 cm breites Band mit einer Dicke von etwa 0,1 mm erhalten werden.

Ähnliche Bänder aus glasartigen Legierungen werden durch gleichmäßiges Aufbringen eines Flüssigkeitsstrahls auf den Rand eines schnell rotierenden kalten Rades gewonnen. Das glasig erstarrte Band wird von dem Rad abgehoben und kann laufend aufgespult werden. Wenn die Zufließgeschwindigkeit im Flüssigkeitsstrahl mit der Rotationsgeschwindigkeit des Rades abgestimmt ist, kann ein gleichmäßiges Band von beliebiger Länge erhalten werden.

Bei allen bisher entwickelten Methoden muß wegen des angewandten Prinzips der Wärmeableitung aus einer dünnen Schicht das glasartig erstarrte Material notwendigerweise in einer Dimension eine kleine Abmessung haben.

9.7 Kristallisation glasartiger Legierungen

Durch extrem rasche Abkühlung einer Schmelze gebildete glasartige metallische Mischphasen kristallisieren beim Erwärmen auf eine hinreichend hohe Temperatur. Dabei entsteht in der Regel nicht unmittelbar die der Mischphasenkonzentration entsprechende kristalline Gleichgewichtsphase. Vielmehr können als Zwischenstufe eine oder mehrere kristalline metastabile Phasen auftreten. Das ist aus einer Betrachtung der freien Enthalpien der möglichen Phasen und der Diffusionsabläufe leicht ersichtlich. Als Beispiel sind in Bild 9.18 die freien Enthalpien als Funktion des Atombruchs für verschiedene Phasen eisenreicher Fe–B-Mischphasen wiedergegeben. Es sind dies die Glasphase G, der α-Fe-Mischkristall, die metastabile Phase Fe_3B und die stabile intermetallische Verbindung Fe_2B. Die Art der Kristallisation der glasartigen Ausgangsphase G ist von ihrer Konzentration abhängig.

a) Kristallisation ohne Konzentrationsänderung

Bei Konzentrationen, die nahe bei einer Komponente oder nahe des Existenzbereichs einer stabilen oder metastabilen Verbindung liegen, kann eine

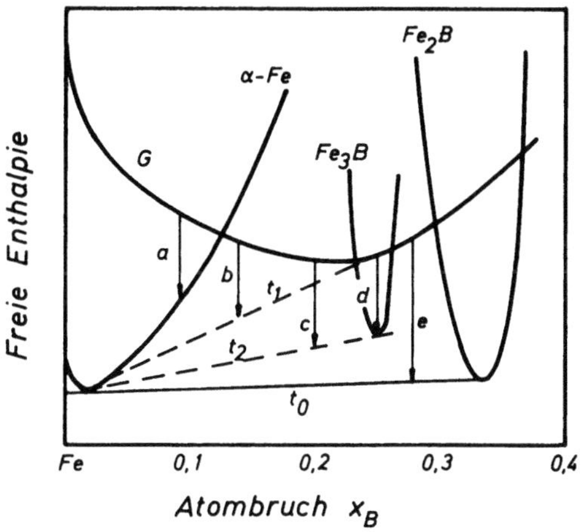

Bild 9.18 Schematische Darstellung der freien Enthalpie verschiedener bei der Kristallisation der Glasphase G im System Eisen-Bor auftretender kristalliner Phasen nach U. Herold und U. Köster[4])

Kristallisation der Glasphase ohne Konzentrationsänderung erfolgen. Im Falle des Systems Eisen–Bor wird dies als Reaktion a und d gefunden (vgl. Bild 9.18). Es entsteht ein übersättigter α-Fe-B-Mischkristall bzw. die metastabile Verbindung Fe_3B. Bei diesen Reaktionen wird die freie Enthalpie des Systems zwar nicht maximal erniedrigt, die Diffusion braucht indessen die Atome nur über geringe Strecken zu bewegen, um die Positionen in der α-Phase oder der Phase Fe_3B zu erreichen. Es gibt Hinweise dafür, daß die Atomanordnung in der Glasphase derjenigen in der Phase Fe_3B weitgehend ähnlich ist. Das dürfte ein Grund dafür sein, daß Keime der stabilen Phase Fe_2B nicht in so einfacher Weise durch Diffusion über sehr kurze Strecken entstehen können, trotz des möglichen hohen Gewinns an freier Enthalpie. Die zunächst entstehenden Phasen α-Fe und Fe_3B können in weiteren Reaktionen in die Gleichgewichtsphasen übergehen.

b) Primärkristallisation einer stabilen Phase

Die Kristallisation eisenreicher Fe–B-Glaslegierungen ohne Konzentrationsänderung erfolgt bis zu Zusammensetzungen von $x_B \approx 0{,}12$. Bei höheren Borgehalten ist der Gewinn an freier Enthalpie offensichtlich nicht hinreichend groß für eine rasche Keimbildung. Bei $x_B > 0{,}12$ kann α-Fe-Mischkristall mit niedrigerem Borgehalt ausgeschieden werden; die Glasmatrix wird dabei borreicher (vgl. b in Bild 9.18). Der Endpunkt dieser Kristallisation ist erreicht, wenn α-Fe-Mischkristall und Glas G die durch die Tangente t_1 gegebenen Konzentrationen des metastabilen Gleichgewichts (α-Fe + G) erreicht haben. Das dabei entstehende borreiche Glas kann bei weiterer Temperatursteigerung auf einem anderen der dargestellten Wege zerfallen.

c) Diskontinuierliche Kristallisation

Bei hinreichend hohem Gewinn an freier Enthalpie und sofern ein Materietransport über größere Entfernungen erfolgen kann (hinreichende Atombeweglichkeit und Zeit), können – ähnlich wie bei der eutektischen Kristallisation – zwei kristalline Phasen gleichzeitig entstehen. Sie können ein lamellares Gefüge ergeben. Das ist z.B. der Fall in der Reaktion c ($G \rightarrow \alpha$-Fe+Fe_3B und e ($G \rightarrow \alpha$-Fe+Fe_2B. Die in der Glasphase homogen verteilten Atomsorten werden in unterschiedlichem Ausmaß auf die einzelnen Phasen verteilt. Das geschieht in der Grenzfläche zwischen Ausscheidungskolonie und Ausgangsmatrix. Diese Reaktion kann bei allen Konzentrationen zwischen $x_B \rightarrow 0$ und $x_B = 0{,}333$ stattfinden.

Die diskontinuierliche Kristallisation ist die langsamste der hier dargelegten Reaktionen. Sie läuft bei $x_B \approx 0{,}2$ und vorgegebener Temperatur etwa 3mal langsamer ab als die Reaktion d ($G \rightarrow Fe_3B$) bei $x_B \approx 0{,}25$, was zweifellos mit den längeren Diffusionswegen bei der Separierung in zwei kristalline Phasen zusammenhängt.

Die Kristallisationsvorgänge können durch Zusatz weiterer Elemente erheblich beeinflußt werden.

9.8 Literaturhinweise zu Kapitel 9

1) M. Hansen und K. Anderko, „Constitution of Binary Alloys", McGraw-Hill Book Comp., New York (1958).
2) P. Duwez, „Metastable Phases Obtained by Rapid Solidification", in: „Energetics in Metallurgical Phenomena", Vol. I, Herausgeber: W. M. Mueller, Gordon and Breach Science Publishers, New York (1965).
3) I. Schmidt und E. Hornbogen, Z. Metallkde., **69,** 221 (1978).
4) U. Herold und U. Köster, in: „Rapidly Quenched Metals III", Vol. I, Herausgeber: B. Cantor, Proceedings of the Third International Conference on Rapidly Quenched Metals, University of Sussex, Brighton, 1978; The Metals Society, London (1978).
5) „Metallic Glasses", Papers presented at a Seminar of the Materials Science Division of the American Society for Metals, 1976; American Society for Metals, Metals Park, Ohio (1978).
6) „Rapidly Quenched Metals III", Vol. 1 und Vol. 2, Herausgegeben von B. Cantor, Proceedings of the Third International Conference on Rapidly Quenched Metals, University of Sussex, Brighton, 1978; The Metals Society, London (1978).
7) B. Predel und T. Gödecke, Z. Metallkde., **66,** 654 (1975).
8) B. Predel und I. Arpshofen, Viskosimetrische Untersuchungen an metallischen Schmelzen, Westdeutscher Verlag, Opladen (1978).
9) G. Schick und K. L. Komarek, Z. Metallkde., **65,** 112 (1974).
10) B. Predel, H. Bankstahl und T. Gödecke, J. Less-Common Metals, **44,** 39 (1976).
11) B. Predel und H. Bankstahl, J. Less-Common Metals, **43,** 191 (1975).
12) I. Arpshofen, M. J. Pool, U. Gerling, F. Sommer, E. Schultheiß und B. Predel, Z. Metallkde., **72,** 776 (1981).
13) F. Sommer, D. Eschenweck und B. Predel, Ber-Bunsenges. Phys. Chem., **82,** 790 (1978).
14) F. Sommer, Z. Metallkde., **73** (1982).
15) H. Scholze, „Glas", F. Vieweg und Sohn, Braunschweig (1965).
16) K. Suzuki, T. Fukunaga, M. Misawa und T. Masumoto, Science Reports of the Research Institutes, Tohoku University, Amorphous Material Issue I, Sendai, Japan (1976).
17) T. Kemény, I. Vincze, B. Fogarassy und S. Arajs, „Structure and Crystallisation of Fe-B Metallic Glasses", Hungarian Academy of Science, Budapest (1978).
18) G. Schluckebier und B. Predel, Z. Metallkde., **73,** (1982).
19) H. S. Chen und D. Turnbull, J. Chem. Physics, **48,** 2560 (1968).
20) A. R. Ubbelohde, „Melting and Crystal Structure", Clarendon Press, Oxford (1965).

10. Einfluß der Diffusion auf Phasenübergänge

10.1 Stoffverteilung bei der Erstarrung von Schmelzen

In mehrkomponentigen Systemen sind im Fest–flüssig-Gleichgewicht die Konzentrationen der beiden koexistierenden Phasen lediglich im Falle des Schmelzpunktsmaximums einer kongruent schmelzenden Verbindung, im Schmelzpunktsminimum und Schmelzpunktsmaximum eines Mischkristallbereichs sowie im Grenzfall der Schmelzpunkte der reinen Komponenten gleich. Im allgemeinen besteht indessen im Gleichgewicht ein Konzentrationsunterschied zwischen Schmelze und Festkörper. Außer in einem nonvarianten Gleichgewicht ändert sich diese Konzentrationsdifferenz im Laufe des Erstarrungsprozesses. Bei nicht zu langsam fortschreitender Erstarrung einer Schmelze mit homogener Zusammensetzung entsteht ein kristalliner Festkörper nicht einheitlicher Konzentration.

Die Stoffverteilung im Erstarrungsgleichgewicht wird durch einen Verteilungskoeffizienten beschrieben. Er stellt das Ausmaß des Konzentrationsunterschiedes zwischen den koexistierenden Phasen dar.

Der Gleichgewichts-Verteilungskoeffizient ist definiert durch:

$$k_0 = \frac{c_S}{c_L}. \tag{10.1}$$

Dabei bedeuten c_S die Soliduskonzentration und c_L die Liquiduskonzentration bei vorgegebener Temperatur T. Der Gleichgewichts-Verteilungskoeffizient ist keine Konstante für ein gegebenes System; er ist aber naturgemäß von der Erstarrungsgeschwindigkeit unabhängig. Wie aus Bild 10.1 ersichtlich, ist k_0 bei Gefrierpunktserniedrigung < 1 und bei Gefrierpunktserhöhung > 1.

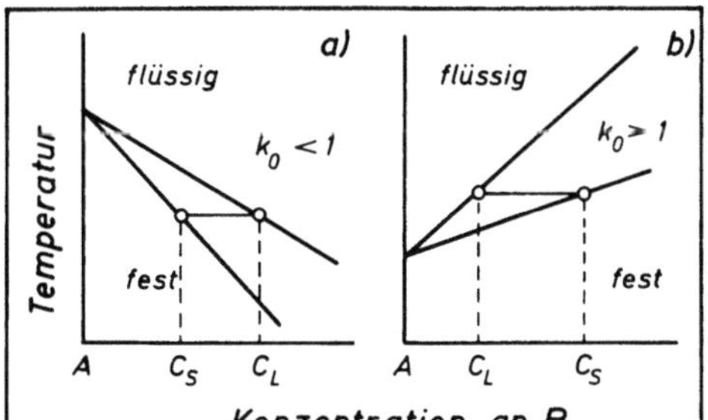

Bild 10.1 Zur Definition des Gleichgewichts-Verteilungskoeffizienten k_0

Daneben wird als effektiver Verteilungskoeffizient folgende Größe definiert:

$$k_E = \frac{c_S}{c_0}. \tag{10.2}$$

Hier bedeutet c_S die Zusammensetzung des Kristalls, der in dem betrachteten Zeitpunkt aus einer Schmelze entsteht, die die mittlere Konzentration c_0 besitzt. Der effektive Verteilungskoeffizient ist – anders als k_0 – von den Erstarrungsbedingungen abhängig.

Im Verlaufe der Kristallisation ändert sich die Zusammensetzung der Schmelze. Sie kann reicher (vgl. Bild 10.1a) oder ärmer (vgl. Bild 10.1b) an dem gelösten Stoff B sein. Die Anreicherung oder Abreicherung der gelösten Komponente B erfolgt primär an der Grenzfläche fest–flüssig. Das bedingt einen Konzentrationsgradienten innerhalb des Schmelzvolumens, der zu einem Konzentrationsausgleich durch Diffusion innerhalb der flüssigen Phase Anlaß gibt. Auch in dem entstehenden Festkörper tritt ein Konzentrationsgradient auf, da in verschiedenen Stadien des Erstarrungsvorgangs Mischkristalle unterschiedlicher Konzentration gebildet werden.

Zur Erläuterung der Auswirkungen solcher Diffusionseinflüsse sei ein einachsiges Erstarrungssystem betrachtet (vgl. Bild 10.2). Die Grenzfläche G fest–flüssig ist eben. Sie schreitet mit konstanter Geschwindigkeit fort. Senkrecht zur Bewegungsrichtung der Erstarrungsfront sind keine Konzentrationsgradienten vorhanden. Sie treten nur in der Richtung des Fortschreitens der Fest–flüssig-Grenzfläche auf. Ein Konzentrationsausgleich erfolgt daher ausschließlich parallel dieser Achse des Systems.

Für den Grenzfall einer extrem langsamen Erstarrungsgeschwindigkeit, die einen vollständigen Konzentrationsausgleich in der Schmelze und im Festkörper zuläßt, hat naturgemäß der in einem betrachteten Erstarrungsstadium vorliegende Mischkristall die Konzentration c_S, die gemäß dem Zustandsdiagramm der vorliegenden Temperatur entspricht. Demgemäß hat die Schmelze die Zusammensetzung $c_0 = c_L$. Die Konzentrationsverteilung in dem einachsigen Erstarrungssystem entspricht bei Vorliegen einer Gefrierpunktserniedrigung der in Bild 10.3a dargestellten.

In Bild 10.3b ist die Konzentrationsverteilung wiedergegeben für den Fall einer Erstarrungsgeschwindigkeit, die so hoch ist, daß ein Konzentrationsausgleich in der Schmelze durch Diffusion einsetzt, aber nicht zu einem vollständigen Abbau des Konzentrationsgradienten führt. Ferner sei die Diffusion im Festkörper vernachlässigbar klein. Für $k_0 < 1$ resultiert eine Auf-

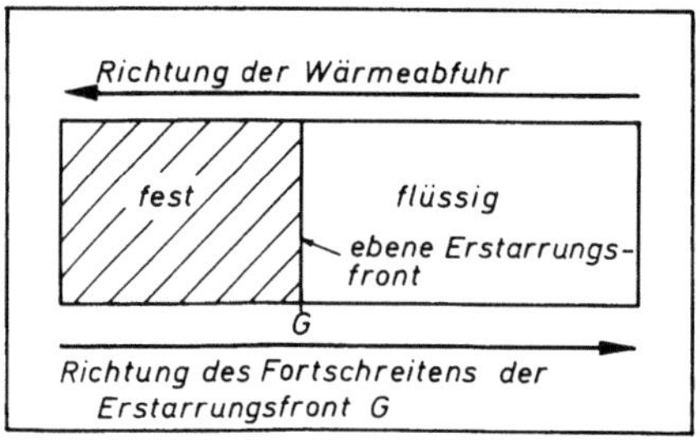

Bild 10.2 Einachsiges Erstarrungssystem

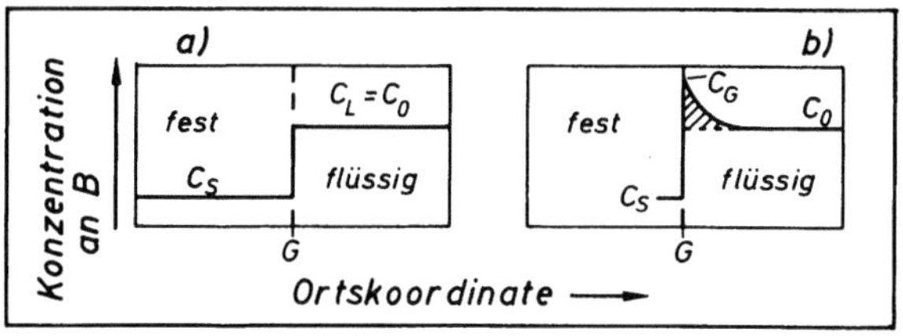

Bild 10.3 Konzentrationsverteilung in der Umgebung der Erstarrungsfront G. a) bei extrem langsamer Erstarrungsgeschwindigkeit; völliger Konzentrationsausgleich durch Diffusion; b) Aufstauung der gelösten Komponente B in der Schmelze vor der Erstarrungsfront bei nicht vollständigem Konzentrationsausgleich durch Diffusion bei hoher Erstarrungsgeschwindigkeit

stauung der gelösten Komponente B in der Schmelze vor der Erstarrungsfront bis zu einer maximalen Konzentration c_G. Von hier fällt die Konzentration in das Innere der Schmelze exponentiell ab bis auf die mittlere Konzentration c_0.

Die Konzentrationsverteilung hängt von den Erstarrungsbedingungen ab. Es kommen drei verschiedene typische Fälle vor: zu Beginn der Erstarrung, zu einem späteren Zeitpunkt und nach Einstellung stationärer Verhältnisse. Sie seien anhand von Bild 10.4 erläutert.

a) Konzentrationsverteilung zu Beginn der Erstarrung

Die Ausgangskonzentration der Schmelze sei c_0. Die Schmelzgleichgewichte sollen den in Bild 10.1a dargestellten entsprechen. Es liegt also eine Gefrierpunktserniedrigung vor, und es sei demnach $k_0 < 1$. Die Konzentration an ge-

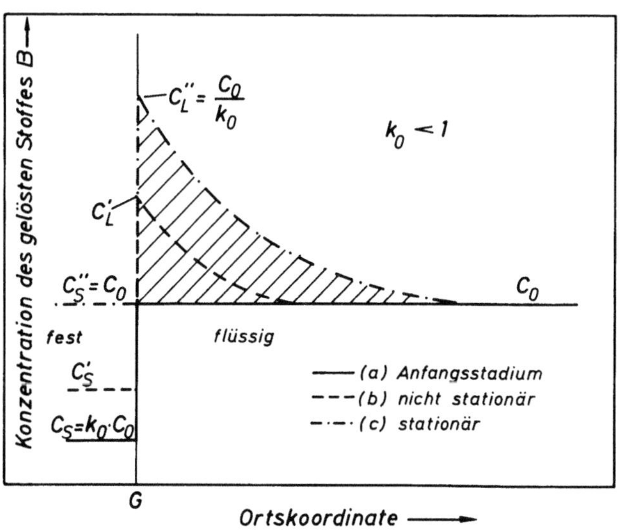

Bild 10.4 Konzentrationsverteilung in der Umgebung der Erstarrungsfront bei verschiedenen Stadien des Fortgangs der Erstarrung

löstem Stoff B in dem zu Beginn der Erstarrung sich aus der Schmelze ausscheidenden Mischkristall ist gemäß Gl. (10.1):

$$c_S = k_0 \cdot c_0 .$$

Die Konzentrationsverteilung in der Nähe der Fest–flüssig-Grenzfläche G ist in Bild 10.4 durch die Linie (a) dargestellt.

b) Konzentrationsverteilung nach Beginn der Erstarrung, aber vor Einstellung stationärer Verhältnisse

Dadurch, daß sich aus der Schmelze ein Mischkristall der Konzentration $c_S = k_0 \cdot c_0$ ausscheidet ($c_S < c_0$), reichert sich der gelöste Stoff B in der Schmelze vor der Grenzfläche G an. Nach Ausscheidung einer bestimmten Menge des Mischkristalls sei die B-Konzentration in der Schmelze an der Grenzfläche auf c_L' gestiegen ($c_L' > c_0$), ohne daß schon stationäre Verhältnisse erreicht seien. Der jetzt an der fortschreitenden Erstarrungsfront aus der angrenzenden Schmelze mit der Konzentration $c_L' > c_0$ auskristallisierende Festkörper hat eine Konzentration an B, die größer ist als bei Beginn des gesamten Erstarrungsvorgangs ($c_S' > k_0 \cdot c_0$). Die nun vorliegende Konzentrationsverteilung ist in Bild 10.4 durch die Linie (b) dargestellt. In dem Maße, wie die Erstarrung fortschreitet, nimmt sowohl der B-Gehalt der Schmelze an der Grenzfläche G als auch derjenige im Festkörper laufend zu. Diese Konzentrationszunahme erfolgt so lange, bis nach Erstarrung einer bestimmten Menge des Mischkristalls, die von der Kristallisationsgeschwindigkeit abhängt, Stationarität erreicht ist.

c) Stationärer Zustand

Ein stationärer Zustand ist dann eingestellt, wenn bei der Erstarrung die Menge an gelöstem Stoff B, die je Zeiteinheit an der Grenzfläche freigesetzt wird, gleich ist der Menge an B, die von der Grenzfläche G weg durch Diffusion in das insgesamt vorhandene Volumen der Schmelze hineintransportiert wird. Die im stationären Zustand vorhandene Konzentrationsverteilung hängt von der Kristallisationsgeschwindigkeit und von der Diffusionsgeschwindigkeit ab. Das Konzentrationsprofil bleibt in seiner Gestalt zeitlich konstant. In dem Maße, wie sich die Grenzfläche G fortbewegt, bewegt sich das gesamte Konzentrationsprofil mit.

Im stationären Fall kristallisiert der Mischkristall mit der Konzentration $c_S'' = c_0$ aus. Die Menge an B, die vor der Grenzfläche G aufgestaut ist und die durch die schraffierte Fläche in Bild 10.4 dargestellt wird, ist zeitlich konstant. Bei der Erstarrung tritt jetzt von der Grenzfläche G her in der Zeiteinheit ebenso viel B in diese Fläche ein, wie durch Diffusion in das Innere der Schmelze abgeführt wird. Aus $c_S'' = c_0$ folgt unter sinngemäßer Anwendung von Gl. (10.1) für die Konzentration an B in der Schmelze vor der Grenzfläche G:

$$c_L'' = \frac{c_0}{k_0} .$$

Im stationären Fall sind die Konzentrationsverhältnisse festgelegt durch die Größe

$$X = \frac{D}{R^K}. \tag{10.3}$$

D = Diffusionskoeffizient; R^K = Kristallisationsgeschwindigkeit.

X stellt den Abstand von der Grenzfläche G dar, bei dem die Konzentrationsüberhöhung Δc gegenüber der mittleren Konzentration c_0 im Innern der Schmelze den Bruchteil 1/e der maximalen Konzentrationsüberhöhung $c_L'' - c_0$ hat. Dieser Abstand wird als „charakteristischer Abstand" bezeichnet. In metallischen Systemen ($D \approx 5 \cdot 10^{-4}$ cm²/s) ist bei einer Kristallisationsgeschwindigkeit von $R^K \approx 10^{-2}$ cm/s der charakteristische Abstand $X \approx$ 0,5 mm.

Die Temperatur an der Grenzfläche G ist im stationären Zustand, da ein Mischkristall der Konzentration c_0 entsteht, notwendigerweise die Solidustemperatur bei c_0.

In realen Erstarrungssystemen werden neben dem Einfluß der Diffusion auf das Konzentrationsprofil auch noch Konvektionsströmungen in der Schmelze wirksam. Die Konvektion kommt durch Dichtegradienten zustande, die durch Temperaturgradienten und durch Konzentrationsgradienten bedingt sind. Lediglich in einer dünnen, an dem entstehenden Festkörper adhärierenden Flüssigkeitsschicht bleibt die Diffusion für das Konzentrationsprofil ausschlaggebend. Diese von mechanischen Rührbewegungen der Schmelze nicht erfaßte Diffusionsgrenzschicht kann jedoch so dick sein, daß sie den größten Teil der Diffusionszone umschließt. Lediglich bei heftiger mechanischer Rührung und sehr kleiner Kristallisationsgeschwindigkeit reicht die Dicke der Diffusionsgrenzschicht nicht aus, um die Diffusionszone, wie sie bei Abwesenheit einer Rührung auftreten würde, ganz zu umfassen.

10.2 Konstitutionelle Unterkühlung

Vor einer fortschreitenden Kristallisationsfront ist im Falle von $k_0 < 1$ die gelöste Komponente B angereichert und bei $k_0 > 1$ abgereichert. Die Zusammensetzung ist in beiden Fällen derart, daß die Liquidustemperatur der Schmelze unmittelbar vor der Erstarrungsfront niedriger ist als bei größerem Abstand von der Grenzfläche G. Demzufolge ist die Temperatur an der Grenzfläche niedriger als die Liquidustemperatur des übrigen Vorrats an Schmelze mit der Konzentration c_0. Das kann auch dann zu einer Unterkühlung führen, wenn die Temperatur der Schmelze höher ist als die Temperatur der Grenzfläche G. Die Gegebenheiten sind aus Bild 10.5 ersichtlich.

Es wird ein einachsiges Erstarrungssystem betrachtet, in dem die Wärmeabfuhr durch den entstehenden Kristall erfolgt. Die Wärmesenke befindet sich

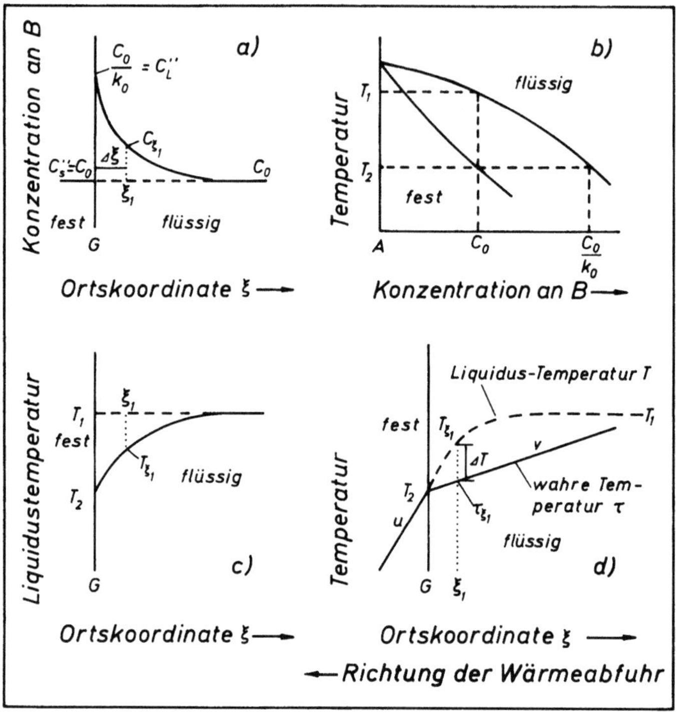

Bild 10.5 Zur konstitutionellen Unterkühlung

an der linken Seite des Systems. Wie aus Bild 10.5d ersichtlich, ist hier die wahre Temperatur am niedrigsten. Sie steigt zur Grenzfläche G hin an (vgl. Linie u). An der Grenzfläche ist die wahre Temperatur τ gleich der Solidustemperatur T_2 für die Konzentration c_0 (vgl. Bild 10.5b), da hier der Mischkristall der Zusammensetzung $c_S''=c_0$ entsteht. Mit zunehmendem Abstand von der Grenzfläche G steigt die Temperatur in der Schmelze gemäß dem Linienzug v an. Die Schmelze habe also an jeder Stelle eine höhere Temperatur als die Grenzfläche G. Diese Temperaturverhältnisse in der Umgebung der Erstarrungsfront entsprechen der Situation bei Erstarrungsvorgängen, wenn der die Schmelze enthaltende Tiegel von einer Seite (z.B. am Boden) gekühlt wird und ein Teil des Materials schon erstarrt ist. Für die folgenden Betrachtungen sei angenommen, daß bereits Stationarität erreicht ist. Die Konzentrationsverhältnisse gibt Bild 10.5a wieder. Im stationären Fall hat die an den mit der Konzentration $c_S''= c_0$ entstehenden Mischkristall angrenzende Schmelze die Zusammensetzung $c_L''= c_0/k_0$. Durch Diffusion nimmt von diesem maximalen Wert die Konzentration der Schmelze mit steigendem Abstand von G ab bis auf c_0. In diesem Diffusionsbereich ist jeder Konzentration gemäß Bild 10.5b eine bestimmte Liquidustemperatur zuzuordnen. Der Gang der Liquidustemperatur mit dem Abstand von G ist in Bild 10.5c wiedergegeben. Er steigt von T_2 (Solidustemperatur bei c_0) bis T_1 (Liquidustemperatur bei c_0). An der Grenzfläche ist $\tau = T_2$. In Bild 10.5d ist der Gang der Liquidustemperatur als Funktion des Abstands von G eingezeichnet. Hier ist der Fall gewählt, für den der Anstieg der T-ξ-Kurve im Punkte G größer ist als der Anstieg der τ-ξ-Linie. Für kleine Abstände von G ist daher $T > \tau$. An der Stelle ξ_1 im Abstand $\Delta\xi$ von der Grenzfläche G sei die Konzentration der Schmelze c_{ξ_1}. Dieser Konzentration entspreche die Liquidustemperatur T_{ξ_1}. Die wahre Temperatur τ der Schmelze ist dann um den Wert ΔT kleiner als die Liquidustemperatur T_{ξ_1}. Die Schmelze weist also eine Unterkühlung auf, obwohl ihre Temperatur τ_{ξ_1} höher ist als die Temperatur T_2 der Fest–flüssig-Grenzfläche G. Diese Unterkühlung wird als „konstitutionelle Unterkühlung" bezeichnet.

10.3 Auswirkungen der konstitutionellen Unterkühlung

Das Ausmaß der erzielbaren konstitutionellen Unterkühlung hängt bei vorgegebenen Abkühlungsbedingungen von der Lage der Liquidus- und Soliduslinie, also von der Konstitution des Systems ab. Bei sehr geringem Temperaturgradienten in der Schmelze, $\frac{d\tau}{d\xi} \to 0$, kann die maximal erzielbare konstitutionelle Unterkühlung fast den Betrag $(T_1 - T_2)$ bei c_0 erreichen. Das Intervall $(T_1 - T_2)$ kann indessen erhebliche Beträge haben. Beispielsweise ist im System Kupfer–Zinn bei etwa 7,5 At.-% Sn $(T_1 - T_2) \approx 190$ K. Vor einer fortschreitenden Grenzfläche wird in diesem System eine so große konstitutionelle Unterkühlung im praktischen Fall aber nicht erreicht, da bereits bei kleineren Unterkühlungen Keimbildung einsetzt. Das hat zur Folge, daß die Erstarrung nicht mehr gleichmäßig erfolgt. Zudem wird die ebene Fest–flüssig-Grenzfläche instabil. Es können Protuberanzen in die konstitutionell unterkühlte Schmelze vorstoßen und zu periodischen Schwankungen der Konzentration im resultierenden Festkörper Anlaß geben.

Aus Bild 10.6 ist die Entstehung einer Zellstruktur des bei der Erstarrung sich bildenden Festkörpers ersichtlich. Eine zufällig an einer Stelle der ebenen Grenzfläche auftretende Protuberanz A (Bild 10.6 a) stößt in einen Bereich der Schmelze vor, die konstitutionell unterkühlt ist. Die Wachstumsgeschwindigkeit an der Spitze der Protuberanz ist deshalb größer als die der ebenen Grenzfläche. Es sei erinnert, daß senkrecht zur Wachstumsrichtung

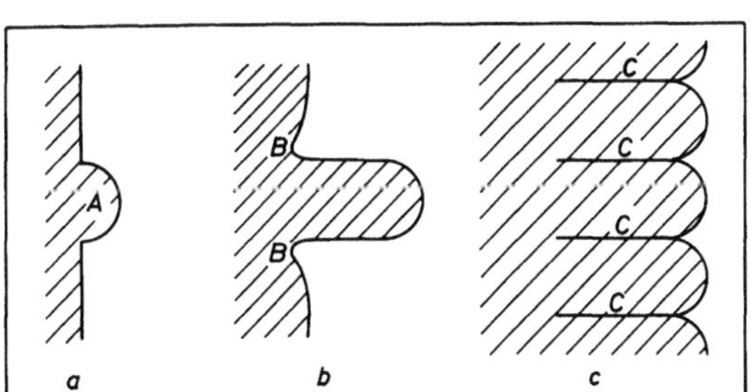

Bild 10.6 Zur Entstehung einer Zellstruktur infolge konstitutioneller Unterkühlung

der Erstarrungsfront zunächst kein Gradient der wahren Temperatur existiert. Eine seitliche Ausbreitung der Protuberanz erfolgt nur in relativ geringem Ausmaß, da die auftretende latente Erstarrungsenthalpie die tatsächliche Temperatur an den Seitenflanken der Protuberanz erhöht und damit die Unterkühlung reduziert. Zudem verzögert die Erhöhung der Konzentration des gelösten Stoffes an den Seitenflächen der Protuberanz die Wachstumsgeschwindigkeit senkrecht zur Wachstumsrichtung der Protuberanzspitze. An der Einmündung B (vgl. Bild 10.6b) der Protuberanz in die ebene Grenzfläche führt die Erhöhung der B-Konzentration ferner zu einer Verzögerung des Kristallisationsvorgangs der ebenen Erstarrungsfront an dieser Stelle. Damit ergibt sich die Möglichkeit, neue Protuberanzen in der Umgebung der ersten auszulösen. Schließlich schreitet die Erstarrungsfront nur noch in Form aneinandergepackter säulenförmiger Zellen vor. In den Grenzen dieser Zellen (C in Bild 10.6c) ist die Konzentration an B höher als im Zelleninneren. Diese Grenzbereiche erstarren stets etwas später (bei etwas tieferer Temperatur) als der Bereich der Zellen selbst.

Zellenbildung kann verhindert werden, wenn die Kristallisationsgeschwindigkeit durch Vorgabe eines sehr geringen Temperaturgradienten $\frac{d\tau}{d\xi}$ klein gehalten wird. Es ist dann hinreichend Zeit vorhanden für einen weitgehenden Abbau des Konzentrationsgradienten in der Schmelze vor der Kristallisationsfront. Ferner kann die Zellenbildung auch durch Vorgabe eines hinreichend hohen Temperaturgradienten in der Schmelze verhindert werden. Das ist aus Bild 10.7 ersichtlich. Wenn $\frac{d\tau}{d\xi}$ gleich oder größer ist als der Gradient der T-ξ-Kurve in unmittelbarer Nähe der Grenzfläche G, dann kann keine konstitutionelle Unterkühlung auftreten. Die wahre Temperatur der Schmelze ist dann an allen Stellen höher als die jeweilige Liquidustemperatur.

Eine weitere Auswirkung der konstitutionellen Unterkühlung kann darin bestehen, daß Keime vor der Kristallisationsfront G gebildet werden. Es kann dies an einer Stelle in der Schmelze erfolgen, an der die wahre Temperatur höher ist als die der Grenzfläche G. Das ist anhand von Bild 10.8 verständlich. Es ist eingezeichnet die Liquidustemperatur T als Funktion des Abstands vor der Fest-flüssig-Grenzfläche G, wie sie bei einer im Verlaufe

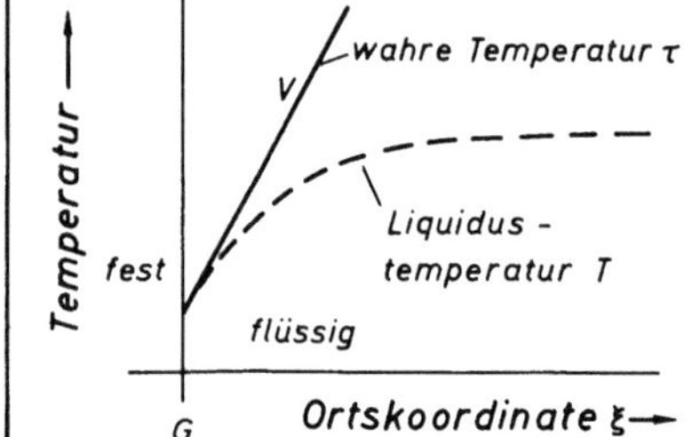

Bild 10.7 Vermeidung einer konstitutionellen Unterkühlung durch Vorgabe eines hinreichend hohen Gradienten der wahren Temperatur τ

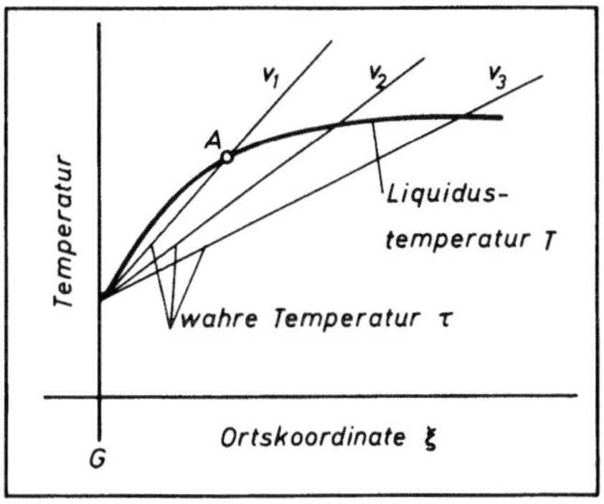

Bild 10.8 Zur Keimbildung vor der Kristallisationsfront G bei konstitutioneller Unterkühlung

der Erstarrung entstehenden Konzentrationsverteilung gegeben sei. Wird der Gradient der wahren Temperatur, $\frac{d\tau}{d\xi}$, von v_1 über v_2 nach v_3 erniedrigt, so nimmt die konstitutionelle Unterkühlung zu. Das Ausmaß der konstitutionellen Unterkühlung kann schließlich so groß werden, daß vor der Grenzfläche G Keimbildung ausgelöst wird. Die Anwesenheit von Keimbildungskatalysatoren kann dabei sehr förderlich sein (heterogene Keimbildung). Für das Eintreten einer Keimbildung vor der Kristallisationsfront sind die mittlere Konzentration der Schmelze, c_0, die Geschwindigkeit R^K des Fortschreitens der Kristallisationsfront G und der Gradient $\frac{d\tau}{d\xi}$ der wahren Temperatur in der Schmelze von Bedeutung.

Große Gußblöcke können am Rande aus Stengelkristallen und in der Mitte aus einem feindispersen Gefüge kleiner Kristallite bestehen. Das ist darauf zurückzuführen, daß infolge der Wärmeabfuhr durch die Tiegelwand zunächst Stengelkristalle mit einer mehr oder weniger geschlossenen Kristallisationsfront von der Tiegelwand in das Innere der Schmelze hineinwachsen. Nach hinreichend starker Aufstauung von Legierungskomponenten in der Schmelze vor der Kristallisationsfront und entsprechender konstitutioneller Unterkühlung kann Keimbildung in der Restschmelze eintreten, was hier zu einem feinkörnigen, regellosen Gefüge führt. Um diese Keimbildung zu vermeiden, ist der Gradient $\frac{d\tau}{d\xi}$ der wahren Temperatur in der Schmelze groß zu halten. Das kann erfolgen durch Kühlung der Kokille und durch Erhöhung der Gießtemperatur.

Um sowohl ein ungleichmäßiges Gefüge als auch die für die Weiterverarbeitung verschiedentlich störenden Stengelkristalle zu vermeiden, muß daher mit sehr großem Gradienten $\frac{d\tau}{d\xi}$ gearbeitet werden (vgl. Bild 10.8, v_1). Der von der konstitutionellen Unterkühlung erfaßte Bereich G–A ist dann sehr klein. Nur in diesem schmalen Saum vor der Kristallisationsfront tritt Keimbildung ein. In der Mitte des Tiegels bleibt die Schmelze bis kurz vor Abschluß des gesamten Erstarrungsprozesses flüssig. Die breiartige Zone vor der Erstarrungsfront, die die aus der neuen Keimbildung entstehenden

Kristallite enthält, weist noch so viele mit Flüssigkeit gefüllte Räume zwischen den einzelnen Kristalliten auf, daß Schmelze aus der noch nicht in der Erstarrung befindlichen mittleren Region in dem Maße nachsickern kann, wie dies infolge der bei der Kristallisation eintretenden Volumenschrumpfung erforderlich ist. Bei zu breiter Breizone ist dies nicht mehr möglich. Es entstehen dann Poren im Gußblock, die bei der weiteren Verarbeitung (Walzen, Schmieden) nur schwer zu schließen sind.

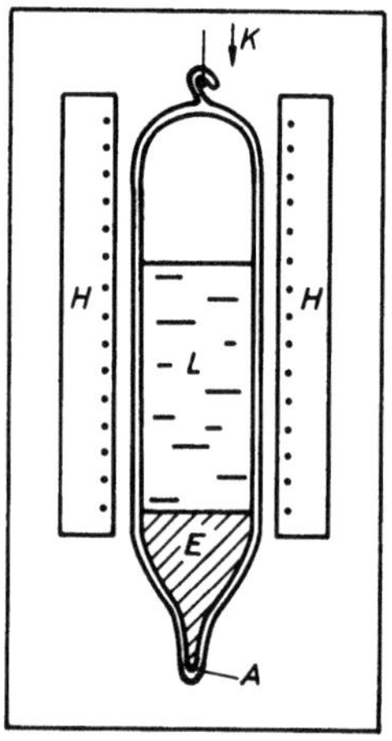

Bild 10.9 Bridgman-Verfahren zur Herstellung eines Einkristalls aus der Schmelze. A = Stelle der Bildung des Kristallkeims; E = Einkristall; L = Schmelze; H = feststehender Ofen; K = Richtung der Bewegung der Ampulle durch den Ofen

Für verschiedene Zwecke werden Einkristalle benötigt. Sie werden in der Regel durch gelenkte Erstarrung einer Schmelze gewonnen. Dabei kann die konstitutionelle Unterkühlung erhebliche Schwierigkeiten bereiten. Als Beispiel sei aus der Vielzahl der verschiedenen Methoden zur Herstellung von Einkristallen aus der Schmelze hier das Bridgman-Verfahren erwähnt. Wie in Bild 10.9 dargestellt, wird dabei im einfachsten Falle eine Schmelze in einer Ampulle durch einen Ofen herabgelassen. Die Ampulle ist unten zu einer kurzen Kapillare ausgezogen. Beim Absenken der mit Schmelze beschickten Ampulle tritt hier bei Erreichen der Erstarrungstemperatur Keimbildung ein. Infolge der kleinen Dimensionen der Kapillare ist es in der Regel nur ein einziger Keim, der beim weiteren Absenken der Ampulle weiterwächst. Schließlich entsteht beim Fortschreiten der Erstarrungsfront aus der gesamten Probe ein Einkristall.

Das ist der Fall bei reinen Substanzen. Wenn indessen ein zweiter Bestandteil oder noch weitere Komponenten in der Schmelze vorhanden sind, kann dies vor der Erstarrungsfront zu Konzentrationsgradienten und zur konstitutionellen Unterkühung Anlaß geben. Es kann dann Keimbildung vor der Kristallisationsfront des Einkristalls auftreten. Das ist mit der Erfahrung im Einklang, wonach es im allgemeinen schwierig ist, nach diesem Verfahren Einkristalle von unreinen Substanzen oder gar Mischkristall-Einkristalle mit höheren Gehalten einer weiteren Komponente herzustellen.

10.4 Reinigung durch Zonenschmelzen

Wie bereits dargelegt, kristallisiert zu Beginn der Erstarrung aus einer Schmelze der Konzentration c_0 bei einem Verteilungskoeffizienten $k_0 < 1$ ein Festkörper der Zusammensetzung $c_S = k_0 \cdot c_0 < c_0$ aus (vgl. Bild 10.4). Mit fortschreitender Erstarrung nimmt die Konzentration an gelöstem Stoff B in der Schmelze zu und ebenso die Konzentration des sich ausscheidenden Kristalls, bis – bei vorgegebener konstanter Kristallisationsgeschwindigkeit – der stationäre Zustand erreicht ist. Hier kristallisiert ein Festkörper mit der Konzentration aus, die der mittleren Zusammensetzung c_0 der Schmelze weit weg von der Erstarrungsfront entspricht ($c_S'' = c_0$). Der in einachsiger Erstarrung entstehende stabförmige Festkörper hat dementsprechend an seinem Anfang eine Zusammensetzung, die kontinuierlich von $c_S = k_0 \cdot c_0$ (unmittelbar an der Stirnseite) bis $c_S'' = c_0$ (bei eintretender Stationarität) ansteigt und dann bis kurz vor dem Stabende konstant bei c_0 bleibt (vgl. Bild 10.10).

Ist die Erstarrungsfront G so nahe an das Probenende herangerückt und damit das Reservoir der Schmelze so klein geworden, daß ein Wegdiffundieren der Komponente B aus dem Bereich der B-Konzentrationsüberhöhung vor der Grenzfläche G zu einer merklichen Zunahme der mittleren Konzentration der Restschmelze von $c_0 \rightarrow c_0'$ führt (wobei $c_0' > c_0$ ist, vgl. Bild 10.11), dann steigt auch die Konzentration der Schmelze an der Grenzfläche auf Werte c_L^E an, die höher sind als im stationären Fall ($c_L'' = c_0/k_0$). Die Folge

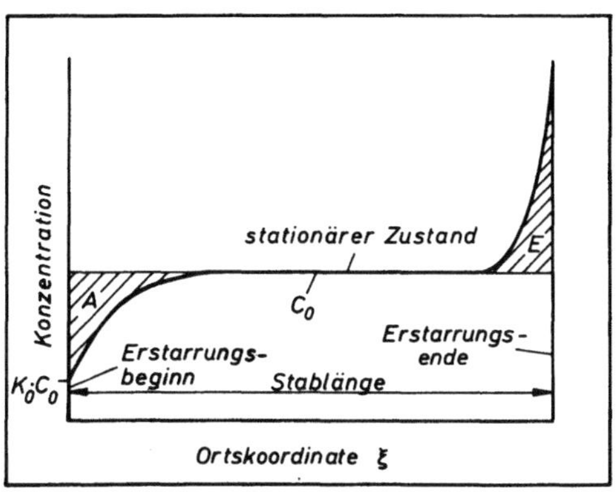

Bild 10.10 Konzentrationsverteilung in einem einachsig erstarrten Stab bei $k_0 < 1$

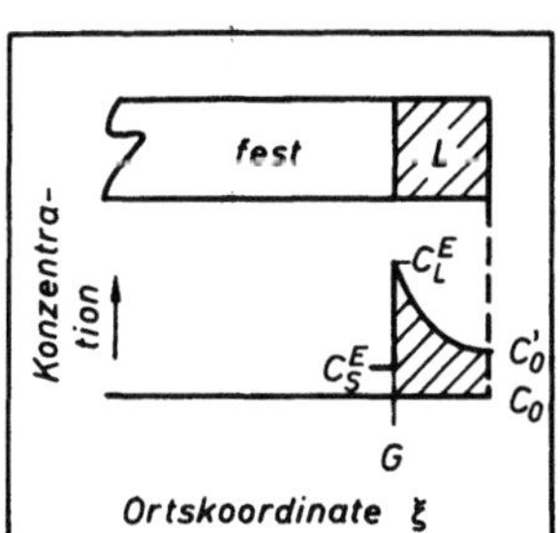

Bild 10.11 Konzentrationsverteilung in der Schmelze L eines einachsig erstarrten Stabes kurz vor Ende des Erstarrungsvorgangs ($k_0 < 1$)

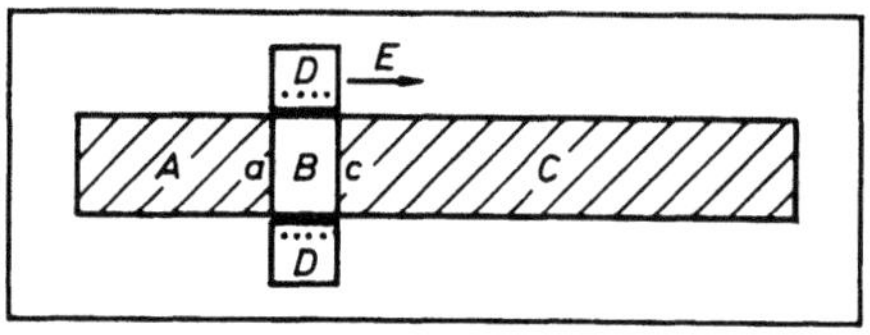

Bild 10.12 Prinzip des Zonenschmelzens nach W. G. Pfann. A = frisch erstarrter Festkörper; B = Schmelze; C = noch nicht aufgeschmolzener Festkörper; D = ringförmiger beweglicher Heizer; E = Bewegungsrichtung des Heizers

davon ist, daß jetzt auch der Festkörper mit einer höheren B-Konzentration (c_S^E) gebildet wird als im stationären Fall ($c_S'' = c_0$). Dieser Effekt verstärkt sich mit zunehmender Annäherung der Grenzfläche G an das Probenende (vgl. Bild 10.10).

Das zuerst entstandene Ende des einachsig erstarrten Stabes ist also an B ärmer, das zuletzt erstarrte Ende ist an B reicher als die mittlere B-Konzentration der gesamten Probe. Die in Bild 10.10 schraffierten Flächen A und E sind gleich, da bei dem Erstarrungsvorgang die Gesamtmenge an B in der Probe naturgemäß konstant bleibt. Dieser Effekt des Transports der Minoritätskomponente von einem Ende der Probe zum anderen kann zur Beseitigung von Verunreinigungen in einem Material genutzt werden. Im Prinzip könnte die Gesamtverunreinigungsmenge erniedrigt werden, wenn nach einer solchen Erstarrung das mit B angereicherte Ende der Probe abgeschnitten und verworfen wird. Der Rest könnte einer abermaligen gleichartigen einachsigen Erstarrung unterworfen werden. Diese Methode ist indessen für die Praxis wenig geeignet.

W. G. Pfann hat ein praktikables Verfahren entwickelt, das als Zonenschmelzen bezeichnet wird und das eine Reinigung einer Substanz ohne großen Materialverlust ermöglicht. Das Prinzip ist in Bild 10.12 dargestellt. Ein in einem waagerechten Behälter befindlicher Festkörper wird nur in einer schmalen Zone B durch einen Heizer aufgeschmolzen. Während dieser ringförmige Heizer D in eine Richtung (z.B. E) bewegt wird, bringt er den Festkörper C an der Seite c zum Schmelzen, während an der Seite a des Festkörpers A Kristallisation erfolgt. Beim Durchgang der geschmolzenen Zone vom linken Ende zum rechten Ende der Probe wird der gelöste Stoff B bei $k_0 < 1$ vom linken Ende zum rechten Ende der Probe transportiert. Dieser Vorgang kann beliebig oft wiederholt werden. Es können dabei erhebliche Reinigungseffekte erzielt werden. Auf diesem Wege werden beispielsweise höchstreine Materialien hergestellt, wie sie für die Halbleitertechnik erforderlich sind.

Die Effektivität der Reinigung durch Zonenschmelzen ist so groß, daß schließlich die Einschleppung von Verunreinigungen aus dem Tiegelmaterial störend sein kann. Das ist vor allem der Fall bei Substanzen, die bei hohen Temperaturen schmelzen und dann leicht mit dem Tiegelmaterial reagieren. Um extreme Reinheiten auch in solchen Fällen zu erzielen, kann tiegelfrei gearbeitet werden. Dabei wird die Schmelzzone zwischen zwei senkrecht stehenden Stäben des zu reinigenden Materials erzeugt. Die schmale Schmelzzone wird entweder durch Oberflächenspannung allein oder durch zusätzliche elektromagnetische Kräfte in ihrer Position gehalten und allmählich durch den Festkörperstab hindurchgeführt.

Zur optimalen Reinigung sind zahlreiche, den speziellen Bedürfnissen entsprechende technische Ausführungsformen des Zonenschmelzens entwickelt worden. Es sei erwähnt, daß auch der umgekehrte Weg möglich ist, bei dem durch eine ringförmige Kühlanordnung eine schmale Zone kristallinen Materials in einem langen, mit Schmelze gefüllten Tiegel erzeugt und langsam durch die flüssige Probe hindurchgeführt wird (Zonenkristallisieren).

10.5 Ausscheidungsreaktionen im festen Zustand

Ausgehend von einer festen Gleichgewichtsphase kann durch Änderung der Zustandsvariablen Druck, Temperatur oder Konzentration die Möglichkeit für den Übergang in eine andere feste Phase oder in ein Gemenge aus festen Phasen geschaffen werden. Die damit eintretende Änderung des Gefüges von Festkörpern wird in großem Umfang technisch genutzt zur Erzielung gewünschter mechanischer, magnetischer oder elektrischer Eigenschaften von Werkstoffen. Aus praktischen Gründen wird dabei fast ausschließlich die Temperatur variiert. Als atomarer Mechanismus der Überführung einer festen Ausgangsphase in ein Gefüge anderer Phasen kann dabei ein diffusionsloses „Umklappen" einer Gitterstruktur in eine andere auftreten. Das ist beispielsweise bei der Bildung des Martensits im System Eisen–Kohlenstoff der Fall. In den meisten Fällen wird der Endzustand indessen durch Diffusion erreicht. Dabei ist sowohl die Keimbildung als auch das Wachstum der gebildeten Keime diffusionsbestimmt. Hier sollen lediglich die Gegebenheiten beim Wachstum der neu gebildeten festen Phasen betrachtet werden.

Ein einfacher Fall der Bildung einer neuen festen Phase in einer festen Ausgangsmatrix ist in Bild 10.13 schematisch dargestellt. Ein α-Mischkristall der Konzentration $x_B^{\alpha,0}$ wird von der Temperatur T_1, bei der er als stabile Phase existent ist, auf die Temperatur T_2 gebracht. Hier scheide sich die Phase β aus. Diese Ausscheidung kann auf eine kontinuierliche oder eine diskontinuierliche Weise erfolgen.

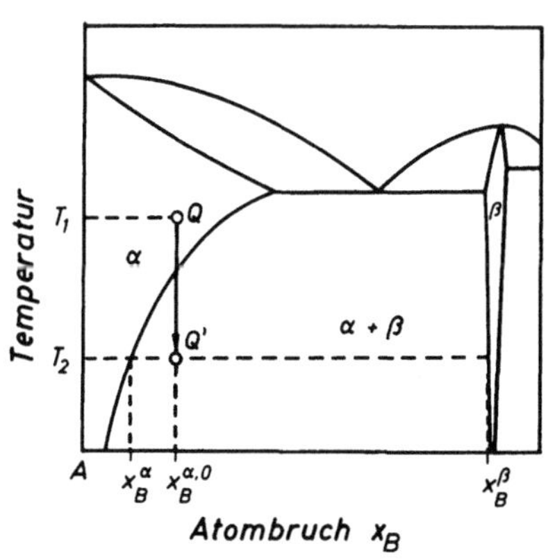

Bild 10.13 A-reiche Seite eines Zustandsdiagramms zur Erläuterung der Ausscheidung einer neuen festen Phase aus einer festen Ausgangsphase

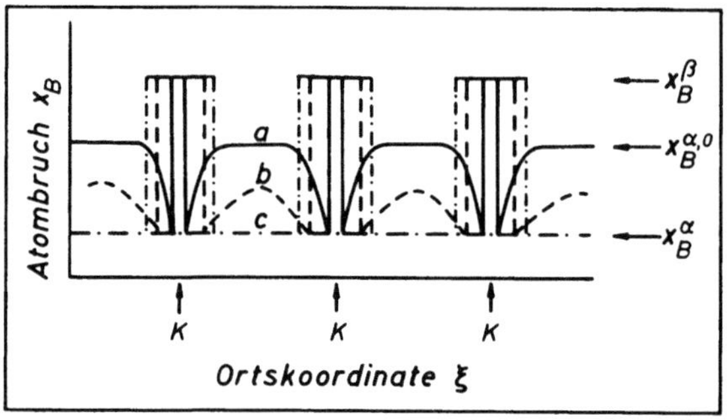

Bild 10.14 Konzentrationsverteilung bei einer kontinuierlichen Ausscheidung. Zu den Atombrüchen vgl. Bild 10.13. K = Keimstellen; a = Konzentrationsverteilung kurz nach Beginn der Ausscheidung; b = Zwischenstadium; c = Endstadium nach $t \to \infty$

Bei der kontinuierlichen Ausscheidung kann Keimbildung sowohl an den Korngrenzen als auch im Inneren der Körner einer polykristallinen Ausgangsmatrix erfolgen. Der die Kinetik des Wachstums bestimmende atomare Mechanismus ist die Volumendiffusion. Das Prinzip des Ablaufs des Ausscheidungsvorgangs ist in Bild 10.14 skizziert. Zumindest zu Beginn der Ausscheidung sind die einzelnen in der Matrix enthaltenen β-Bereiche voneinander isoliert. In diesen Ausscheidungsteilchen ist die Konzentration x_B^β; außerhalb, weit weg von ihnen, ist die Konzentration in der Matrix noch $x_B^{\alpha,0}$. In unmittelbarer Umgebung der β-Ausscheidungsteilchen bilden sich Diffusionshöfe mit Konzentrationsgradienten aus. Die hier stattfindende Diffusion transportiert B an die β-Teilchen heran. Während diese dadurch wachsen, nimmt die B-Konzentration der Matrix kontinuierlich ab, bis schließlich überall die Gleichgewichtskonzentration der bei T_2 mit der β-Phase koexistierenden α-Phase, x_B^α, erreicht ist. Die Abnahme des B-Gehalts in der α-Phase kann beispielsweise röntgenographisch an der kontinuierlichen Änderung der Gitterkonstanten verfolgt werden.

Eine quantitative Analyse des Wachstumsvorgangs kann in einfacher Weise durch Ermittlung des Mengenanteils der ausgeschiedenen Phase als Funktion der Zeit erfolgen. Das ist experimentell möglich durch mikroskopische Ermittlung des Flächenanteils der Ausscheidungsphase an der Gesamtfläche angeschliffener Proben. Als Beispiel ist in Bild 10.15 der Volumenanteil der γ-Phase (kub. fz.) bei der Ausscheidung aus einer übersättigten

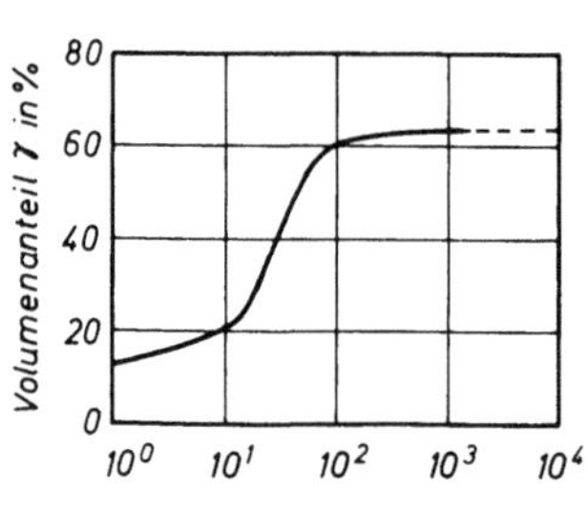

Bild 10.15 Zur Kinetik der kontinuierlichen Ausscheidung. Volumenanteil γ der aus einem übersättigten kubisch raumzentrierten Fe-5 At.-% Ni-Mischkristall (α) ausgeschiedenen kubisch flächenzentrierten γ-Phase als Funktion der Ausscheidungsdauer. T = 1013 K. Nach[6])

α-Phase des Systems Fe–Ni mit 5 At.-% Ni für eine Auslagerungstemperatur von 1013 K wiedergegeben. Der Volumenanteil von γ nimmt zunächst langsam zu, um mit zunehmender Größe der γ-Teilchen anzusteigen. Schließlich wird ein Endwert des Volumenanteils bei langen Zeiten asymptotisch erreicht. Zur quantitativen Beschreibung des Wachstumsvorgangs bei konstanter Temperatur sind verschiedene Ansätze erprobt worden. Ein sehr einfacher analytischer Ausdruck ist von W. A. Johnson und R. F. Mehl angegeben worden. Er lautet:

$$y(t) = 1 - \exp\left(-\frac{t}{\tau}\right)^n . \qquad (10.4)$$

Es bedeuten t die Ausscheidungszeit, τ die Abklingkonstante der Ausscheidungsreaktion, n den Wachstumsexponenten und y (t) eine normierte Mengenfunktion. Die normierte Mengenfunktion ist gegeben durch:

$$y(t) = \frac{\text{Volumenanteil der Ausscheidungsphase bei t}}{\text{Volumenanteil der Ausscheidungsphase bei t} = \infty} .$$

Der Kehrwert der Abklingkonstante ist ein Maß für die Geschwindigkeit der Ausscheidungsreaktion.

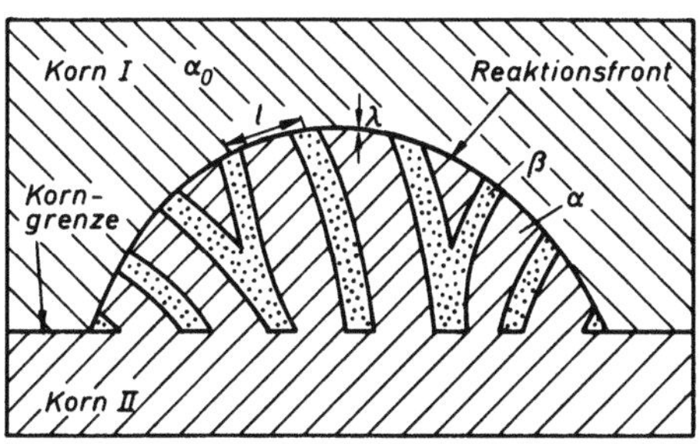

Bild 10.16 Schematische Darstellung einer Ausscheidungskolonie bei der lamellaren diskontinuierlichen Ausscheidungsreaktion. α_0 = Ausgangsmatrix ($x_B^{\alpha,0}$); α = an B abgereicherte α-Phase (x_B^{α}); $\beta = \beta$-Phase (x_B^{β}); l = Lamellenabstand; λ = Dicke der inkohärenten Phasengrenze zwischen Ausscheidungskolonie und Ausgangsmatrix

Die den Ausscheidungsvorgang steuernde Volumendiffusion ist in bekannter Weise gemäß der Arrhenius-Gleichung von der Temperatur abhängig. Bei niedrigen Temperaturen kann die Ausscheidungsgeschwindigkeit naturgemäß sehr klein sein.

Eine andere Art, eine neue Phase in einer einphasigen Ausgangsmatrix zu bilden, ist die diskontinuierliche Ausscheidung. In der Regel setzt hierbei die Keimbildung an Korngrenzen ein. Sie führt meist zu einem lamellaren Gefüge, in dem Lamellen der neu gebildeten Phase β neben Lamellen der an B abgereicherten Matrix liegen. Die nach der Keimbildung vorliegende lamellare Ausscheidungskolonie aus β-Phase mit x_B^{β} und α-Phase mit einer Zusammensetzung von etwa x_B^{α} (vgl. Bild 10.13 und Bild 10.16) wächst bei vorgegebener Temperatur mit konstanter Geschwindigkeit in die Ausgangsmatrix α_0 (mit der Konzentration $x_B^{\alpha,0}$) hinein. Die in der Ausgangsmatrix α_0 homogen verteilten B-Atome werden auf die nebeneinanderliegenden neuen Phasen α und β aufgeteilt. Dies erfolgt in der Grenzfläche zwischen der Ausscheidungskolonie und der Ausgangsmatrix, und zwar durch Grenzflächendiffusion.

Während des Ausscheidungsvorgangs tritt, sofern nicht die kontinuierliche Ausscheidung als Konkurrenzreaktion wirksam ist, keine Änderung der Konzentration in dem noch nicht von der Ausscheidungskolonie überstrichenen Teil der Ausgangsmatrix ein. Weil in diesem Fall die Konzentration der Ausgangsmatrix nicht kontinuierlich in die Endkonzentration übergeht, wird diese Art, eine neue Phase zu bilden, diskontinuierliche Ausscheidung genannt.

Wie in Bild 10.16 angedeutet, nimmt das Kristallgitter der α-Lamellen die kristallographische Orientierung des Korns an, von dem das Wachstum der Ausscheidungskolonie ausgegangen und weggerichtet ist. Die Geschwindigkeit R^A, mit der die Reaktionsfront fortschreitet, ist abhängig von der Beweglichkeit M und der Triebkraft der Reaktion, dem Gewinn an freier Enthalpie ΔG beim Reaktionsablauf:

$$R^A = -\Delta G \cdot M. \tag{10.5}$$

In der Größe ΔG ist neben dem Gewinn an freier Enthalpie bei der Entmischung in zwei Phasen mit annähernden Gleichgewichtskonzentrationen noch der Aufwand an freier Enthalpie zur Bildung der Lamellengrenzen enthalten. Die Beweglichkeit M ist im wesentlichen von der atomaren Struktur der Grenzfläche abhängig. Es stellt sich ein mittlerer Lamellenabstand ein, der unter vorgegebenen äußeren Bedingungen (Temperatur, Konzentration) eine möglichst rasche optimale Erniedrigung der freien Enthalpie des Systems gewährleistet. Nach J. Petermann und E. Hornbogen gilt für die Geschwindigkeit, mit der die Reaktionsfront fortschreitet:

$$R^A = -8 \cdot \frac{\Delta G}{RT} \cdot \frac{\lambda \cdot D_I}{l^2}. \tag{10.6}$$

Dabei bedeuten λ die Dicke der Reaktionsgrenze zwischen Ausscheidungskolonie und Ausgangsmatrix ($\lambda \approx 0{,}5$ nm), D_I den Grenzflächendiffusionskoeffizienten in dieser Reaktionsgrenze, l den mittleren Lamellenabstand und ΔG die Änderung der freien Enthalpie beim Ausscheidungsvorgang. Daneben sind zahlreiche weitere Ausdrücke für die Wanderungsgeschwindigkeit der Ausscheidungsfront entwickelt worden, die in verschiedenen Näherungen einzelnen besonderen Gegebenheiten Rechnung tragen.

Es sei erwähnt, daß in der Regel die Gleichgewichtskonzentration x_B^{α} der α-Phase bei der Bildung der Ausscheidungszellen nicht sofort vollständig erreicht wird. Vielmehr entsteht dabei eine α-Phase mit $x_B > x_B^{\alpha}$. Der Überschuß an B kann nach Abschluß der diskontinuierlichen Ausscheidung durch Volumendiffusion abgebaut werden.

Ferner kann in einem feinlamellaren, diskontinuierlich ausgeschiedenen Gefüge eine zweite diskontinuierliche Reaktion beginnen. Es entsteht dabei eine lamellare Ausscheidungskolonie mit größerem Lamellenabstand. Das ursprüngliche feinlamellare Gefüge kann völlig aufgezehrt werden. Die treibende Kraft dieser sekundären Ausscheidungsreaktion in einer bereits diskontinuierlich vorentmischten Matrix besteht im Gewinn an freier Enthalpie durch Reduzierung der gesamten Grenzflächenenthalpie sowie in einer besseren Angleichung der Konzentration der α-Lamellen an die Gleichgewichtskonzentration x_B^{α}.

Welche der verschiedenen Ausscheidungsmöglichkeiten unter gegebenen Randbedingungen auftritt, hängt wesentlich von der Geschwindigkeit ab, mit der das System jeweils seine freie Enthalpie erniedrigen kann. Oft erfolgt – je nach Temperatur und Übersättigung – in ein- und demselben System die Ausscheidung der Gleichgewichtsphase auf beide Arten. Außerdem können noch eine oder mehrere metastabile Phasen als kontinuierliche Vorausscheidungen auftreten, wie es z.B. im Duralumin zu beobachten ist (vgl. Abschnitt 9.2).

10.6 Literaturhinweise zu Kapitel 10

1) W. G. Pfann, „Zone Melting", J. Wiley and Sons, New York (1958).
2) B. Chalmers, „Principles of Solidification", J. Wiley and Sons, New York (1964).
3) W. C. Winegard, „An Introduction to the Solidification of Metals", The Institute of Metals, London (1964).
4) H. Schildknecht, „Zonenschmelzen", Verlag Chemie, Weinheim/Bergstr. (1964).
5) G. Matz, „Kristallisation", Springer-Verlag, Berlin (1969).
6) B. Predel und W. Gust, Arch. Eisenhüttenwes., **43**, 657 (1972).
7) H. Schmalzried, „Festkörperreaktionen", Verlag Chemie, Weinheim/Bergstr. (1971).
8) J. Burke, „The Kinetics of Phase Transformations in Metals", Pergamon Press, Oxford (1965).
9) J. Manenc, „Structural Thermodynamics of Alloys", D. Reidel Publ. Comp., Dordrecht, Holland (1973).

Sachregister

A

Abklingkonstante 285
Abkühlungsgeschwindigkeit 33
Abkühlungskurve 30; 31; 50; 101
adhärierende Flüssigkeitsschicht 275
Äthylalkohol–Wasser (Siedediagramm) 153
Ätzung 34
Ag–Au (Zustandsdiagramm) 52
Aggregatzustand 4; 5
Ag–Sb (thermodyn. Größen) 177
Ag–Sr (Zustandsdiagramm) 73
Akkomodationskoeffizient 18 ff; 75
Aktivierungsenergie 18; 19; 22
aktivierter Zustand 18
Aktivitätsisotherme 179 ff; 203
Al–Cd (Zustandsdiagramm) 210
Al–In (Zustandsdiagramm) 210
Aluminiumgewinnung 25
Al–Zn (ΔH–x-Kurve) 175
anomales Eutektikum 44
Arrhenius-Gleichung 285
Assoziate 255 ff
Assoziation 186; 255 ff; 264
Assoziationskonstante 257
atomare Struktur 11
Atombeweglichkeit 64; 269
Atombruch 17; 86
Atomgewicht 18
Atomprozent 17
Atomradiendifferenz 23; 54; 64; 68; 202
Au–Cu (Ordnung–Unordnung–Umwandlung) 65
Auflösungsvermögen 39
Au–Ni (Zustandsdiagramm) 55
Au–Si (Zustandsdiagramm) 251
Ausscheidung 39; 40; 236; 237; 241 ff
Ausscheidungsgefüge 39
Ausscheidungskolonie 285 ff
Ausscheidungsreaktionen 283 ff
Ausscheidungszelle 286
Austenit 80; 240
azeotropes Gemisch 153

B

Benzol–Diphenylamin–Naphthalin (Zustandsdiagramm) 100
Bernal-Modell 265
Bessemer-Verfahren 62
Bi–$BiBr_3$ (Zustandsdiagramm) 75
Bildungsenthalpie 184
binäres System 23
Bi–Pb (Zustandsdiagramm) 74
bivariantes Gleichgewicht 28
Boltzmannkonstante 216
Bridgman-Verfahren 280

C

CaO–SiO_2–Al_2O_3 (Zustandsdiagramm) 123
d-Carvoxim–l-Carvoxim (Zustandsd.) 53
Ca–Sr (Zustandsdiagramm) 76
Cd–Pb–Sn (Zustandsdiagramm) 100
Cd–Zn (Gefügebilder) 35 ff
Cd–Zn (Zustandsdiagramm) 28
charakteristischer Abstand 275
Clausius-Clapeyronsche Gleichung 11; 13; 158; 159
Cu–Cu_2O (Mischungslücke) 62
Cu–Ni (Zustandsdiagramm) 52
Curie-Punkt 220; 222
Cu–S (Zustandsdiagramm) 62
Cu_2S 66

D

Dampf 9; 10
Dampfdruck 8; 10
Dampfdruckkurve 7; 14; 150 ff
Dampfdruckmaximum 150 ff
Dampfdruckminimum 150 ff
Dampf-Festkörper-Gleichgewicht 153 ff; 161 ff
Dampf-Flüssigkeit-Gleichgewicht 148 ff
Dampfphase 14
Darken-Formalismus 223
Dendriten 46 ff; 59
dendritische Bereiche 102
dendritische Kristallisation 46
Destillation 161
Diamantstruktur 251; 252
dichteste Zufallspackung 265
Differential-Thermoanalyse 32; 33; 62
Diffusion 42; 57; 64; 83; 184; 243; 269 ff; 271 ff
diffusionslose Umwandlung 83

diskontinuierliche Ausscheidung 284 ff
diskontinuierliche Kristallisation 269; 270
Dissoziation 256
Dissoziationsgleichgewicht 164
Dissoziationsgrad 257
Doppeltangente 203 ff
doppelte Umsetzung 141; 142
Dreieckskoordinaten 86
Dreikantprisma 90
Dreikantröhre 93; 94
Dreiphasengleichgewicht 31; 56; 65; 80
Dreiphasenreaktion 70; 71; 72
Dreistoffsystem 6; 86 ff
Druck-Schmelztemperatur-Linie 13
DTA-Analyse 33
Duhem-Margules-Gleichung 181
Duralumin 246
dynamisches Gleichgewicht 7; 12; 19; 253

E
Effusionsmethode 185 ff
Einkomponentensystem 6
Einkristall 165; 280
Einlagerungsmischkristall 79
Einstoffsystem 6; 11; 13
Eis 5; 7; 10
Eisen 14
Eisen (Zustandsdiagramm) 13
Eisenerz 78
Eisenerzeugung 124
elastische Gitterverzerrung 22
elektrischer Widerstand 41
elektronenmikroskopische Untersuchungsverfahren 39
Elektronenstrahl-Mikrosonde 40
Elektronenverbindung 251
Elektroneutralitätsprinzip 68
Elementarzelle 63
EMK-Methode 186 ff
enantiotrope Umwandlung 12; 75
Energieumsatz 9
Energieverteilung 6
entartetes Eutektikum 45; 46
Enthalpie 167 ff
Entordnung 213 ff
Entordnungsenthalpie 216 ff
Entordnungsentropie 216 ff
Entropie 169
Erhitzungsgeschwindigkeit 33
Erhitzungskurve 50; 153
Erstarrungsenthalpie 46
Erstarrungsprozeß 18
Eutektikum 24 ff; 33; 128 ff; 192; 253; 263
eutektische Konzentration 31
eutektische Korngrenze 38
eutektische Kristallisation 35 ff; 42 ff
eutektische Polyeder 102; 103
eutektische Rinne 91 ff
eutektische Temperatur 24 ff
eutektischer Punkt 25
eutektisches Dampfgemenge 156
eutektisches Gleichgewicht 24
eutektisches System 23 ff
eutektoidischer Punkt 80
eutektoidisches Gleichgewicht 66
Expansionsarbeit 15; 167
extensive Zustandsfunktionen 3

F
Faraday-Konstante 186
Fayalit 66
Fe–C (Gefüge) 81; 82
Fe–C (Keimbildung) 239; 240
Fe–C (Zustandsdiagramm) 78 ff
Fe–Cr (Zustandsdiagramm) 78
Fe–Fe_3O_4 (Mischungslücke) 62
Fe–Mo (Zustandsdiagramm) 78
Fe–Ni (Zustandsdiagramm) 77
FeO–Cr_2O_3 (Zustandsdiagramm) 73
Fernordnung 23
Ferrit 80
Ferrit (Keimbildung) 240
ferromagnetischer Zustand 220
FeS–CrS (Zustandsdiagramm) 52 ff
feste Lösung 24
Festkörper 11; 12
Festkörperreaktion 14
Flüssigkeit 6
Fluktuation 232
fraktionierte Destillation 151 ff
fraktionierte Kondensation 152 ff
fraktionierte Verdampfung 152 ff
freie Energie 8; 9; 15
freie Enthalpie 9; 15; 64; 83
freie Entordnungsenthalpie 218
freie Exzeßenthalpie 177
freie Mischungsenthalpie 170 ff
freie Überschußenthalpie 177
Freiheitsgrad 27
Fremdkoordination 248; 266
Frequenz 18
führende Phase 103
Fünfstoffsystem 143

G
Ga–Bi (Zustandsdiagramm) 61
Ga–Cd (thermodyn. Größen) 181 ff
Ga–Cd–Pb (Zustandsdiagramm) 135
Gefrierpunktserhöhung 23; 197
Gefrierpunktserniedrigung 22; 196; 197
Gefrierpunktsverschiebung 23
Gefügebild 35
Geometriefaktor 18 ff
geordnete Atomverteilung 63; 213 ff
geordneter Zustand 213 ff
Gesetz sich berührender Zustandsräume 103 ff
Gesetz von Palatnik und Landau 105

Gesteinsbildung 159
Gewichtsprozent 17
Gibbs-Duhem-Gleichung 174
Gibbssches Phasengesetz 26 ff; 56; 68; 89; 92; 104 ff
Gießtemperatur 279
ΔG-Isothermen 204
Gitterkonstante 41
Gitterlücke 79; 265
Gitterversetzungen 237
Gitterverzerrung 22; 23; 202; 237
Gitterverzerrungsenergie 22; 54; 64; 79
Gläser 261 ff
Glasbildungstemperatur 261 ff
Glasherstellung 101
Glastemperatur 261 ff
Gleichgewicht 8; 9
Gleichgewichtsdiagramm 12; 14
Gleichgewichtseinstellung 9; 55
Gleichgewichtslinie 13
Gleichgewichtsmischkristall 48 ff
Gleichgewichtsphase 12; 15; 26 ff
Gleichgewichtstemperatur 19
Gleichgewichtsverhältnisse (Erläuterung) 9
Gleichgewichtszustand 5
Gramm-Atom 3
Graphit 80
Grenzflächendiffusion 285 ff
Grenzflächenenergie 43; 233 ff; 245
Grenzlöslichkeit 39
Guertler 120 ff
Guinier-Preston-Zonen 246 ff
Gußblock 279
ΔG-x-Kurve 170 ff

H
Haarkristall 165
Härte 41
Halbleitertechnik 282
Haltestrecke 31; 52
Hammer- und -Amboß-Methode 267; 268
Hauptsatz, 1. 167
Hebelgesetz 29 ff; 48; 50; 59; 68; 70; 87; 149; 190; 241
Helmholtz-Gibbssche Gleichung 169
Henrysches Gesetz 180 ff
heterogene Keimbildung 232 ff; 279
heteropolare Bindung 68
Höhenschichtlinien 99
Hochdruckmodifikation 13
Hochofen 78
Hochtemperaturkalorimeter 183 ff
Hochtemperaturmodifikation 14
homogene Keimbildung 232 ff
Homogenisierung 49
Homogenitätsbereich 68
Hume-Rothery-Phasen 251 ff
ΔH-x-Kurve 170 ff

I
ideale Lösung 174
ideale Mischungsentropie 171
idiomorphe Kristalle 102
inkohärente Phasengrenze 285
inkongruent schmelzende Verbindung 70
inkongruent sich zersetzende Verbindung 162 ff
inkongruent verdampfende Verbindung 163
innere Energie 167
In–Sn (Zustandsdiagramm) 249
integrale Mischungsgrößen 169 ff
intermediäre Verbindung 54; 71; 237
intermetallische Phase 54; 71; 237
intermetallische Verbindung 54; 71; 237
Isohypsen 144
isotherme Destillation 15
isothermer Schnitt 94 ff; 111 ff

J
Jod 16
Joulesche Wärme 184

K
Kalorimeter 167 ff
Kaltaushärtung 248
$K_2Cr_2O_7 - Rb_2Cr_2O_7$ (Zustandsdiagramm) 53
Keim 261
Keimbildung 44; 232 ff; 269 ff; 279
Keimbildungskatalysator 16; 235
Keimbildungs-Wachstums-Prozeß 232
Keimbildungswahrscheinlichkeit 234
Keimradius 233 ff
Kieselsäureglas 15
kinetische Energie 7
kinetische Gastheorie 185
kinetische Hemmung 9
K–KCl (Zustandsdiagramm) 62
Klärkreuzverfahren 120 ff
Knudsen-Methode 185 ff
Knudsenzelle 185
Koexistenz 5; 12
koexistierende Phasen 8; 9
Kohärenz 246 ff
Kokille 279
Komponente 17; 27
Kondensat 152 ff
Kondensation 10; 14; 149 ff
Kondensationsenthalpie 7; 10
Kondensationsprozeß 7
kondensierte Phase 5; 8
Konfigurationsenthalpie 215 ff
kongruent schmelzende Verbindung 66; 115 ff; 193; 256 ff
kongruent verdampfende Verbindung 164
Konode 24; 48 ff; 87 ff; 98; 110
Konodendrehung 110 ff
Konodendreieck 88 ff; 127 ff

Konovalov-Regel 110 ff
konstitutionelle Unterkühlung 275 ff
Kontaktwinkel 235
kontinuierliche Ausscheidung 284 ff
Konvektion 275
Konversionssalpeter 145
Konzentration (Definition) 17
Konzentrationsdreieck 86
Konzentrationsgradient 243
Konzentrationspyramide 143
Konzentrationsquadrat 142
Konzentrationstetraeder 138 ff
kooperativer Mechanismus 83
Koordinationszahl 175; 215 ff
Korn 34
Kornfeinungsmittel 237
Kornflächenätzung 34
Korngrenze 34; 80; 236
Korngrenzenätzung 34
Korngrenzenkeimbildung 236; 237
Kreuzregel 106
Kristallisation 15
Kristallisationsgeschwindigkeit 269 ff
Kristallit 34
Kristallkeim 13; 14; 15; 16; 280
Kristallstruktur 20
kritische Entmischungstemperatur 211 ff
kritische Konode 131 ff
kritische Kurve 130 ff
kritische Ordnungstemperatur 64; 217
kritische Temperatur 54; 59
kritischer Druck 161
kritischer Punkt 54; 107 ff; 148; 149; 205 ff; 243
kritischer Radius 233 ff
Kryolith–Tonerde (Zustandsdiagramm) 25 ff

L

Lambda-Punkt 220 ff
Lamellen 35; 42 ff
Lamellenorientierung 38
Laves-Phase 113
Le Chateliersches Prinzip 11; 158
lichtmikroskopische Methoden 33 ff
Liquidusfläche 91 ff; 140; 229; 230
Liquiduslinie 24 ff; 28
Löslichkeitsgleichgewicht 24; 28; 41; 207 ff
Löslichkeitskurve 38; 39
Löslichkeitslinie 24; 67; 204
Löslichkeit reziproker Salzpaare 143
Löslichkeit von Gasen 151 ff
Lösungsätzung 34
Lösungsenthalpie 184
Lösungskalorimetrie 184
Löwenherz 143
Loschmidtsche Zahl 175

M

Magma 159
magnetische Eigenschaften 41
magnetische Umwandlung 222
Mangan 14
Martensit 82; 83; 84
Massenbruch 88
Massenwirkungsgesetz 165; 253 ff
maximale Nutzarbeit 8
mechanische Energie 167
Mehrstoffsystem 6; 17
Mengenfunktion 285
β-Messing 214 ff; 221
Metall-Gas-Systeme 162 ff
Metallgewinnungsverfahren 62
Metallurgie 121
metastabil 14
metastabile Phase 13; 14; 15; 64; 244
metastabiler Zustand 5; 9
Mischkristall 22; 24; 39; 63
Mischkristallreihe 23
Mischungsenthalpie 170; 183 ff
Mischungsentropie 170 ff
Mischungslücke 54 ff; 58 ff; 72; 129 ff; 149 ff; 160 ff; 202 ff; 238; 241 ff; 257 ff
Mischungsregel 169; 191
Mischungsvolumen 173
Mitscherlich 12
mittlerer Lamellenabstand 286
Modifikation 5; 13; 14; 15; 16
Modifikationsänderung 238
Mol 3
Molekulargewicht 186
Molenbruch 17; 21
Molgewicht 17
Molvolumen 4; 13
Molwärme 169; 176; 200; 221; 249; 250; 264
Mond-Langer-Verfahren 164
Monotektikum 59
Monotektische Reaktion 59
monotektische Temperatur 62
monotektische Vierphasenreaktion 132 ff
monotrope Umwandlung 12; 14; 15

N

Nahordnung 220 ff; 222; 248 ff; 264
Nahordnungsparameter 220
Natronfeldspat-Kalkfeldspat (Zustandsdiagramm) 52 ff
Natronkalkglas 261 ff
Nettogeschwindigkeit 18
Netzebene 34
Neumann-Koppsche Regel 250
Newtonsches Abkühlungsgesetz 30; 184
nichtregulärer Schnitt 106 ff
Niederschlagsätzung 35
Niederschlagsarbeit 121
Nikotin–Wasser (Mischungslücke) 61
nonvariantes Gleichgewicht 28; 31; 66
n-Stoffsystem 146

O
oberer kritischer Punkt 60
Oberflächenrasterelektronenmikroskop 39
offen schmelzende Verbindung 69
optische Eigenschaften 41
Ordnungseinstellung 63; 213 ff
Ordnungsgrad 11; 63; 214 ff; 219 ff
Ordnungsparameter 219 ff
Ordnung–Unordnung–Umwandlung 64; 213 ff
Ostwaldsche Stufenregel 15; 245

P
Paarbindung 215
Paarwechselwirkung 175
paramagnetischer Zustand 220
Partialdampfdruck 149; 179
Partialdampfdruckmessung 184 ff
partielle Mischungsgrößen 172 ff
partieller kritischer Punkt 130 ff
partielles Volumen 172 ff
Pattinsonieren 25
Pb–Ag (Zustandsdiagramm) 25
Pb–Tl (Zustandsdiagramm) 53
Pb–Zn–Ag (Zustandsdiagramm) 134; 135
Pb–Zn–Sn (Zustandsdiagramm) 133 ff
Pd–Si (thermodyn. Größen) 255
Perlit 80; 240
Peritektikale 71
Peritektikum 71; 128 ff
peritektischer Punkt 119
peritektisches Gleichgewicht 55 ff; 70; 89 ff
peritektoidische Reaktion 68 ff
Phase 5
Phasendiagramm 6
Phasenfeld 12
Phasengleichgewicht 11; 12; 17; 18; 27
Phasengrenze 5; 6; 12; 18
Phasengrenzfläche 43
Phasenraum 94; 103
Phasenumwandlung 9; 12; 13; 15; 221 ff
Phasenumwandlung I. Ordnung 220 ff
Phosphor (Umwandlung) 16
polarisiertes Licht 35; 36
polyedrische Bereiche 102
polykristalliner Festkörper 33; 34
Polymorphie 12; 14; 75
polynäre Lösung 222 ff
polynäre Systeme 145; 146
polythermische Darstellung 141
Poren im Gußblock 280
potentielle Energie 9; 169
Primärkristall 35 ff
Primärkristallisation 45
Protuberanzen 277
p–T-Diagramm 11
p–x-Diagramm 150 ff

Q
quantitative Gefügeanalyse 39
Quarz (Umwandlung) 15
quasibinärer Schnitt 115 ff
quasichemische Näherung 175
quaternäre Systeme 138 ff
quaternäres Eutektikum 141

R
Raoultsche Gerade 179 ff
Raoultsches Gesetz 180 ff; 196; 207
Randsystem 87 ff
RbF–ThF (Zustandsdiagramm) 74
Reaktionsgeschwindigkeit 5
Reaktionsschema nach E. Scheil 135 ff
reale Gase 149
reduzierte Temperatur 219
Referenzprobe 32
Regel von Konovalov 110 ff
reguläre Lösung 174 ff; 198; 203 ff; 222 ff; 238 ff
Reifbildung 154 ff
Reifkurve 154 ff
Relaxationsprozeß 262
Restaustenit 83
retrograde Soliduslinie 25
reziproke Salzpaare 141; 142
reziproke Systeme 141; 142
Rippe 93 ff
Röntgen-Kleinwinkelstreuung 220
röntgenographische Methoden 40 ff
Roheisen 78; 124
Rosesche Legierung 100

S
sauerstoffionenleitender Elektrolyt 187
Schallgeschwindigkeit 83
Schichtenbildung 62
Schichtkristallbildung 49 ff; 52; 110
Schlacke 62; 124
Schliffbild 46
Schmelze 12; 14
Schmelzdruckkurve 11
Schmelzenthalpie 3; 11; 13; 18; 19; 20 ff; 23; 159
Schmelzentropie 20 ff; 188; 200
Schmelzflächenprojektion 96 ff
Schmelzgleichgewicht 11; 13; 18 ff; 23; 187 ff
Schmelzprozeß 11; 18; 20 ff; 22
Schmelzpunktsmaximum 50 ff; 191; 198 ff
Schmelzpunktsminimum 50 ff; 191; 198 ff; 200
Schmelztemperatur 11; 13; 20; 23
Schmelzvolumen 159
Schmelzwärme 11
Schreinemakerssche Regel 108
Schwerpunktssatz 88; 89
Schwingungsenergie 22

Schwingungsfrequenz 176
Sieden 9
Siedediagramm 157 ff
Siedekurve 151 ff
Siedepunktsextremum 153
Siedepunktsmaximum 151 ff
Siedepunktsminimum 151 ff
Si–Ge–Ag (Zustandsdiagramm) 126
Si–Ge–Au (Zustandsdiagramm) 125; 126
Silicate 62
Siliciumdioxid (Zustandsdiagramm) 15
skelettartige Kristalle 46
Solidusfläche 110; 140
Soliduslinie 24 ff
Sorbit 82; 83
Spannungskontrast 40
spezifische Grenzflächenenergie 233; 235 ff
spezifisches Volumen 148; 149
Sphärolithe 84
sphärolithische Bereiche 83
Spinodale 205; 212; 213; 241 ff; 261
Spinodale Entmischung 241 ff
Spiraleneutektikum 45
Stabilität von Phasen 8; 9; 12
Stäbcheneutektikum 43; 44
Stahl 79
statistische Atomverteilung 63; 171; 213 ff
Stengelkristalle 279
Stöchiometrie 63; 64; 215
Stoffverteilung 271 ff
Stoßwellenrohr 267
Strukturumwandlung 66
Subbromid 74
Sublimation 155
Sublimationsdruck 155
Substitutionsmischkristall 54
Symbole 1
System 5; 10; 15
ΔS_i–x-Kurve 171 ff

T

Tangentenbedingung 189 ff
Tangentenfläche 228 ff
Tangentenkonstruktion 173 ff
Taukurve 151 ff
Taupunktsmethode 185
Teildiagramm 68
Teilkohärenz 246 ff
Teilreaktion 18
Teilsystem 100; 115 ff
Temperatur-Konzentration-Schnitt 96 ff; 112 ff
Temperzeit 55
ternäre Verbindung 121 ff
ternäres Eutektikum 91
Thermoelement 183 ff
thermische Analyse 30 ff; 52; 57; 70; 101 ff; 153
thermische Ausdehnung 41
thermodynamische Aktivität 178 ff
Thermogramm 31
Tieftemperaturmodifikation 14
Titan 14
Totaldampfdruck 149
Transformationstemperatur 261
Transportreaktion 164 ff
Treibprozeß 25
Triäthylamin-Wasser (Mischungslücke) 61
Tridymit 15
Tripelpunkt 6; 10; 11
Troostit 82; 83
Trübung 61
T–x-Diagramm 150 ff
T–x-Isobare 159

U

Übergangsgleichgewicht 56; 89 ff; 118 ff; 121
Überschußentropie 177; 200 ff
überschüssige partielle Mischungsentropie 178
Überschußfunktionen 176 ff
Überstruktur 213 ff
Überstrukturphase 63 ff
Überstrukturreflex 63
Umklappprozeß 83; 84
Umwandlung 12; 13; 15
Umwandlungsenthalpie 13; 75; 221
Umwandlungsgleichgewicht 11; 13; 75
Umwandlung II. Ordnung 221; 222
Umwandlungspunkt 13; 15; 75
Umwandlungspunktverschiebung 75; 77
Ungleichgewichtsreaktionen 15
univariantes Gleichgewicht 28; 31
unterer kritischer Punkt 60
Unterkühlung 45; 46; 232 ff; 275 ff
Unterstrukturgitter 63
up-hill-diffusion 243
Uran 14

V

Valenzelektronenkonzentration 251; 252
van Arkel-deBoer-Methode 165
Verbundwerkstoff 165
Verdampfen 7; 12
Verdampfungsenthalpie 6; 7; 9; 148; 167
Verdampfungsgleichgewicht 6; 7; 8
Verteilungskoeffizient 271 ff
vertikale Schnitte 96 ff
Vierphasenfläche 104
Vierphasengleichgewicht 89 ff; 93
Vierphasenraum 104
Vierstoffsystem 138 ff
Viskosität 15; 248 ff; 261 ff
Volumenänderung 11; 13
Volumendiffusion 284 ff
Volumenkontraktion 47; 280
Vorperiode 101

W
Wachstumsanisotropie 45
Wachstumsgeschwindigkeit des Eutektikums 43
Wärme 8; 11; 167
Wärmeinhalt 167 ff; 262
Wärmeinhaltskurve 168
Wärmeleitfähigkeit 267
Wärmetönung 170
Wanderungsgeschwindigkeit der Ausscheidungsfront 286
Warmaushärtung 248
Wasser 4; 6; 7; 10
Wasser (Phasendiagramm) 12; 13
Wechselwirkung 5
Wechselwirkungskonstante 254 ff
Wechselwirkungsparameter 175
Werkblei 25
whisker 165

Z
Zellstruktur 277
Zementit 80
Zementit (Keimbildung) 240
Zonenkristallisieren 283
Zonenschmelzen 281 ff
Zn–Tl (Zustandsdiagramm) 210
Zustand 4 ff
Zustandsdiagramm 6; 12; 13; 15
Zustandsfeld 54; 114 ff
Zustandsfunktion 169
Zustandsgröße 4 ff
Zustandsraum 94
Zustandsvariable 5 ff; 11; 17
Zweiphasengleichgewicht 9; 10; 31
Zweistoffsystem 6; 17 ff; 21; 23
Zwillinge 83
zwischenatomare Kräfte 6
zwischenatomare Wechselwirkung 11; 58; 64; 126; 170; 174 ff; 179 ff; 213; 222 ff; 248 ff; 265

DIETER NAUMANN

Fluor und Fluorverbindungen

(Spezielle Anorganische Chemie, Band 2)

X, 173 Seiten
mit 20 Abbildungen und 10 Tabellen

1980. DM 26,80
ISBN 3-7985-0565-9

Kurzinformation:

Das Element Fluor nimmt unter allen Elementen aufgrund seiner extremen Eigenschaften eine Sonderstellung ein. Seine hohe Elektronegativität und die kompakte Elektronenhülle bewirken besondere Bindungsverhältnisse in den anorganischen und organischen Fluorverbindungen. Daher hat sich die Fluorchemie schon längst zu einem eigenständigen Gebiet entwickelt. Nachdem elementares Fluor auch kommerziell erhältlich ist, und bedingt durch die Entwicklung fluorresistenter und leicht bearbeitbarer Materialien sowie durch die Verbesserung und Entdeckung zahlreicher Analysenmethoden hat die Fluorchemie in den letzten 30 Jahren eine stürmische Entwicklung erlebt.
Ziel des Bandes soll es daher sein, die heutigen Kenntnisse in übersichtlicher, leicht verständlicher Form zusammenzufassen und auch demjenigen einen schnellen Überblick zu verschaffen, der noch nicht so vertraut mit der Fluorchemie ist. So werden im 1. Teil des Buches einige allgemeine Aspekte behandelt, im 2. und 3. Teil werden die Fluorverbindungen der Haupt- und Nebengruppenelemente beschrieben. Zahlreiche Literaturzitate sollen es dem Leser erleichtern, sich in die jeweiligen Spezialgebiete einzuarbeiten. Um den Umfang in einem überschaubaren Rahmen zu halten, kann auch die angegebene Literatur nicht vollständig sein. Hier ist auf Übersichtsartikel verwiesen.

Steinkopff
Darmstadt

GPSR Compliance

The European Union's (EU) General Product Safety Regulation (GPSR) is a set of rules that requires consumer products to be safe and our obligations to ensure this.

If you have any concerns about our products, you can contact us on ProductSafety@springernature.com

In case Publisher is established outside the EU, the EU authorized representative is:

Springer Nature Customer Service Center GmbH
Europaplatz 3
69115 Heidelberg, Germany

Batch number: 10577969

Printed by Printforce, the Netherlands